高等学校计算机科学与技术教材

Web 程序设计

陶飞飞　陈京民　蔡振林　邓建高　李　明　编著

清华大学出版社
北京交通大学出版社
·北京·

内 容 简 介

本书主要介绍基于 MVC 的典型 Web 信息系统开发技术，其中包括基本的静态页面设计、客户端 JavaScript 程序设计、服务器端 JSP、Servlet、JavaBean 以及 Web 数据库编程和数据库连接池技术。在高级开发部分，本书介绍当前热门的第三方开发框架 Struts、Hibernate、Spring 及 Web 2.0 的典型实现技术 Ajax。

本书每章中都列举了通俗易懂的实例，并结合主流开发工具 MyEclipse 对开发过程进行较为详细的描述。在主要技术介绍之后，本书以一个基于 MVC 的 Web 信息系统（外贸信息服务网站）的设计开发为例进行了更为清晰详细的分析和描述。

本书内容丰富，结构合理，深入浅出，适用于计算机专业、信息管理及电子商务等专业方向的学生使用，同时对于从事软件开发的 IT 技术人员有较大的参考价值。

图书在版编目（CIP）数据

Web 程序设计/陶飞飞等编著. —北京：清华大学出版社；北京交通大学出版社，2009.9（2017.7 重印）

ISBN 978－7－81123－786－3

Ⅰ. W…　Ⅱ. 陶…　Ⅲ. 主页设计-程序设计-高等学校-教材　Ⅳ. TP393.092

中国版本图书馆 CIP 数据核字（2009）第 127799 号

责任编辑：吴嫦娥

出版发行：清 华 大 学 出 版 社　邮编：100084　电话：010－62776969　http：//www.tup.com.cn
　　　　　北京交通大学出版社　邮编：100044　电话：010－51686414　http：//press.bjtu.edu.cn

印 刷 者：北京瑞达方舟印务有限公司

经　　销：全国新华书店

开　　本：185×260　印张：21　字数：525 千字

版　　次：2009 年 10 月第 1 版　2017 年 7 月第 4 次印刷

书　　号：ISBN 978－7－81123－786－3/TP・517

印　　数：6 001～7 000 册　定价：34.00 元

本书如有质量问题，请向北京交通大学出版社质监组反映。对您的意见和批评，我们表示欢迎和感谢。

投诉电话：010－51686043，51686008；传真：010－62225406；E-mail：press@bjtu.edu.cn。

前　言

随着Java语言的流行，Java在网站和企业级Web应用的开发上应用得越来越普遍，Java Web开发已经成为Java企业级解决方案中不可或缺的重要组成部分。本书的作者具有长期从事Web信息系统开发的技术和经验，对于当前Web开发所涉及的实用技术、热门技术较为熟悉。本书系统、完整地介绍了Web开发中的各种专业技术，从知识的讲解、知识的运用到实际问题的解决，逐步引导读者掌握Web开发的知识体系结构。本书面向的读者包括毫无Web开发经验的初学者以及有一定的编程经验但没有从事过Web开发的读者。

本书共分11章，内容可以概括为以下4部分。

第一部分（第1～2章）：Web程序设计的基础知识及环境搭建。

第1章Web设计基础：主要介绍Web站点建立的流程、设计的原则以及与Web开发相关的基础知识。在基础知识部分重点介绍目前主流的Web开发工具、开发语言及开发框架。

第2章Java Web开发与运行环境：主要介绍典型的Java Web开发与运行环境的搭建和配置，这部分内容紧密结合了当前国内外主流的开发工具和服务器软件，如JDK、MyEclipse及Tomcat等。

第二部分（第3～4章）：Web静态页面及客户端动态页面的编程技术。

第3章HTML与CSS：主要结合设计工具Dreamweaver介绍静态网页HTML和层叠样式表CSS的设计，其中重点介绍HTML中的表单设计及表格排版等技术。

第4章客户端动态脚本JavaScript：主要结合Eclipse最新的插件工具Apatana介绍客户端动态脚本JavaScript的设计，其中重点介绍JavaScript中基于对象的设计模式并通过实用的案例加以分析。

第三部分（第5～9章）：基于MVC框架的Web服务器端程序的编程技术。

第5章Servlet技术：主要介绍MVC框架中控制器Servlet的相关概念，包括Servlet容器、Servlet API及Servlet的生命周期等，其中在Servlet API部分重点介绍HttpServlet类、HttpServletRequest接口以及HttpServletResponse接口的一些常见的实用方法。

第6章JSP技术：主要介绍MVC框架中视图层JSP的相关知识，主要包括JSP的工作原理、JSP指令、JSP脚本程序、JSP动作及JSP内置对象等。

第7章JavaBean技术：对JavaBean的概念和编写规范进行介绍，并详细讲解如何使用开发工具MyEclipse快速开发JavaBean。

第8章数据库编程：主要介绍Web开发中非常关键的数据库编程的相关内容，包括JDBC的基本概念和原理、JDBC的API及其调用、数据库连接池以及Web数据库编程等技术知识。

第9章MVC综合开发：详细介绍如何采用MVC框架来设计和实现以外贸信息服务网

站为例的典型 Web 信息系统，并从实际开发的角度具体阐述了 MVC 的设计思想。

第四部分（第 10～11 章）：Web 开发的前沿技术。

第 10 章 Web 2.0 开发——Ajax 技术：从 Ajax 的定义和工作原理出发，通过多个实例详细介绍 Ajax 应用的具体实现及开发技巧。

第 11 章第三方开发框架 SSH：主要对 Struts、Hibernate、Spring 3 个开发框架进行介绍。不仅对各框架自身的工作原理进行明确的描述，而且在具体的实例开发过程中，重点探讨如何用 MyEclipse 的特性实现框架之间的整合技术。

本书由陶飞飞、陈京民、蔡振林、邓建高、李明编著，唐明伟、李为健、宋成好、邓梦华、汤磊、朱嘉伟等参与编写。在本书编写过程中，要特别感谢河海大学信息中心主任卞艺杰教授、无锡永中 Office 副总经理冷晔、南京金涛软件公司软件事业部主管袁小明以及北京交通大学出版社编辑吴嫦娥老师给予的大力支持和帮助。由于编者水平有限，书中遗漏和疏忽在所难免，望读者谅解并批评指正。

本书提供所有案例程序的源代码及电子课件，如有需要，请发送邮件至邮箱：tff@hhu.edu.cn 索取。

编　者

2009 年 7 月

目　录

第 1 章　Web 设计基础

随着时间的推移，互联网日渐普及，目前已经渗透到人们经济、文化和生活的各个领域。Web 全称为 World Wide Web，缩写为 WWW，也就是万维网。我们通过浏览器上网访问的网站，通过网站获取信息是 Web 的基本应用之一。目前，互联网上的 Web 站点层出不穷，应用模式也日趋丰富，其中有门户型网站，如新浪、163、搜狐等；专业的搜索引擎站点，如 Google 和百度；电子商务站点，如阿里巴巴（如图 1－1 所示）、淘宝、易趣等。

图 1－1　阿里巴巴网站首页

这些站点的建立对于大众而言，在访问和使用的过程中，都会觉得非常方便和快捷。然而，作为 Web 站点的设计者，要开发一个完整的、具有实用功能的站点，绝不是一蹴而就的事情。Web 设计者不仅要具备扎实的技术基础，而且要面临 Web 技术的不断更新所带来的挑战。本章内容主要是向从未接触过 Web 开发的读者介绍与 Web 相关的基础知识和工作原理，从而为学习后续章节中具体的开发技术做准备。

1.1 Web 站点建立的流程

很多读者可能觉得建设 Web 站点就是开发网页而已，其实开发网页只是建设 Web 站点众多环节中的一个。下面将按照 Web 站点的不同类型来介绍 Web 站点的建立流程。

1.1.1 建立 Internet 站点

目前，不管是跨国大企业还是规模较小的公司，都需要在 Internet 上建立自己的企业站点，功能以宣传企业文化、产品和在线销售等为主。这些站点的内容都为公开性质的，且站点的页面有一定的美观要求。这种类型的站点建设涉及多方角色，如客户、软件提供商、域名提供商及主机提供商等。

Internet 站点建设的主要流程如下。

(1) 了解客户需求，双方确定合作。客户提出网站建设基本需求，包括公司介绍、网站基本功能描述、基本设计要求及其他功能需求。开发方对客户的需求予以回复，初步洽谈，双方确定合作意向。

(2) 制订网站建设方案。双方就网站建设整体内容进行讨论，详尽、细致、完整地列出所有功能需求；开发方制订网站建设初步方案，客户对初步方案进行审查，提出修改意见和建议，开发方进行修改，直到双方达成共识，确定最终建设方案和项目报价。

(3) 双方签署建设合同。签署完毕后，客户支付预付款并提供网站建设所需的相关内容资料。

(4) 完成详细设计文档。根据网站建设方案完成详细设计文档初稿，如果客户有异议，开发方进行修改，并提交客户再次确认。

(5) 进行网站页面设计与功能开发。根据详细设计文档开发网站前台页面及后台程序，修改、测试程序，直到完成整体网站制作。

(6) 网站试运行，客户验收。开发方对网站进行整体测试，客户依据当初的网站建设方案进行验收。验收合格之后，开发方为客户注册正式的域名、开通网站空间、上传整个网站、网站正式上线，客户支付余款。

(7) 网站的使用培训。开发方免费对客户进行网站使用的培训并向客户提交网站的使用手册。

(8) 网站的后期维护。如果客户需要开发方继续为客户的网站进行维护与技术支持，可以签署专门的网站维护合同。

1.1.2 建立 Intranet 系统

所谓 Intranet，是指采用 Internet 技术的企业内部网，通过对防火墙的设置，把企业内部系统限制在企业内部访问，从而保证了企业信息系统的安全。目前，包括机关、企事业单位在内的很多单位都有自己的内部信息系统，例如，OA 系统（办公自动化系统）、企业 ERP 系统等，这些站点的内容都仅限内部访问，且系统页面的美观要求相对低于对外发布的 Internet 站点。这种类型的系统建设涉及的角色与建设外部 Internet 站点相比要略少。

Intranet 系统建设的主要流程与建设 Internet 相比，减少了开发方为客户注册正式的域名、开通网站空间的过程，因为 Intranet 的系统可以直接部署在企业内部网的服务器里，企业员工可以通过服务器的内网 IP 来访问该系统。

1.2　Web 站点设计的原则

在 Web 设计中设计者经常犯的一个错误是为自己设计站点，所考虑的是设计者自己的需求而不是实际用户的需求。如果设计者忽略用户的需求，就不能保证这个站点最终是否能得到用户的认可。以下列出围绕 Web 站点设计的两点重要原则。

1. 设计者要以用户为中心进行设计

专业设计者对当前某一个 Web 站点的理解并不一定和用户所理解的完全一致。作为一个设计者，肯定拥有 Web 站点的专业技术知识，知道如何在页面的某个局部位置显示信息、插入图片和动画等。但设计者必须接受这样一个事实，很多用户并不像设计者一样去理解当前设计的出发点和目的，他们的兴趣甚至也与设计者不尽相同。因此，设计者要充分考虑到用户的兴趣和期望，直接让用户以他们希望的方式进行设计更加合适。因此，在设计过程中设计者一定要加强与客户的交流与沟通。

2. 尽可能使设计出来的系统具有较好的易用性

如果设计者觉得因为用户浏览了众多站点而指望他们能够像专业技术人员那样认真地考虑 Web 站点的某个部分，那显然是错误的想法。用户不是专业技术人员，他们不会像设计者一样对 Web 有综合的理解。这就是说，成功且易用的 Web 站点设计的关键是设计者应该尽量考虑到用户参差不齐的计算机应用水平，对一个用户看起来很简单的事情对另一个用户则可能很困难。因此，具备最大程度的易操作性才能拥有更广范围的用户群。

综上所述，Web 设计的过程应以用户为中心，把用户的需求和使用偏好放在第一位。

1.3　Web 服务器与应用服务器

Web 是 Internet 服务中的一种，Internet 的其他服务包括 FTP、E-mail、流媒体等。在 Web 中定义了两个方面：客户端和服务器。客户端与服务器之间的通信是基于 HTTP 协议的。客户端发送给服务器的请求叫 HTTP 请求，服务器返回给客户端的响应叫 HTTP 响应。Web 就是基于请求/响应模型的，其过程是：客户端给 Web 服务器发送一个请求页面时，Web 服务器端接受请求，并处理请求然后返回一个响应给客户端，通常是一个 HTML 页面。

Web 服务器通过响应（response）HTML 页面来处理 HTTP 请求（request）。它可以响应一个静态页面或图片，进行页面跳转，或者把动态响应的结果委托给服务器端程序执行，这些服务器端程序响应一个 HTML 页面供客户端浏览。在这里需要注意的是，Web 服务器处理请求是不可以重用的，即客户端每发送一次请求（相同的请求），Web 服务器就要重新进行一次处理，因为客户端请求的信息内嵌在 HTML 中，这对于一些重复请求来说效率低下。

如今主流的 Web 服务器（又称 HTTP 服务器）有 Apache 和 IIS（Internet Information Server）。Apache 是 Apache 组织下的一个免费产品，支持 PHP、CGI、JSP 且可运行于多种平台，是最流行的 Web 服务器端软件之一。Apache 服务器拥有牢靠可信的美誉，已用在超过半数的因特网网站中——特别是几乎所有最热门和访问量最大的网站。IIS 也是当今流行的 Web 服务器软件之一，但是它只支持 ASP 与 CGI，不支持 JSP。

应用服务器是一个创建、部署、运行、集成和维护多层分布式企业级应用的平台。目前主流的应用服务器都已内置了 Web 服务器的功能，因此我们在使用这些服务器软件时就不需要再安装单独的 Web 服务器。当前流行的应用服务器有 Tomcat、Resin、JBoss、Weblogic 和 Websphere。其中 Tomcat、JBoss 是开源软件，常用于中小型系统开发中，而后两种应用服务器则是商业软件，价格相当昂贵。Resin 目前已经不再开放源代码，但仍然允许非商业用户免费使用。

总之，Web 服务器只是简单地响应 HTML 页面来处理请求，而应用服务器则是通过为客户端提供商业逻辑的使用接口来处理请求的。

1.3.1 常用 Web 服务器介绍

1. Microsoft IIS

IIS 是 Microsoft 的 Web 服务器产品，允许在公共 Intranet 或 Internet 上发布信息，是目前最流行的 Web 服务器产品之一，很多著名的网站都是建立在 IIS 的平台上。IIS 提供了一个图形界面的管理工具，称为 Internet 服务管理器，可用于监视配置和控制 Internet 服务。

2. Apache

Apache 源于 NCSAhttpd 服务器，经过多次修改，成为世界上最流行的 Web 服务器软件之一。Apache 是自由软件，所以不断有人来为它开发新的功能、新的特性，修改原来的缺陷。Apache 的特点是简单、速度快、性能稳定，并可做代理服务器来使用。本来它只用于小型或试验 Internet 网络，后来逐步扩充到各种 UNIX 系统中，尤其对 Linux 的支持相当完美。

Apache 的成功之处主要在于它的源代码开放、有一支高水平的开发队伍、支持跨平台的应用（可以运行在几乎所有的 UNIX、Windows、Linux 系统平台上）以及它的可移植性等方面。

1.3.2 常用应用服务器介绍

1. Tomcat

Tomcat 是一个开放源代码、运行 Servlet 和 JSP 的 Web 应用软件容器。Tomcat Server 是根据 Servlet 和 JSP 规范进行执行的，因此就可以说 Tomcat Server 也实行 Apache-Jakarta 规范

且比绝大多数商业应用软件服务器要好。

Tomcat 是 Java Servlet 2.2 和 JavaServer Pages 1.1 技术的标准实现，是基于 Apache 许可证下开发的自由软件。Tomcat 是完全符合 Servlet API 2.2 和 JSP 1.1 标准的 Servlet/JSP 容器。

2. IBM WebSphere

WebSphere Application Server 是一种功能完善、开放的 Web 应用程序服务器，它是基于 Java 的应用环境，用于建立、部署和管理 Internet 和 Intranet Web 应用程序。这一整套产品进行了扩展，以适应 Web 应用程序服务器的需要，范围从简单到高级直到企业级。

IBM 提供了 WebSphere 的产品系列，通过提供综合资源、可重复使用的组件、功能强大并易于使用的工具，以及支持 HTTP 和 IIOP 通信的可伸缩运行时环境，来帮助这些用户从简单的 Web 应用程序转移到电子商务世界。

3. BEA WebLogic

BEA WebLogic Server 是一种多功能、基于标准的 Web 应用服务器，为企业构建自己的应用提供了坚实的基础。各种应用开发、部署所有关键性的任务，无论是集成各种系统和数据库，还是提交服务、跨 Internet 协作，起始点都是 BEA WebLogic Server。由于它具有全面的功能、对开放标准的遵从性、多层架构、支持基于组件的开发，基于 Internet 的企业都选择它来开发、部署最佳的应用。

BEA WebLogic Server 在使应用服务器成为企业应用架构的基础方面继续处于领先地位。BEA WebLogic Server 为构建集成化的企业级应用提供了稳固的基础，它们以 Internet 的容量和速度，在连网的企业之间共享信息、提交服务，实现协作自动化。BEA WebLogic Server 的遵从 J2EE、面向服务的架构，以及丰富的工具集支持，便于实现业务逻辑、数据和表达的分离，提供开发和部署各种业务驱动应用所必需的底层核心功能。

1.4　Web 开发工具

开发 Web 系统之前，选择强大的开发工具至关重要。从原理上来讲，用 Windows 记事本就可以编写源程序，但选择一个好的编辑器会令开发者事半功倍。目前，Web 开发所用的工具主要分为两部分，第一部分是 Web 前台开发工具，第二部分是 Web 后台开发工具。

1.4.1　Web 前台开发工具

Web 前台开发主要是指 Web 界面设计，包括网站静态页面的设计和图片、动画设计等，主要使用的相关软件是 FrontPage 或 Dreamweaver、Photoshop、Flash 等。

FrontPage 是微软的产品，曾经在网页设计领域的地位犹如文字处理软件中的 Word，比较侧重网页的开发效率、易学易用的引导过程（FrontPage 设计界面如图 1－2 所示）。

Dreamweaver 属于后起之秀，它是 Macromedia 公司的产品，主攻网页高级设计市场，

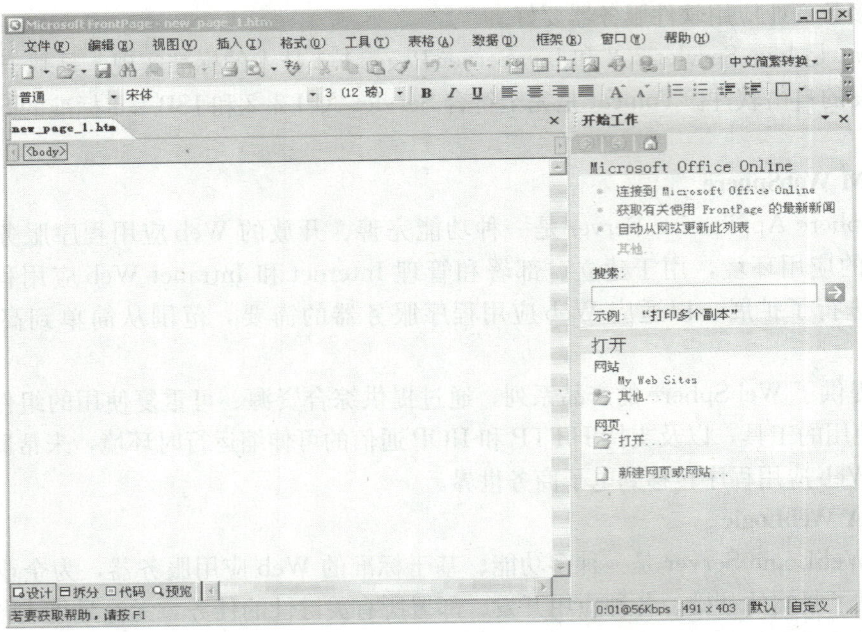

图 1-2 FrontPage 设计界面

其地位犹如出版领域的 PageMaker，所强调的是更强大的网页控制、设计能力及创意的完全发挥。Dreamweaver 功能较为完善，在使用的便捷程度上比 FrontPage 要强一些，产生的垃圾代码少，网页可读性好，可以提高网页浏览速度。到目前为止，全世界范围超过 60%的专业网页设计师都在使用 Dreamweaver（如图 1-3 所示）。

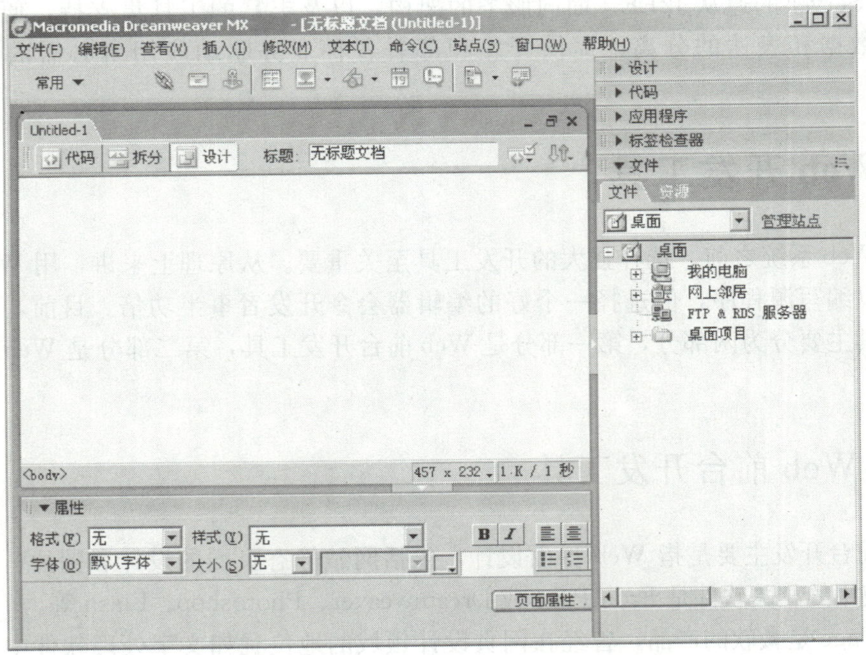

图 1-3 Dreamweaver 开发界面

1.4.2 Web 后台开发工具

Web 后台开发主要指网站动态程序开发、数据库建模，主要使用的相关软件有 Eclipse（或 MyEclipse）、Visual Studio .NET 等。

Eclipse 是一个开源免费的软件开发工具（IDE），是一个基于 Java 的可扩展的开发平台，如图 1-4 所示。

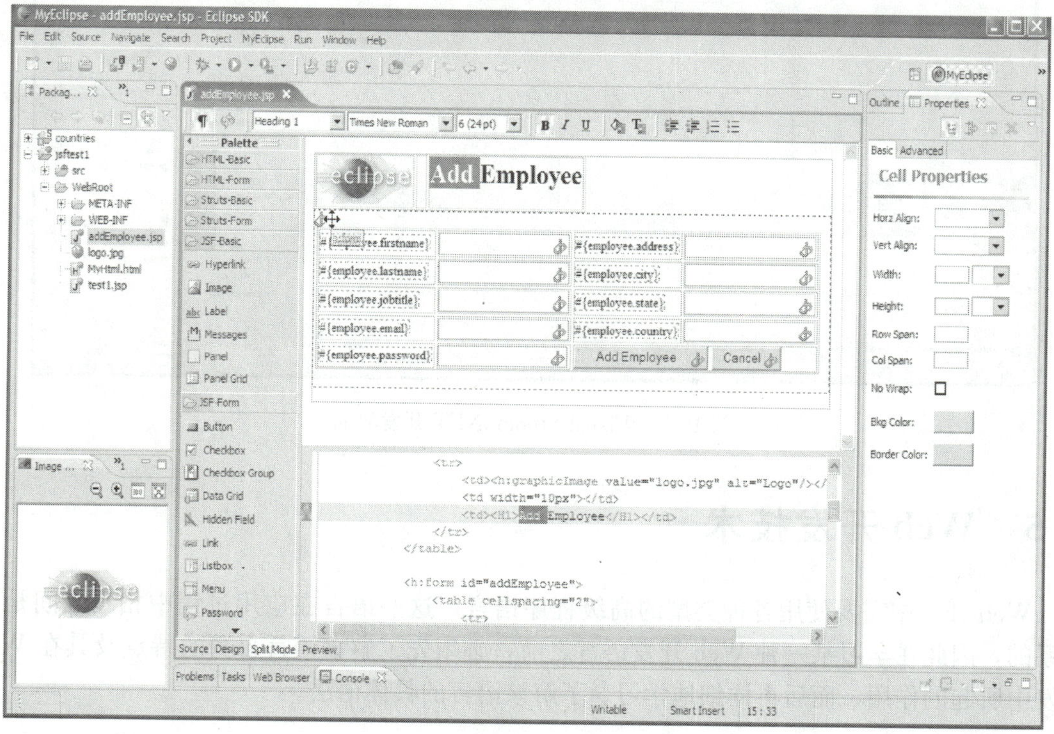

图 1-4 Eclipse 开发界面

准确来说，Eclipse 提供的是一个框架和一组服务，Eclipse 的开放可扩展性使得 Eclipse 拥有大量的插件，可以扩展 Eclipse 的开发能力和功能，不仅仅局限于 Java 开发，还可以用于 C/C++等语言的开发，只要安装相应的插件来扩展。Eclipse 最初是由 IBM 向开源社区捐赠的开发框架，IBM 开发技术网站上有 Eclipse 的大量技术资料。而 MyEclipse 是用来扩展Eclipse 的 J2EE 的开发功能的插件包，目前使用 Eclipse 时一般都会安装 MyEclipse 插件包，以此提高 Web 开发的效率。

Visual Studio .NET 是一套微软的高级开发工具（如图 1-5 所示），主要用于开发 ASP .NET 的 Web 应用程序。Visual Basic .NET、Visual C++ .NET、Visual C# .NET 和 Visual J# .NET 全都使用相同的集成开发环境 Visual Studio .NET，该环境允许它们共享工具并有助于创建混合语言解决方案。

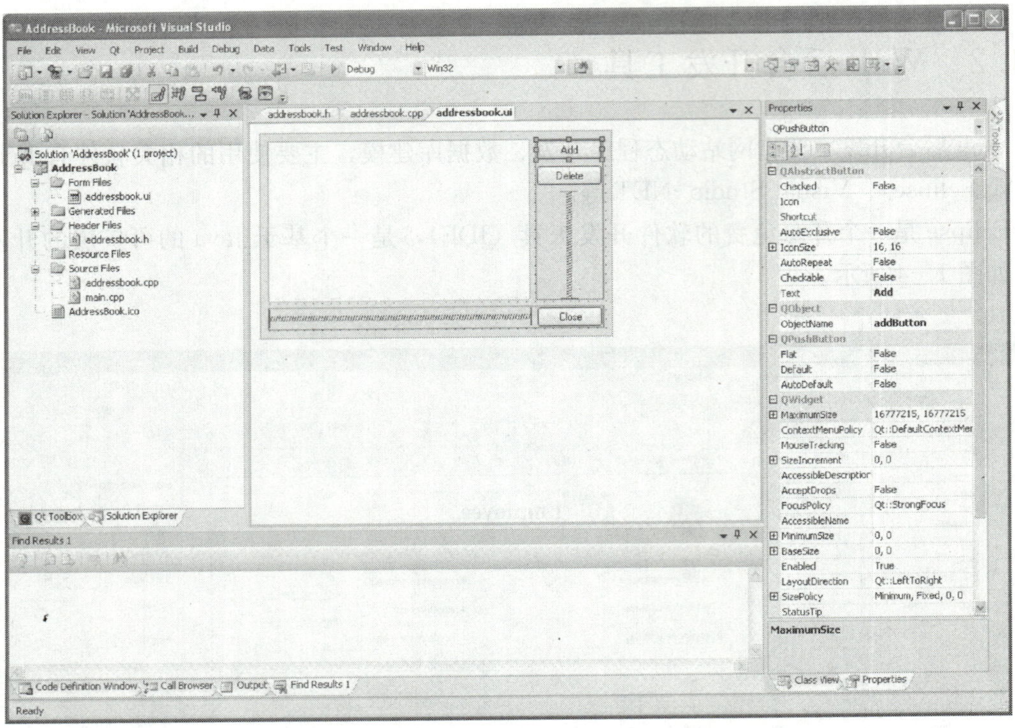

图 1－5　Visual Studio .NET 开发界面

1.5　Web 开发技术

Web 开发中需要使用各种类型的高级程序语言，这些语言在应用过程中相互之间是有联系的，因此在学习某一种 Web 开发语言之前，必须先了解该语言自身的特点及其在 Web 开发中所起的作用，而后再详细地学习、了解该语言的具体语法。

1.5.1　超文本标记语言（HTML）

Web 客户端的主要任务是展现信息内容，而 HTML（Hyper Text Markup Language）则是信息展现的最有效载体之一。作为一种实用的超文本标记语言，HTML 的历史最早可以追溯到 20 世纪 40 年代。1945 年，Vannevar Bush 在一篇文章中阐述了文本和文本之间通过超级链接相互关联的思想，并在文中给出了一种能实现信息关联的计算机 Memex 的设计方案。Doug Engelbart 等人则在 1960 年前后，对信息关联技术做了最早的实验。与此同时，Ted Nelson 正式将这种信息关联技术命名为超文本（Hypertext）技术。1969 年，IBM 的 Charles Goldfarb 发明了可用于描述超文本信息的 GML（Generalized Markup Language）语言。1978—1986 年，在 ANSI 等组织的努力下，GML 语言进一步发展成为著名的 SGML 语言标准。当 Tim Berners－Lee 和他的同事们在 1989 年试图创建一个基于超文本的分布式应用系统时，Tim Berners－Lee 意识到，SGML 是描述超文本信息的一个上佳方案，但美中不足的是，SGML 过于复杂，不利于信息的传递和解析。于是，Tim Berners－Lee 对 SGML

语言做了大刀阔斧的简化和完善。1990 年，第一个图形化的 Web 浏览器“World Wide Web”终于可以使用一种为 Web 度身定制的语言——HTML 语言来展现超文本信息了。

目前较为常见的浏览器为 IE（Internet Explorer）、Netscape 和 FireFox 等。当客户端在浏览器里输入某个静态网页的地址并按回车，即向 Web 服务器发送了请求，服务器里如果存在该 html 页面，将会以响应的方式将该页面返回给客户端浏览器。（如图 1－6 所示）

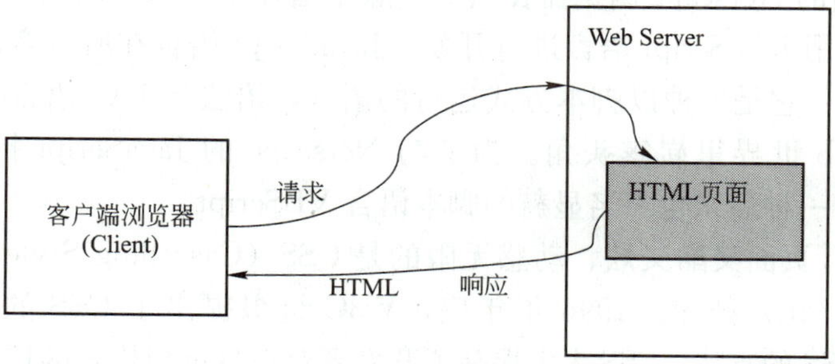

图 1－6　静态页面工作流程示意图

由于 HTML 语言只能在浏览器中展现静态的文本或图像信息，这满足不了人们对信息丰富性和多样性的强烈需求。因此，随着 Web 应用的不断发展，由静态技术向动态技术的转变成为了 Web 客户端技术不断演进的定律。

1.5.2　可扩展标记语言（XML）

如果说 HTML 语言给 Web 世界赋予了无限生机的话，那么，XML 语言的出现大概就可以算成是 Web 的一次新生了。HTML 语言具有较强的表现力，但也存在结构过于灵活、语法不规范的弱点。当信息都以 HTML 语言的面貌出现时，Web 这个信息空间是杂乱无章、没有秩序的。为了让 Web 世界里的所有信息都有章可循、有法可依，我们需要一种更为规范、更能够体现信息特点的语言。

XML 使得不同计算机应用系统之间数据交换变得容易起来，这是因为它的可扩展性，在 XML 文档中可以自定义标签。

```
<? xml version="1.0"encoding="gb2312"?>
<计算机类型="个人电脑">
    <制造商>联想</制造商>
    <识别符>
        <品种>台式机</品种>
        <型号>同禧 500P3</型号>
    </识别符>
    <主频 UNIT="MHz">667</主频>
    <内存 UNIT="MB">64</内存>
    <硬盘 UNIT="GB">10</硬盘>
    <单价 UNIT="元">7999</单价>
</计算机>
```

此外，XML 文档也是 Web 项目的重要组成部分，XML 能够用来描述 Web 项目的配置文件使用，这在后续章节中会有详细的讲解。

1.5.3 客户端动态技术

1996 年，著名的 Netscape 浏览器在其 2.0 版中增加了对 JavaScript 的支持，很多客户端的交互操作可以用 JavaScript 语言进行开发。JavaScript 语言在所有客户端开发技术中占有非常独特的地位：它是一种以脚本方式运行的语言，语法与 Java 语言类似，这也是脚本技术第一次在 Web 世界里崭露头角。为了与 Netscape 的 JavaScript 抗衡，Microsoft 在 IE 3.0 中加入了另一种后来也声名显赫的脚本语言 VBScript。

真正让 HTML 页面又酷又炫、动感无限的是 CSS（Cascading Style Sheets）和 DHTML（Dynamic HTML）技术。1996 年年底，W3C 组织提出了 CSS 的建议标准，同年，IE 3.0 引入了对 CSS 的支持。CSS 大大提高了开发者对信息展现格式的控制能力。1997 年的 Netscape 4.0 不但支持 CSS，而且增加了许多 Netscape 公司自定义的动态 HTML 标记，这些标记在 CSS 的基础上，让 HTML 页面中的各种要素“动”了起来。1997 年，Microsoft 发布了 IE 4.0，并将动态 HTML 标记、CSS 和动态对象模型（DHTML Object Model）发展成了一套完整、实用、高效的客户端开发技术体系，Microsoft 称其为 DHTML。

1.5.4 服务器端动态技术

与客户端技术从静态向动态的演进过程类似，Web 服务器端的开发技术也是由静态向动态逐渐发展、完善起来的。

最早的 Web 服务器简单地响应浏览器发来的 HTTP 请求，并将存储在服务器上的 HTML 文件返回给浏览器。第一种真正使服务器能根据运行时的具体情况，动态生成 HTML 页面的技术是大名鼎鼎的 CGI（Common Gateway Interface）技术。CGI 技术允许服务器端的应用程序根据客户端的请求，动态生成 HTML 页面，这使客户端和服务器端的动态信息交换成为可能。随着 CGI 技术的普及，聊天室、论坛、电子商务、信息查询、全文检索等各式各样的 Web 应用蓬勃兴起，人们终于可以享受到信息检索、信息交换、信息处理等更为便捷的信息服务了。

早期的 CGI 程序大多是编译后的可执行程序，其编程语言可以是 C、C++、Pascal 等任何通用的程序设计语言。为了简化 CGI 程序的修改、编译和发布过程，人们开始探寻用脚本语言实现 CGI 应用的可行方式。1995 年，第一个用 Perl 语言写成的 CGI 程序问世。很快，Perl 在 CGI 编程领域的风头就盖过了它的前辈 C 语言。随后，Python 等著名的脚本语言也陆续加入了 CGI 编程语言的行列。

1994 年，Rasmus Lerdorf 发明了专用于 Web 服务器端编程的 PHP（Personal Home Page Tools）语言。与以往的 CGI 程序不同，PHP 语言将 HTML 代码和 PHP 指令合成为完整的服务端动态页面，Web 应用的开发者可以用一种更加简便、快捷的方式实现动态 Web 功能。1996 年，Microsoft 借鉴 PHP 的思想，在其 Web 服务器 IIS 3.0 中引入了 ASP 技术。ASP 使用的脚本语言是开发者较为熟悉的 VBScript 和 JavaScript。借助 Microsoft

Visual Studio 等开发工具在市场上的成功，ASP 迅速成为了 Windows 系统下 Web 服务端的主流开发技术。当然，以 Sun 公司为首的 Java 阵营也不会示弱。1997 年，Servlet 技术问世；1998 年，JSP 技术诞生。Servlet、JSP 及 JavaBean 等技术的组合让 Java 开发者同时拥有了类似 CGI 程序的集中处理功能和类似 PHP 的 HTML 嵌入功能。此外，Java 的运行时编译技术也大大提高了 Servlet 和 JSP 的执行效率，这也正是 Servlet 和 JSP 被后来的 J2EE 平台吸纳为核心技术的原因之一。

Web 服务端开发技术的完善使开发复杂的 Web 应用成为了可能。在此起彼伏的电子商务大潮中，为了适应企业级应用开发的各种复杂需求，为了给最终用户提供更可靠、更完善的信息服务，两个最重要的企业级开发平台 J2EE 和 .NET 在 2000 年前后分别诞生于 Java 和 Windows 阵营，它们随即就在企业级 Web 开发领域展开了争夺，也正是这种针锋相对的竞争关系促使了 Web 开发技术以前所未有的速度得以提高和跃进。

J2EE（Java 2 Enterprise Edition）是纯粹基于 Java 的解决方案，主要包含三大核心技术——Servlet、JSP 和 EJB。1999 年，Sun 正式发布了 J2EE 的第一个版本。紧接着，遵循 J2EE 标准，为企业级应用提供支撑平台的各类应用服务器软件也不断地涌现了出来，IBM 的 WebSphere、BEA 的 WebLogic 都是这一领域里最为成功的商业软件平台。随着开源技术（open source software）的兴起，Tomcat、JBoss 等开源世界里的应用服务新秀也吸引了许多用户的注意力。J2EE 体系及相关的软件产品已经成为了 Web 服务端开发的一个强有力的支撑环境。

与 J2EE 不同的是，Microsoft 的 .NET 平台是一个强调多语言间交互的通用运行环境。尽管 .NET 的设计者试图以 .NET 平台作为绝大多数 Windows 应用的首选运行环境，但 .NET 首先吸引的却是 Web 开发者的目光。2001 年，ECMA 通过了 Microsoft 提交的 C# 语言和 CLI 标准，这两个技术标准构成了 .NET 平台的基石，它们也于 2003 年成为了 ISO 的国际标准。2002 年，Microsoft 正式发布 .NET Framework 和 Visual Studio .NET 开发环境。.NET 平台及相关的开发环境不但为 Web 服务器端应用提供了一个支持多种语言的、通用的运行平台，而且还引入了 ASP .NET 这样一种全新的 Web 开发技术。ASP .NET 超越了 ASP 的局限，可以使用 VB .NET、C# 等编译型语言。

1.6 Web 开发框架

随着 Web 应用的日益复杂，开发者开始尝试着将已有的 Web 开发技术综合起来，形成完整的 Web 开发框架，以此来满足各种复杂的 Web 应用开发需求。Web 开发框架规定了 Web 应用的设计体系结构，阐明了整个设计、协作构件之间的依赖关系、责任分配和控制流程。Web 开发框架强调的是软件的设计重用性和系统的可扩充性，有利于在一个项目内多人协同工作，以缩短大型应用软件系统的开发周期，提高开发质量，降低维护费用。

1.6.1 Model 1

在使用 Java 技术建立 Web 应用的实例中，由于 JSP 技术的发展，很快这种便于掌握和可实现快速开发的技术就成了创建 Web 应用的主要技术。JSP 页面中可以非常容易地结合业务逻辑处理、服务器端流程控制和 HTML 显示，从而可以快速地完成应用开发。现在很多的 Web 应用就是由一组 JSP 页面构成的。这种以 JSP 为中心的开发模型称之为 Model 1，如图 1-7 所示。

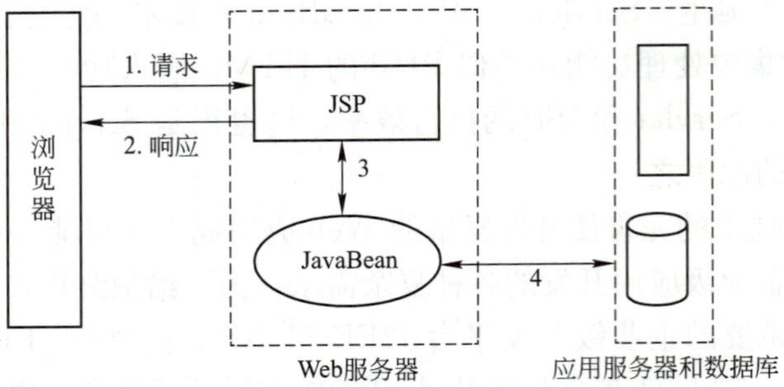

图 1-7　Model 1 业务流程示意图

当然，这种开发模式在进行快速和小规模的应用开发时，是有非常大的优势的，但是从工程化的角度考虑，它也有一些不足之处：应用的实现一般是基于过程的，一组 JSP 页面实现一个业务流程，如果要进行改动，必须在多个地方进行修改。这样非常不利于应用扩展和更新。由于应用不是建立在模块上的，业务逻辑和表示逻辑混合在 JSP 页面中没有进行抽象和分离。所以，非常不利于应用系统业务的重用和改动。

1.6.2　Model 2

2000 年以后，越来越多的 Web 开发环境开始支持 Model 2 的开发框架。Model 2 表示的是基于 MVC（Model-View-Controller）的框架，如图 1-8 所示。与 Model 1 相比，Model 2 更加适用于开发大型的 Web 应用。

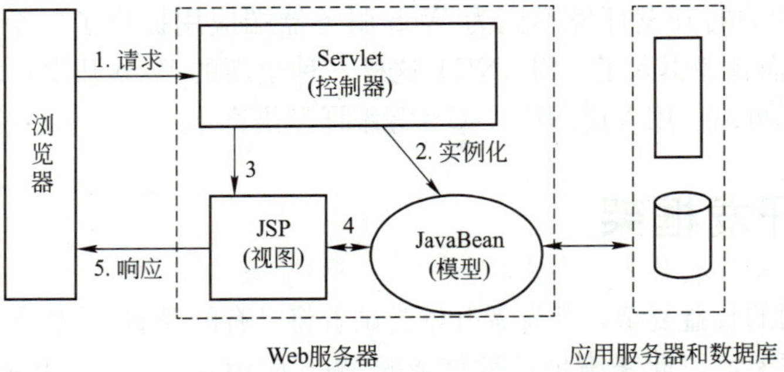

图 1-8　Model 2 业务流程示意图

MVC 是 Model-View-Controller 的简写。“Model”代表的是应用的业务逻辑（通过 JavaBean，EJB组件实现），“View”是应用的表示页面（由 JSP 页面产生），“Controller”是提供应用的处理过程控制（如 Servlet）。通过这种设计模型把应用逻辑、处理过程和显示逻辑分成不同的组件实现。这些组件可以进行交互和重用，从而弥补了 Model 1 的不足。

Model 2 具有组件化的优点，从而更易于实现对大规模系统的开发和管理，但是开发 MVC 系统比简单的 JSP 开发要复杂许多，它需要更多的时间学习和掌握。必须基于 MVC 组件的方式重新思考和设计应用结构。原来通过建立一个简单的 JSP 页面就能实现的应用现在变成了多个步骤的设计和实现过程。所有的页面和组件必须在 MVC 框架中实现，所以必须进行附加的开发工作。

1.6.3 第三方开发框架

目前，业内很多开源项目在 Web 开发框架方面表现得非常积极，已经出现了很多第三方机构或组织研发出来的 MVC 框架。因此，我们在采用 MVC 实现 Web 应用时，可以选择一个相对成熟的第三方 MVC 框架，在这些框架之下进行开发会取得事半功倍的效果。例如，Struts、Hibernate、Spring 等都是开源世界里与 MVC 开发框架相关的优秀解决方案，本书在介绍基本的 MVC 框架所包含的各类技术之后，将对常见的第三方开发框架作简要介绍。

本章小结

本章主要介绍了 Web 站点建立的流程、设计的原则以及与 Web 开发相关的基础知识。在基础知识部分重点介绍了目前主流的 Web 开发工具、开发语言以及开发框架。虽然 Web 设计有不同的解决方案，但是基本的 Web 运行原理是相通的。了解 Web 程序的运行原理，是为后续章节中使用具体的技术去开发 Web 应用程序打下必要的基础。

本章习题

1. Internet 上的 Web 站点与 Intranet 中的 Web 系统有何区别与联系？
2. 简述 Web 站点建立的流程。
3. Web 站点设计有哪些原则？
4. 常见的 Web 开发工具有哪些类型？请分别列举。
5. 简述 HTML 与 XML 的联系与区别。
6. Web 客户端技术和服务器端分别有哪些动态技术？请列举几种常见技术。
7. 简述目前主流的 Web 开发框架。

第 2 章　Java Web 开发与运行环境

本书主要向读者介绍基于 Java 的 Web 程序的设计，Java Web 应用是由 HTML、JSP、Servlet、Java 类等程序所构成的。在开发这些程序之前必须先熟悉整个 Java Web 开发的环境以及 Java Web 运行的环境。在第 1 章的内容中，读者已经了解了业内很多的 Web 开发工具，目前业内专门用于开发 Java Web 的工具有 JBuilder、MyEclipse（如图 2－1 所示）和 Netbeans 等。本章主要是向读者全面介绍以 MyEclipse 为代表的 Java Web 开发与运行环境的搭建与配置。

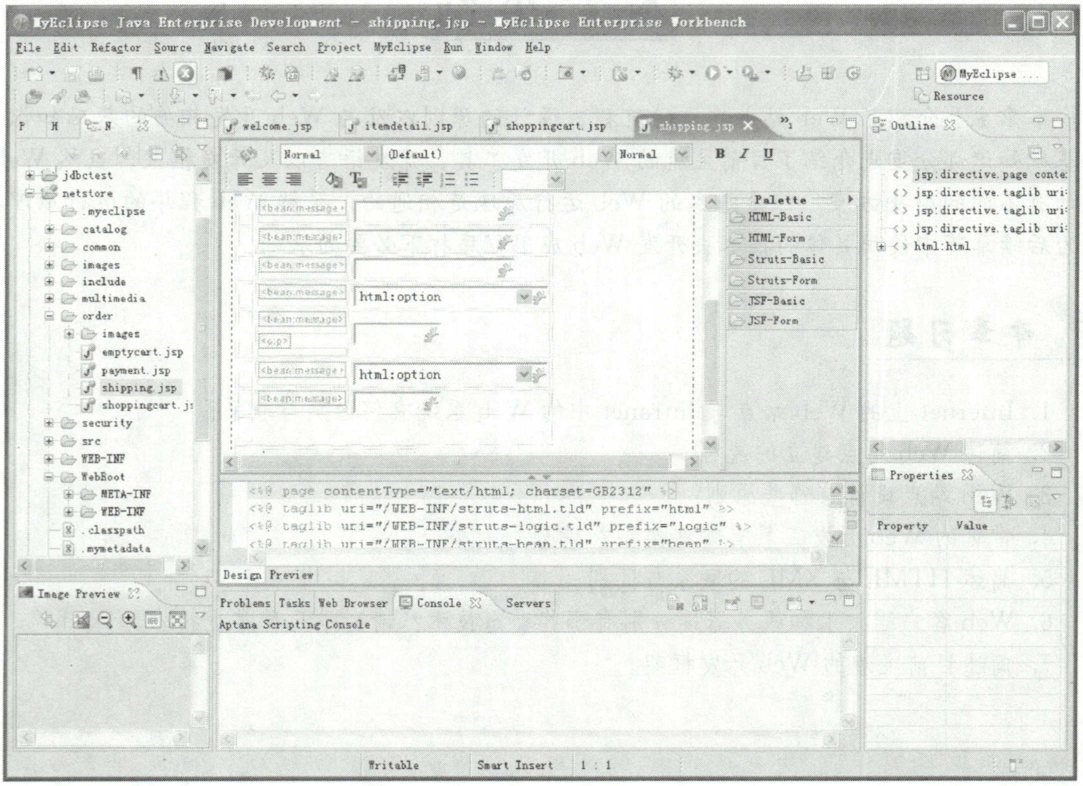

图 2－1　MyEclipse 主界面

2.1　Java 程序开发与运行环境

2.1.1　JDK 的安装

Java Web 系统的运行归根结底还是 Java 程序的运行，因此，在所有环境配置的工作中，必须首先安装 Java 开发环境，即 JDK（Java Development Kit）。通常所安装的 JDK 包括 JDK 本身以及 JRE（Java Runtime Environment）。JDK 是 Java 开发环境，有 Java 标准 API（Application Programming Interface）类库，开发者可以在此基础上开发自己的 Java 程序；JRE 是 Java 运行时环境，有了它就能运行 Java 程序，可以理解为 Java 虚拟机。

目前 JDK 有 3 种版本，它们是适用于小型设备和智能卡的 Java 2 Platform Micro Edition（简称 J2ME）、适用于桌面系统开发的 Java 2 Platform Standard Edition（简称 J2SE）、适用于创建服务器应用程序和服务的 Java 2 Platform Enterprise Edition（简称 J2EE）。J2EE 包括了企业级的开发组件，其中包括本书后续章节中所讲的 JSP、Servlet 等，都会在高级 Web 应用程序中用到。

本书所有的样例代码均运行在 JDK1.5 版本下，读者可以在 Sun 公司的官方网站上直接下载 JDK，具体下载地址为：http://developers.sun.com/downloads/index.jsp。JDK 下载界面如图 2－2 所示。

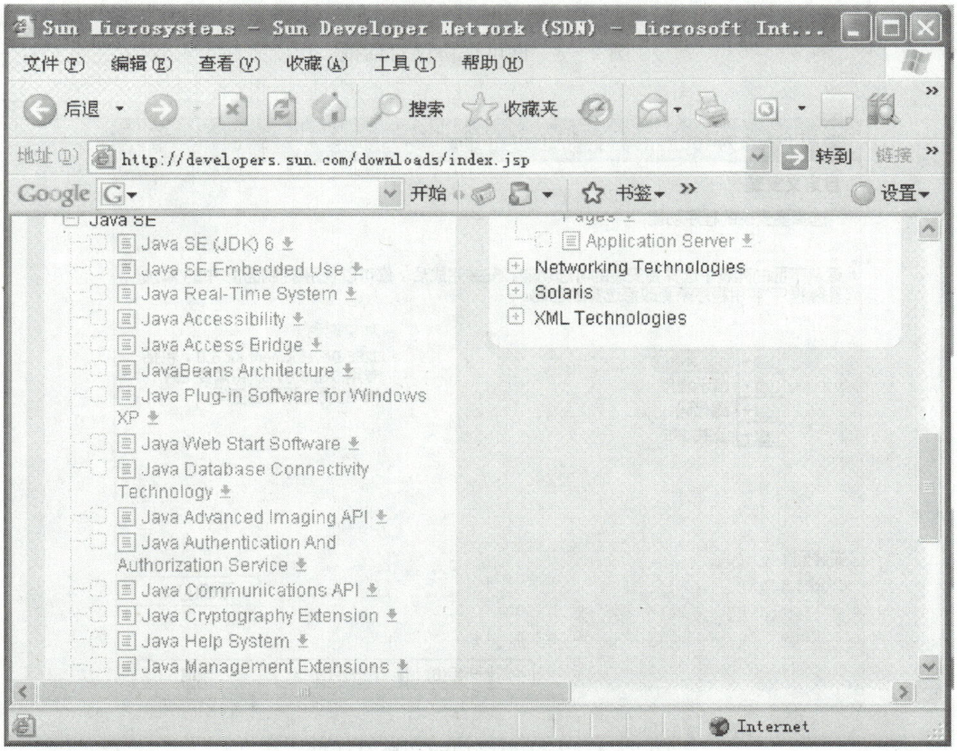

图 2－2　JDK 下载界面

下载完成后双击图标进行安装，具体安装步骤如下。

(1) 运行下载的 JDK 的 EXE 安装文件，弹出如图 2－3 所示的许可证协议对话框。

(2) 在弹出的对话框中，选择“我接受该许可证协议中的条款”选项，同意协议内容，然后单击【下一步】按钮，弹出如图 2－4 所示的安装程序功能选择对话框。

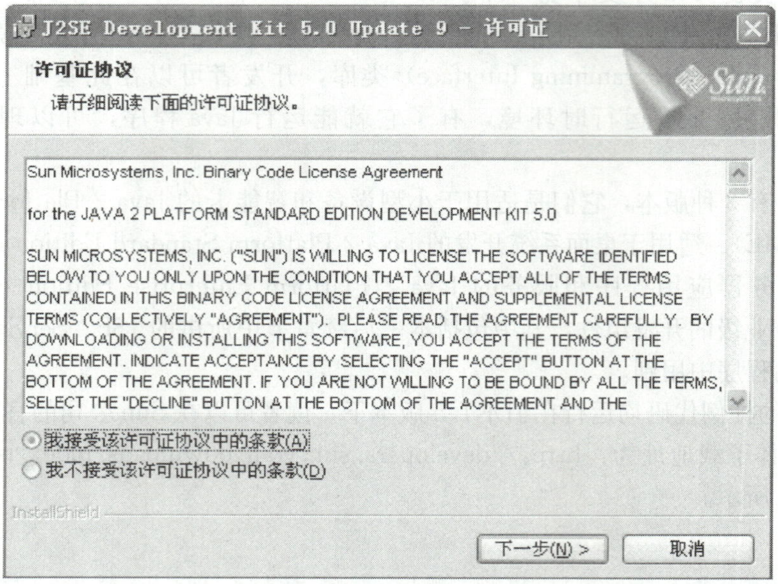

图 2-3　许可证协议对话框

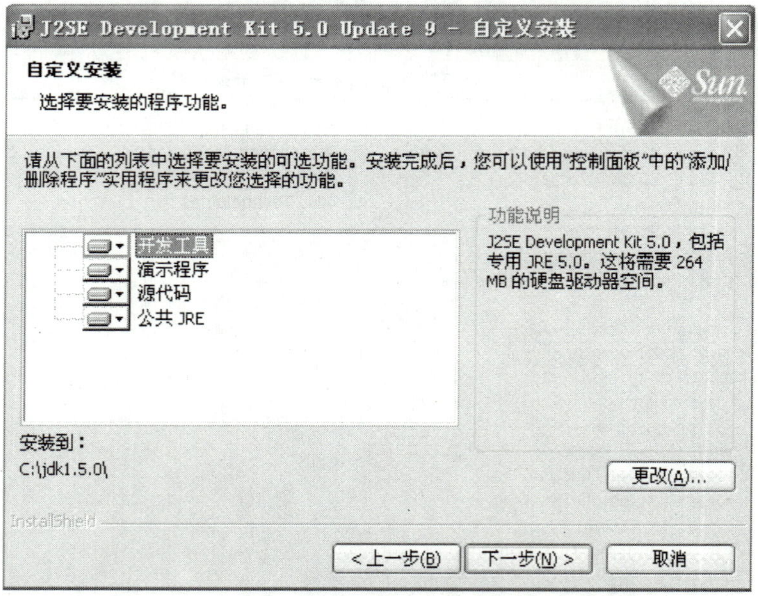

图 2-4　安装程序功能选择对话框

(3) 先安装 JDK。在弹出的对话框中，将默认的安装路径改为“C：\JDK1.5.0”，然后单击【下一步】按钮，继续安装 JRE。如图 2-5 所示，将默认的安装路径改为“C：\jre1.5.0”。

(4) 默认已经选中“Microsoft Internet Explorer”选项，不必改变它，后面步骤均可直接单击【下一步】按钮，直至完成此次安装。

安装完成后，需要设置系统的环境变量。

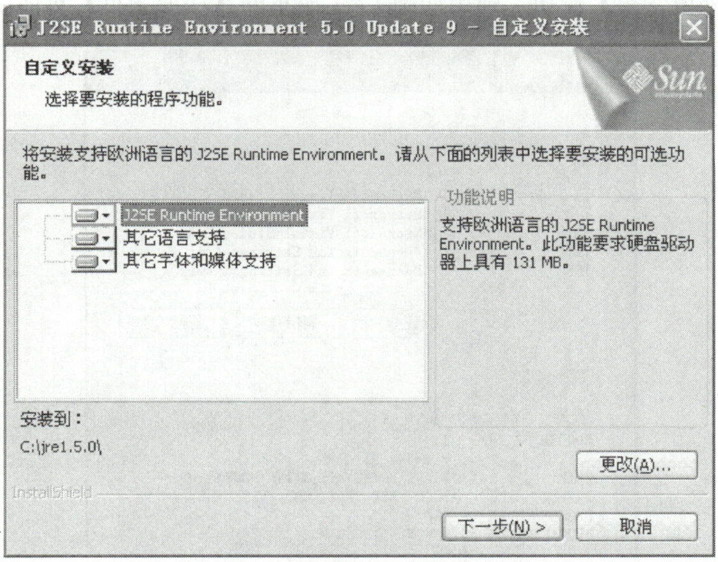

图 2－5　选择 JRE 安装路径

2.1.2　JDK 环境变量的配置

(1) 右击桌面上的“我的电脑”，出现快捷菜单，单击【属性】菜单项，出现【系统属性】对话框，单击对话框的【高级】选项，出现如图 2－6 所示的【系统属性】对话框。

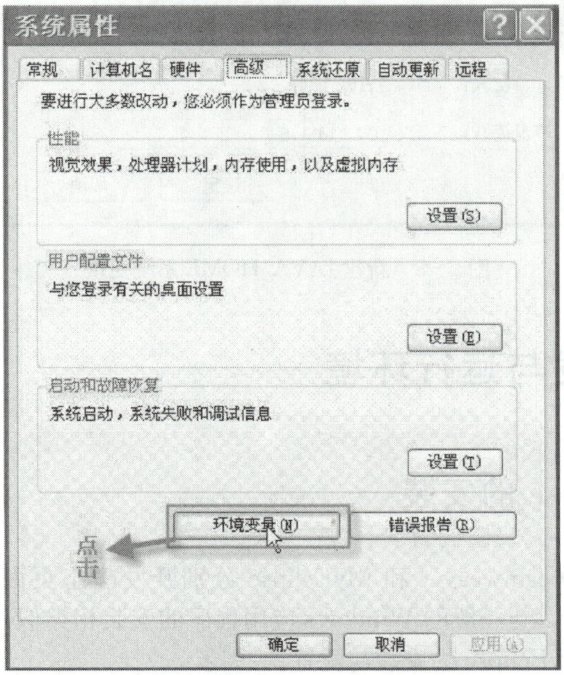

图 2－6　【系统属性】对话框

(2) 单击【环境变量】按钮，弹出如图 2-7 所示的【环境变量】对话框。

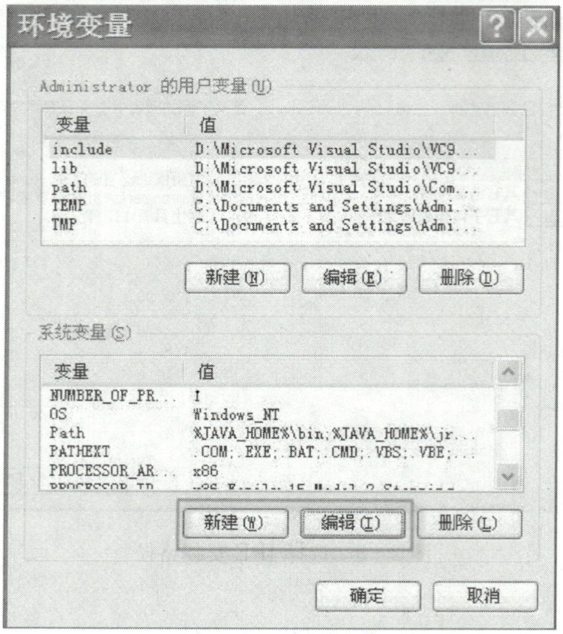

图 2-7 【环境变量】对话框

(3) 在【系统变量】中，单击【新建】按钮，新建变量名“JAVA_HOME”，变量值“C:\jdk1.5.0”(JDK 的安装目录)，如图 2-8 所示，然后单击【确定】按钮。

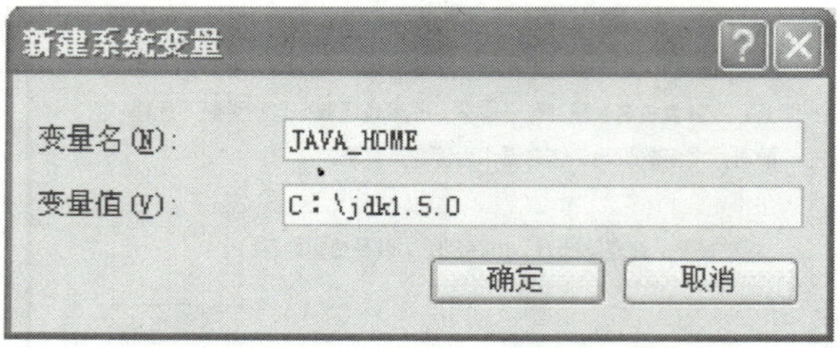

图 2-8 新建 JAVA_HOME 系统变量

2.2 Web 开发与运行环境

2.2.1 MyEclipse 的安装

本书中主要使用 Dreamweaver 和 MyEclipse 分别开发静态页面和动态程序。Dreamweaver 的安装较为简单，与一般的 Windows 应用程序的安装相类似，因此这里就不再详细介绍，本书着重介绍 MyEclipse 的安装与配置。

MyEclipse 是一个专门为 Eclipse 设计的插件集合。MyEclipse 的实际价值来自其大量的可视化开发工具和实用组件。如网页编辑器、XML 编辑器，提供创建 Web 项目的向导并产生 Web 项目的主要架构，此外还包含连接数据库、执行 SQL 语句的工具。可以说，安装了 MyEclipse 插件包的 Eclipse 是一个多功能的集成开发平台。

MyEclipse 的安装方式分为两种：一种是插件方式安装，开发者必须先安装 Eclipse 再安装 MyEclipse 插件；另一种则是集成了 Eclipse 的 MyEclipse 安装包，直接安装即可。本书配套光盘中提供了集成安装包，读者也可以登录 MyEclipse 的官方网站 www. myeclipseide. com 自行下载。MyEclipse 是付费软件，读者可以下载三个月的试用版本，试用版本可以先注册然后下载；如果要长期使用需要购买许可证。注册下载过程如下。

（1）首先单击右上角的“Register”，如图 2 - 9 所示。

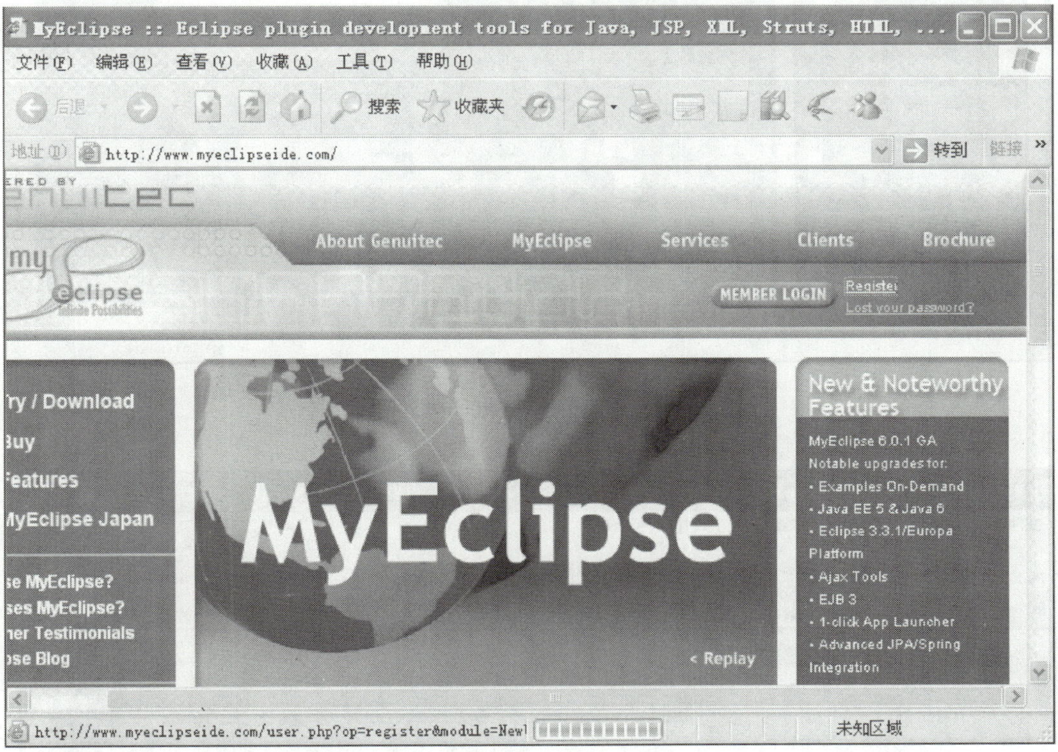

图 2 - 9　MyEclipse 的官方网站

（2）在如图 2 - 10 所示的界面里，输入用户名和 E-mail 地址，下面的 3 个选项可选可不选。

（3）注册完毕，可以看到如图 2 - 11 所示的页面。

（4）注册成功后，登录刚才注册时所填的电子邮箱，可以收到密码，如图 2 - 12 所示。

（5）注册之后可以下载试用版本，如图 2 - 13 所示。

（6）单击“Try Now”下面的【DOWNLOAD】按钮，进入下载页面，如图 2 - 14 所示。

其中“PLUG - IN”是仅下载 MyEclipse 插件包，如果采用这种方式，前提是要先单独下载 Eclipse 并解压，再把 MyEclipse 插件包安装到 Eclipse 上。在这里，我们推荐选择“ALL In ONE”，这种方式下载的安装包集成了 Eclipse，较为方便。下载完成后，双击 MyEclipse 安装程序，开始安装，其中安装到第三步可以修改安装路径，如图 2 - 15 所示。

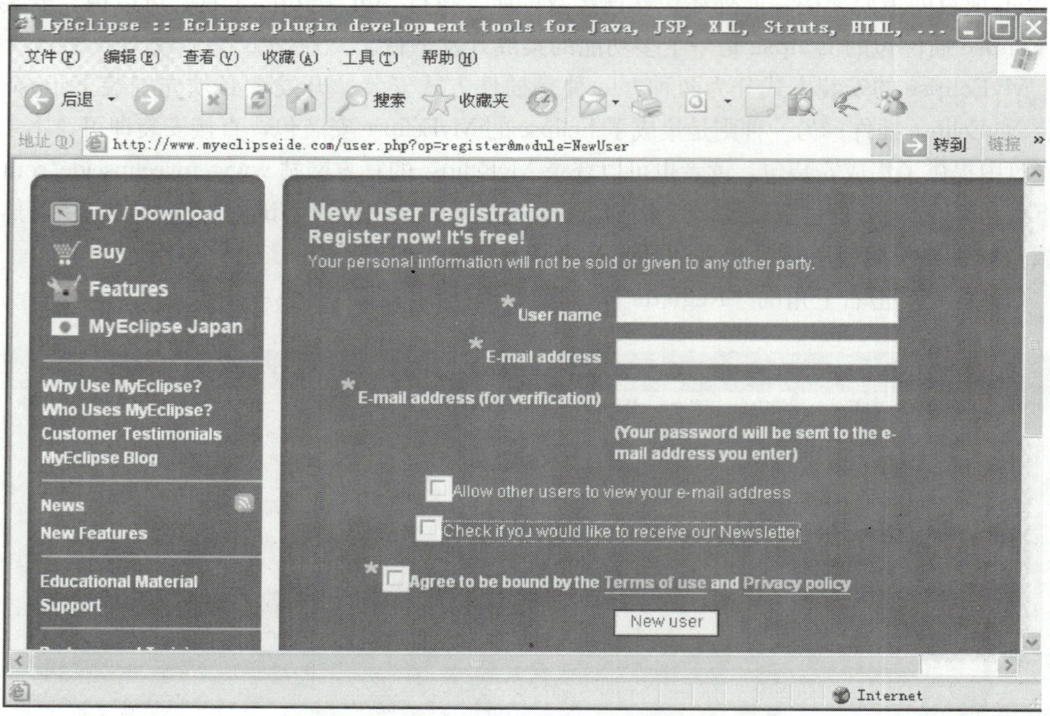

图 2-10 MyEclipse 注册页面

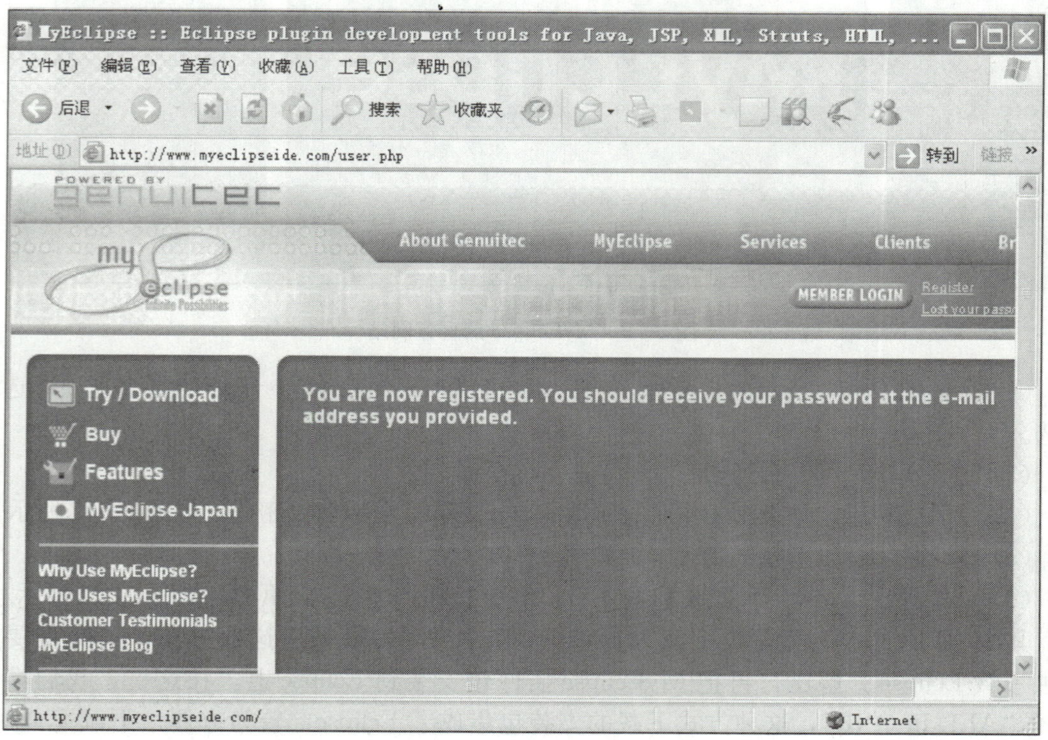

图 2-11 注册成功页面

```
Password: yyyhetru

Your account was not automatically subscribed to
the MyEclipse newsletter.  If you wish to receive
our Newsletter please visit the MyEclipse
subscription section at
http://www.myeclipseide.com/pnTresMailer.html.
To avoid known login problems, please make sure:
1.  To setup your browser so it can accept
cookies.2.  Your system date and time are
reasonably accurate.

Your trial account should provide access to the
MyEclipse download section and to access all
releases.  You can install MyEclipse and take
advantage of our 30-day free trial.  Your download
should also provide access to all features;
Standard and Professional.

You don't need a registration code if you are
trying MyEclipse for the 1st time.  The software
is designed to provide a 30-day trial period upon
installation unless:

1.  You have installed MyEclipse previously and
elapsed original trial period.
2.  If license manager detects any unreasonable
system date.

In either case the trial period is terminated.

.Best Regards
MyEclipse Support Team
```

图 2-12　注册成功后接收的邮件截图

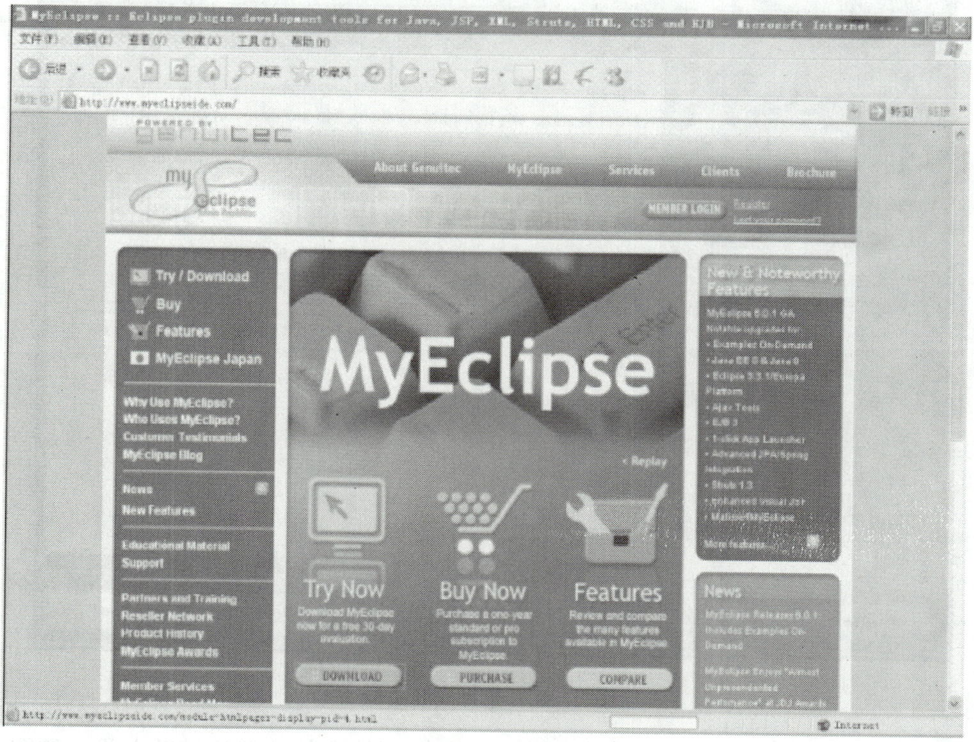

图 2-13　试用版本下载首页

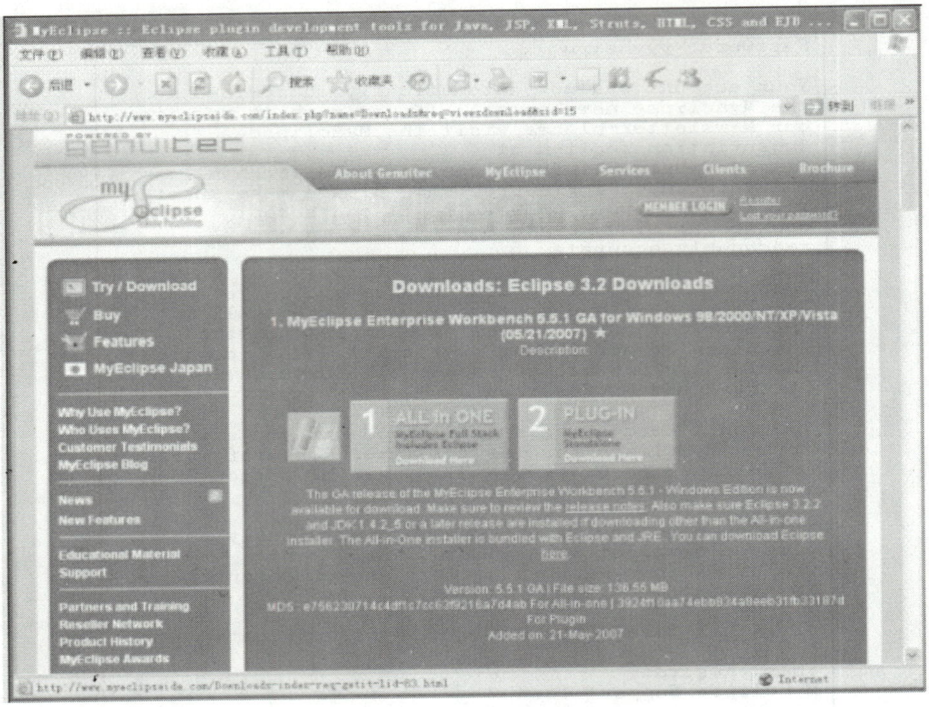

图 2 - 14　下载页面

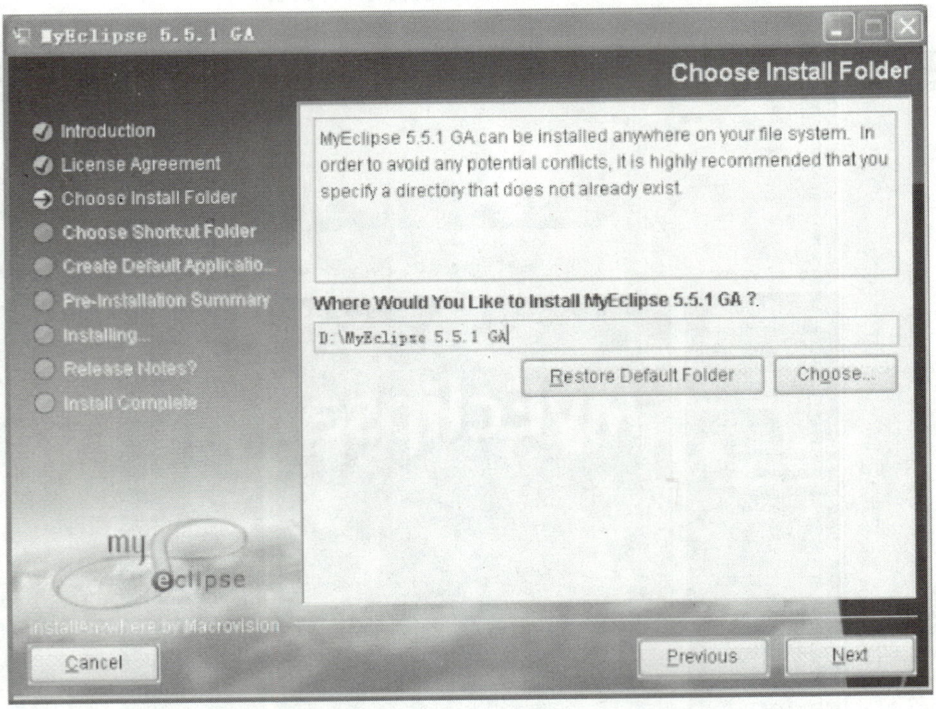

图 2 - 15　选择安装路径

安装到第五步，可以把 MyEclipse 设为图形、网页等文件的默认打开方式，如图 2 - 16 所示。

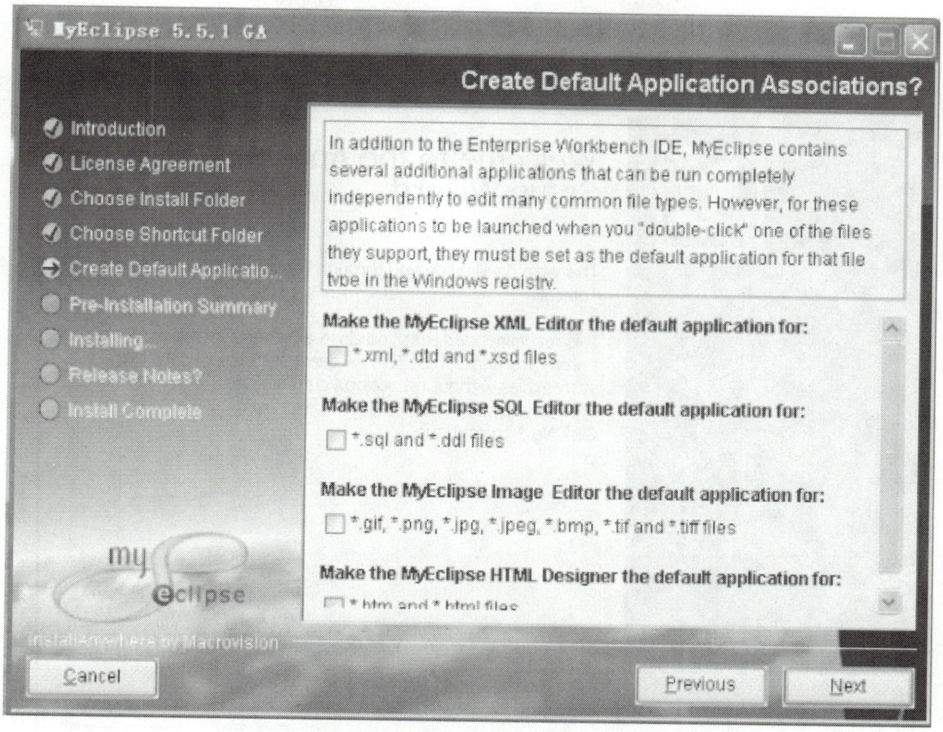

图 2-16　设置各种应用文件的默认打开方式

下面的安装步骤不再需要额外的设置，均可直接单击【Next】按钮完成安装。安装完毕后即可双击桌面的快捷方式启动 MyEclipse。

MyEclipse 的开发界面也被称为 Workbench，它主要由 3 部分组成：透视图（Perspective），编辑窗口（Editor）和视图（View）。其中常用的视图窗口有资源浏览窗口（Navigator）、Java 包浏览窗口（Package Explorer）、控制台（Console）、任务栏（Task）等。Navigator 窗口和 Package Explorer 窗口是视图窗口中最重要的两个窗口。Navigator 窗口和 Windows 的资源管理器差不多，能浏览项目文件夹中的所有文件，而 Package Explorer 窗口可以用来浏览项目中的 Java 包以及包中的类、类中的变量和方法等信息。在 Package Explorer 窗口中单击鼠标右键从调出的菜单中的【打开类型层次结构】选项（Open Type Hierarchy），可以非常清晰地查看类的层次结构。类中的编译出错信息可以在任务栏窗口中查到。控制台则主要用来显示程序的输出信息。关于 MyEclipse 的具体使用方法和技巧，本书将在后续章节中结合实例开发进行介绍。

2.2.2　Tomcat 的安装

Java Web 应用是由一些 Servlet、HTML 页面、Java 类、JSP 页面和一些其他的资源构成的，它可以在各种实现了 Servlet 规范的各种厂商的 Web 应用容器中运行。Tomcat 就是这样一个实现了 Servlet 规范的 Servlet/JSP 容器。读者可以登录 Apache 的 Tomcat 站点 http://tomcat.apache.org 下载。安装 Tomcat 之前必须先安装 JDK 1.5 以上版本并配置相应的环境变量 JAVA_HOME。安装步骤如下。

（1）执行该安装程序，出现如图 2－17 所示的安装向导的欢迎界面。

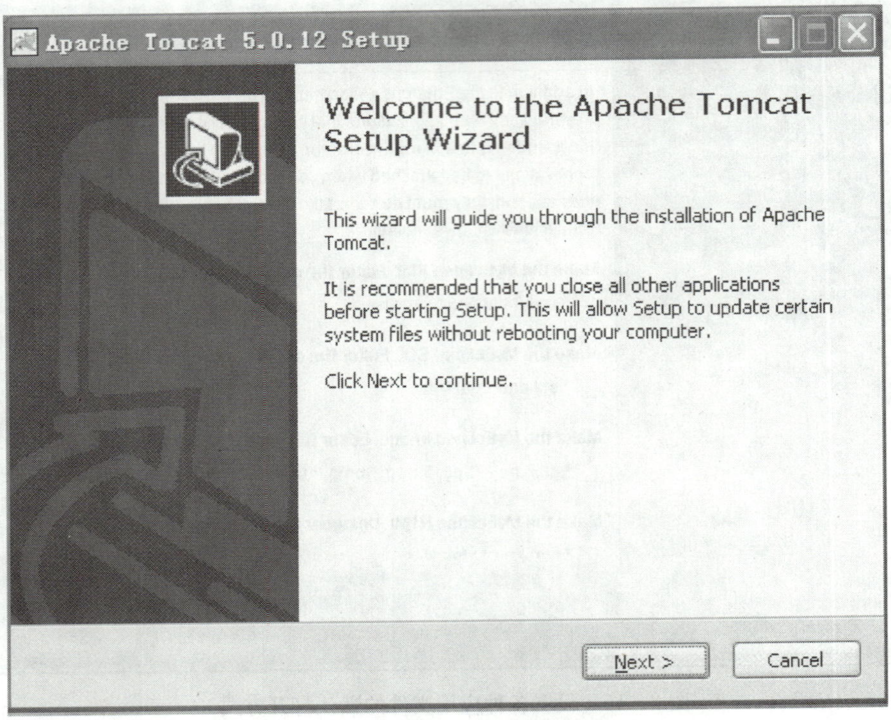

图 2－17　安装向导的欢迎界面

（2）单击【Next】按钮，弹出如图 2－18 所示的许可信息界面，在许可信息界面显示了 Tomcat 的许可（License）信息。

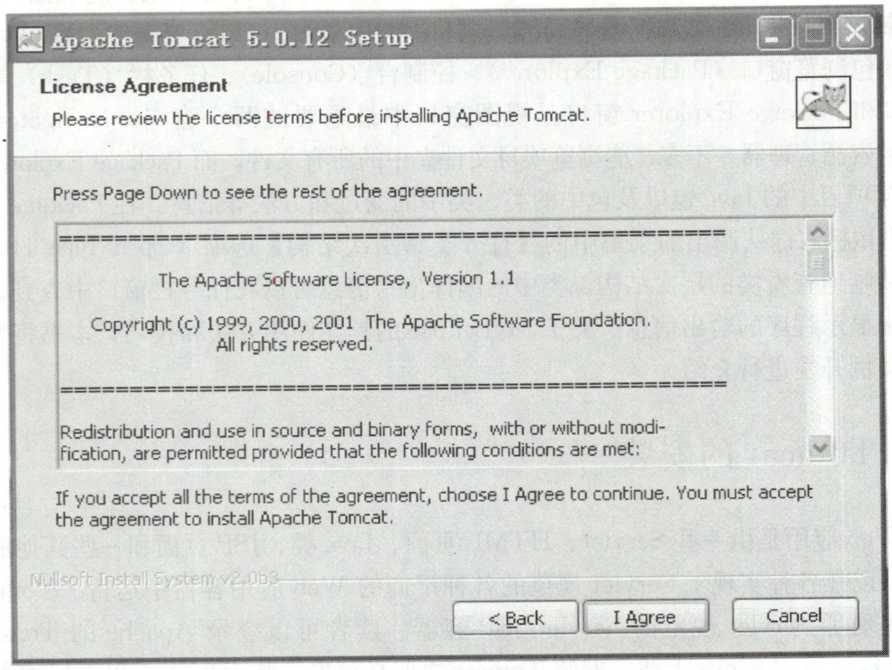

图 2－18　许可信息界面

(3) 单击【I Agree】按钮接受该条件，弹出如图 2-19 所示的安装组件选择界面。

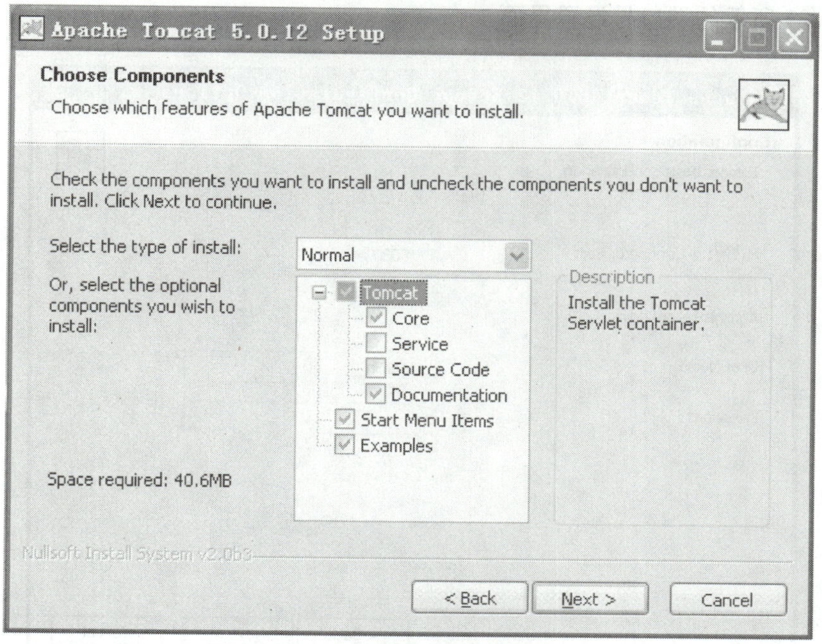

图 2-19 安装组件选择界面

(4) 选择将要安装的 Tomcat 组件，如选中“Service”项将会把 Tomcat 作为 Windows 服务，选中“Source Code”项将会安装 Tomcat 的源代码，选中“Start Menu Items”项将会在 Windows 的【开始】菜单中增加 Tomcat 的菜单项，选中“Examples”项将会安装 JSP、Servlet 例程。然后单击【Next】按钮，进入如图 2-20 所示的安装路径选择界面。

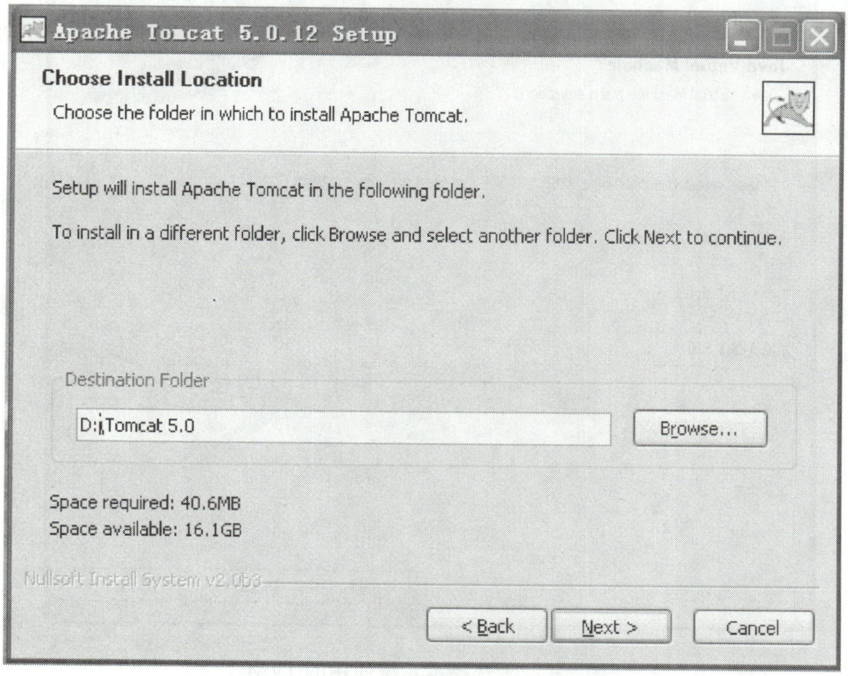

图 2-20 安装路径选择界面

(5) 设置 Tomcat 的安装目录，本书安装到路径 D：\Tomcat 5.0。单击【Next】按钮进入如图 2-21 所示的端口号设置界面。

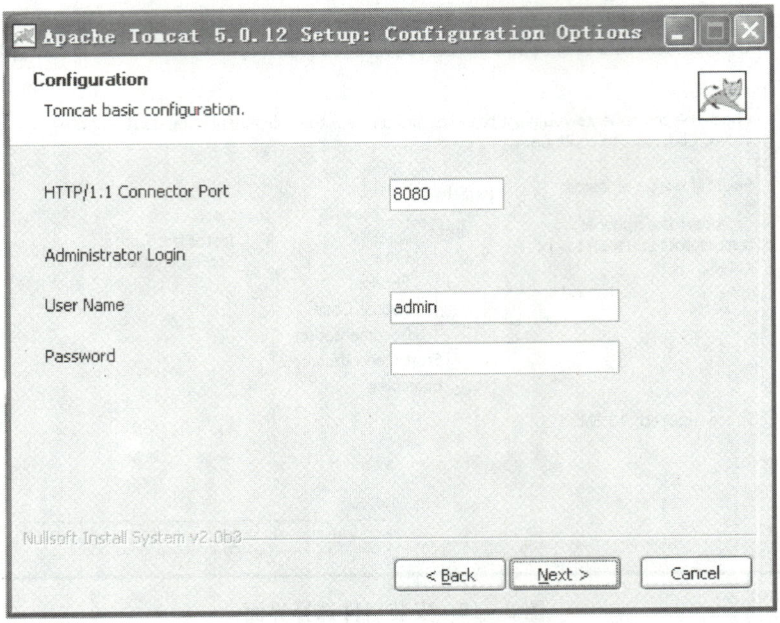

图 2-21　端口号设置界面

(6) 设置 Tomcat 的服务端口号，默认为 8080 端口，如果 8080 端口被其他服务器占用，则需要设置其他端口。单击【Next】按钮，弹出如图 2-22 所示界面。

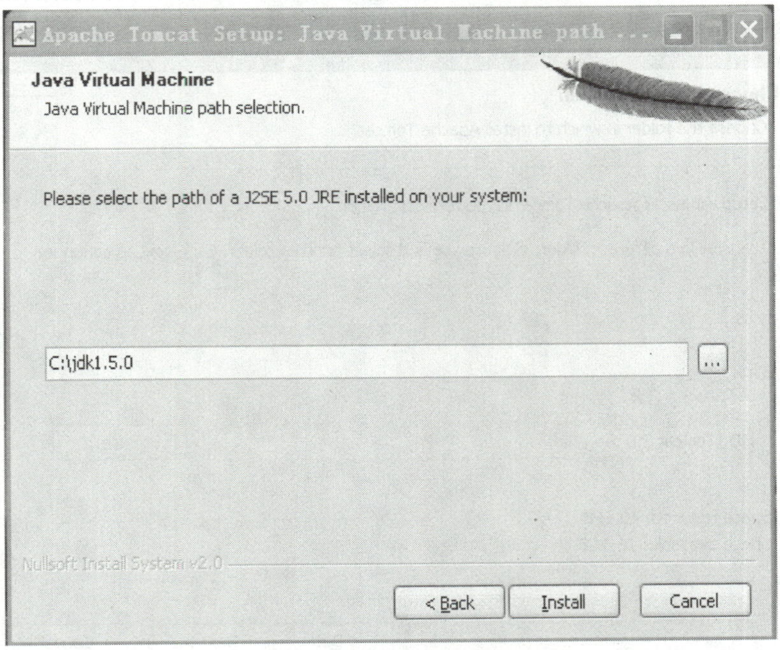

图 2-22　选择本系统使用的 JVM

(7) 选择 JDK 所在路径后，单击【Install】按钮，完成后弹出如图 2-23 所示的界面。

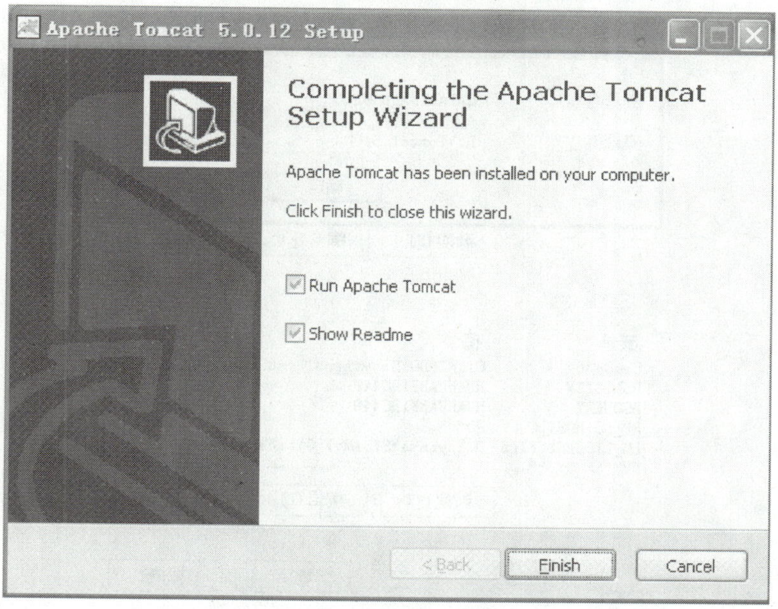

图 2-23 安装完成界面

(8) 单击【Finish】按钮，结束 Tomcat 的安装。安装完毕后的 Tomcat 目录结构如图 2-24 所示。

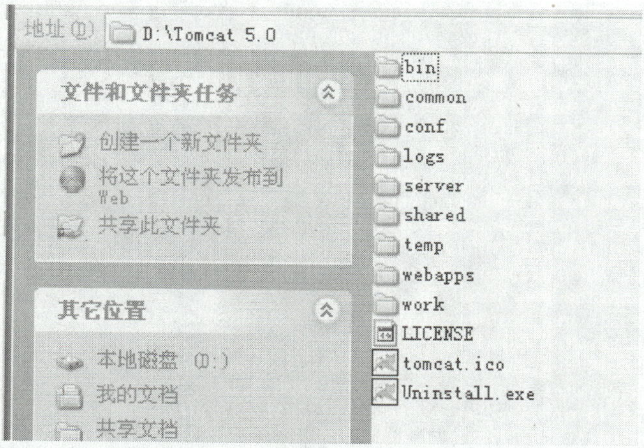

图 2-24 Tomcat 目录结构

为了使 Tomcat 能独立启动，需要进行系统环境变量的配置。

① 右击【我的电脑】，在弹出菜单中选择【属性】，在弹出对话框中选择【高级】，然后单击【环境变量】按钮。

② 在【系统变量】中新建变量名"CATALINA_HOME"，变量值"D:\Tomcat 5.0"(Tomcat 的主目录)，CATALINA_HOME 的设置如图 2-25 所示。

设置完之后，如果是用 EXE 安装包安装的，可以从 Windows 的【开始】→【程序】中的 Tomcat 程序组里面启动或关闭 Tomcat 服务器；如果是 zip 安装包安装的，可以从 CATALINA_HOME\bin 下面的 startup.bat 启动 Tomcat 服务，启动界面如图 2-26 所示。

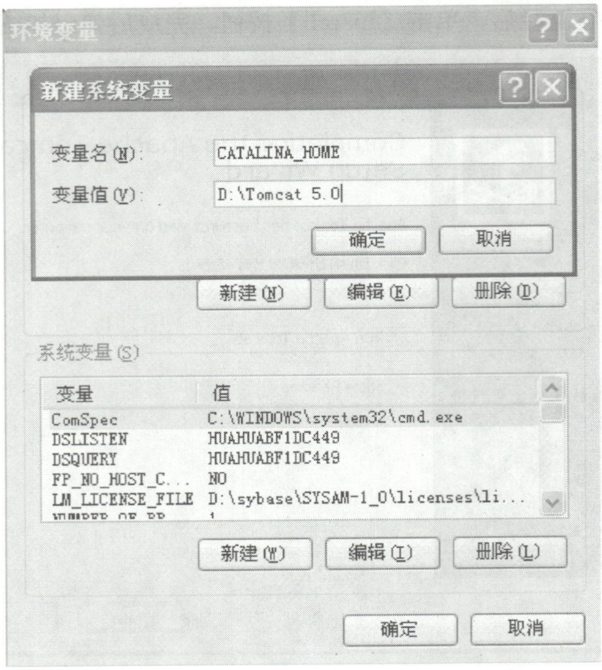

图 2-25 系统变量 CATALINA_HOME 的设置

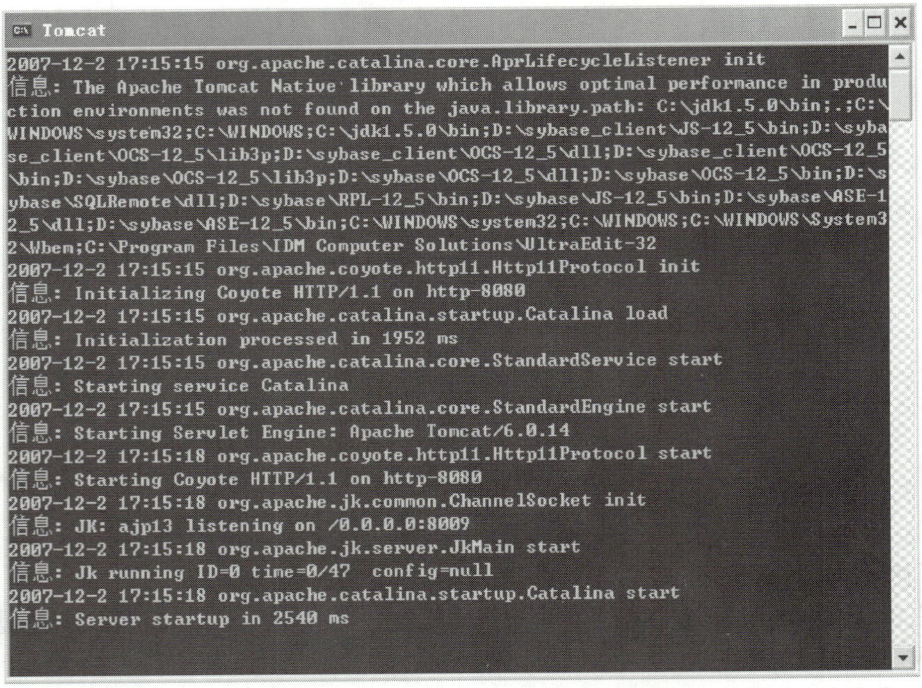

图 2-26 Tomcat 服务启动界面

最后一行显示“Server startup in ×××× ms”，说明 Tomcat 已经启动成功，可以在地址栏中输入 http://127.0.0.1：8080 或者 http://localhost：8080 访问本机的 Tomcat 首页，如图 2-27 所示。

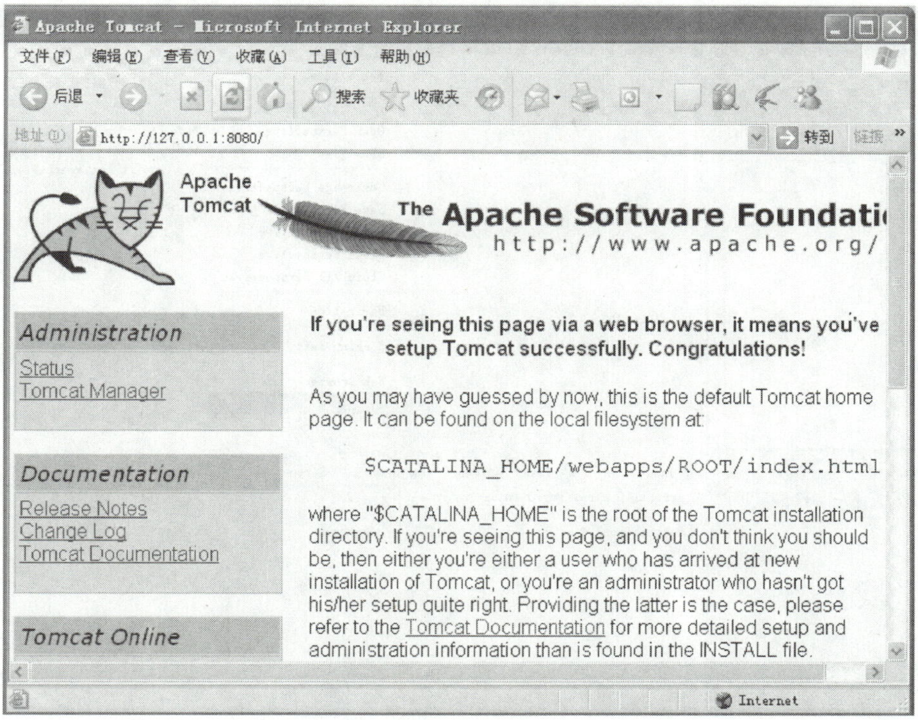

图 2－27　Tomcat 首页

小提示：

Tomcat 安装过程中，在选择本系统 JVM 路径时，必须选择之前已经安装的 JDK 所在路径，而不是 JRE 所在路径。

2.2.3　MyEclipse 与 Tomcat 的搭配

为了使今后的开发过程更加方便快捷，需要将运行环境与开发环境进行必要的整合。以上我们已经了解了 Tomcat 独立启动的模式，下面将在 MyEclipse 内部进行设置，使 Tomcat 可以直接在 MyEclipse 内部进行启动，并且可以支持今后 Web 应用的断点调试功能。

启动 MyEclipse，选择【Window】菜单下面的【Preferences】，如图 2－28 所示。

单击左侧菜单【MyEclipse】→【Application Servers】→【Tomcat】→【Tomcat 5.x】，出现如图 2－29 所示界面，在“Tomcat home directory”后面填写 Tomcat 安装的目录。最后将“Tomcat server”选择为 Enable。

单击服务器按钮右侧的下拉按钮，如图 2－30 所示。在弹出的下拉菜单中，选择【Tomcat 5】→【Start】，启动 Tomcat 服务器。

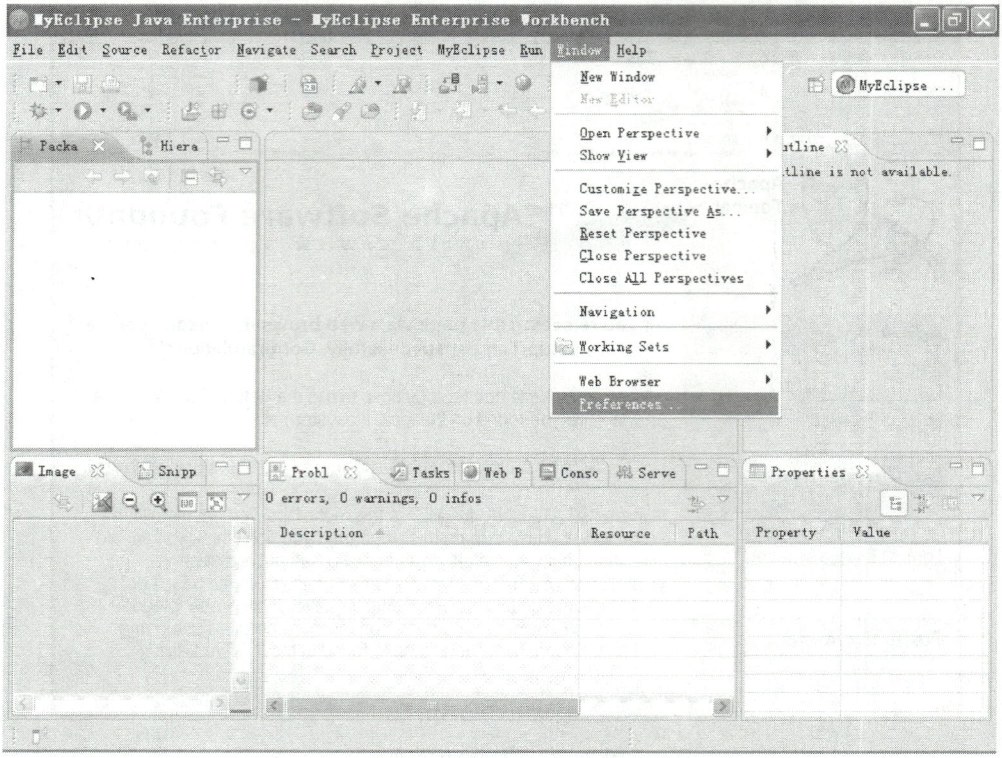

图 2-28 MyEclipse 主界面

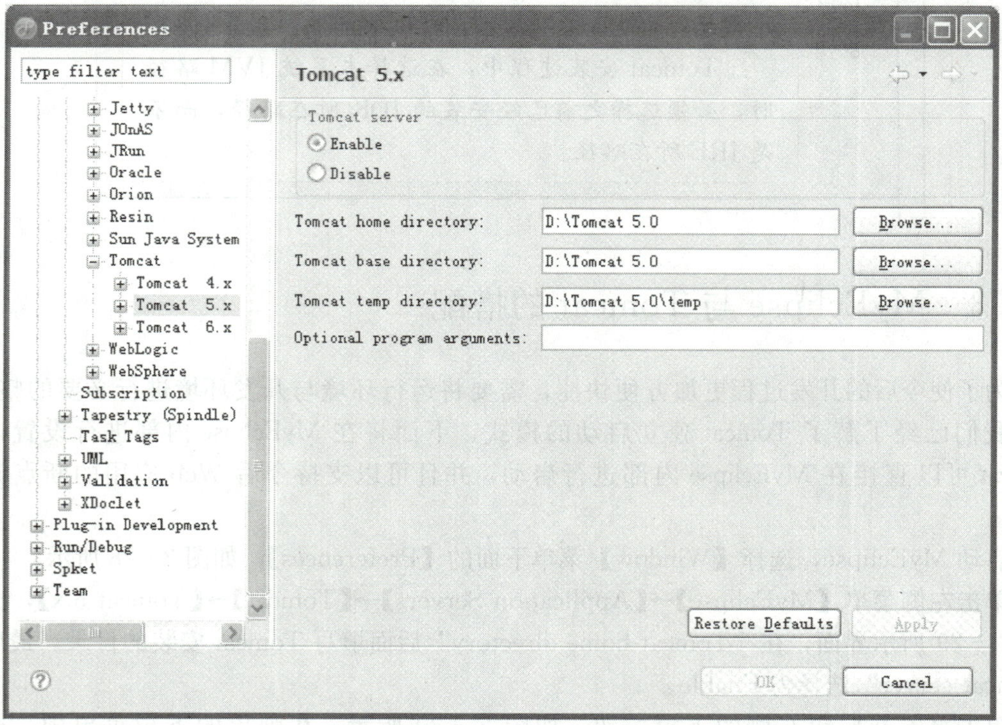

图 2-29 配置 Tomcat 服务器

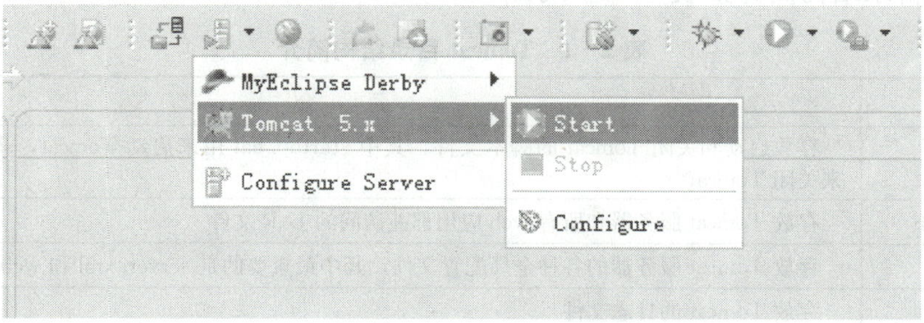

图 2－30　MyEclipse 工具栏中的启动 Tomcat 菜单

对于服务器启动状况，可以在【Console】窗口中查看。当出现如图 2－31 所示的信息时，就表示 Tomcat 服务器启动成功。

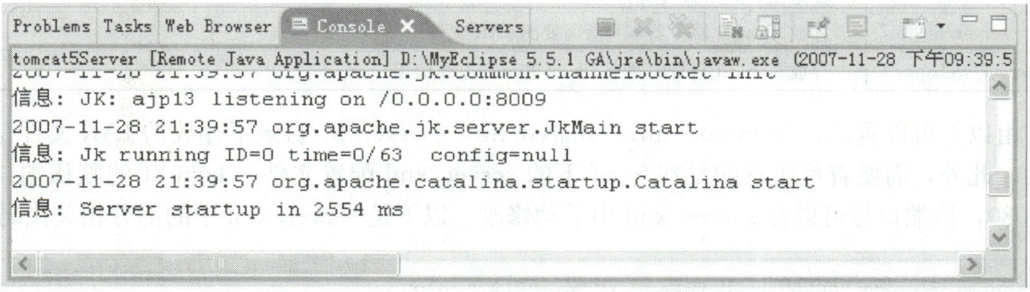

图 2－31　Tomcat 运行状态

2.2.4　Tomcat 目录结构

Tomcat 5.0 下有 9 个目录，分别是 bin、common、conf、logs、server、shared、temp、webapps、work。Tomcat 目录结构如图 2－32 所示。

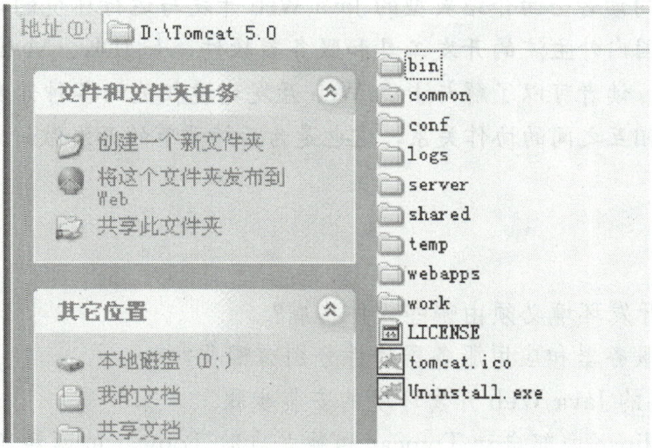

图 2－32　Tomcat 目录结构

Tomcat 目录结构简介如表 2-1 所示。

表 2-1 Tomcat 目录结构简介

目录名	简　介
/bin	存放启动和关闭 Tomcat 的脚本文件，其中 startup. bat 用来启动 Tomcat，shutdown. bat 用来关闭 Tomcat
/common/lib	存放 Tomcat 服务器和所有 web 应用都能访问的 JAR 文件
/conf	存放 Tomcat 服务器的各种全局配置文件，其中最重要的是 server. xml 和 web. xml
/logs	存放 Tomcat 的日志文件
/server	包含三个子目录：classes、lib 和 webapps
/shared/lib	存放所有 web 应用能访问的，但 Tomcat 不能访问的 JAR 文件
/temp	临时活页夹，Tomcat 运行时存放临时文件用的
/webapps	web 应用的发布目录，把 Java 开发的 Web 站点放入这个目录下就可以通过 Tomcat 服务器访问了
/work	存放由 JSP 生成的 Servlet
/server/lib	存放 Tomcat 服务器本身所需要的 JAR 文件
/server/webapps	存放 Tomcat 自带的两个 admin 和 manager 应用

由以上可以看出，/common/lib，/shared/lib，/server/lib 目录下存放的 JAR 文件是不同的。此外，需要着重注意的是在/conf 下的 server. xml 配置文件。Tomcat 的默认端口号是 8080，该端口号可以在 server. xml 中手动修改。以下是 server. xml 中的部分相关代码：

```
<Connector port="8080" maxHttpHeaderSize="8192" ……/>
```

其中，port="8080" 就是 Tomcat 提供 Web 服务的端口号，可以将“8080”改为其他端口号（注意避免与本机已被占用的端口冲突）。

本 章 小 结

本章主要内容是向读者全面介绍典型的 Java Web 开发与运行环境的搭建和配置，这部分内容紧密结合了当前国内外主流的开发工具和服务器软件，如 JDK、MyEclipse 及 Tomcat 等。通过本章内容的学习，读者可以了解与 Java Web 开发环境相关的各种开发软件和服务器软件的功能以及这些软件相互之间的协作关系，这也是为后续章节的开发做好必要的环境准备。

本章习题

1. Java Web 的开发环境必须由哪些软件构成？
2. 常见的 Web 服务器和应用服务器软件分别有哪些？
3. 简述一个完整的 Java Web 开发环境的安装步骤。
4. 简述从 MyEclipse 内部启动 Tomcat 和独立启动 Tomcat 的两种不同的启动方式在操作上有哪些注意事项。
5. 如何修改 Tomcat 的服务端口号？

第 3 章　HTML 与 CSS

HTML（Hyper-Text Markup Language），即超文本标记语言，是网页的主要组成部分，基本上每一个网页都是由 HTML 语言组成的。HTML 语言的一个重要特点就是能够把文本、图像、动画、音乐等多种媒体相结合，设计出图文并茂、动静结合的页面，如图3-1所示。

图 3-1　由 HTML 实现的会员注册页面

要掌握高级的 Web 程序设计，必须先从基本的超文本标记语言 HTML 学起。虽然用文本编辑器就可以编写 HTML 文件，但是不借助高级开发工具进行开发，效率较低。目前比较流行的网页制作工具有 FrontPage、Dreamweaver 等，本章将介绍如何通过 Dreamweaver 工具来制作丰富多彩的网页。

3.1　静态网页 HTML 简介

HTML 文件的后缀名是 .htm 或者是 .html。在网站设计中，纯 HTML 格式的网页通常被称为“静态网页”，早期的网站一般都是用静态网页制作的。URL（Uniform Resource Locator），即统一资源定位符，简单地讲就是网络上的一个站点或网页的完整路径，静态网页的 URL 形式通常为：www.example.com/example/example.html。与一般文本不同的是，HTML 文件不仅可以包含文本内容，还包含一些 Tag，即标记。在 HTML 格式的网页中，可以插入各种动态的效果，如 .GIF 格式的图片、Flash 动画、滚动文字等，但是这些“动态效果”只是视觉上的，与后续章节中介绍的具有交互功能的“动态网页”是不同的概念，这一点也是很多初学者容易混淆的。

用户访问静态网页的流程如图 3-2 所示。用户在浏览器的地址栏中输入访问路径，例如，www.example.com/example/example.html，按 Enter 键后向服务器发送请求；服务器接收到来自用户的请求后，在服务器的网站目录 example 下查找网页文件 example.html，如果找到则直接把该 HTML 文件以响应的方式发送给用户的浏览器，用户可以看到该网页的显示效果；如果服务器端找不到该文件，则会发送“找不到该页或该页已删除”的响应。

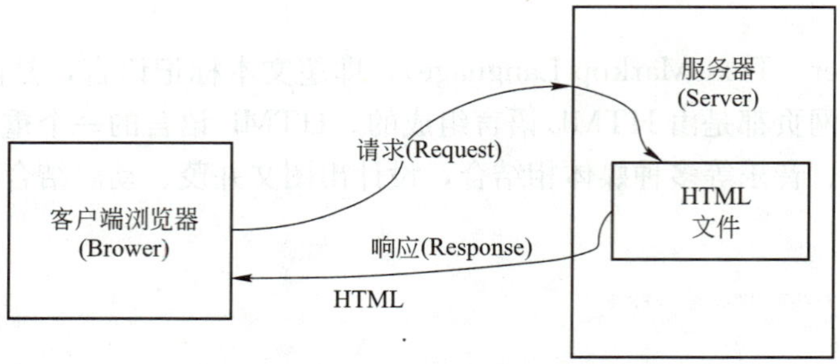

图 3-2 用户访问静态网页的流程

静态网页主要有以下特点。

① 静态网页仅以呈现丰富的多媒体信息为主，本身并不能实现用户与服务器之间的交互功能。

② 静态网页文件都保存在网站服务器的硬盘空间里，每个网页都是一个独立的文件。

③ 静态网页的内容相对稳定，因此容易被搜索引擎检索。

④ 静态网页不能直接获取数据库中的信息，因此当网站信息量很大、更新很频繁时，完全依靠静态网页的制作方式比较困难。

3.2 Dreamweaver 的操作环境

在首次启动 Dreamweaver 时会出现一个【工作区设置】对话框，在对话框左侧是 Dreamweaver 的设计视图，右侧是 Dreamweaver 的代码视图。Dreamweaver 设计视图布局提供了一个将全部元素置于一个窗口中的集成布局。本书选择面向设计者的设计视图布局。

在 Dreamweaver 中首先将显示一个起始页，如图 3-3 所示，可以选择该窗口下面的“不再显示此对话框”来隐藏它。在这个页面中包括“打开最近项目”、“创建新项目”、“从范例创建”3 个方便实用的项目，建议大家保留。

可以新建或打开一个文档，如图 3-4 所示，进入 Dreamweaver 的网页设计界面。Dreamweaver 的标准工作界面包括：标题显示栏、菜单栏、插入面板组、文档工具栏、标准工具栏、文档窗口、状态栏、属性面板和浮动面板等。

1. 标题显示栏

启动 Macromedia Dreamweaver 后，标题栏将显示文字 Macromedia Dreamweaver 8，如图 3-5 所示。新建或打开一个文档后，在后面还会显示该文档所在的位置和文件名称。

2. 菜单栏

Dreamweaver 的菜单共有 10 个，如图 3-6 所示，即【文件】、【编辑】、【查看】、【插入】、【修改】、【文本】、【命令】、【站点】、【窗口】和【帮助】。其中，【编辑】菜单里提供了对 Dreamweaver 菜单中【首选参数】的访问。

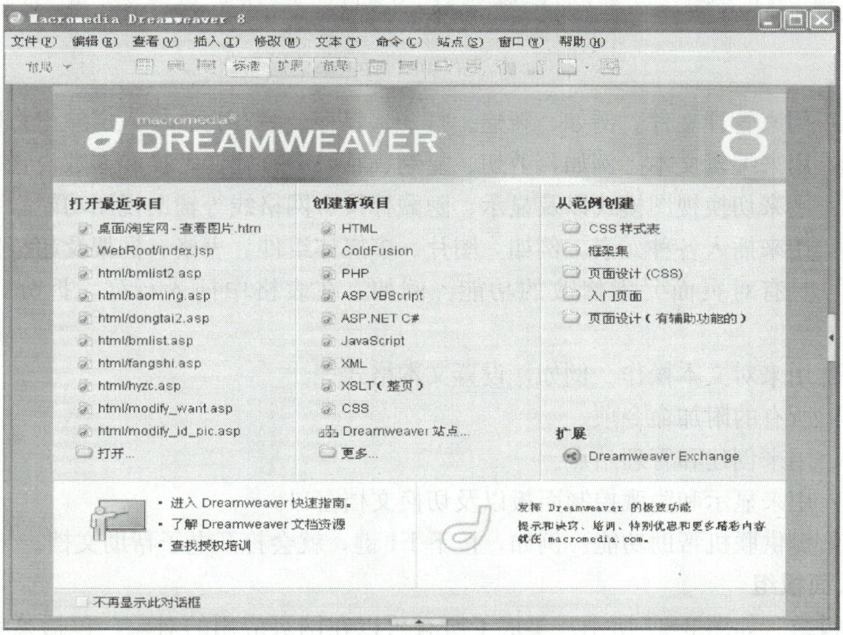

图 3－3　Dreamweaver 起始页面

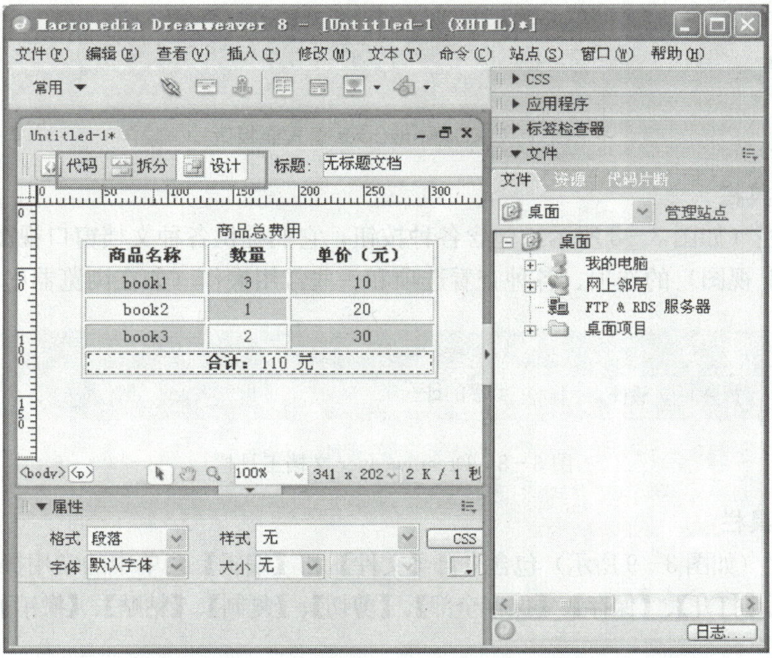

图 3－4　Dreamweaver 网页设计界面

图 3－5　Dreamweaver 标题显示栏

图 3-6 Dreamweaver 菜单栏

【文件】：用来管理文件。例如，新建、打开、保存、另存为、导入、输出打印等。

【编辑】：用来编辑文本。例如，剪切、复制、粘贴、查找、替换和参数设置等。

【查看】：用来切换视图模式以及显示、隐藏标尺、网格线等辅助视图功能。

【插入】：用来插入各种元素。例如，图片、多媒体组件、表格、框架及超链接等。

【修改】：具有对页面元素修改的功能。例如，在表格中插入行列，拆分、合并单元格等。

【文本】：用来对文本操作。例如，设置文本格式等。

【命令】：所有的附加命令项。

【站点】：用来创建和管理站点。

【窗口】：用来显示和隐藏控制面板以及切换文档窗口。

【帮助】：提供联机帮助功能。例如，按下 F1 键，就会打开电子帮助文档。

3. 插入面板组

插入面板组（如图 3-7 所示）集成了所有可以在网页应用的对象，包括菜单栏内【插入】菜单中的选项。插入面板其实就是提供图像化了的插入按钮，可以轻松地加入图像、声音、多媒体动画、表格、图层、框架、表单、Flash 和 ActiveX 等网页元素。

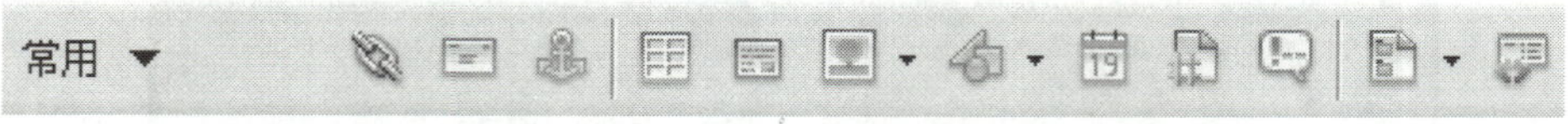

图 3-7 Dreamweaver 插入面板组

4. 文档工具栏

文档工具栏（如图 3-8 所示）包含各种按钮，它们提供各种文档窗口视图（如【设计】视图和【代码】视图）的选项、各种查看选项和一些常用操作（如在浏览器中预览）。

图 3-8 Dreamweaver 文档工具栏

5. 标准工具栏

标准工具栏（如图 3-9 所示）包含来自【文件】和【编辑】菜单中的常用操作的图形化按钮。如【新建】、【打开】、【保存】、【保存全部】、【剪切】、【复制】、【粘贴】、【撤销】和【重做】。

图 3-9 Dreamweaver 标准工具栏

6. 文档窗口

当打开或创建一个项目，进入文档窗口时，可以在文档区域中进行输入文字、插入表格和编辑图片等操作。

文档窗口显示当前文档，可以选择下列任意视图：“设计”视图是一个用于可视化页面布局、可视化编辑和快速应用程序开发的设计环境。在该视图中，Dreamweaver 显示文档的完全可编辑的可视化表示形式，类似于在浏览器中查看页面时看到的内容。“代码”视图是一个用于编写和编辑 HTML、JavaScript、服务器语言代码以及任何其他类型代码的手工编码环境。“代码和设计”视图使用户可以在单个窗口中同时看到同一文档的“代码”视图和“设计”视图。

7. 状态栏

文档窗口底部的状态栏（如图 3－10 所示）提供了与当前正在创建的文档有关的其他信息。标记选择器显示环绕当前选定内容的标记的层次结构。单击该层次结构中的任何标记，可以选择该标记及其全部内容。例如，单击【＜body＞】标记可以选择文档的整个正文。

图 3－10　Dreamweaver 状态栏

8. 属性面板

属性面板（如图 3－11 所示）并不是将所有的属性加载在面板上，而是根据所选择的对象来动态显示对象的属性。属性面板的状态完全是随着当前文档中被选择的对象来确定的。例如，当前选择了一幅图像，那么属性面板上就出现该图像的相关属性；如果选择了表格，那么属性面板会相应地变化成表格的相关属性。

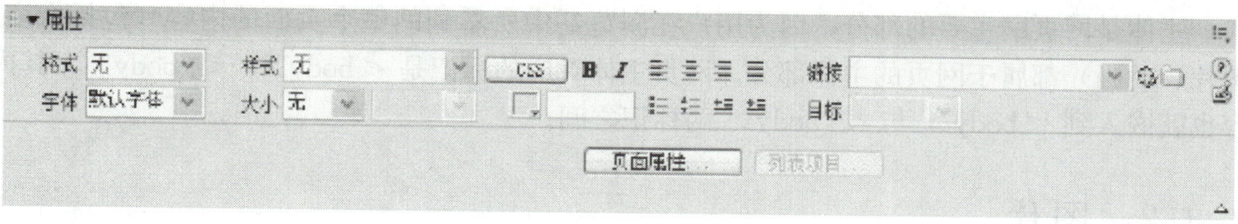

图 3－11　Dreamweaver 属性面板

9. 浮动面板

其他面板可以统称为浮动面板，这些面板都浮动于编辑窗口之外。在初次使用 Dreamweaver 的时候，这些面板根据功能被分成了若干组。在窗口菜单中，选择不同的命令可以打开基本面板组、设计面板组、代码面板组、应用程序面板组、资源面板组和其他面板组。

3.3　HTML 的常用标记

3.3.1　基本标记

一个标准的 HTML 页面的结构应由以下标记组成：

```
<html>
<head>
  <title>…</title>
</head>
<body>
  …
</body>
</html>
```

1. 网页首尾

一个完整的 HTML 文件的首尾需用 <html>…</html> 包含起来，浏览器从 <html> 开始解释执行 HTML 代码，直到 </html> 终止。HTML 的标记大多成对出现，而且终止标记总会比开始标记多出一个“/”符号。类似这样成对的标记在以后学习中还会经常用到。

2. 网页头部

HTML 中的头部对应的标记是 <head>…</head>，<head> 与 </head> 之间可以嵌入其他标记或者一些客户端动态脚本程序，如 JavaScript，VBScript 等。

3. 网页标题

几乎所有浏览过网页的人都知道，每个网页在浏览器的左上角显示该网页的名称，这个页面的标题就是放在 <title> 与 </title> 之间，而 <title>…</title> 又应放在 <head> 和 </head> 之间，如：<head> <title> 标题 </title> </head>。

4. 网页主体

主体是网页最主要的部分，因为用户在浏览器中所看到的整个页面的内容（包括文字、图片、动画）都属于网页的主体部分。网页主体对应的标记是 <body>…</body>，其内容也就嵌入到 <body> 与 </body> 两标记之间。

3.3.2 图片

目前互联网上支持的图片格式主要有 GIF，JPEG 和 PNG，其中使用最为广泛的是 GIF 和 JPEG。HTML 中图片的标记为 <img>，它是专门设置图片属性的元素。以下代码为例：

```
<img src="http://www.domain.com/myfolder/mypic1.gif" alt="这是一个图片" border="0"
width="180" height="90">
```

其中，src：指明图片的路径。要能正常地显示所设置的图片，那么图片的路径必须正确。alt ：表示当用户由于某些原因无法查看图片时显示的提示信息。title：表示当光标在图片上停留一会后会有文字提示，这个提示可以有设计者根据需求进行设置，一般是有含义的文字说明。border，width，height：分别表示图片的边框线宽度、图片的宽度及图片的高度。

下面介绍如何使用 Dreamweaver 在网页中应用图片。

1. 插入图片

首先将光标放置在当前网页需要插入图片的位置，如图 3－12 所示。

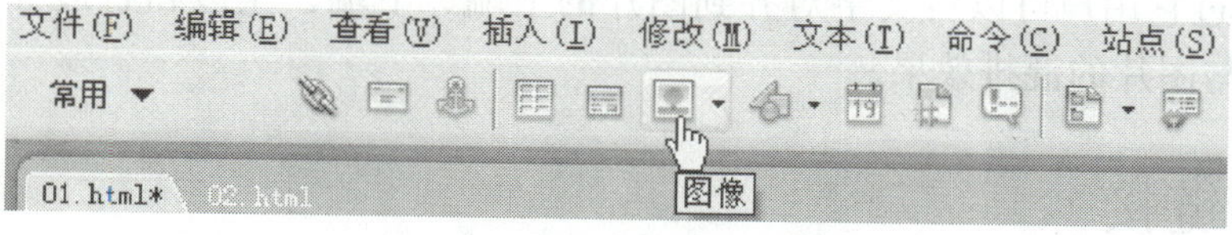

图 3－12　通过插入面板组插入图片

然后单击【图像】按钮，弹出如图 3－13 所示的【选择图像源文件】对话框，选择一个图片文件，如 img/001.jpg，单击【确定】按钮，就把图片 001.jpg 插入到了网页中。

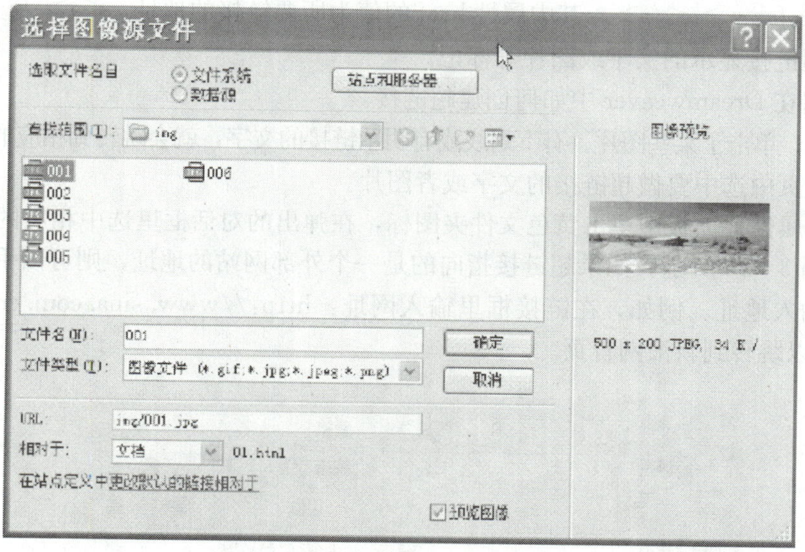

图 3－13　选择图像源文件

2. 设置图片属性

选中图片后，就会在属性面板中显示出图片的相关属性，如图 3－14 所示。

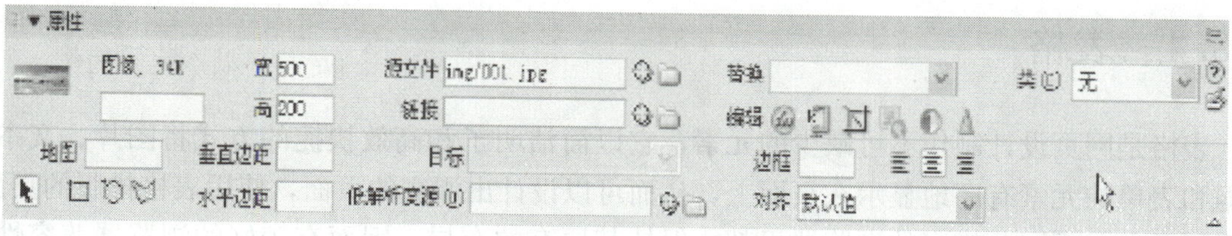

图 3－14　图片的属性面板

在属性面板的左上角，显示当前图片的缩略图，同时显示图片的大小。在缩略图右侧有一个文本框，在其中可以输入图片标记的名称。当图片的大小改变时，属性栏中“宽”和“高”的数值会以粗体显示，并在旁边出现一个弧形箭头，单击它可以恢复图片的原始大小。“水平边距”和“垂直边距”用来设置图片左右和上下与其他页面元素的距离。“边框”用来设置图片边框的宽度，默认的边框宽度为 0。“替换”文本框用来设置图片的“alt”属性值。

单击属性面板中的对齐按钮，可以分别将图片设置成浏览器居左对齐、居中对齐、居右对齐。在属性面板中，“对齐”下拉列表框用来设置图片与文本的相互对齐方式，共有10个选项。通过它用户可以将文字对齐到图片的上端、下端、左边和右边等，从而可以灵活地实现文字与图片的混排效果。

3.3.3 超链接

网站有很多的页面，如果页面之间彼此是独立的，那么网页就好比是孤岛，这样的网站是无法运行的。为了建立起网页之间的联系，必须使用超链接。所谓“超链接”，主要用来建立各种网页、下载文件、网站地址、邮件地址等之间的链接关系。超链接在 HTML 中的标记为 <a href= * ></a>，其中属性 href 的值为所要链接的地址，<a> 与 </a> 之间必须写入该超链接显示的文字或图片等标记。

下面介绍在 Dreamweaver 中如何创建超链接。

在网页中，单击了某些图片、有下划线或有明示链接的文字，就会跳转到相应的网页中去。

(1) 在网页中选中要做超链接的文字或者图片。

(2) 在【属性】面板中单击黄色文件夹图标，在弹出的对话框里选中相应的网页文件就完成了，如图 3-15 所示。如果超链接指向的是一个外部网站的地址，则可以手工在链接输入框中直接输入地址。例如，在链接框里输入网址：http://www.sina.com.cn，那么单击“链接”就可以跳转到新浪网首页。

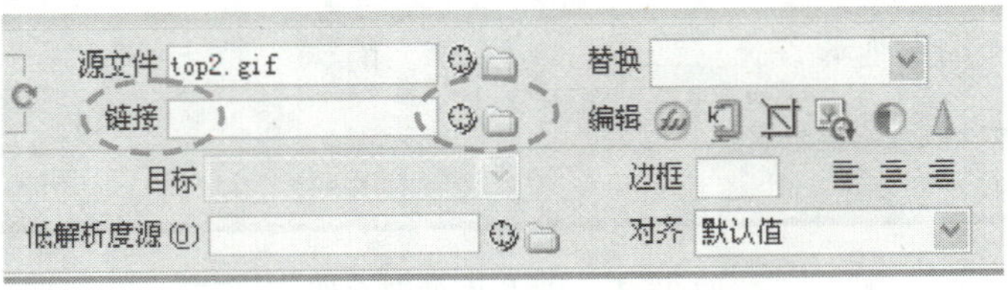

图 3-15 创建超链接

(3) 按 F12 键预览网页。在浏览器里，当光标移到超链接的地方时就会变成手型。

3.3.4 表格

表格是网页设计制作不可缺少的元素，它以简洁明了和高效快捷的方式将图片、文本、数据和表单的元素有序地显示在页面上，从而可以设计出漂亮的页面，使用表格排版的页面在不同平台、不同分辨率的浏览器里都能保持其原有的布局，因而有较好的浏览器兼容性，所以表格是网页中最常用的排版方式之一。

一个完整的表格由以下标记组成。

(1) <table>…</table>，这是定义表格的元素，也可以说是表格的“身份证”。要想知道网页中总共有几张表格，只需数数有几对 <table>…</table> 即可，如果有 5 对 <table>…</table> 标记，那么此网页就有 5 张表格。以下是表格常用的几个属性。

- border：表示表格边框线的宽度。

- width，height：分别指定整个表格的宽度及高度。
- cellspacing：表示两个单元格之间的距离。
- cellpadding：表示单元格的大小。

(2) <tr>…</tr>，这是用来定义行的元素。在表格中有几对 <tr>…</tr> 就表示当前表格中有几行。

(3) <td>…</td>，这是用来表示单元格的元素。一行中有几对 <td>…</td> 就有几个单元格。

(4) <th>…</th>，这是用来定义表头的元素，但此元素已经不常用了，故这里也不多作介绍（具体可参考后面实例）。

下面介绍在 Dreamweaver 中如何使用表格。

1. 插入表格

首先，在文档窗口中，将光标放在需要创建表格的位置，然后在“插入面板组”中选择【常用】类别，如图 3－16 所示。

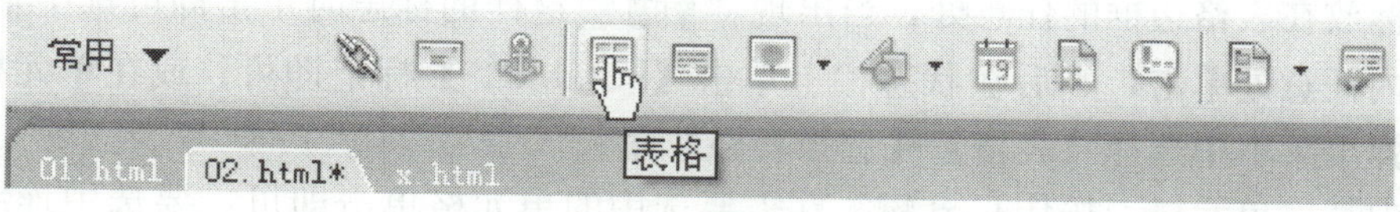

图 3－16　插入表格操作

单击【常用】快捷栏中的表格图形按钮，弹出如图 3－17 所示的“表格”属性设置对话框，指定表格的属性后，在文档窗口中插入设置的表格。

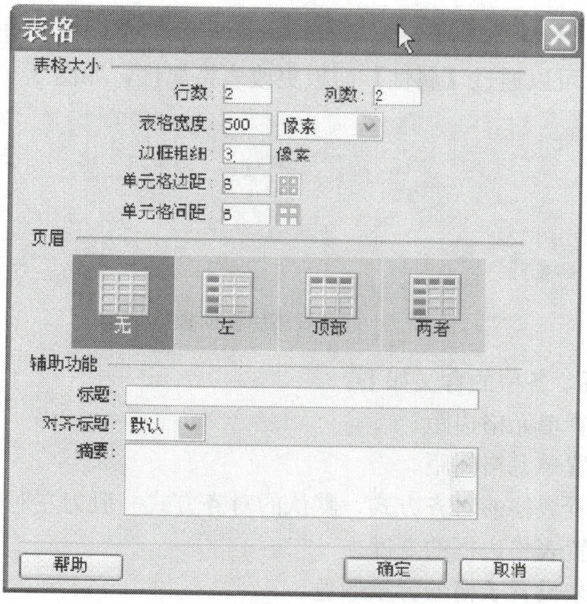

图 3－17　“表格”属性设置对话框

在表格属性对话框中包含以下属性。

- 行数：用来设置表格的行数。

- 列数：用来设置表格的列数。
- 表格宽度：用来设置表格的宽度，可以填入数值，紧随其后的下拉列表框用来设置宽度的单位，有两个选项——百分比和像素。当宽度的单位选择百分比时，表格的宽度会随浏览器窗口的大小而改变。
- 单元格边距：用来设置单元格的内部空白的大小。
- 单元格间距：用来设置单元格与单元格之间的距离。
- 边框粗细：用来设置表格的边框的宽度。

表格基本属性的图解如图 3－18 所示。

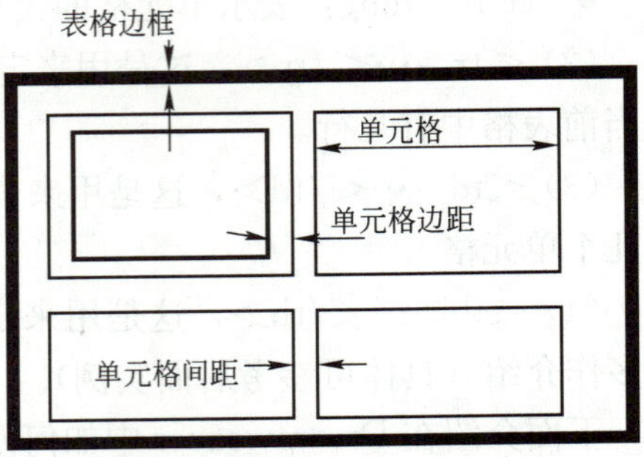

图 3－18 表格的基本属性图示

2. 选择单元格对象

对于表格、行、列、单元格属性的设置是以选择这些对象为前提的。选择整个表格的方法是把光标放在表格边框的任意处，当出现“ ”这样的标志时单击即可选中整个表格；或在表格内任意处单击，然后在状态栏上单击【<table>】标记即可；或在单元格任意处右击，在弹出菜单中选择【表格】→【选择表格】命令。

要选中某一单元格，按住 Ctrl 键，在需要选中的单元格单击即可。要选中连续的单元格，按住鼠标左键，从一个单元格的左上方开始向要连续选择单元格的方向拖动。要选中不连续的几个单元格，可以按住 Ctrl 键，单击要选择的所有单元格即可；要选择某一行或某一列，将光标移动到行左侧或列上方，光标指针变为向右或向下的箭头图标时，单击即可。

3. 设置表格属性

选中一个表格后，可以通过【属性】面板更改表格属性，如图 3－19 所示。

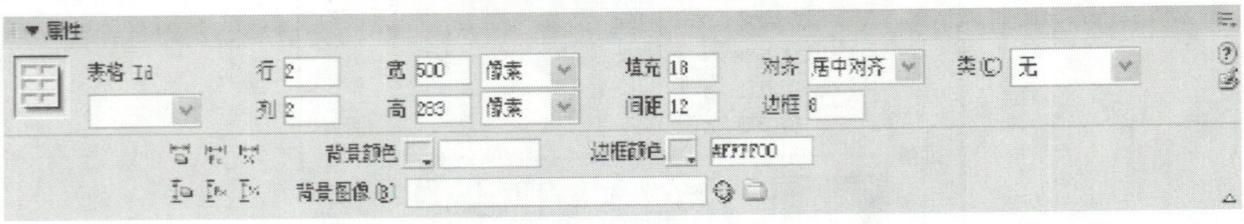

图 3－19 表格属性面板

在表格属性中面板，各项的含义如下。

- 填充：用来设置单元格边距。
- 间距：用来设置单元格间距。
- 对齐：用来设置表格的对齐方式，默认的对齐方式一般为左对齐。
- 边框：用来设置表格边框的宽度。
- 背景颜色：用来设置表格的背景颜色。
- 边框颜色：用来设置表格边框的颜色。

4. 单元格属性

把光标移动到某个单元格内，可以利用单元格属性面板对这个单元格的属性进行设置。如图 3－20 所示。

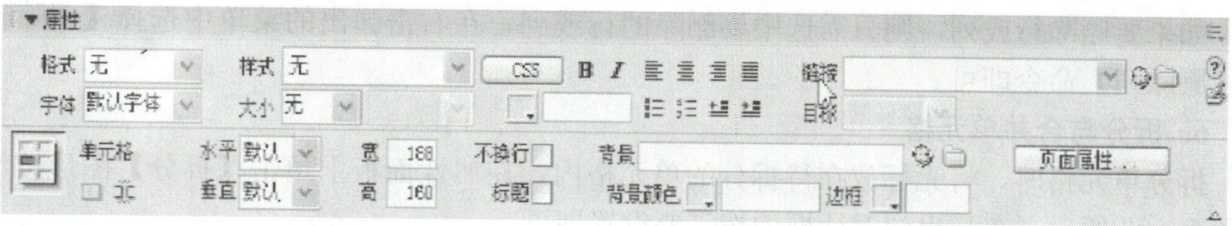

图 3-20 单元格属性面板

在单元格属性面板中，各项的含义如下。

- 水平：用来设置单元格内元素的水平排版方式，是居左、居右或是居中。
- 垂直：用来设置单元格内的垂直排版方式，是顶端对齐、底端对齐或是居中对齐。
- 高、宽：分别用来设置单元格的宽度和高度。
- 不换行：可以防止单元格中较长的文本自动换行。
- 标题：可以使选择的单元格成为标题单元格，单元格内的文字自动以标题格式显示出来。
- 背景：用来设置表格的背景图像。
- 背景颜色：用来设置表格的背景颜色。
- 边框：用来设置表格边框的颜色。

5. 表格的行和列

选中要插入行或列的单元格，在右击弹出的菜单中单击【表格】菜单项，然后在次级菜单中选择【插入行】或【插入列】或【插入行或列】命令。如图 3-21 所示。

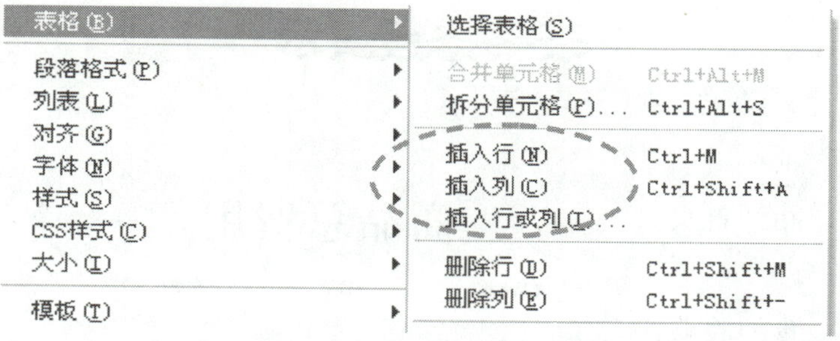

图 3-21 插入表格行或列操作演示

如果选择了【插入行】命令，在选择行的上方就插入了一个空白行；如果选择了【插入列】命令，就会在选择列的左侧插入了一列空白列；如果选择了【插入行或列】命令，会弹出如图 3-22 所示的【插入行或列】对话框，在此对话框中可以选择插入行还是列、插入的数量，以及是在当前选择的单元格的上方或下方、左侧或是右侧插入行或列。

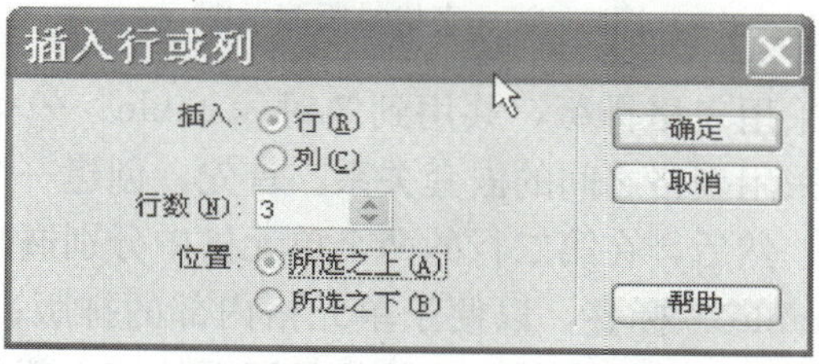

图 3-22 【插入行或列】对话框

如果要删除行或列，则只需选中要删除的行或列，在右击弹出的菜单中选择【删除行】或【删除列】命令即可。

6. 拆分与合并单元格

拆分单元格时，将光标放在待拆分的单元格内，在属性面板上单击【拆分】图形按钮。如图 3-23 所示，在弹出的对话框中按需要设置即可。

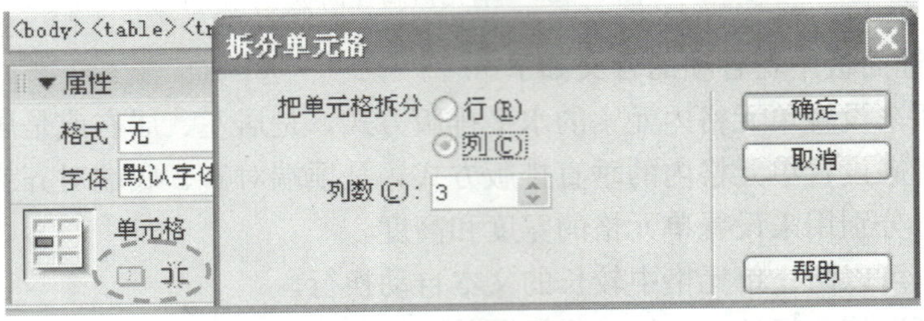

图 3-23 拆分单元格

合并单元格时，同时选中要合并的单元格，单击属性面板中的【合并】图形按钮即可。

7. 表格排版应用实例

图 3-24 是利用表格进行页面排版的效果展示。

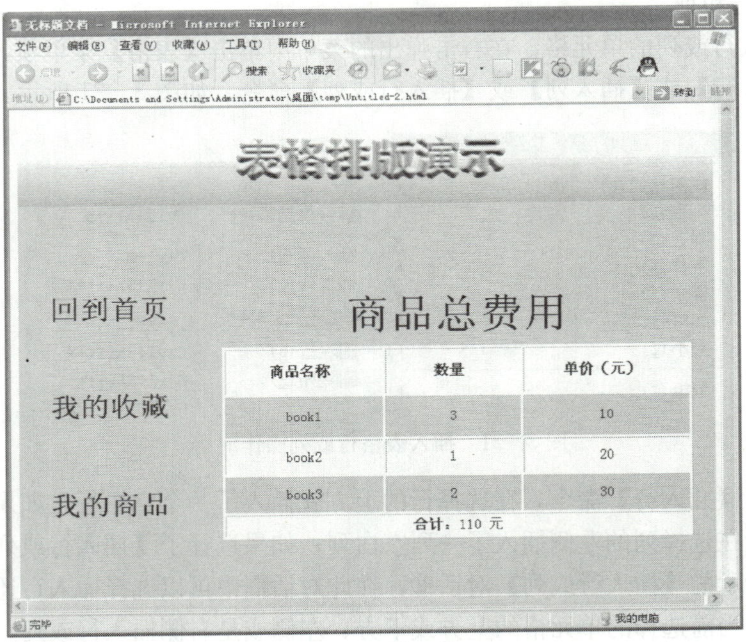

图 3-24 表格排版演示图

本实例中，整个页面采用表格排版，共用到 3 对 <table>…</table> 标记，但并不是简单地重复使用，而是采用表格之间的嵌套关系。首先，创建一个两行两列的表格，并将第一行的两个单元格合并；然后，在第二行的两个单元格中分别嵌套一个新的表格，即分别写入一对 <table>…</table> 标签，以便于单元格内部的排版；最后在各单元格内输入相关内容即可。其中第二行的最后一个单元格往往是网页的核心部分，排版往往也是最复杂的，在具体应用中，单元格中往往还要再多层嵌套多个表格。在商品总费用所在表格中，除了用到上面介绍的标签外，还用到了 <caption>…</caption> 表格标题标签。在整个表格中，第一行用 <th>…</th> 来定义表头；第二行直接在行标签 <tr> 中设置背景色；第四行只是在每一个单元格 <td> 中单独设置背景色；第五行用到了 <td> 标签的 colspan 属性来合并单元格（colspan 属性用来实现横向合并，而纵向合并则需用 rowspan 属性来设置）。

本实例相应代码如下：

```
<body>
<table width="100%" height="518" border="0" cellpadding="0"
cellspacing="0">
 <tr>
    <td colspan="2" height="100" align="center"><img src="top3.gif" width="767"
height="100" style="border-left:thick"/></td>
 </tr>
 <tr height="500">
<td width="26%" bgcolor="#88eeff">
<table width="200" height="342" border="0" cellpadding="0"
cellspacing="0" >
     <tr>
        <td height="102" align="center"><h1>回到首页</h1></td>
     </tr>
     <tr>
       <td height="104" align="center"><h1>我的收藏</h1></td>
     </tr>
     <tr>
       <td height="104" align="center"><h1>我的商品</h1></td>
     </tr>
   </table></td>
   <td width="74%" bgcolor="99ffbb">
<table width="519" height="226" border="1" align="center"
cellpadding="2px"
cellspacing="2px" bgcolor="white">
      <caption align="top"><strong><font size="+4">商品总费用</font></strong>
      </caption>
      <tr>
      <th width="161" height="45">商品名称</th>
        <th width="137">数量</th>
        <th width="169" nowrap="nowrap">单价(元)</th>
      </tr>
      <tr bgcolor="silver">
        <td height="41" align="center">book1</td>
        <td align="center">3</td>
```

```
        <td align="center">10</td>
      </tr>
      <tr>
        <td height="33" align="center">book2</td>
        <td align="center" >1</td>
        <td align="center">20</td>
      </tr>
      <tr>
        <td height="35" align="center" bgcolor="silver">book3</td>
        <td align="center" bgcolor="silver">2</td>
        <td align="center" bgcolor="silver">30</td>
      </tr>
      <tr>
      <td height="19" colspan="3"><div align="center"> <strong> 合计:</strong>110 元
</div>
      </td>
      </tr>
</table>
</td>
  </tr>
</table>
</body>
```

3.3.5 Div 标签

<Div> 称为区隔标记，也就是可定义文档中的分区或节（division/section）。它可以用来设定文字、图片、表格等的摆放位置，为 HTML 文档内大块（block-level）的内容提供结构和背景的元素。Div 的起始标签和结束标签之间的所有内容都是用来构成这个块的，其中所包含元素的特性由 Div 标签的属性来控制，它有 class，style，title，id，align 等属性。使用 <Div> 的方法与使用其他 HTML 标记的方法一样，如下面示例：

```
<Div align="center">This is a Div tag.</Div>
```

如果单独使用 <Div> 而不加任何样式，那么它在网页中的效果和使用 <P>…</P> 是一样的；不同的是，Div 必须有结束标签。通常，Div 结合 CSS（层叠样式表）应用则更能凸显其独特作用。可以使用 Div 标签创建 CSS 布局块并在文档中对它们进行定位。

Dreamweaver 使用户能够快速插入 Div 标签并对其应用现有样式。下面介绍如何使用 Dreamweaver 在网页中插入 Div 标签。

(1) 首先将光标放置在当前网页需要插入 Div 标签的位置，如图 3-25 所示。

(2) 在“插入”栏的“布局”类别中单击【Div 标签】按钮，弹出如图 3-26 所示的

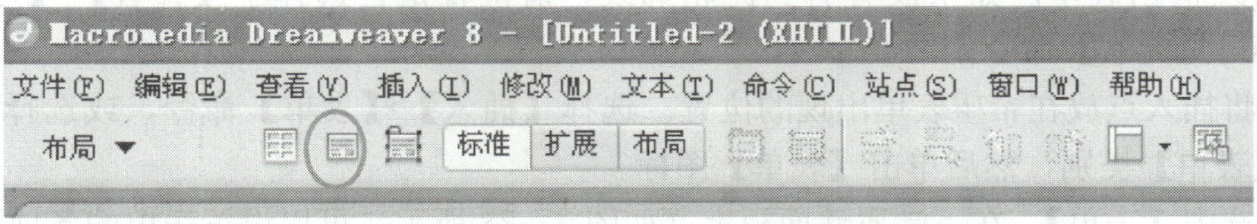

图 3-25　通过布局面板组插入 Div 标签

【插入 Div 标签】对话框。选择相应的插入位置和 CSS 属性，单击【确定】按钮，就把 Div 标签插入到网页中。关于 CSS 的相关内容本章后续会做详细介绍。

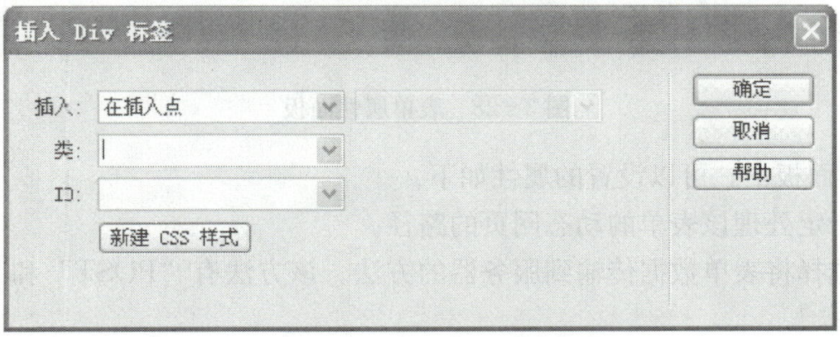

图 3-26　【插入 Div 标签】对话框

3.4　表单设计

表单（form）及表单控件是 HTML 网页中的一个重要部分，主要用于各种 Web 系统中采集和提交用户输入的信息。表单通常必须配合着 JavaScript 脚本或 ASP、JSP 等程序来运作，不然表单单独存在的意义并不大，交互性的开发将在后续相关章节中作进一步的深入介绍。以下将介绍各种表单控件的基本使用。

在 Dreamweaver 中，表单输入类型称为表单控件，如文本域、按钮、列表等。可以通过选择【插入】→【表单控件】来插入表单控件，或者通过如图 3-27 显示的【插入】栏的【表单】面板来插入表单控件。

图 3-27　【表单】面板

3.4.1　表单

任何其他表单控件，如文本域、按钮等，都必须插入表单之中，这样所有浏览器才能正确处理这些数据。因此，在网页中添加表单控件，首先必须创建表单。表单在浏览网页中属于不可见元素。在 Dreamweaver 中插入一个表单，当页面处于“设计”视图中时，用红色的虚轮廓线指示表单。如果没有看到此轮廓线，请检查是否选择了【查看】→【可视化助理】→【不可见元素】命令。

(1) 将插入点放在希望表单出现的位置。选择【插入】→【表单】命令，或选择【插入】栏上的【表单】类别，然后单击【表单】图标。

(2) 选中【表单】，在下端属性面板上（如图 3-28 所示）可以设置表单的各项属性。

图 3-28 表单属性面板

在表单属性面板中，可以设置的属性如下。

① 动作：指定处理该表单的动态网页的路径。

② 方法：选择将表单数据传输到服务器的方法。该方法有“POST”和“GET”，默认为“GET”方法。

- POST：在 HTTP 请求中嵌入表单数据。
- GET：将值追加到请求的 URL 中。URL 的长度限制在 8 192 个字符以内。如果发送的数据量太大，数据将被截断，从而导致意外的或失败的处理结果。而且，在发送机密用户名和密码、信用卡号或其他机密信息时，不要使用 GET 方法。用 GET 方法传递信息不安全。

③ 目标：指定一个窗口，在该窗口中显示调用程序所返回的数据。如果命名的窗口尚未打开，则打开一个具有该名称的新窗口。目标值有以下几个。

- _blank：在未命名的新窗口中打开目标文档。
- _parent：在显示当前文档的窗口的父窗口中打开目标文档。
- _self：在提交表单所使用的窗口中打开目标文档。
- _top：在当前窗口的窗体内打开目标文档。此值可用于确保目标文档占用整个窗口，即使原始文档显示在框架中。

3.4.2 文本框

每个表单控件之所以会有不同的类型，原因就在于 type=“表单类型”设定的不同。先来看第一个类型：文本框。如图 3-29 所示，可以单击“文本框”图标按钮在表单中加入文本框。

图 3-29 文本框图标

其使用方法如下：

呈现效果	姓名：
源代码	<form> 姓名：<input type="text" name="name" size="20 > </form>

文本框有以下可设定的属性。

- name：设定该控件的名称，动态程序中常会用到。同一个表单中的不同控件可以同名。
- id：设定该控件的标识。在同一个页面里，控件的 id 必须是唯一的。
- size：设定该控件显现的宽度。
- value：设定该控件的预设内容，此处也就是文本框中的默认值。
- align：设定该控件的对齐方式，其值有：TOP（向上对齐）、MIDDLE（居中对齐）、BOTTOM（向下对齐）、RIGHT（向右对齐）、LEFT（向左对齐）、TEXT-TOP（向文字顶部对齐）、BASELINE（向文字底部对齐）、ABSMIDDLE（绝对置中）、ABSBOTTOM（绝对置下）等。
- maxlength：设定该控件可设定输入的最大长度。

以上的 name、id、align 等属性在每一个表单控件中都有，含义也相同，以下介绍其他表单控件时不再重复。

3.4.3　密码框

在 Dreamweaver 中，密码框的图标按钮和文本框的相同，但类型应该选择“password”，利用 type=“password” 就会产生一个密码框。密码框和文本框看上去几乎一样，区别就在于密码窗体在输入时全部会以“*”号来取代输入的文字，具有一定的安全性。其使用方法如下：

呈现效果	请输入密码：
源代码	<form> 请输入密码：<input type="password" name="INPUT"> </form>

密码框的属性与文本框相同。

3.4.4　隐藏控件

如图 3-30 所示，标注部分即为隐藏控件图标按钮。

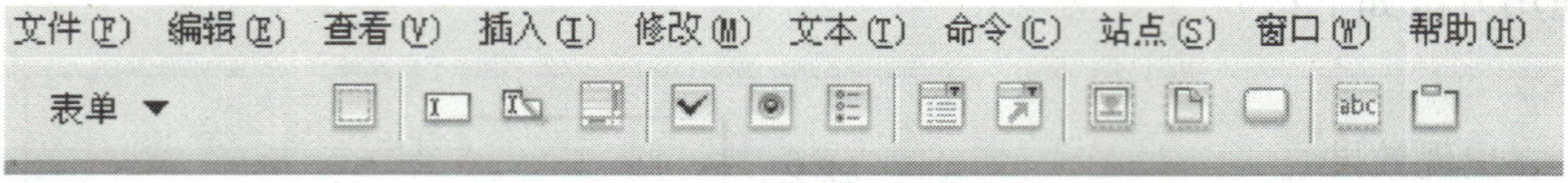

图 3-30 隐藏控件图标按钮

有时，在窗体中有些参数或控件不想让使用者看到，但因程序需要又不得不存在，比如在页面间传递些简单参数，此时，就可以利用 type="hidden" 来产生一个隐藏的控件。其使用方法如下：

页面效果	隐藏控件：
源代码	<form> 隐藏控件： <input type="hidden" name="param" value="A001"> </form>

隐藏控件有以下可设定的属性。

- value：设定该控件的值。

3.4.5 单选框

如图 3-31 所示，标注部分即为单选框图标按钮。

图 3-31 单选框图标按钮

利用 type="radio" 就会生成单选框，单选框通常是多个选项同时供使用者点选，一次只能从中选一个，故称为单选框。其使用方法如下：

呈现效果	性别：男 女
源代码	<form> 性别： 男<input type="radio" name="SEX" value="BOY"> 女<input type="radio" name="SEX" value="GIRL"> </form>

单选框有以下可设定的属性。

- value：设定该控件的值。

- checked：设定此控件为选中状态。

3.4.6 复选框

如图 3-32 所示，标注部分即为复选框图标按钮。

图 3-32 复选框图标按钮

利用 type="checkbox" 就会产生复选框。复选框通常是多个选项提供给使用者点选，一次可以同时选多个，故称为复选框。其使用方法如下：

页面效果	喜好：□ 旅游□ 看书
源代码	<form> 喜好： <input type="checkbox" name="SEX" value="旅游">旅游 <input type="checkbox" name="SEX" value="看书">看书 </form>

复选框有以下可设定的属性。

- value：设定该控件的值。
- checked：设定该控件为选中状态。

3.4.7 文本域

如图 3-33 所示，标注部分即为文本域图标按钮。

图 3-33 文本域图标按钮

有时候我们会希望让使用者输入比较多的文字，此时，文字输入列就显得不敷使用，因此可以利用 <textarea>…</textarea> 来产生一个可以输入大量文字的文本域。夹在两个标记中的文字会出现在文本域中，可作为预设文字。其使用方法如下页所示。

文本域有以下可设定的属性。

- wrap：设定该控件的换行模式。设定值有 3 种：OFF（输入文字不会自动换行）、VIRTUAL（输入文字在屏幕上会自动换行，不过若是使用者没有自行按下ENTER 键换行，送出资料时，也视为没有换行）、PHYSICAL（输入文字也会自动换行，

页面效果	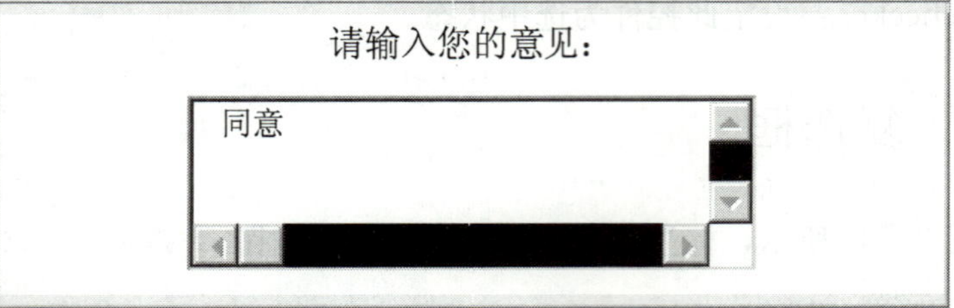
源代码	<form> 请输入您的意见： <textarea name="TALK" cols="20" rows="3">同意 </textarea> </form>

送出资料时，会将屏幕上的自动换行视为实际换行送出）。

- cols：设定该控件的行数（横向字数）。
- rows：设定该控件的列数（垂直字数）。

3.4.8 下拉选择框

如图 3－34 所示，标注部分即为下拉选择框图标按钮。

图 3－34 下拉选择框图标按钮

下拉选择框利用 <select>…</select> 标记可以产生一个下拉式选单，每一个选项需要使用 <option> 标记来表示。其使用方法如下：

页面效果	
源代码	<form> 您对 Web 程序感兴趣吗？： <select name="LIKE"> <option value="1" selected>非常喜欢 <option value="2">一般 <option value="3">不喜欢 </select> </form>

下拉选择框有以下可设定的属性。

- size：该属性与其他表单控件的 size 属性不同，默认值为 1，此时显示的样式就是一个标准的下拉框；如果 size 的属性值大于 1，那么下拉框就会变成“列表框”的样式。

- multiple：表示能够多选，不增加此属性，默认只能单选。
- value：定义选择项的值。
- selected：表示默认已选择本选项。

> **小提示：**
>
> HTML 中的表单控件“下拉选择框”与“列表选择框”其实是同一个表单标记 <select>…</select> 的不同表现形式，而在其他面向对象程序开发中，“下拉选择框”和“列表选择框”是两种不同的控件。

3.4.9　按钮

通常用户窗体填完之后，都会有一个提交按钮和一个重置按钮，对应的 type 属性值分别为“submit”和“reset”。提交按钮可以直接把用户在 <form>…</form> 中所有表单控件上填写或选中的值提交给服务器；而重置按钮则是使 <form>…</form> 中所有的表单控件恢复默认值。

除了这两种具有特殊功能的按钮之外，还有一种普通类型的按钮，type 属性值为“button”，普通类型的按钮通常可以根据设计者的需求自定义其功能，这就需要 JavaScript 脚本对其进行控制，后续章节会做详细介绍。其使用方法如下：

页面效果	提交　重置　检查
源代码	<form> <input type="submit" name="submit" value="提交"> <input type="reset" name="reset" value="重置"> <input type="button" name="check" value="检查"> </form>

按钮有以下可设定的属性。

- value：设定此按钮上显示的文字。

3.5　框架式网页

在一个网页中，并不需要所有的内容都在单击链接的时候改变，如导航条、站点标志、版权信息等都是不需要改变的。因此，没有必要在每一个网页中都插入这些元素，这不但能减轻设计制作网页的工作量，而且可以减少用户浏览时由浏览器检测这些元素是否已经被装载过的时间。框架主要的作用就是将窗口划分为几个“区域”，然后根据需要在某些区域放置不需要改变的元素，某些区域放置需要改变的内容。

如图 3－35 所示，左侧是菜单（导航条），无论单击哪一个商品类别时，它都不会也不需要改变，唯一需要改变的是右侧的区域，它根据用户选择的商品类别的不同而显示不同的页面内容。

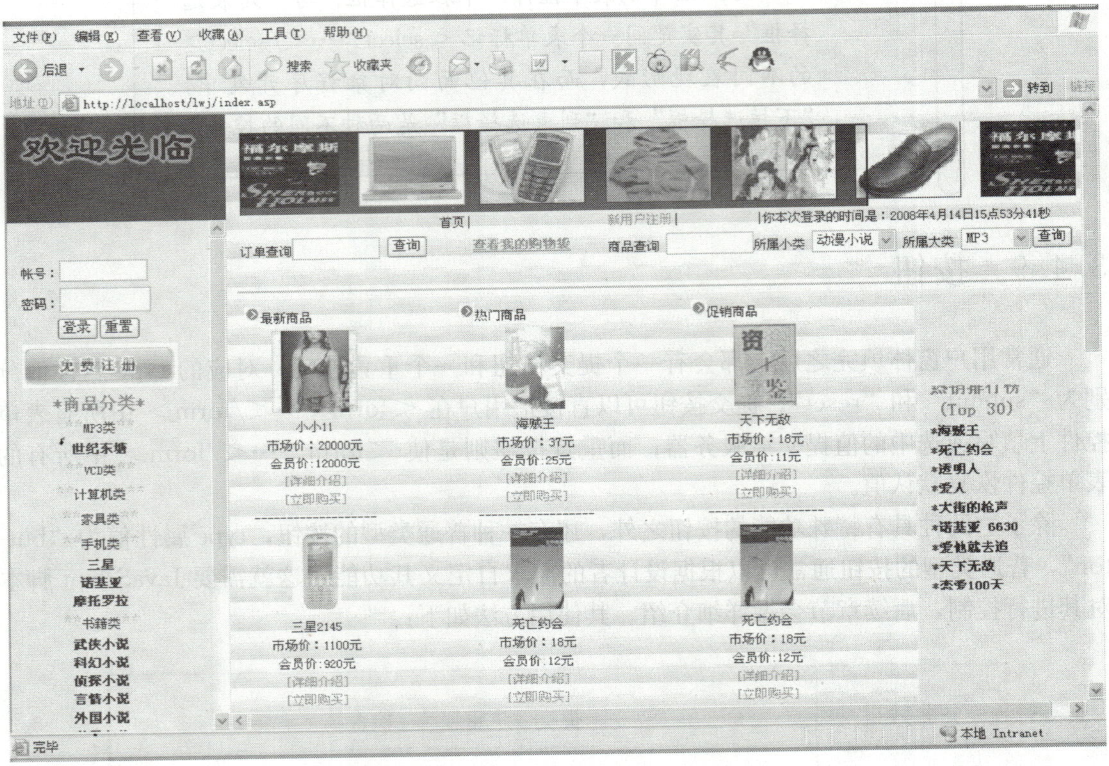

图 3－35　框架式网页

根据以上分析可知，这个页面是一个由多个框架组成的框架式网页。所谓框架集，就是把屏幕分割开来的“区域”框架的集合，实际上框架式网页就是一个包含框架集的页面，里面的内容则是由各个框架加载的页面产生的。为了便于理解，下面通过一个简单的左侧框架实例来说明框架、框架集、框架页面和页面的关系。

首先，在同一目录下建立 4 个 HTML 页面：

（1）文件名为“home. htm”，文字内容为“网站首页”；

（2）文件名为“top. htm”，无背景色，内容为插入一张图片；

（3）文件名为“left. htm”，背景色为“＃88eeff”，文字内容为 3 行，分别是“回到首页”、“我的收藏”、“我的商品”；

（4）文件名为“right. htm”，背景颜色为“＃99ffbb”，文字内容为商品费用汇总表格。

下面开始建立框架集。打开 Dreamweaver，选择【布局】方式，如图 3－36 所示。

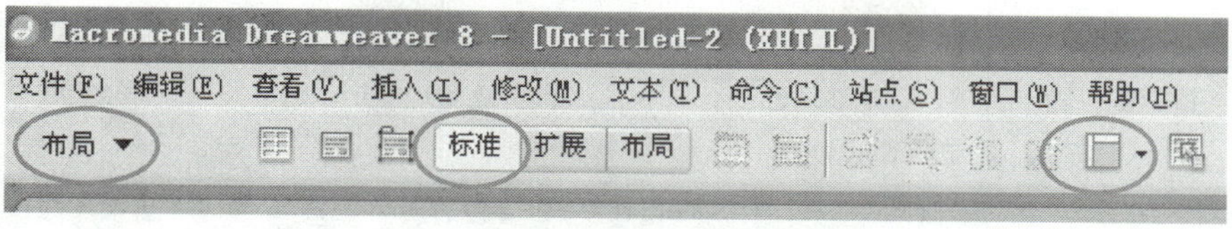

图 3-36　新建框架操作路径

如果打开的软件的布局与图 3-36 不同，请选择【布局】处的下拉箭头，然后选中【布局】，这时候用户可以看到倒数第二个按钮就是框架按钮了。单击“框架”图标按钮的下拉箭头，弹出如图 3-37 所示的下拉菜单，在下拉菜单中选中【顶部和嵌套的左侧框架】菜单。

选中后，文档编辑区呈现如图 3-38 所示的状态。文档编辑区由虚线组成的部分分别是左右两个框架，这就是由两个框架组成的框架集。

如图 3-39 所示，此时的【属性】面板显示了框架集的属性。也可以通过【属性】面板调整框架集的属性。

其中，“边框”属性有 3 个可取值：“否”代表在浏览器中不显示边框；“是”表示在浏览器中显示边框；“默认”则表示由用户浏览器设定来控制。边框宽度等属性与前面介绍的表格属性类似，这里不再赘述。

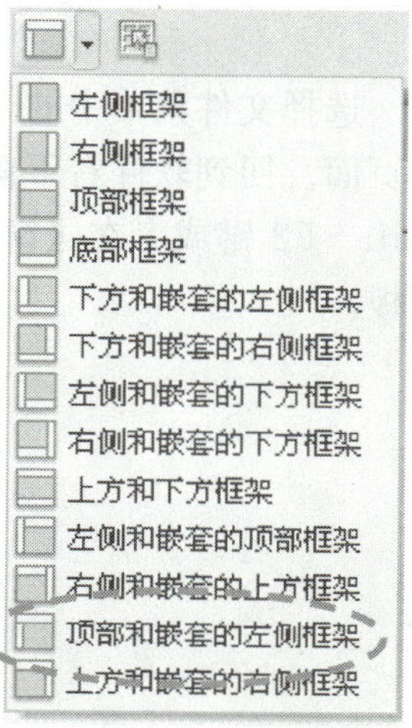

图 3-37　框架类型菜单

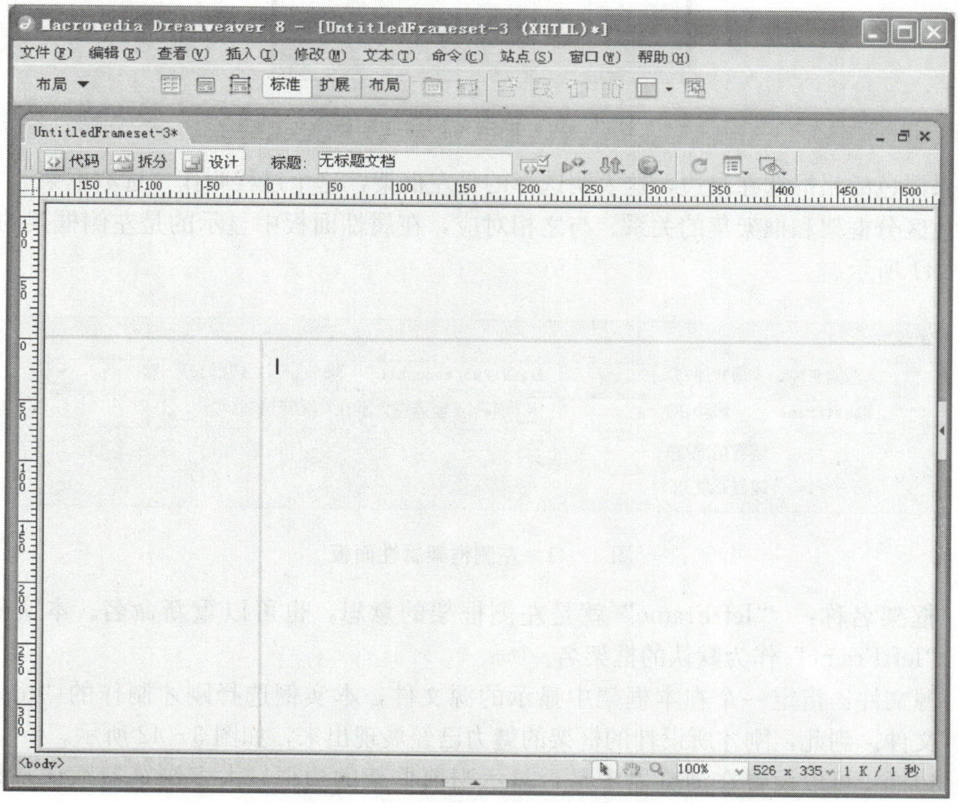

图 3-38　文档编辑区框架结构

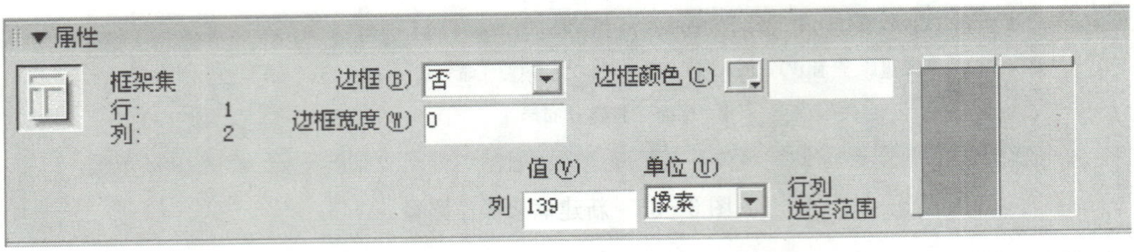

图 3-39 框架属性面板

选择文件菜单中的【保存框架集】菜单项，重命名为“default.htm”，此时不要关闭这个页面。回到软件右下侧的控制面板中的框架面板，如果此时软件没有这个面板，请使用 Shift+F2 键或者在【窗口】菜单下选中【框架】，可以看到如图 3-40 所示的框架结构控制面板。

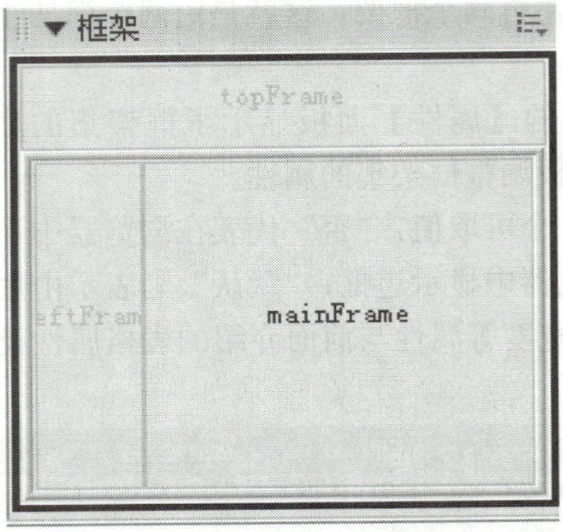

图 3-40 框架结构控制面板

如果黑色的粗框选在左边，这表明选择的是左框架，这个过程叫作“选取框架”。这里，还要注意区分框架和框架集的关系。与之相对应，在属性面板中显示的是左侧框架的属性，如图 3-41 所示。

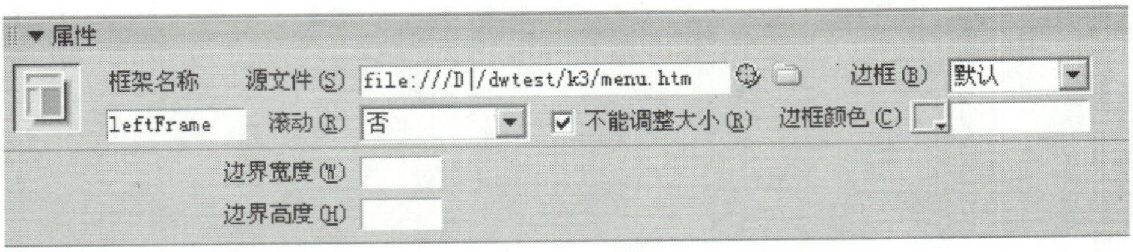

图 3-41 左侧框架属性面板

- 框架名称：“leftFrame”就是左侧框架的意思，也可以重新命名。本实例使用“leftFrame”作为默认的框架名。
- 源文件：指定一个在本框架中显示的源文件，本实例选择刚才制作的“top.htm”文件。到此，刚才所设计的框架的魅力已经展现出来，如图 3-42 所示。
- 边框：可以设置在浏览器中是否显示当前框架的边框，大多浏览器默认是显示边框，除非框架集已经选择为不显示。

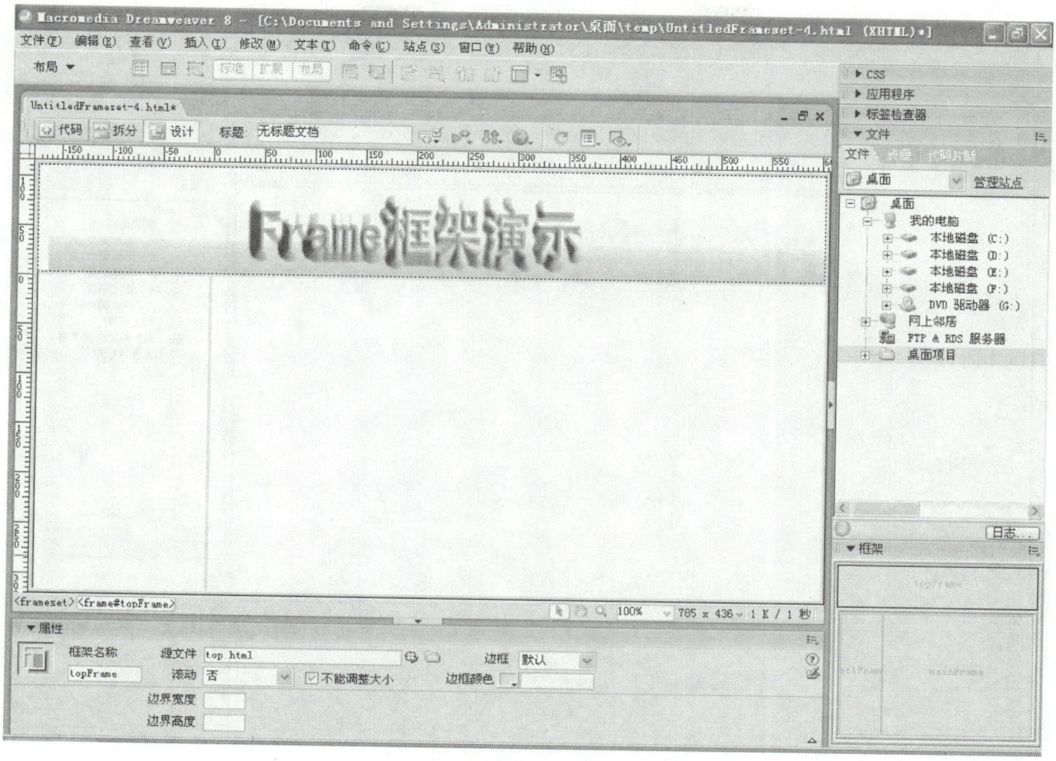

图 3 - 42　设置 top 部分效果

- 滚动：指定在浏览器中本框架是否显示滚动条，其中"是"和"否"分别表示浏览器是否显示滚动条；"自动"表示根据内容的多少在需要时显示，否则就不显示，这个比较常用，既能满足需要，又能保持页面的同一性；"默认"则取决于用户浏览器的设置。
- 不能调整大小：在浏览器中用户是否可以用鼠标拖动框架，默认为不能调整。
- 边框颜色：选择的颜色会应用到和本框架接触的所有的边框，并且会重写框架集已经安排的边框颜色。
- 边界宽度：用于指定框架边框左右和内容之间的空间。
- 边界高度：用于指定框架边框上下和内容之间的空间。

重复"选取框架"动作，选择左侧框架，回到属性面板中指定源文件为"left. htm"，则左侧也会填充内容，如图 3 - 43 所示。

再次重复"选取框架"动作，选择右侧框架，回到属性面板中指定源文件为"right. htm"，则右侧也会填充内容，如图 3 - 44 所示。

运行整个页面文件，可以得到如图 3 - 45 所示的网页。

网页的重要特征之一是超链接，仅仅是框架页面生成还不能实现超链接的功能，下面来完善这个页面：在框架页面选中左框架内容部分，选中"回到首页"，然后在插入菜单选中插入超链接，链接框内为刚才建立的"home. htm"文件，目标为"mainFrame"，含义是指这个文件将在右框架的位置显示，如图 3 - 46 所示。重复上面的步骤，选择"我的商品"，然后在【插入】菜单中选择【超链接】，链接为"right. htm"，目标也设为"mainFrame"。

至此，一个用框架制作的网页就完成了。读者可以用浏览器浏览该网页，并测试刚才做好的超链接。

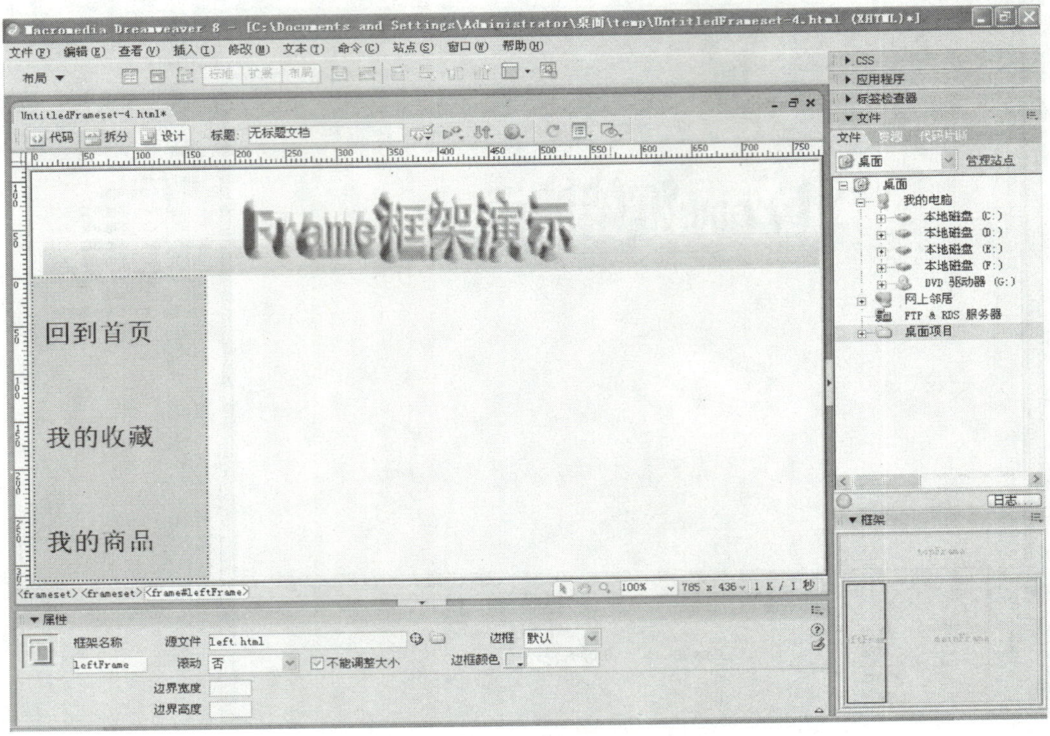

图 3 - 43 设置 left 部分

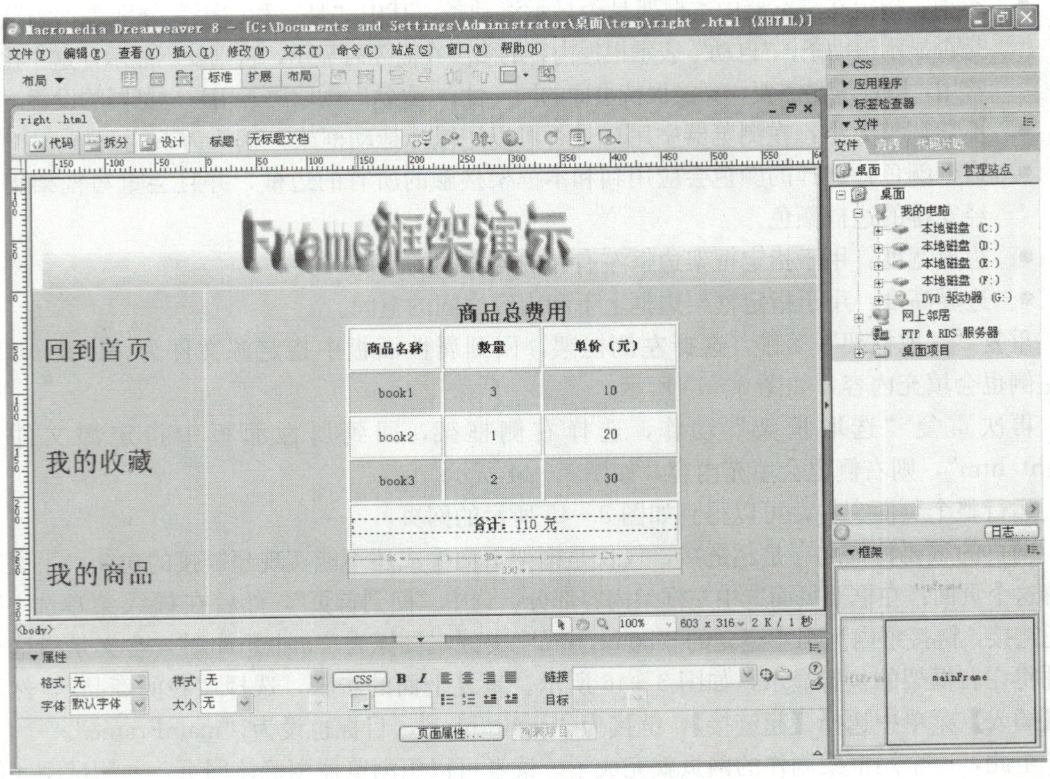

图 3 - 44 完整框架

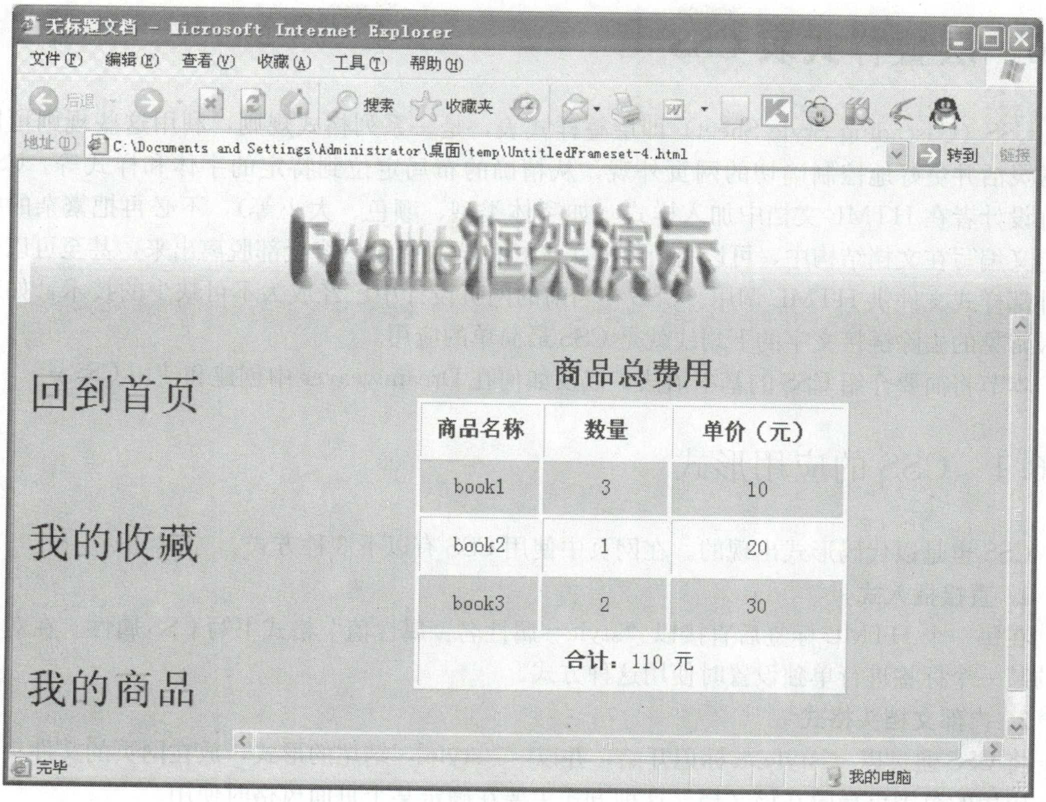

图 3-45　运行效果

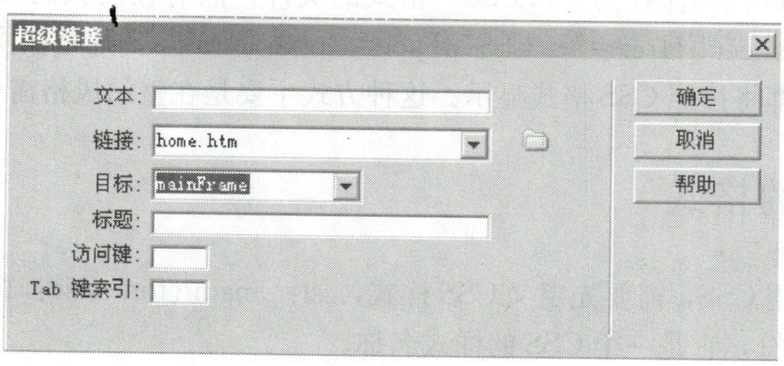

图 3-46　设置超链接

小提示：

框架式网页和表格这两种技术虽然都可以对网页的结构布局进行控制，但是从本质上来看，两者是截然不同的技术，前者是一个网页包含多个页面，而后者则只是单个网页。

3.6 层叠样式表 CSS

CSS（Cascading Style Sheet）即层叠样式表，是一系列格式规则，利用这些规则可以非常灵活并更好地控制确切的网页外观，从精确的布局定位到特定的字体和样式等。CSS 允许设计者在 HTML 文档中加入样式（如字体类型、颜色、大小等），不必再把繁杂的样式定义编写在文档结构中，可以将所有有关文档的样式指定内容全部脱离出来，甚至可以作为外部样式文件供 HTML 调用。CSS 在当前的网页设计中已经成为不可缺少的技术，如现在最常见的去除链接文字的下划线就是 CSS 最简单的应用。

本节将简要介绍 CSS 的基本语法，以及如何在 Dreamweaver 中创建和使用 CSS。

3.6.1 CSS 的应用形式

CSS 也是以代码形式出现的。在网页中使用 CSS 有以下 3 种方式。

1. 直接插入式

在每一个 HTML 标签后直接以“style=属性名：属性值”格式书写 CSS 属性。在对页面的某一个标签进行单独设置时使用这种方式。

2. 内部文档头格式

将 CSS 通过以 <style> 标记开始，并以 </style> 结尾的形式，放在网页的文件头之间，应用的范围仅局限在该文档。这种方式主要在确定某个页面风格时使用。

3. 外部文件方式

将编辑好的 CSS 代码保存为 "*.CSS" 格式的文件，然后在网页的文档头部加入代码 <Link Rel="stylesheet" Href="*.CSS" Type="text/CSS">。凡是在网页文档头部加入了这行代码的网页都将按照 CSS 格式显示。这种方式主要是在整站风格需要统一时使用。

3.6.2 CSS 的格式

要在页面中使用 CSS，需要先定义 CSS 样式，如：.main {font-size：16pt;}，其中 main 在 CSS 中称为选择符，它是一个 CSS 的样式名称。

那么要使用这个定义好的样式，只需要在调用的地方加上 class="main" 的语句即可。如 <font class="main">CSS 样式 </font>，引用该样式后，被引用的元素字体大小就被固定为 16pt。

CSS 的选择符主要有以下 4 种。

(1) 对 HTML 基本元素的重新定义。如：td {font-size：9pt; font-family："宋体"}，由于 td 为 HTML 的基本元素之一，因此该 CSS 样式定义后，在定义的页面中，所有在 <td>…</td> 之间的内容的字体都是宋体，字体大小都为 9pt。

(2) 自定义的选择符，此类方式定义的 CSS 与第一种方式最大的差别是定义的选择符名称必须不是 HTML 基本元素。如前所述的 .main {font-size：16pt;}，main 这个选择符就不在 HTML 基本元素的范围之内，所以定义了 CSS 样式，如果不引用，则不会对页面起任何作用。

(3) 第三类是对第一类的深入扩展，是对 HTML 中某个元素的下级元素直接进行样式的修改。如链接，链接有 4 种状态：链接初始化，鼠标移过链接，用户单击链接，用户单击链接后。这 4 种状态在默认情况下对应了 4 种不同的样式，要修改这类元素的样式，则必须采取以下的方法：例如 a：link {text-decoration：none;}，定义了该样式，该页面中链接的初始样式就不会有下划线了；又如 a：hover {color：＃FF0000；text-decoration：none;}，该样式定义后，鼠标移过该链接时，链接的颜色变为红色（＃FF0000)，且无下划线。

(4) 第四类是根据 ID 来进行样式的定义。如＃note {font-size：14px；width：120px;}，note 即为 HTML 中某个元素的 ID。

3.6.3　CSS 的属性

CSS 属性是定义在选择符后的属性设置，如：.main {font-size：16pt;}，其中 main 为选择符，font-size 为属性，16pt 即属性值。

事实上，CSS 属性与 HTML 属性类似，如 bgcolor，background 等，通过不同的属性设置，可以达到多种多样的自定义样式，从而改变 HTML 页面的默认显示样式。CSS 属性有很多，这里举两个常见的例子。

(1) 更改 HTML 中表格单元格内的文字样式，使其字体大小为 9pt，颜色为蓝色。

单元格对应的 HTML 标签为 td，那么只要把 td 作为选择符，修改其样式即可。定义样式如下：

```
td {
font-size: 9pt;      //字体大小
color: #0000FF;      //字体颜色
}
```

把该代码置于 HTML 中的 head 区域，即可实现表格单元格内的字体大小为 9 pt，颜色为蓝色的效果。代码如下：

```
<html>
<head>
<meta http-equiv="Content-Type" content="text/html;charset=GB 2312">
<title>无标题文档</title>
<style type="text/CSS">
td{
   font-size:9pt;
   color:#0000FF;
}
</style>
</head>
```

```
<body>
<table width="50%" border="0" cellspacing="0" cellpadding="0">
  <tr>
     <td> 表格样式</td>
   </tr>
</table>
</body>
</html>
```

(2) 创建一个按钮样式，模仿 QQ 的按钮。

表单按钮的 HTML 标签为 <input type="button" value="按钮">。由于很多表单控件都采用 input 标签，因此不能直接定义 input 为选择符，必须自定义选择符。QQ 按钮与一般的按钮差别在于背景和边框不同，只要取得背景图片，设置好边框及字体，就能达到同样的效果。

定义选择符名为 btnQQ，属性设置如下：

```
.btnQQ{
  background-image:url(images/button1.jpg);  //设置样式的背景图为 button1.jpg
  font-size:12px;                            //字体大小为 12px
  height:22px;                               //高度为 22px
  width:71px;                                //宽度为 71px
  border:1px;                                //边框为 1px
}
```

定义好样式后，在应用样式的 input 标签中添加属性 class，值为 btnQQ。代码如下：

```
<input type="button" class="btnQQ" value="按钮">
```

运行效果如图 3-47 所示。

图 3-47 模仿 QQ 按钮

3.6.4 Dreamweaver 对 CSS 的支持

从上述章节的介绍，读者可以发现，要灵活应用 CSS，就必须对 CSS 的属性非常了解，而 CSS 的属性非常多，属性对应的值也相当多，要全部记住这些内容是非常困难的。因此，可以采用 Dreamweaver 方便地编辑 CSS 样式，预览效果和集中管理。

Dreamweaver 对 CSS 的管理主要集中在 CSS 面板中。单击工具栏上【窗口】菜单，弹出如图 3-48 所示的菜单。

在下拉菜单中单击【CSS 样式】菜单项，打开 CSS 面板，如图 3-49 所示。

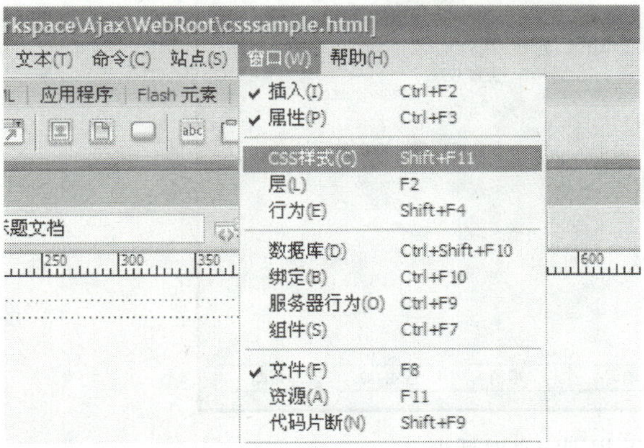

图 3-48　Dreamweaver 中的 CSS 样式菜单

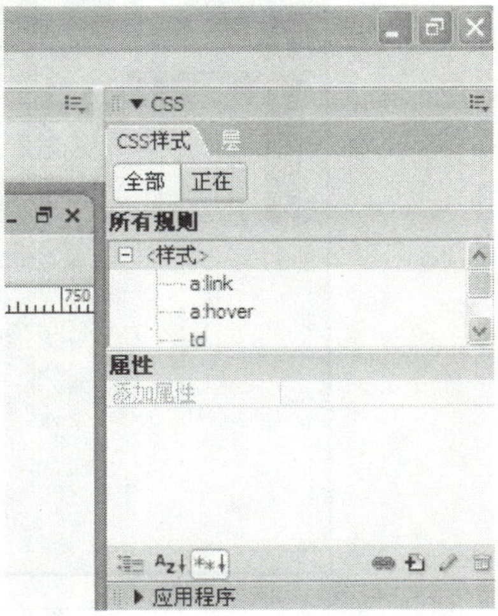

图 3-49　Dreamweaver 中的 CSS 面板

单击图中的 按钮，出现新建 CSS 规则对话框，如图 3-50 所示。

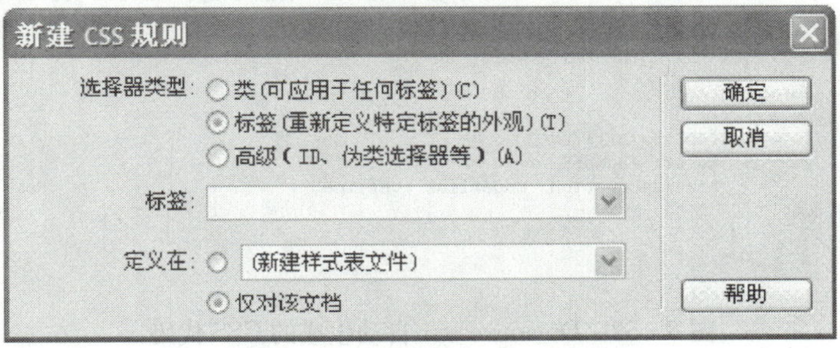

图 3-50　新建 CSS 规则对话框

这里的选择器即本文所说的选择符，Dreamweaver 提供了 3 种类型选择符的直接编辑。

第一种：类，即自定义样式。

第二种：标签，即重新定义 HTML 标签的样式。

第三种：高级，即根据 ID 或者子元素定义样式。

【标签】一栏是选择符名称，选择【类】，则是自己定义名称；选择【标签】，可以选择 HTML 标签；选择【高级】，则根据页面中的 ID 或者子元素进行定义。此外，可以选择是定义在当前文档中，还是新建一个 CSS 文件。

任意选择选择器类型，定义名称后，单击【确定】按钮，可出现如图 3-51 所示的界面。

该对话框的左栏为样式的分类，是对相关属性进行归类，方便操作；右栏则可以通过选择或简单地编辑进行 CSS 的设置。该对话框基本上包含了所有的 CSS 属性定义。

如图 3-51 所示，它定义了一个名为 test 的自定义样式，字体大小为 12px，颜色为 #0000FF，选择上划线、下划线，单击【确定】按钮后，就会自动生成对应的 CSS 代码，图 3-52 为自动生成的 CSS 代码。

生成 CSS 后，对于需要应用该字体的地方，可以直接通过属性面板进行设置，如图 3-53 所示。

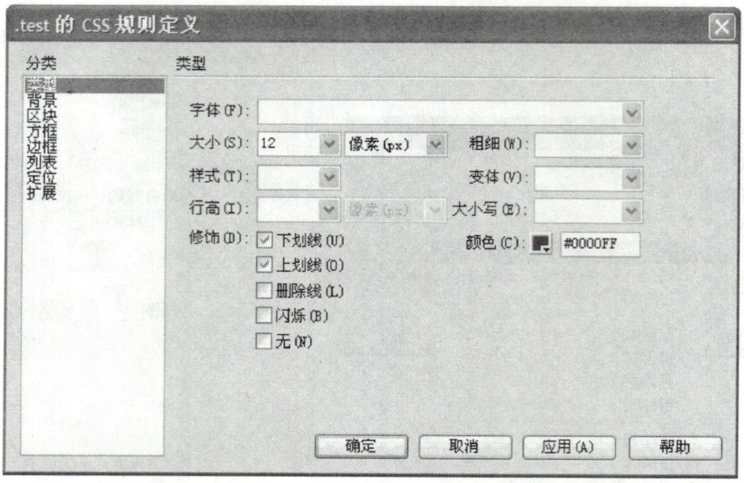

图 3-51 CSS 规则定义对话框

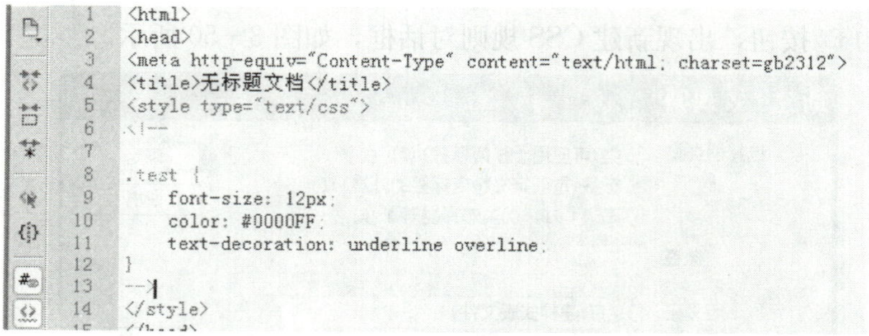

图 3-52 Dreamweaver 自动生成的 CSS 代码

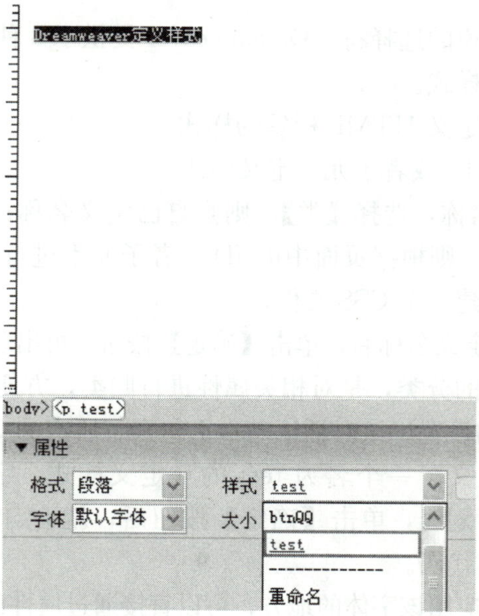

图 3-53 通过属性面板设置 CSS 样式

图 3－53 所示的页面中，先选定文本“Dreamweaver 定义样式”，然后选择属性面板中的【样式】一栏，直接选择刚才定义好的“test”样式即可完成设置，设置完后，自动生成的代码为：

```
<p class="test"> Dreamweaver 定义样式</p>
```

由此可见，使用 Dreamweaver 可以很方便地对 CSS 进行定义和使用。

本章小结

本章主要结合设计工具 Dreamweaver 介绍了静态网页 HTML 和层叠样式表 CSS 的设计，其中重点介绍了 HTML 中的表单设计及表格排版等技术。HTML 页面是后续客户端和服务器端动态程序设计的基础，因此读者必须对 HTML 常用的标记熟练掌握。此外，CSS 也是在 Web 页面设计中普遍使用的优化页面效果的技术，读者也应掌握其基本的属性设置。

本章习题

1. 简述一个标准的 HTML 页面由哪些基本标记所组成。

2. 请设计一个个人信息录入页面，包含用户名、密码、再次输入密码、性别、邮箱地址及爱好等表单控件，要求性别在“男”、“女”中单选，爱好在“看书”、“上网”、“打球”、“旅游”中多选。

3. 请为第 2 题的页面中的控件和文字样式设定 CSS 属性。

4. 请设计一个框架式网页，所包含的各框架页面的结构如图 3－54 所示，要求上方框架页面插入一个自选图片，左侧框架页面包含一个超链接，单击以后右侧框架页面显示第 2 题中的个人信息录入页面。

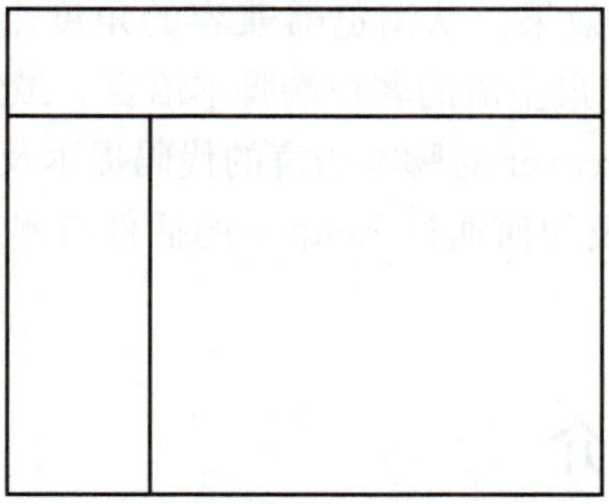

图 3－54　框架页面的结构

第 4 章　客户端动态脚本 JavaScript

在浏览 Internet 上各式各样的页面过程中，经常会遇到一些“动态”效果，这里的“动态”不是指 Flash、GIF 动画，而是指由于我们对键盘或鼠标的操作产生的交互效果，如图 4-1 所示弹出的警告框。

图 4-1　用户名为空时弹出的警告框

类似以上这种“动态”效果，其实是采用客户端脚本来实现的。常见的客户端脚本有 Netscape 的 JavaScript 和微软的 VBScript、JScript 等。这些脚本语言嵌入到 HTML 中，被浏览器所执行，产生相应的效果。从浏览器兼容的角度来看，支持 JavaScript 的浏览器较多，因此，JavaScript 是当前最主流的客户端脚本语言。虽然用 Dreamweaver 也可以编写 JavaScript 程序，但是 Dreamweaver 对脚本语言的代码提示及调试功能支持较弱。本章将介绍 JavaScript 的实用语法，以及如何通过 Eclipse 的插件技术 Aptana 灵活开发客户端 JavaScript 程序。

4.1　JavaScript 简介

JavaScript 语言的前身叫作 LiveScript。自从 Sun 公司推出著名的 Java 语言之后，Netscape 公司引进了 Sun 公司有关 Java 的程序概念，将自己原有的 LiveScript 重新进行设计，并改名为 JavaScript。

JavaScript 是一种基于对象（Object Based）和事件驱动（Event Driver）并具有安全性能的脚本语言。在标准的 HTML 语言中，通过嵌入 JavaScript 程序，从而使得客户与浏览器交互。JavaScript 是动态的，它可以直接对客户输入做出响应，无须经过 Web 服务程序。JavaScript 是跨平台的，它依赖于浏览器本身，与操作环境无关，只要能运行浏览器的计算机，并支持 JavaScript 的浏览器就可以正确执行。

JavaScript 和 Java 都是在 Web 应用盛行之下发展起来的两种 Web 程序设计的语言，但是却有很大的差异。

(1) 解释与执行方式的不同。两种语言在其浏览器中所执行的方式不一样，Java 的源代码在执行之前，必须经过编译，再由 Java 虚拟机解释执行，实现独立于某个特定的平台的束缚。而 JavaScript 是一种解释性编程语言，其源代码在被执行之前不需经过编译，而是将代码直接交给浏览器解释执行。

(2) 执行位置的不同。由于 JavaScript 必须由客户端浏览器解释执行，因此直接查看网页的源代码，就可以看到 JavaScript 程序；而 Java 程序一般以 JSP 嵌入代码的形式在服务器端被执行，处理完以后返回到用户浏览器的结果已不包含原先的 Java 源代码，因此具有较好的安全性。

(3) 基于对象与面向对象。Java 是一种真正的面向对象的语言，即使是开发简单的程序，也必须设计对象。JavaScript 是一种脚本语言，它可以用来制作与网络无关的、与用户交互作用的复杂软件。它是一种基于对象和事件驱动的编程语言，因而它本身提供了非常丰富的内部对象供设计人员使用。

(4) 弱变量与强变量。JavaScript 的结构较为自由松散，如其变量并不需要明确的定义；而 Java 结构较为严谨，所有变量在编译之前必须做声明。

4.2　JavaScript 开发工具

4.2.1　Aptana 简介

在前面 Web 开发环境中已经介绍了专业的网页设计工具 Dreamweaver 和集成开发工具 Eclipse 及其插件包 MyEclipse，这些开发工具虽然很好地解决了 HTML 页面的设计以及 Java Web 服务器端动态程序的高效开发，但是并没有很好地支持 JavaScript 的有效编写，尤其是代码职能提示的功能不够完善。

Aptana 是一个基于 Eclipse 平台的开发工具，属于开源软件，该工具是一个功能非常强大的专注于客户端动态程序开发的 Web 开发工具。该工具最主要的特点便是代码智能提示，即支持 JavaScript、HTML、CSS 代码提示，包括 JavaScript 函数和代码语法错误提示。如图 4-2 所示。

输入任何一个字母，都会显示与之相关的对象或者属性，同时显示该对象或者属性与 IE 和 FireFox 的兼容程度。如图 4-2 所示，某些方法就只兼容 FireFox 或 IE 其中的一种，后面同时显示该方法的详细说明。

此外，Aptana 还支持 JavaScript 的调试，这将在本书 Ajax 开发的部分做详细介绍。

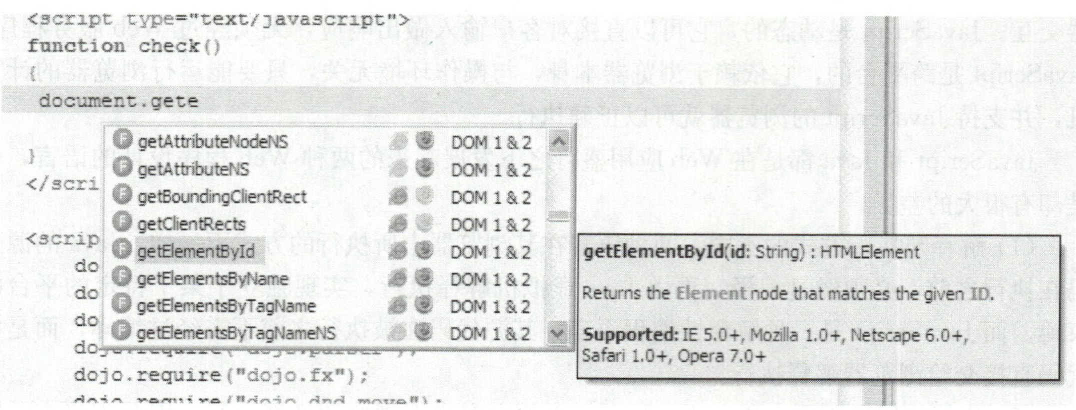

图 4-2 代码智能提示

4.2.2 Aptana 的安装

Aptana 有社区版和专业版两个版本，本书采用免费的社区版。社区版和专业版的区别在于：专业版的插件比社区版的多，并且能取得更好的社区服务。实际上，社区版已经足够胜任一般的开发，唯一不足的是社区版不支持 IE 的 JavaScript 调试，但是支持 FireFox 的 JavaScript 调试。

除此之外，因为 Aptana 本身是基于 Eclipse 平台开发的，所以 Aptana 既可以作为一个独立软件来使用，还可以作为插件安装到 Eclipse 上。

本书介绍的方法是以插件的方式安装到 Eclipse 中。

(1) 首先，打开网址 http://www.Aptana.com/products/。如图 4-3 所示，上面有社区版和专业版的区别，请仔细阅读，以选择合适的开发工具。

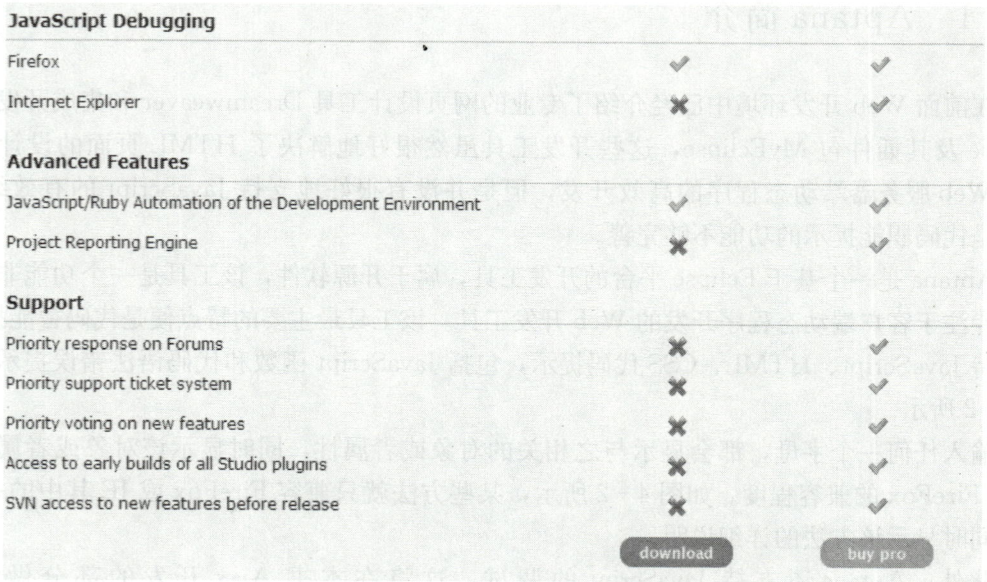

图 4-3 Aptana 下载页面截图

(2) 确定自己要下载的版本，单击列表下方的【download】按钮，转到下载页面 http://www.Aptana.com/download/，在这里可以选择下载单独的工具，还是插件包。本书选择下载插件包，如图 4-4 所示。

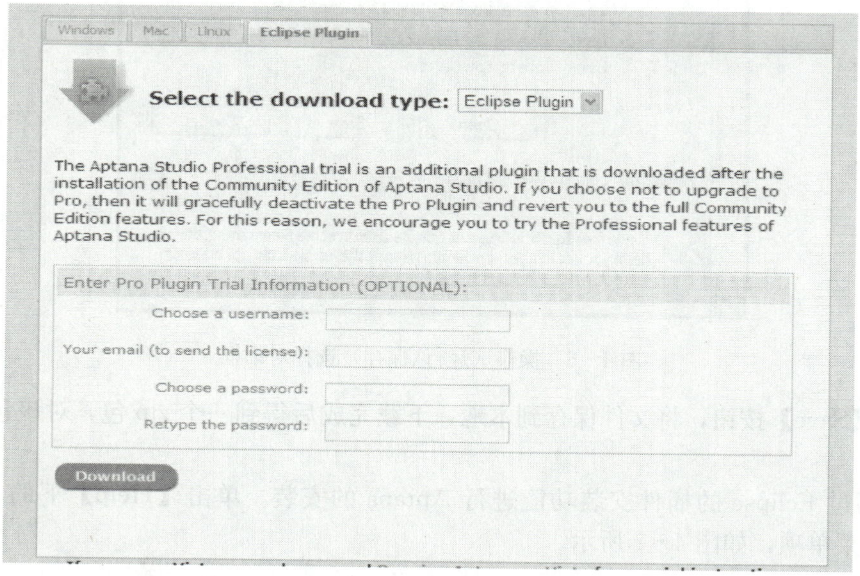

图 4-4　选择下载类型

即选择【Eclipse Plugin】选项卡。单击【Download】按钮，页面接着会跳转到 http://update.Aptana.com/update/3.2/页面。如图 4-5 所示。

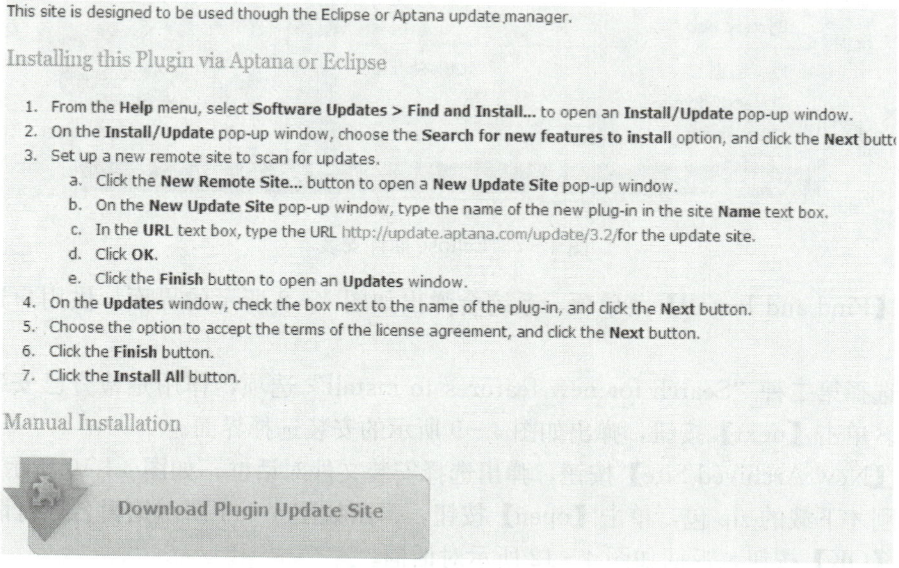

图 4-5　下载页面

该网页上有如何进行在线安装和离线安装的办法。本书以离线安装为例，单击"Down Plugin Update Site"图标下载，弹出如图 4-6 所示对话框。

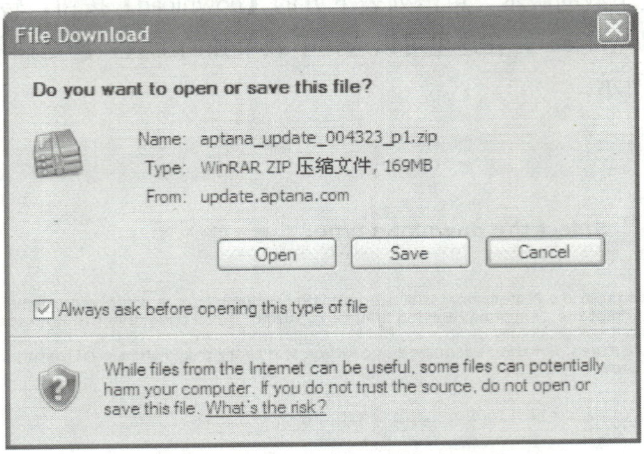

图 4-6 操作（运行\保存）选择对话框

单击【Save】按钮，将文件保存到本地，下载完成后得到一个 zip 包，对该包无须做任何处理。

(3) 通过 Eclipse 的插件安装功能进行 Aptana 的安装。单击【Help】下的【Software Updates】菜单项，如图 4-7 所示。

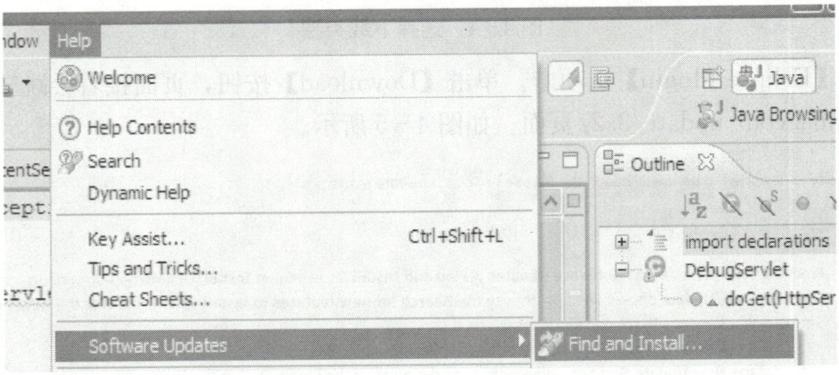

图 4-7 Eclipse 插件安装

单击【Find and Install】菜单项，系统会弹出如图 4-8 所示的界面，供用户选择安装模式。

这里选择第二种"Search for new features to install"选项，作用是检查已安装插件有没有更新。单击【next】按钮，弹出如图 4-9 所示的安装选择界面。

单击【New Archived Site】按钮，弹出选择安装文件对话框，如图 4-10 所示。

选择刚才下载的 zip 包，单击【open】按钮，弹出如图 4-11 所示编辑名称对话框。

单击【OK】按钮，返回如图 4-12 所示对话框。

单击【Finish】按钮，弹出如图 4-13 所示对话框。

把相关选项选上，单击【Next】按钮，弹出如图 4-14 所示许可证协议对话框。

接受协议，单击【Next】按钮，弹出如图 4-15 所示安装路径选择对话框。

路径确定后，单击【Finish】按钮。弹出如图 4-16 所示的插件验证界面。

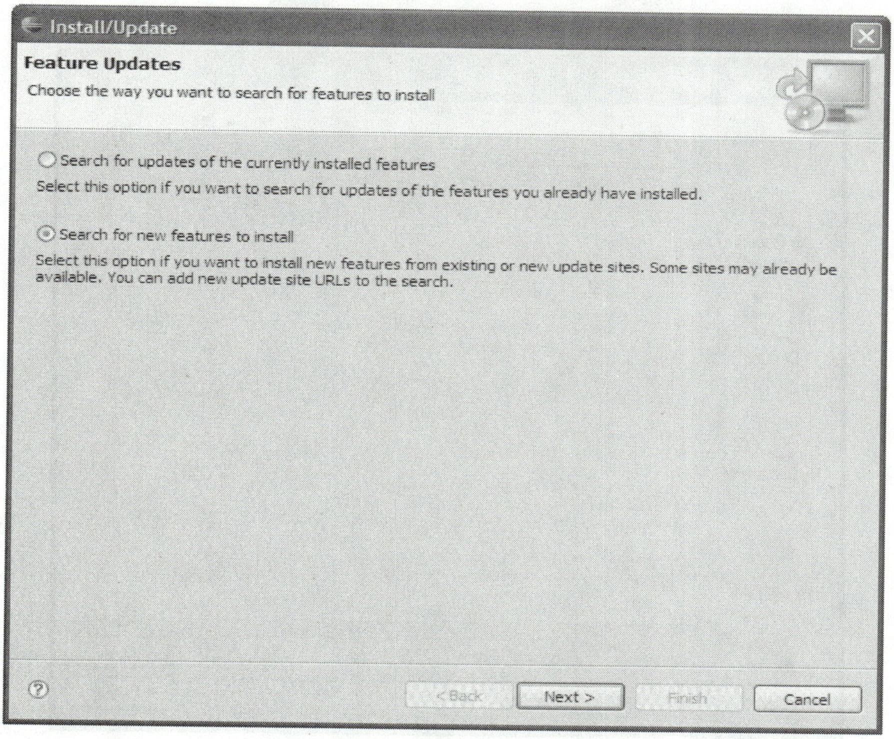

图 4－8　选择安装模式

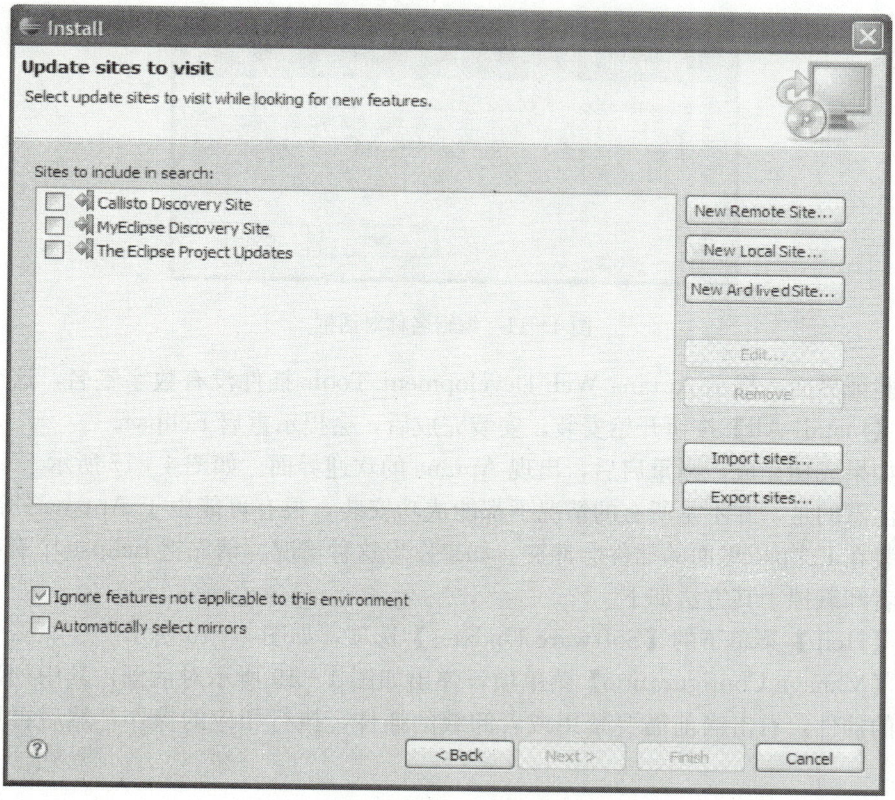

图 4－9　安装选择界面

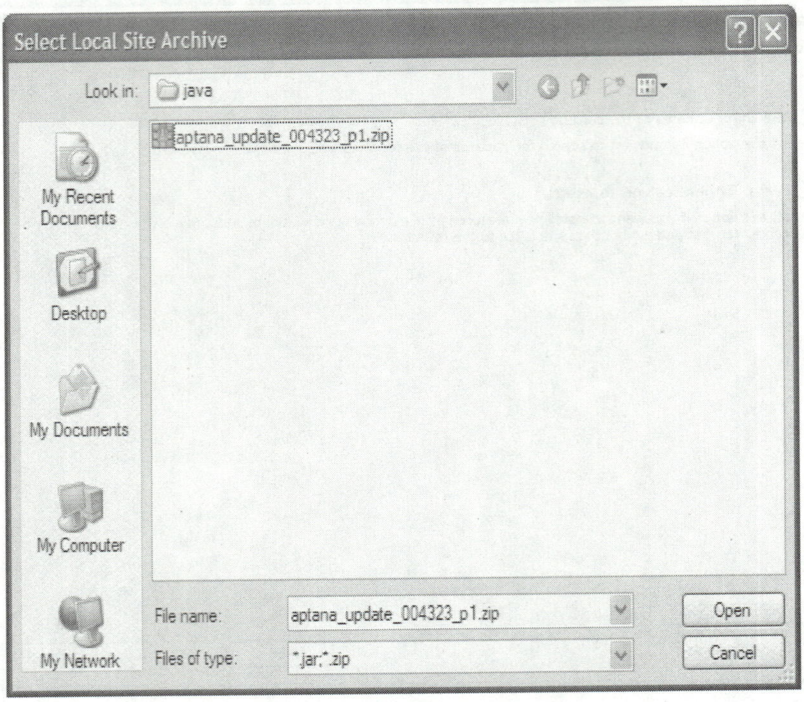

图 4－10　选择安装文件对话框

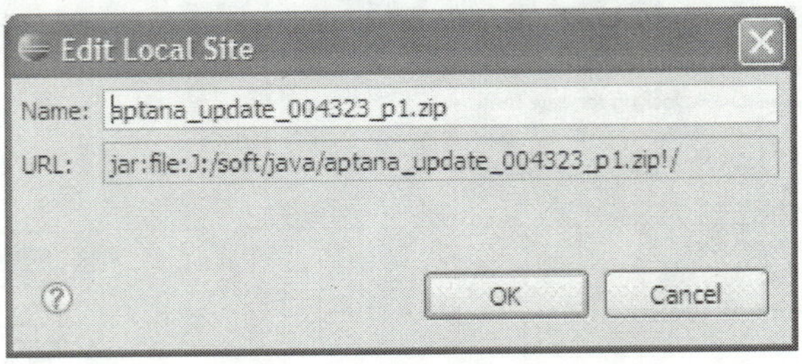

图 4－11　编辑名称对话框

插件验证界面，提示 Aptana Web Development Tools 插件没有数字签名，这个不受影响，单击【Install All】按钮开始安装。安装完成后，会提示重启 Eclipse。

安装如果成功完成，则重启后，出现 Aptana 的欢迎界面。如图 4－17 所示。

需要注意的是，并不是所有的情况下都能成功安装，很有可能由于 Aptana 的部分插件与已经安装在 Eclipse 里面的插件会冲突。如果发生这种情况，请先把 Eclipse 中有冲突的插件禁用或者卸载掉。其方法如下。

选择【Help】菜单下的【Software Updates】选项，如图 4－18 所示。

单击【Manage Configuration】菜单项，弹出如图 4－19 所示对话框，其中列出了所有已经安装的插件，右击当前需要禁用或者卸载的插件，执行相应的操作，然后再重新安装即可。

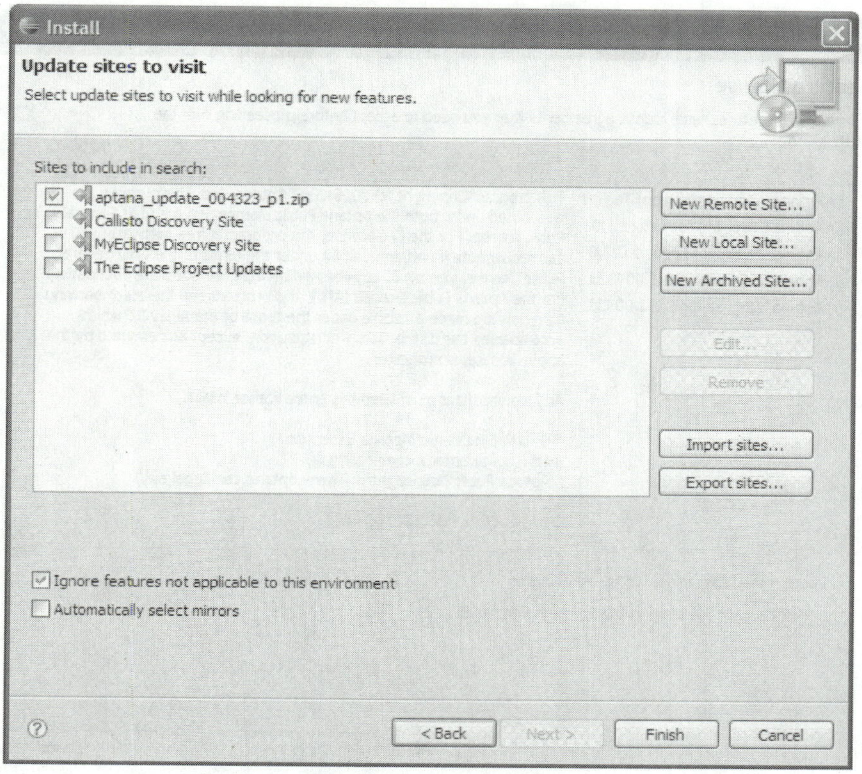

图 4 - 12　安装文件添加成功

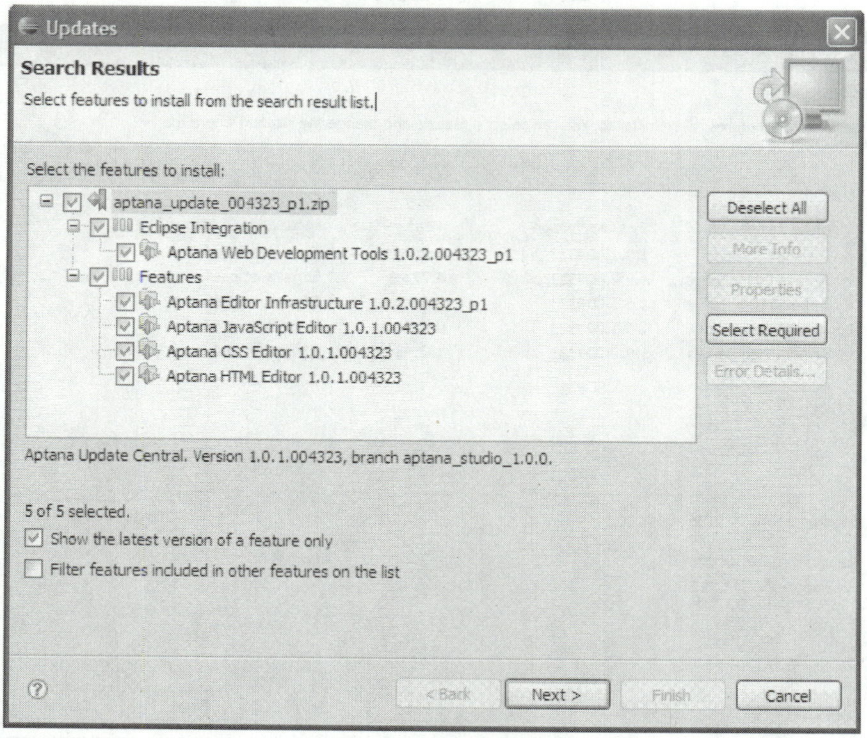

图 4 - 13　选择需要安装的功能组件

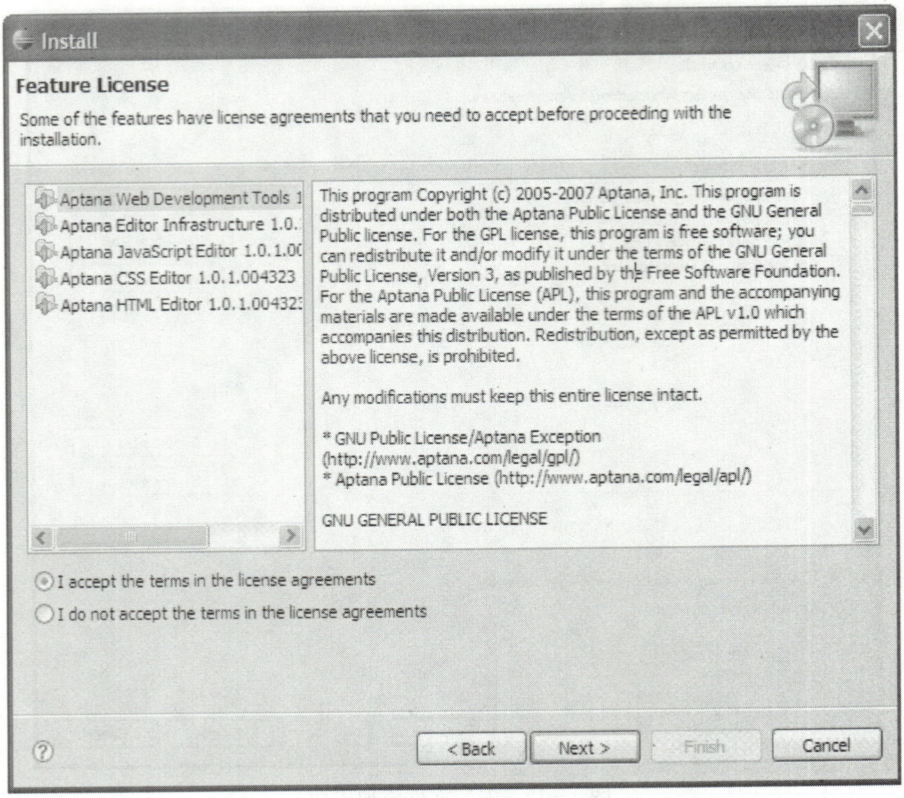

图 4-14　许可证协议对话框

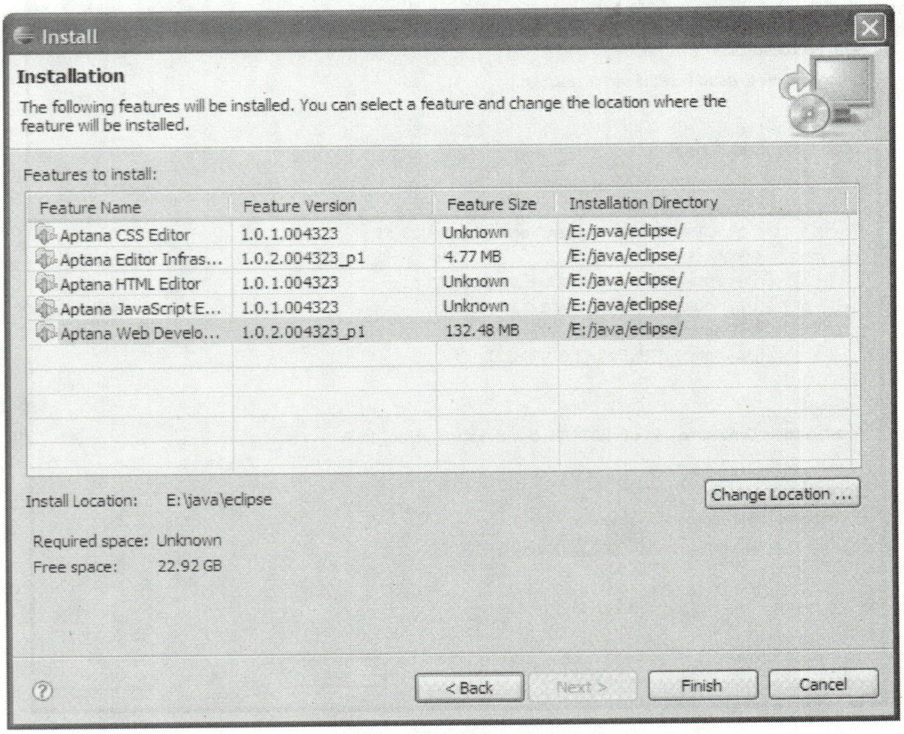

图 4-15　安装路径选择对话框

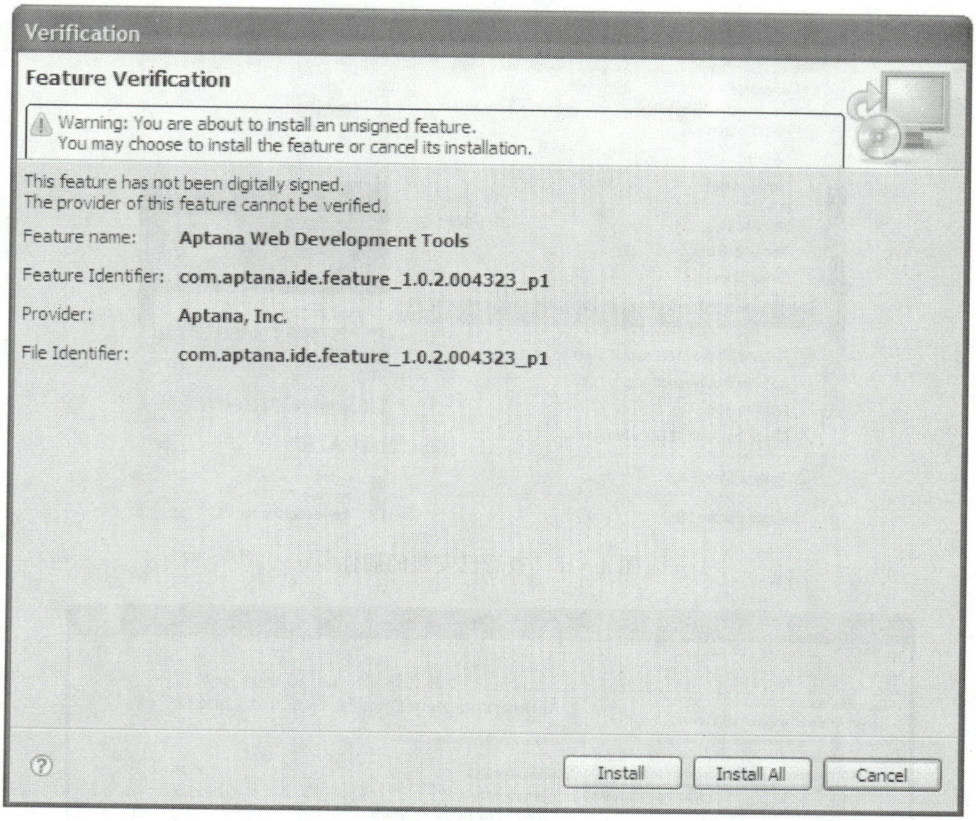

图 4 - 16　插件验证界面

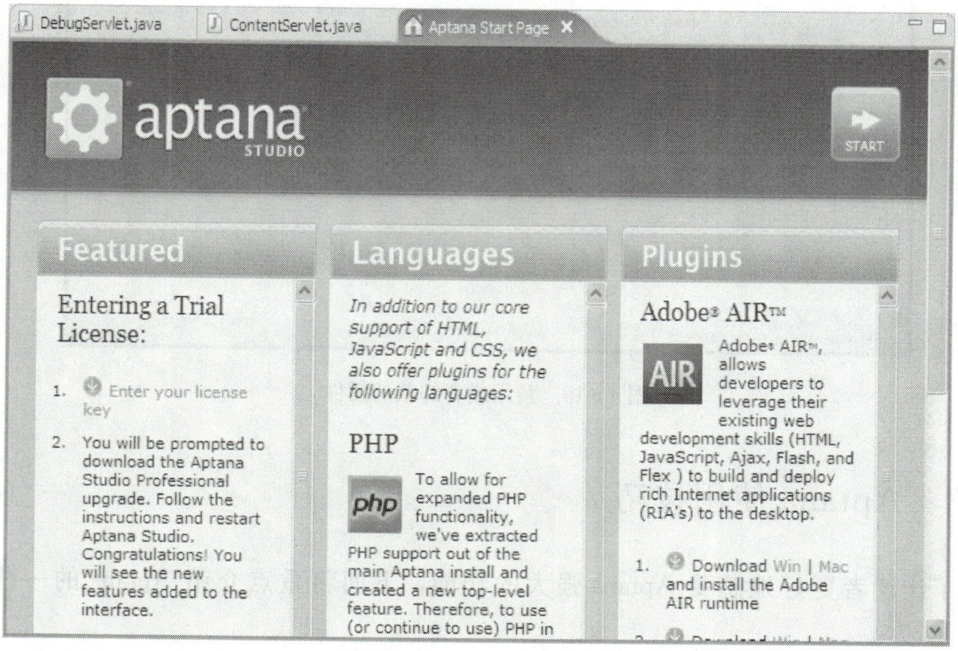

图 4 - 17　Aptana 的欢迎界面

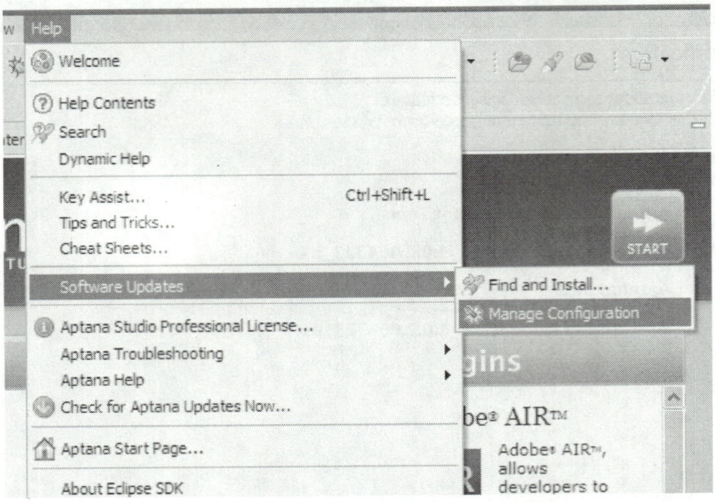

图 4-18 查看已安装的插件

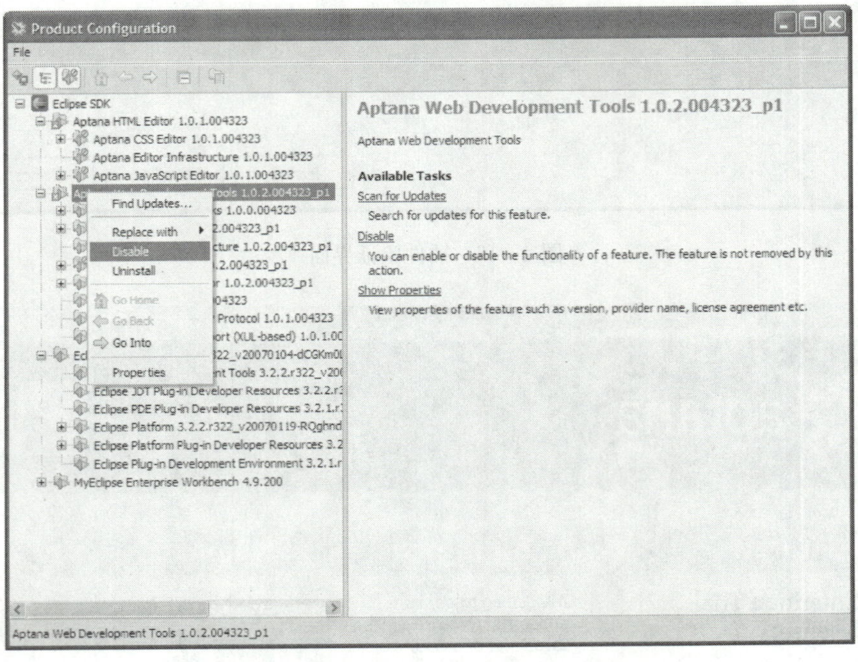

图 4-19 禁用或者卸载的插件

4.2.3 Aptana 使用技巧

为了让读者更好地感受 Aptana 强大的功能，下面将重点介绍 Aptana 的一些使用技巧。

1. 打开 Aptana 透视图

如果是以安装插件的方法安装的 Aptana，那么默认打开的不是 Aptana 透视图。在非

Aptana 透视图的情况下，许多 Aptana 的功能都无法直接使用。单击菜单【Window】→【Open Perspective】→【Other】命令，在弹出的窗口中选择 Aptana，如图 4-20 所示。

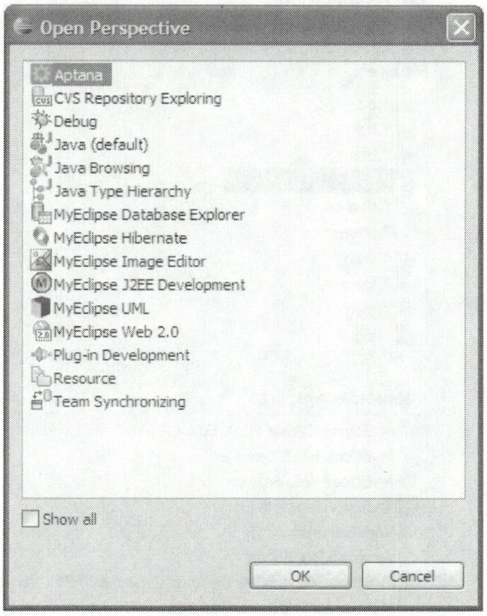

图 4-20　打开 Aptana 窗口透视图

打开以后，在 Eclipse 的右上角有透视图切换的按钮，如图 4-21 所示。

2. 文件关联

默认情况下，Aptana 支持几种常见类型的文件关联打开，如 HTML、JavaScript 等。通过简单的设置，也可以关联其他文件类型用 Aptana 编辑器打开。

图 4-21　透视图切换按钮

Aptana 的编辑器主要有：Aptana CSS Editor，Aptana HTML Editor，Aptana JS Editor，Aptana Text Editor，Aptana XML Editor。对于网页文件，常用的是 Aptana HTML Editor。

单击菜单中的【Window】→【Preferences】命令，在弹出的窗口中，依次单击【General】→【Editors】→【File Associations】命令，进入文件关联设置，如图 4-22 所示。

在此处进行文件关联的设置，如设置 html 文件，单击【*.html】，下方列出关联打开的编辑器，单击“Associated Editors”右边的【Add】按钮，弹出如图 4-23 所示的编辑器选择窗口。在此选择需要关联的编辑器 Aptana Text Editor，然后单击【OK】按钮，返回文件关联编辑器设置界面，如图 4-24 所示。

选中相关编辑器，单击【default】按钮，可以把相关的文件用该编辑器默认打开。采用此方法，就可以用 Aptana 打开动态文件，如 JSP、PHP、ASP 等。需要注意的是，打开的动态文件非 HTML 部分都为灰色，灰色的代码即为动态代码，用 Aptana 的编辑器编辑动态代码，就不能胜任了。如果需要更换编辑器打开，则右击需要打开的文件，在弹出菜单中单击【Open With】，可选择其他编辑器，如图 4-25 所示。

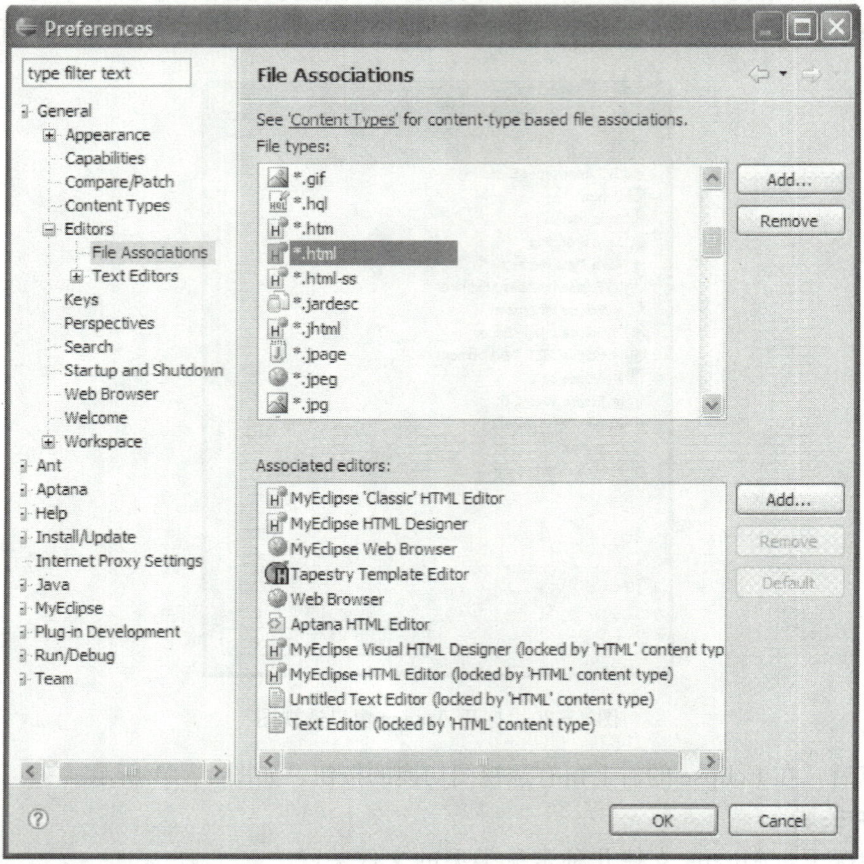

图 4-22 关联文件编辑器

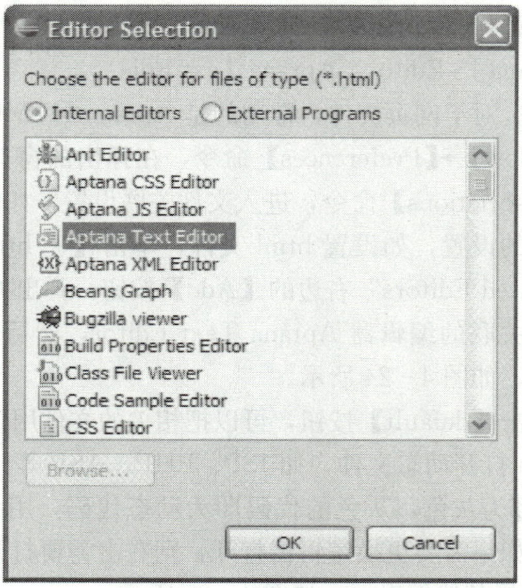

图 4-23 选择 Aptana Text Editor 编辑器

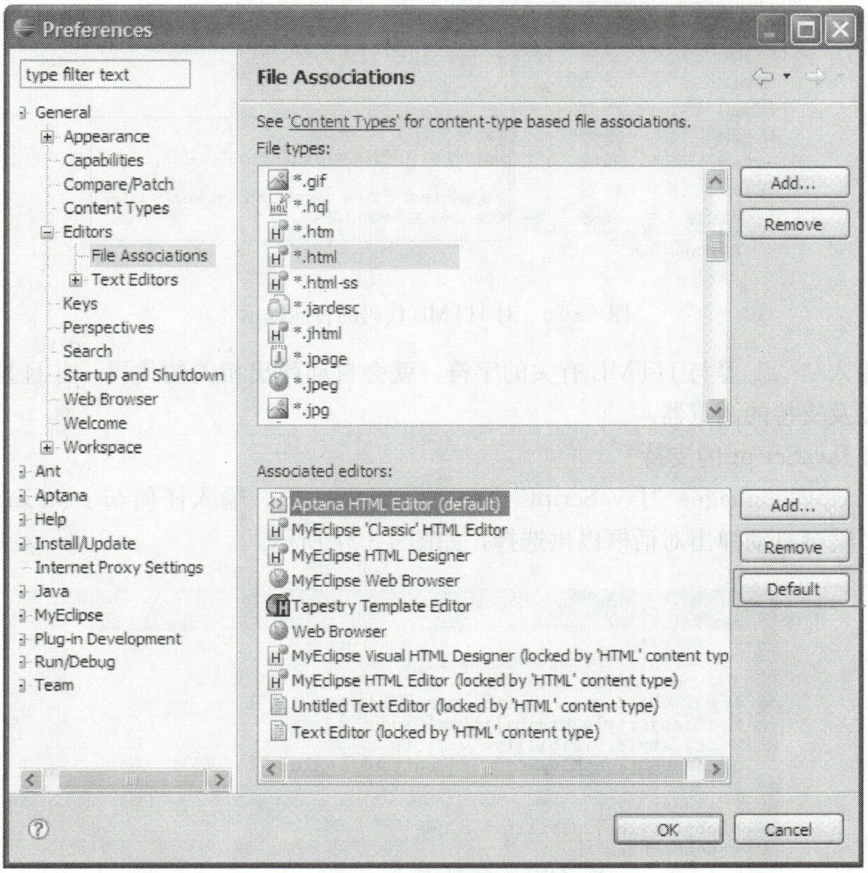

图 4-24 设置关联编辑器

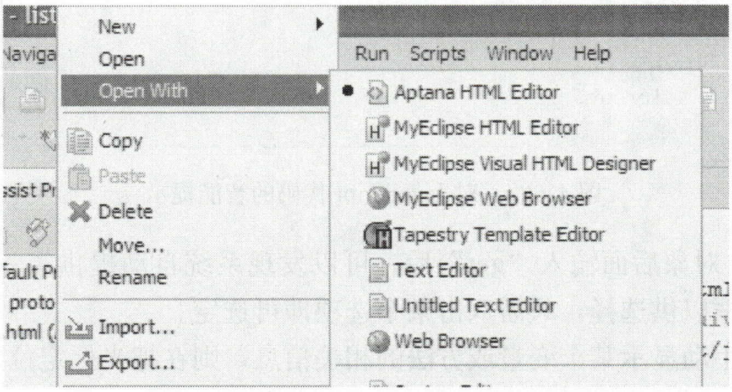

图 4-25 选择其他编辑器

如果此处没有需要的编辑器，则使用添加 Aptana 编辑器的方法进行手动添加。

3. Code Assit（代码智能提示）

Aptana 的代码提示功能非常强大，不仅支持标准代码的提示，如 HTML、CSS、JavaScript 的方法和属性的提示，而且支持对自定义变量和函数的提示。

(1) 对 HTML 的支持，如图 4-26 所示。

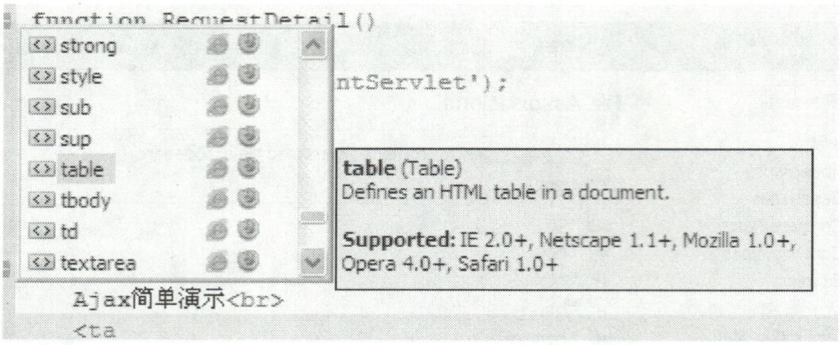

图 4 - 26　对 HTML 代码的智能提示

只要输入“<”等与 HTML 有关的字符，就会自动弹出相关的代码，并且显示相关属性和方法以及支持的浏览器。

(2) 对 JavaScript 的支持

在 <script language="JavaScript">…</script> 内，输入任何与 JavaScript 代码有关的字符，就会自动弹出对话框以供选择，如图 4 - 27 所示。

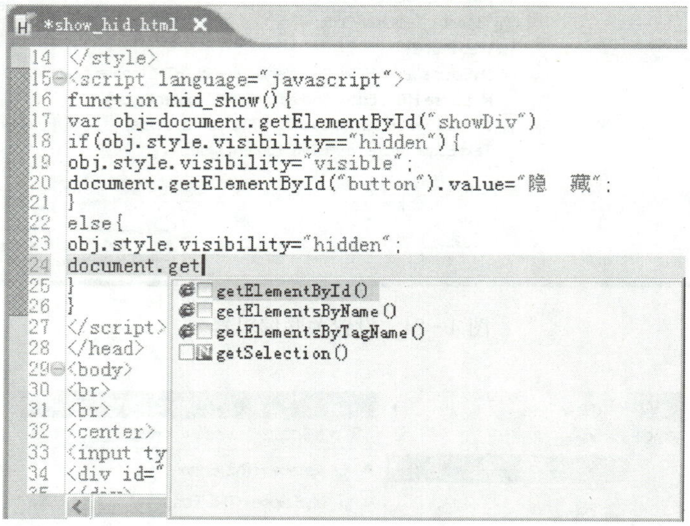

图 4 - 27　对 JavaScript 代码的智能提示

当在 document 对象后面输入“get”后，可以发现系统自动提供了一个以“get”开头的函数的下拉对话框以供选择，只需双击某个选项即可选定。

此外，如果想手动显示某个变量或方法的相关信息，则在把光标定位到需要显示的方法前，按下快捷键 Alt+/，即可快速调出该方法的详细信息。例如，图 4 - 27 中，当我们因某个不小心的操作使系统提示消失时，则可以直接按下快捷键 Alt+/，代码提示的下拉框又会重新出现。

4.3　JavaScript 的数据类型

JavaScript 中有 6 种数据类型，分别是数值型、字符串型、布尔型、空值、未定义型、

Object。

（1）数值型：JavaScript 支持整数和浮点数。整数可以为正数、0 或者负数；浮点数可以包含小数点，也可以包含一个“e”（大小写均可，在科学记数法中表示“10 的幂”），或者同时包含这两项。

（2）字符串型：字符串是用单引号或双引号来说明的，需要使用单引号来输入包含引号的字符串。

（3）布尔型：可能的 Boolean 值有 true 和 false。这是两个特殊值，不能用作 1 和 0。

（4）空值：null。就是没有任何值，什么也不表示。

（5）未定义型：undefined。一个为 undefined 的值是指在变量被创建后，但未给该变量赋值以前的值。

（6）Object：对象型。

由于 JavaScript 是一种弱类型的语言，所以其变量本身是没有类型的，即不必显示定义变量的数据类型。虽然变量没有类型，但是其数据是有类型的，也就是变量的类型是由所包含的数据决定而不是变量本身。因此，同一个变量的类型是可变的。在 JavaScript 中变量在声明时并未指定其类型，而是在脚本执行过程中根据需要确定变量的数据类型。同时，当变量所包含的数据类型改变时，变量的类型也就随之改变。在下面的示例中，最初 myVar 的值是‘变量值是：’，所以 myVar 的数据类型是字符串型；接着又将数值 10 赋值给了 myVar，所以其数据类型变为了数值型。

```
<html>
<head>
<script language="JavaScript">
var myVar='变量值是：';
document.write(myVar);
myVar=10;
document.write(myVar);
</script>
</head>
</html>
```

在 JavaScript 中，两个不同类型的变量也可以组合在一个表达式中。如果将一个字符串和一个数字组合在一个表达式中，JavaScript 会将数值转换成字符串。例如，如果字符串 10 与浮点数字 6.5 相加，输出结果将是 106.5，而不是 16.5。这种数据类型的转换是 JavaScript 提供的一种隐式类型转换，同时，JavaScript 还提供显示的数据类型转换，需要用到转换的函数。

在 JavaScript 中有 parseInt（）和 parseFloat（）这两个函数，它们可将字符串转换成整数和浮点数。例如，parseInt（“21”）会将字符串“21”转换成整数值 21；parseFloat（“25.01”）会将字符串“25.01”转换成浮点数 25.01。如果 parseFloat（）函数遇到了符号（“+”或“−”）、数字（0～9）、小数点或指数之外的其他字符，它将忽略该字符及其后面的所有字符，而且如果参数中的第一个字符不能被转换成数字，函数就会返回空对象“null”。

> **小提示：**
> JavaScript 是一种区分大小写的语言，这个特点与 Java 是相同的。

4.4　JavaScript 的运算符

在 JavaScript 中，常用的运算符有以下 5 种：逻辑运算符、算术运算符、赋值运算符、比较运算符、字符运算符及条件运算符。

1. 逻辑运算符

逻辑运算符如表 4－1 所示。

表 4－1　逻辑运算符

运算符	描述	例　　子
&&	与	$x=6$ $y=3$($x<10\&\&y>1$) 返回值为 true
$\vert\vert$	或	$x=6$ $y=3$ ($x==5\vert\vert y==5$) 返回值为 false
!	非	$x=6$ $y=3$! ($x==y$) 返回值为 true

2. 算术运算符

算术运算符如表 4－2 所示。

表 4－2　算术运算符

运算符	描述	例子	结果
+	加	$x=2$ $y=2$ $x+y$	4
－	减	$x=5$ $y=2$ $x-y$	3
*	乘	$x=5$ $y=4$ $x*y$	20
/	除	15/5 5/2	3 2.5
%	求余数 （保留整数）	5%2 10%8 10%2	1 2 0
++	累加	$x=5$ $x++$	$x=6$
－－	递减	$x=5$ $x--$	$x=4$

3. 赋值运算符

赋值运算符如表 4-3 所示。

表 4-3　赋值运算符

运算符	例子	等效写法
=	$x=y$	$x=y$
+=	$x+=y$	$x=x+y$
-=	$x-=y$	$x=x-y$
*=	$x*=y$	$x=x*y$
/=	$x/=y$	$x=x/y$
%=	$x\%=y$	$x=x\%y$

4. 比较运算符

比较运算符如表 4-4 所示。

表 4-4　比较运算符

运算符	描述	例子
==	等于	5==8 返回值为 false
===	等于（检查值和类型）	$x=5$ $y=$“5” $x==y$ 返回值为 true 而 $x===y$ 返回值为 false
! =	不等于	5! =8 返回值为 true
>	大于	5>8 返回值为 false
<	小于	5<8 返回值为 true
>=	大于等于	5>=8 返回值为 false
<=	小于等于	5<=8 返回值为 true

5. 字符运算符

字符串通常是指文本，如“Hello World!”。使用运算符“+”就可以将两个字符变量结合在一起：

```
var a="She is";
var b="a pretty girl!";
var c=a+b;
document.writeln(c);
```

6. 条件运算符

JavaScript 也包含条件运算符，这种运算符可以给基于条件的变量赋值。

语法为：变量名=(条件)? 值 1：值 2

示例：

```
result=(average>=60)?"easy":"difficult";
```

如果变量 average 大于等于 60，那么给 result 赋的值是“easy”；假如变量 average 小于 60，那么给 result 赋的值是“difficult”。

此外，JavaScript 中的运算符具有一定的优先级，在计算表达式时用来控制运算符执行的顺序。具有较高优先级的运算符先于较低优先级的运算符执行，具有相同优先级的运算符按从左至右的顺序求值。括号可用来改变运算符优先级所决定的求值顺序，也就是说圆括号中的表达式应在其用于表达式的其余部分之前全部被求值。

4.5 JavaScript 的对象

4.5.1 什么是 JavaScript 中的对象

JavaScript 是基于 Java 程序设计语言而建立起来的脚本语言，它是基于对象的编程，但还不是完全的面向对象的编程。在面向对象方面与 Java 的严谨相比，JavaScript 显得较为随意一些。JavaScript 所处理的每一个对象都属于一个类，类是指具有某种性质的事物的集合，如人是一个类，车也是一个类。而对象就是类的具体实现，一个具体的人“张三”就是人这个类的一个对象。

JavaScript 中的对象是由属性和方法两个基本的元素所构成的。对象的属性是指对象具有的特征，如背景色、长度、名称等。对象的方法是指对属性所进行的操作，如改变背景色、名称等。例如，将汽车看成是一个对象，汽车的颜色、大小、品牌等叫作属性，而发动、刹车、拐弯等就叫作方法。

JavaScript 中使用 new 关键字来实例化一个类，生成一个对象。

生成对象实例的格式和写法如下：

```
var str=new String("This is String."); //生成一个字符串对象
var now=new Date();                    //生成一个日期对象
```

new 运算符用来调出对象的数据结构，也就是对象的属性、方法，这是用来创建一个对象实例的方法，同时还对对象实例的属性进行初始化。有些对象（如 Date 对象）拥有多种数据结构，那么 JavaScript 就会根据使用 new 创建实例时传递的参数来决定创建哪一种数据结构。以 Date 对象为例，如果在创建时不传递任何参数，则会创建一个当前系统日期时间的对象实例，就像上面的例子一样；但是如果在创建对象实例时向 Date 类传递了 year、month、date 和 time 的值的话，JavaScript 会根据这些值来创建一个对象实例，而不再是当前系统时间的对象实例。

对象的属性可以通过 <对象名>. <属性> 来访问。如：

```
var str=new String("This is String."); //新建一个 String 对象
var len=str.length;                    //length 为字符串对象的字符串长度属性
```

同样，对象的方法也可以通过 <对象名>. <方法名> () 来访问，不过在方法名后面要有一对圆括号，括号里面应该包含了使用该方法所需要传递的参数。如：

```
var str1=new String("This is str1.");
var str2=new String("This is str2");
var str3=str1.concat(str2);
//concat 方法用于字符串连接,返回字符串连接之后的值
```

变量 str3 的值将是“This is str1. This is str2”。

JavaScript 支持 4 种类型的对象：内置对象、生成的对象、文档对象（如 Internet 浏览器中的 window 和 document）及 ActiveX 对象（外部组件）。下面我们将分别进行介绍。

4.5.2　JavaScript 内置对象

JavaScript 本身提供了一些内置的对象和函数，内置对象提供编程最常用的功能。常用的 JavaScript 内置对象有以下几种。

- Date 对象：处理日期和时间的存储、转化和表达。
- String 对象：处理所有的字符串操作。
- Array 对象：提供一个数组的模型、存储大量有序的数据。

内置对象都有自己的方法和属性，访问的方法如下：

对象名.属性名称

对象名.方法名称（参数列表）

下面将介绍 JavaScript 所支持这些常用内置对象和它们的属性、方法。

1. Date（日期和时间）对象

日期对象提供一个有关日期和时间的对象，它没有提供直接访问的属性，只有获取和设置日期和时间的相关方法。

这个对象可以存储任意一个日期，从 0001 年到 9999 年，并且可以精确到毫秒数。在内部，日期对象是一个整数，它是从 1970 年 1 月 1 日零时整开始计算到日期对象所指的日期的毫秒数。如果所指日期比 1970 年早，则它是一个负数。所有日期时间，如果不指定时区，都采用“UTC”（世界时）时区，它与“GMT”（格林威治时间）在数值上是一样的。

必须使用 new 运算符创建一个 Date 对象实例，才能使用。

Date 对象的使用方法如下：

```
var myDate=new Date();
//定义 myDate 为日期对象,且已有初始值:当前时间
```

如果要自定初始值，可以用：

```
var d=new Date(1999,10,1);        //1999 年 10 月 1 日
var d=new Date('Oct 1,1999');     //1999 年 10 月 1 日
```

1）获取详细日期和时间的方法

- getFullYear（）：返回年份，用四位数表示。
- getYear（）：返回年份，用两位数表示。
- getMonth（）：返回月份。
- getDate（）：返回日期。
- getDay（）：返回星期，0 表示星期天。
- getHours（）：返回小时数，24 小时制。
- getMinutes（）：返回分钟数。
- getSeconds（）：返回秒钟数。
- getTime（）：返回时间。
- getMilliseconds（）：返回毫秒数。

2）设置日期和时间的方法

- setFullYear（）：设置年份，用四位数表示。
- setYear（）：设置年份，用两位数表示。
- setMonth（）：设置月份。
- setDate（）：设置日期。
- setDay（）：设置星期，0 表示星期天。
- setHours（）：设置小时数，24 小时制。
- setMinutes（）：设置分钟数。
- setSeconds（）：设置秒钟数。
- setTime（）：设置时间。
- setMilliseconds（）：设置毫秒数。

3）其他方法

- toString（）：返回一个字符串，描述日期对象所指的日期。这个字符串的格式类似于：“Fri Jul 21 15:43:46 UTC+0800 2000”。
- toLocaleString（）：返回一个字符串，描述日期对象所指的日期，用本地时间表示格式。如：“2000－07－21 15:43:46”。
- parse（）：Date. parse（<日期对象>），返回该日期对象的内部表达方式。

4）示例

状态栏上显示时间。

```
<html>
<head>
<title> 状态栏上显示时间</title>
<script language="JavaScript">
var timerID=null;
var timerRunning=false;
function stopclock(){
        if(timerRunning)
```

```
            clearTimeout(timerID);
        timerRunning=false;
}
function showtime(){
        var now=new Date();
        var hours=now.getHours();
        var minutes=now.getMinutes();
        var seconds= now.getSeconds()
        var timeValue=""+((hours>12)? hours - 12:hours)
        timeValue+=((minutes<10)?":0":":")+minutes
        timeValue+=((seconds<10)?":0":":")+seconds
        timeValue+=(hours>=12)?" P.M.":" A.M."
        window.status=timeValue;
        timerID=setTimeout("showtime()",1 000);
        timerRunning=true;
}
function startclock(){
        stopclock();
        showtime();
}
</script>
</head>
<body onLoad="startclock()">
<p>显示当前系统时间代码示例</p>
</body>
</html>
```

2. String（字符串）对象

字符串对象拥有很多函数，可以用来处理字符串。字符串对象的建立可以通过两种方式：一是直接赋值，二是通过 new 运算符来创建。格式如下。

格式 1：字符串对象名称＝new String（字符串常量）

格式 2：字符串变量名称＝“字符串常量”

1）字符串对象的属性

该对象只有一个属性，即 length。它是一个整数，返回字符串对象的长度，包括所有字符。String 对象中的最后一个字符的索引为 length－1。

使用方法为：

```
var strVariable="This is String.";
var strlen=strVariable.length;      //返回值 strlen 为 15
```

2）字符串对象的方法

- charAt（index）：返回位于指定索引位置 index 的一个字符值，索引从 0 开始。

- concat ([string2 [, string3 [, …[, stringN]]]])：返回字符串值，该值包含了两个或更多个提供的字符串的连接。
- indexOf (子字符串 [, 开始位置])：返回一个整数值，指出 String 对象内子字符串的开始位置。如果没有找到子字符串，则返回−1。从左向右执行查找。
- lastIndexOf (子字符串 [, 开始位置])：返回一个整数值，指出 String 对象内子字符串的开始位置。如果没有找到子字符串，则返回−1。从右向左执行查找。
- match ()：使用正则表达式模式对字符串执行查找，并将包含查找的结果作为数组返回。
- replace ()：返回根据正则表达式进行文字替换后的字符串的复制。
- split ([分隔符 [, 元素个数]])：将一个字符串按分隔符 separator 分割为子字符串，然后将结果作为字符串数组返回。limit 用来限制返回数组中的元素个数。
- substr (起始位置 [, 长度])：返回一个从指定位置开始的指定长度的子字符串。
- substring (起始位置，结束位置)：返回位于 String 对象中指定位置的子字符串。
- toLowerCase ()：返回一个字符串，该字符串中的字母被转换为小写字母。
- toUpperCase ()：返回一个字符串，该字符串中的所有字母都被转化为大写字母。

3) 示例

状态栏走马关灯式效果。

```
<html>
<head>
<title>状态栏上走马灯式效果</title>
<SCRIPT Language="JavaScript">
var msg="欢迎使用本书";
var interval=300;
seq=0;
function Scroll(){
len=msg.length;
window.status=msg.substring(0,seq+1);
seq++;
if(seq>=len){ seq=0};
window.setTimeout("Scroll();",interval);
}
</SCRIPT>
</head>
<body onLoad="Scroll()">
</body>
</html>
```

3. Array（数组）对象

数组对象是一个对象的集合，里边的对象可以是不同类型的。数组的每一个成员对象都有一个“下标”，用来表示它在数组中的位置，下标从零开始。

数组的创建格式如下：

var arrayObj=new Array ()

var arrayObj=new Array ([大小])

var arrayObj=new Array ([元素 1 [，元素 2 [，…[，元素 N]]]])

数组创建之后，能够用 [] 符号访问数组单个元素，例如：

```
var myArray=new Array();
for(i=0;i<10;i++)
{
   myArray[i]=i;
}
var x=myArray[4];
```

1）数组对象的属性

该对象也和字符串对象一样，也只有一个属性，即 length，用来表明数组的长度。

2）数组对象的方法

- concat ([item1 [，item2 [，…[，itemN]]]])：返回一个新数组，这个新数组是由两个或更多数组组合而成的。
- join（'分隔符'）：返回字符串值，其中包含了连接到一起的数组的所有元素，元素由指定的分隔符分隔开来。
- pop ()：移除数组中的最后一个元素并返回该元素。如果该数组为空，那么将返回 undefined。
- reverse ()：返回一个元素顺序被反转的 Array 对象。
- slice (<始> [，<终>])：返回一个数组，该数组是原数组的子集，始于 <始>，终于 <终>。如果不给出 <终>，则子集一直取到原数组的结尾。
- sort ()：返回一个元素已经进行了排序的 Array 对象。

3）数组对象使用示例

动态导航菜单举例。例如：

```
<html>
<head>
<title>动态导航菜单</title>
</head>
<body>
<script language="JavaScript">
var index=7;
link=new Array(6);
text=new Array(6);
link[0]='sample.htm';
link[1]='sample.htm';
link[2]='sample.htm';
link[3]='sample.htm';
```

```
link[4]='sample.htm';
link[5]='sample.htm';
link[6]='sample.htm';
text[0]='菜单一';
text[1]='菜单二';
text[2]='菜单三';
text[3]='菜单四';
text[4]='菜单五';
text[5]='菜单六';
text[6]='菜单七';
document.write("<marquee scrollamount='1'scrolldelay='100' direction='up' width='150'
height='150'>");
for(i=0;i<index;i++){
document.write(" <a href="+link[i]+"target='_blank'>");
document.write(text[i]+"</A><br>");
}
document.write("</marquee>");
</script>
</body>
</html>
```

4.5.3 JavaScript 浏览器对象

JavaScript 最强大的功能在于能够直接访问浏览器窗口对象及其子对象。在 JavaScript 能够涉及的范围内有如下几个大的对象：window、history、location、document、form 等。

1. window（窗口）对象

window 窗口对象是最大的对象，它描述的是一个浏览器窗口，一个框架页面也是一个窗口。

由于窗口对象是最高层对象，因此一般要引用它的属性和方法时，可以不必加入对象名 window。例如，window. alert（1）与 alert（1）的效果是一样的。

1）窗口的常用属性

窗口的常用属性包括 name、status、opener、parent、top。

- status：指窗口下方的“状态栏”所显示的内容。通过对 status 赋值，可以改变状态栏的显示信息。我们常常见到的状态栏走马灯式的效果就是由此实现的。
- opener：返回打开本窗口的窗口对象。如果窗口不是由其他窗口打开的，在 Netscape 中这个属性返回 null；在 IE 中返回“未定义”（undefined）。
- parent：返回窗口所属的框架页对象。
- top：返回占据整个浏览器窗口的最顶端的框架页对象。

2）窗口的常用方法

- open（<URL>，<窗口名称>，<窗口属性参数>）：打开一个窗口。

- <URL>：描述打开的窗口所访问的网页地址。
- <窗口名称>：描述被打开的窗口的名称。
- <窗口属性参数>：描述被打开的窗口的样式。如果只需要打开一个普通窗口，该字符串留空；如果要指定样式，就在字符串里写上一到多个参数，参数之间用逗号隔开。

窗口属性参数如表 4-5 所示。

表 4-5　窗口属性参数

参　数	含　义
top	窗口顶部距离屏幕顶部的像素数
left	窗口左端距离屏幕左端的像素数
width	窗口的宽度
height	窗口的高度
menubar	窗口有没有菜单，取值 yes 或 no
toolbar	窗口有没有工具条，取值 yes 或 no
location	窗口有没有地址栏，取值 yes 或 no
directories	窗口有没有连接区，取值 yes 或 no
scrollbars	窗口有没有滚动条，取值 yes 或 no
status	窗口有没有状态栏，取值 yes 或 no
resizable	窗口是否可以调整大小，取值 yes 或 no

示例：打开一个新窗口。

```
var mywin=window.open('','_blank','width=200,height=200,menubar=no
   ,toolbar=no,location=no,directories=no,status=no,scrollbars=yes
   ,resizable=yes');
```

由于 open 方法是有返回值的，所以可以把返回值赋值给变量“mywin”，以后可以通过该变量来控制打开的新窗口了。

- close ()：关闭一个窗口。

```
mywin.close();
```

- alert (<字符串>)：弹出一个只包含【确定】按钮的对话框，显示 <字符串> 的内容。

```
window.alert('this is a alert test');
```

- confirm (<字符串>)：弹出一个包含【确定】和【取消】按钮的确认对话框。如果用户选择【确定】，则返回 true 值，如果选择【取消】，则返回 false 值，可以根据返回值来进行不同的操作。

```
window.confirm('您是否要删除本条记录?');
```

- prompt（<提示信息> [，<初始值>]）：弹出一个包含"确认"、"取消"和一个文本框的对话框，显示 <提示信息> 的内容，要求用户在文本框输入一些数据。如果用户选择【确认】，则返回文本框里已有的内容，如果用户选择【取消】，则返回 null 值。如果指定<初始值>，则文本框里会有默认值。

```
var name=window.prompt('please enter your name');
```

2. history（历史）对象

历史对象描述了浏览器的浏览历史，通过历史对象可以使浏览器跳转到曾经访问过的站点或页面。

1）历史对象的常用属性

- next：下一个文档。
- previous：前一个文档。

2）历史对象的常用方法

- back（）：与【后退】按钮等效。
- forward（）：与【前进】按钮等效。
- go（val）：在历史的范围内到指定的一个地址。如果 val<0，则后退 val 数量的地址；如果 val>0，则前进 val 数量的地址；如果 val=0，则刷新现在打开的网页。

3. location（地址）对象

地址对象描述的是某一个窗口对象所打开的地址，可以直接使用"location"来表示当前打开的窗口地址。

1）地址对象的常用属性

- href：返回整个地址，也就是在浏览器的地址栏上显示的内容。常常可以使用 href 来进行页面跳转，使用格式如下：

```
document.location.href='www.163.com';
```

- host：返回主机名和端口号。
- hostname：返回地址的主机名。例如，一个"http://www.163.com/blog/"的地址，location.hostname='www.163.com'。
- port：返回地址的端口号，一般 http 的端口号是"80"。

2）地址对象的常用方法

- reload（）：重新加载页面内容，与 history.go（0）是等效的。

4. document（文档）对象

文档对象描述当前窗口或指定窗口对象的文档。它包含了文档从 <head> 到 </body> 的内容。利用它可以控制文档中的 HTML 标识，它本身还包含了许多子对象。

1）文档对象的常用属性

- forms []：返回文档中所有表单对象所组成的数组。每一个元素对应于文档中的一个 <form> 标签，其访问格式如下：

```
var myVar=document.forms[0];
```

由于在 JavaScript 中数组的下标也是从 0 开始的，所以变量 myVar 指向网页文档中的第 1 个 <form> 标签对应的表单对象。JavaScript 还提供另外的方法可以直接通过表单的名字来访问，前提是必须为该表单对象加一个 name 的属性。

```
<form name="myForm"></form>
```

以下方式便可以访问名为“myForm”的这个表单对象。

```
var myVar=document.myForm;
```

在使用以上属性访问表单对象的时候，要注意不要有重名的情况，否则就无法得到正确的结果。

- images []：返回文档中所有图片对象所组成的数组。每一个元素对应于文档中的一个 <IMG> 标签。
- links []：返回文档中所有的超链接对象所组成的数组。数组中的每一个元素对应于文档中的一个 <A> 标签，数组元素的顺序也是由在文档中 <A> 标签出现的先后顺序所决定的。
- bgcolor：背景颜色。也就是 <body> 标记的 bgcolor 属性所表示的背景颜色。
- fgcolor：页面前景色，即文本的颜色。也就是 <body> 标记的 text 属性所表示的文本颜色。
- lastmodified：返回当前文档的最后修改日期，是一个 Date 对象。
- linkcolor：超链接颜色，也就是 <body> 标记的 link 属性所表示的链接颜色。

2）文档对象的常用方法

- getElementById（id）：该方法可返回对拥有指定 ID 的第一个对象的引用。
- getElementsByName（name）：可返回带有指定名称的对象所构成的集合。
- getElementsByTagName（tagname）：可返回带有指定标签名的对象所构成的集合。
- write（<string1 [，string2，…]>）：向文档中写入数据。该字符串可以是普通文本，也可以是 HTML 标识。
- writeln（<string1 [，string2，…]>）：同 write () 方法一样，不同的只是 writeln () 方法会在文本之后加入换行符。
- clear ()：清空当前文档，也将清除脚本。

3）文档对象使用示例

显示标签内容。

```
<html>
<head><title>getElementById 方法应用实例</title>
<script type="text/JavaScript">
function getValue()
  {
  var x=document.getElementById("bookname");
```

```
    document.writeln("id为bookname的标记内容是:"+ x.value);
    alert(x.value);
    }
</script>
</head>
<body>
<form>
<p id="bookname">JavaScript</p>
<input type="button" value="显示" onClick="getValue()" >
</form>
</body>
</html>
```

5. form（表单）对象

通过前面的分析可知，form 对象用于存放网页中的各表单元素，属于 document 对象的子对象。同样，当我们获得某个 form 对象之后，也可以直接通过控件名称来直接访问表单中包含的表单控件。

form 对象包含各种表单域元素，如文本框、文本域、密码框、单选框、复选框、按钮等。JavaScript 中一个强大的功能就是能直接处理表单中的各表单域元素。例如，可以通过下面一条语句来改变一个单行文本中显示的内容：

```
document.myForm.username.value='hello';    //username是文本框的名称。
```

表单对象的常用属性在第 3 章中已做过介绍，这里不再重复，表单对象的常用方法只有一个 submit ()。该方法的主要功用是实现表单信息的提交。如果要提交“myForm”中所有控件的值，则使用下列格式：

```
document.myForm.submit();
```

4.6 JavaScript 的函数

在 JavaScript 中支持两类函数，一类是语言内部的函数，另一类是自己创建的函数。如果需要创建自己的函数，可以使用 function 语句。格式如下：

function 函数名([参数[,参数……]])
{
    语句组
    [return<表达式>;]
}

在函数中可以使用“return 表达式”语句来返回一些值。

函数名必须符合变量名的命名规则，最好能易于识别。函数的位置应该按照逻辑顺序，集中置顶，处于（<head> … </head>）之间。

函数在调用的时候，使用函数名以及传入函数所需要的参数即可。

示例：

```
<script language="JavaScript">
function showName(name){
      document.write(name);
      alert("你的名字是"+name);
}
showName("张三");
</script>
```

在使用函数的时候，需要注意以下几点。

(1) 函数由关键字 function 定义。

(2) 函数必须先定义后使用，否则将出错。

(3) 函数名是调用函数时引用的名称，它对大小写是敏感的，调用函数时不可写错函数名。

(4) 参数表示传递给函数使用或操作的值，它可以是常量，也可以是变量。

(5) return 语句用于返回表达式的值，也可以没有。

此外，JavaScript 本身也提供了大量函数，能够实现很多功能，在 4.9.2 节会举例说明。

4.7　JavaScript 的流程控制

4.7.1　条件语句

1. if 语句

JavaScript 支持 if 和 if…else 条件语句。在 if 语句中将测试一个条件，如果该条件满足测试，执行相关的语句组。在 if…else 语句中，如果条件不满足测试，则将执行不同的代码。

格式：

```
if(<条件 1>){
    <语句组 1>
}
[else if(<条件 2>){
    <语句组 2>
}]
[else{
    <语句组 3>
}]
```

示例：通过输入的分数来查看成绩等级。

```
<html>
<head>
<title>通过输入的分数来查看成绩等级</title>
<script language="JavaScript">
function setGrade()
{
    var score=document.form1.score.value;
    var result='';
    if(score>=0 && score<60){
      result='fail';
    }else if(score<80){
      result='pass';
    }else if(score<90){
      result='good';
    }else if(score<=100){
      result='excellent';
    }else{
      result='error!';
    }
    document.form1.grade.value=result;
}
</script>
</head>
<body>
<form name="form1">
<input type="text" name="score" value="">
<input type="button" value="查看等级" onclick="setGrade()"/>
<input type="text" name="grade" value="">
</form>
</body>
</html>
```

2. 条件运算

JavaScript 也支持条件运算。条件运算在要测试的条件后使用一个问号，在问号后面指定两个可选项，第一个在满足条件时使用，第二个在条件不满足时使用。这两个选择项之间用一个冒号隔开。

格式：

(条件)? <选项 1>:<选项 2>

示例：

```
var myVar="";
myVar=(X=="A")?"B":"C";
//如果 X 的值为 A,myVar 就是 B,否则 myVar 就是 C。
```

3. switch 语句

格式：

```
switch (<表达式>) {
        case<lable>:<语句组 1>
                break;
        case<lable>:<语句组 2>
                break;
        …
        default:<语句组>
}
```

其中 label 是根据 <表达式> 来匹配的标识符。通过 switch 语句执行流程如下。

（1）求 <表达式> 的值并依次查看 label 的值。

（2）如果 label 的值等于 <表达式> 的值，则执行它相应的 <语句组>。

（3）继续执行，直到遇到一个 break 语句，或者 switch 语句结束。这意味着如果没有使用一个 break 语句，则多个 label 块被执行。

（4）如果没有 label 等于 <表达式> 的值，则跳转到 default 情况。如果没有 default 情况，则跳转到最后一步。

（5）继续执行紧接 switch 代码块末尾的语句。

前面查看成绩等级情况的示例可以改为如下代码：

```
<html>
<head>
<title>通过输入的分数查看成绩等级情况</title>
<script language="JavaScript">
function setGrade()
{
   var score=document.form1.score.value;
   var result=";
   switch(parseInt(score/10))
   {
       case 0:
       case 1:
       case 2:
       case 3:
       case 4:
       case 5:
```

```
            result='fail';
            break;
        case 6:
        case 7:
            result='pass';
            break;
        case 8:
            result='good';
            break;
        case 9:
            result='excellent';
            break;
        default:
            if(score==100)
            result='excellent';
        else
            result='error!';
    }
    document.form1.grade.value=result;
}
</script>
</head>
<body>
<form>
<input type="text" name="score" value="">
<input type="button" value="查看等级" onclick="setGrade()"/>
<input type="text" name="grade" value="">
</form>
</body>
</html>
```

4.7.2 循环语句

1. while 循环

格式：

while(<表达式>)

{

语句组

}

其中，<表达式> 为必选项，为 Boolean 表达式，在循环的每次迭代前被检查。如果

<表达式> 的值是 true，则执行循环的语句组；如果 <表达式> 的值是 false，则结束循环。

示例：

```
<script>
var i=0;
while(i<=10){
      document.write("i=",i,"<BR>");
      i++;
}
</script>
```

2. do…while 循环

用法与 while 循环类似，只是 do…while 循环至少会执行一次。

格式：

　　do
　　{语句组}
　　while(<表达式>)；

示例：

```
<script>
var i=0;
do{
      document.write("i=",i,"<BR>");
      i++;
}while(i<=10)
</script>
```

3. for 循环

for 语句指定了一个计数器变量、一个测试条件，以及更新该计数器的操作。在每次循环的重复之前，都将测试该条件。如果测试成功，将运行循环中的代码；如果测试不成功，则不运行循环中的代码，程序继续运行紧跟在循环后的第一行代码。在执行该循环后，计算机变量将在下一次循环之前被更新。

格式：

　　for([初始表达式];[条件表达式];[更新表达式])
　　{语句组}

示例：

```
<script>
for(var i=0;i<=10;i++){
     document.write("i=",i,"<BR>");
}
</script>
```

4. for…in 循环

for…in 可以遍历一个对象的所有用户定义的属性或者一个数组的所有元素。该方式中的循环计数器是一个字符串，而不是数字。它包含当前属性的名称或者当前数组元素的下标。

格式：

```
for(变量 in 数组/对象){
    <语句组>
}
```

示例：

```
<script>
var myArray=["one","two","three"];
for(str in myArray){
   document.writeln(myArray[myVar],"<BR>");
}
</script>
```

4.8 JavaScript 事件驱动

4.8.1 基本概念

JavaScript 是基于对象（object-based）的语言。它与 Java 不同，Java 是面向对象的语言。而基于对象的基本特征，就是采用事件驱动。通常鼠标或热键的动作称之为事件（Event），而由鼠标或热键引发的一连串程序的动作，称之为事件驱动（Event Driver）。而对事件进行处理程序或函数，称之为事件处理程序（Event Handler）。在 JavaScript 中对象事件的处理通常由函数（function）担任，函数的基本格式在前面已做过介绍。

4.8.2 事件驱动

JavaScript 事件驱动中的事件是通过鼠标或热键的动作引发的。它主要有以下几个事件。

1. 单击事件 onClick

当用户单击时，引发 onClick 事件，同时 onClick 指定的事件处理程序或代码将被调用执行。onClick 事件通常在下列控件对象中产生：checkbox、radio、reset、submit、button 等。例如，可通过 button 按钮激活 check（），以下是引用片段：

```
<input type="button" Value="检查" onClick="check()">
```

在 onClick 的等号后，可以使用自己编写的函数作为事件处理程序，也可以使用 JavaScript 中内部的函数，也可以直接使用 JavaScript 的代码等。例如：

```
<input type="button" value="提示" onclick="alert('这是一个例子')">
```

2. 改变事件 onChange

当利用 text 或 textarea 等控件的输入值改变时引发该事件，或者当 select 选择项中的选中状态改变后也会引发该事件。例如：

```
<input type="text" name="Test" value="Test" onChange="check()">
```

3. 提交事件 onSubmit

当单击表单中的【确认】（submit）按钮时，引发该事件。

```
<form method="post" action="reg" name="form1" onSubmit="return check()">
    <input name="B1" type="submit" value="提交">
</form>
```

4. 选中事件 onSelect

当 Text 或 Textarea 对象中的文字被加亮后，引发该事件。

```
<input type="text" value="Hello world!" onselect="alert('您已经选择了文本框的内容')"/>
```

小提示：

HTML 标记的属性值要用一对双引号括起来，但有时因为没有正确设定双引号的匹配，导致程序出错，如上面例子中的 onselect="alert（'…'）" 如果写成 onselect="alert（"…"）" 就是错误的。浏览器解析这段代码时，会认为"alert（"是 onselect 的属性值，后面的内容都被“截断”。

5. 获得焦点事件 onFocus

当前 text、textarea 等对象获得焦点时引发该事件。常见的例子如光标落在某个 text 输入框里，即触发一个焦点事件。

```
<html>
<head>
<script language="JavaScript">
function setStyle(x)
{
```

```
    document.getElementById(x).value="请输入用户名"
}
</script>
</head>
<body>
<input type="text" onfocus="setStyle(this.id)" id="username" size="30"/>
</body>
</html>
```

6. 失去焦点 onBlur

当 text、textarea 等对象不再拥有焦点时引发该事件，与 onFocus 事件是相反的。

7. 载入文件 onLoad

当文档载入时，引发该事件。

```
<html>
<head>
<script language="JavaScript">
function load()
{
    window.status="Page is loaded"
}
</script>
</head>
<body onload="load()">
</body>
```

8. 卸载文件 onUnload

当 Web 页面退出时引发 onUnload 事件，与 onLoad 事件相反。

9. 按下键盘按键 onKeyDown

当用户按下键盘按键时引发 onKeyDown 事件。

```
<form>
<input type="text" onkeydown="check()"/>
</form>
```

10. 按下字面键 onKeyPress

当用户按下键盘按键并松开时引发 onKeyPress 事件。

11. 释放键盘按键 onKeyUp

当用户松开键盘按键时引发 onKeyUp 事件。

12. 鼠标划过 onMouseMove

当用户将鼠标划过当前对象时引发 onMouseMove 事件。

```
<img src="sample.jpg" onMouseMove="alert('您的鼠标刚才经过了图片')"/>
```

13. 鼠标移出 onMouseOut

当用户将鼠标指针移出当前对象边界时引发 onMouseOut 事件。

14. 鼠标移入 onMouseOver

当用户将鼠标指针移入到当前对象内时引发 onMouseOver 事件。

15. 释放鼠标 onMouseUp

当用户在单击当前对象后释放鼠标时引发 onMouseUp 事件。

16. 按下鼠标 onMousedown

当用户在当前对象上按下鼠标时引发 onMousedown 事件。

17. 鼠标双击 onDblClick

当用户用鼠标双击对象时引发 onDblClick 事件。

4.9　JavaScript 事件处理

针对以上所介绍的各种 JavaScript 事件进行相应的处理。以下将介绍 3 个常见的 JavaScript 事件处理的实例，读者可以从中把握开发此类应用的思路。

4.9.1　注册表单验证的实例

在论坛系统的用户注册功能中，如果用户忘记填写必填信息，如用户名、密码等，浏览器会弹出警告框，提示用户当前有未填信息。这个典型的应用就是通过 JavaScript 实现的。如图 4-28 所示是一个简单的用户注册页面。

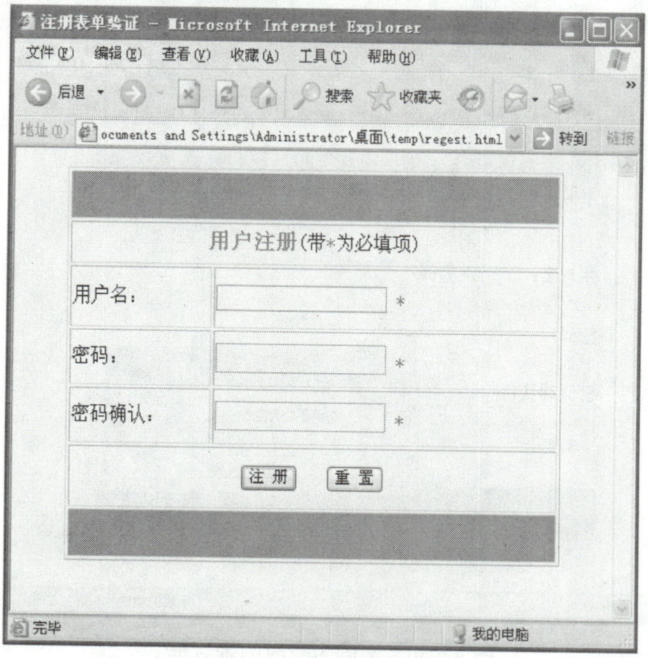

图 4-28　用户注册页面

按要求用户必须输入用户名、密码和确认密码，而且两次输入的密码必须相同；否则，系统会提示错误。当用户没有输入用户名就提交注册时，系统会弹出如图 4－29 所示的警告窗口，强制用户必须输入用户名。

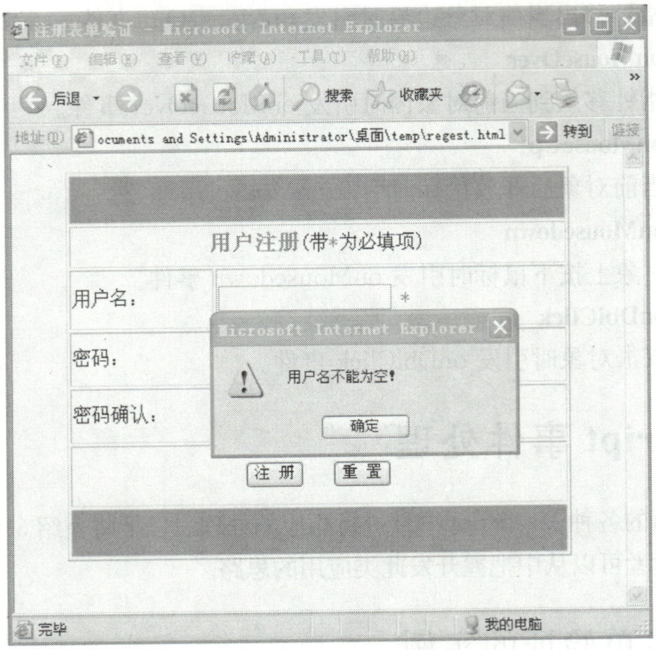

图 4－29　用户名为空时的警告框

同样，当用户没有输入密码就提交注册时，系统会弹出如图 4－30 所示的警告窗口，强制用户必须输入密码。

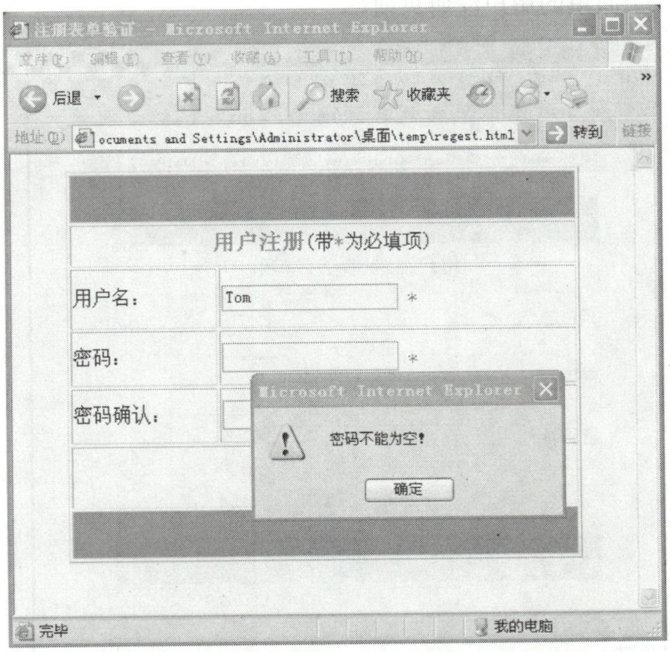

图 4－30　密码为空时的警告框

密码确认是要求用户重新输入一次密码，以保证在密码栏输入的密码无误。但是，如果用户没有输入确认密码或确认密码和前一次输入的密码不同就提交注册，系统就会弹出如图 4－31 所示的警告窗口，强制用户必须输入正确的确认密码。

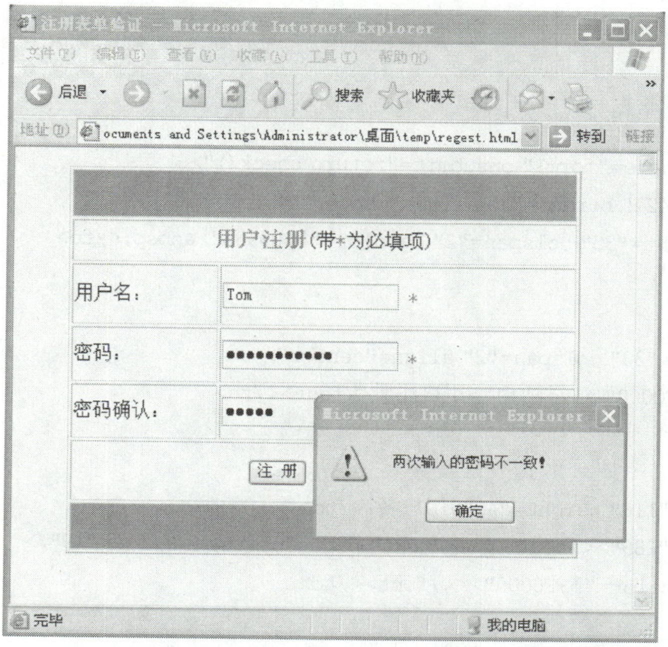

图 4－31　两次输入密码不一致时的警告框

本实例的完整代码如下：

```
<html>
<head>
<meta http-equiv="Content-Type"content="text/html;charset=gb2312"/>
<title>注册表单验证</title>
<script language="JavaScript">
function check(){
if(document.form1.username.value ==""){
alert("用户名不能为空!");
document.form1.username.focus();
return false;
}
if(document.form1.password.value==""){
alert("密码不能为空!");
document.form1.password.focus();
return false;
}
if(document.form1.repassword.value! =document.form1.password.value){
```

```
alert("两次输入的密码不一致!");
document.form1.repassword.focus();
return false;
}}
</script>
</head>
<body>
<form action="" name="form1" onsubmit="return check()">
  <table width="421" border="1" align="center">
    <tr><td height="35" colspan="2" bgcolor="#009933"> </td>
    </tr>
    <tr>
      <td height="30" colspan="2" align="center">
<font color="#FF0000" size="+1">用户注册</font></td>
    </tr>
    <tr>
      <td width="116" height="45">用户名:</td>
      <td width="289"><input type="text" name="username" size="19"/>
          <font color="#FF0000">*</font></td>
    </tr>
    <tr>
      <td height="41">密码:</td>
      <td><input type="password" name="password" size="20">
        <font color="#FF0000">*</font></td>
    </tr>
    <tr>
      <td height="41">密码确认:</td>
      <td><input type="password" name="repassword" size="20">
       <font color="#FF0000">*</font></td>
    </tr>
    <tr>
      <td height="46" colspan="2" align="center">
        <input type="submit" name="Submit" value="注册"/> 
        <input type="reset" name="reset" value="重置"/></td>
    </tr>
    <tr>
      <td height="35" colspan="2" bgcolor="#009933"> </td>
      </table>
</form>
</body>
</html>
```

在以上代码中，核心的处理环节是 form 表单的 onsubmit 事件处理，该事件处理中返回 JavaScript 函数 check () 的检验结果，如果 check () 返回的结果是 false，则表单不会被提交；反之，表单可以顺利提交。

4.9.2　根据输入值自动计算的实例

在一些外贸业务 Web 系统中，某些页面需要提供实时的辅助计算功能。例如，员工录入货物的单价和数量的值，通过 JavaScript 的事件处理可以直接显示出总价。如图 4－32 所示就是本例的运行效果图。

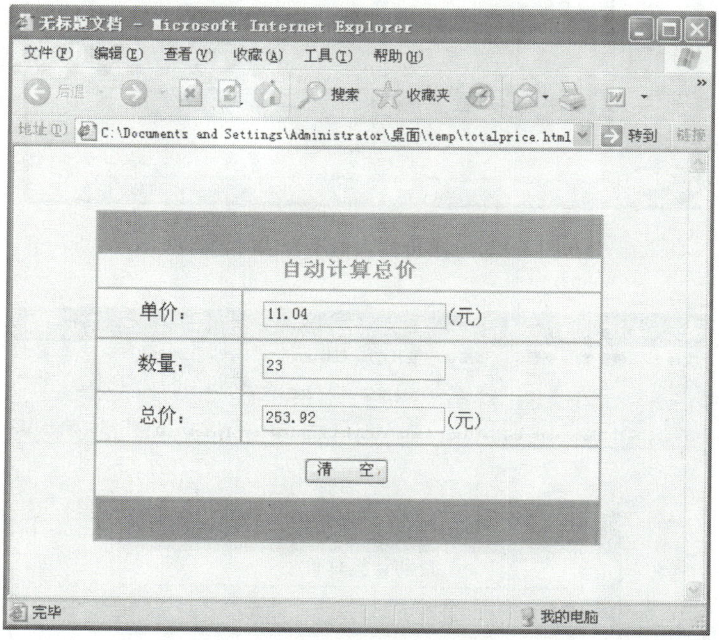

图 4－32　根据输入值自动计算总价

本例对单价和数量都采用了 KeyUp 事件处理，无论变动单价还是数量，同时都会引起总价的自动更新。在本例中同样也涉及文本框内容的有效性验证，因为数量和价格都必须是数值型，所以这里采用 JavaScript 的内置函数 isNaN (para) 来检验参数 para 是不是数字，如果是，则返回值为 False；否则返回 True。为保证总价的正确计算，在 price_total (price，amount) 函数中，可以将取得的文本框的值通过 parseInt () 函数和 parseFloat () 函数转换为合适的类型，最后，又利用了 Math 类的 round () 函数将计算结果进行四舍五入，从而得到最终结果，并使其自动显示在“总价”所对应的只读文本框中。

本例中也采用了数字有效性验证，如果用户没有在文本框中输入合法的数据，系统会弹出类似于如图 4－33 所示的警告对话框。

当用户在警告框中单击【确定】按钮后，警告框消失，同时我们也可以发现，所输入的非法文字已被系统自动选中，用户无须手动选中即可直接输入新值，如图 4－34 所示。

下面介绍自动计算总价的处理过程。

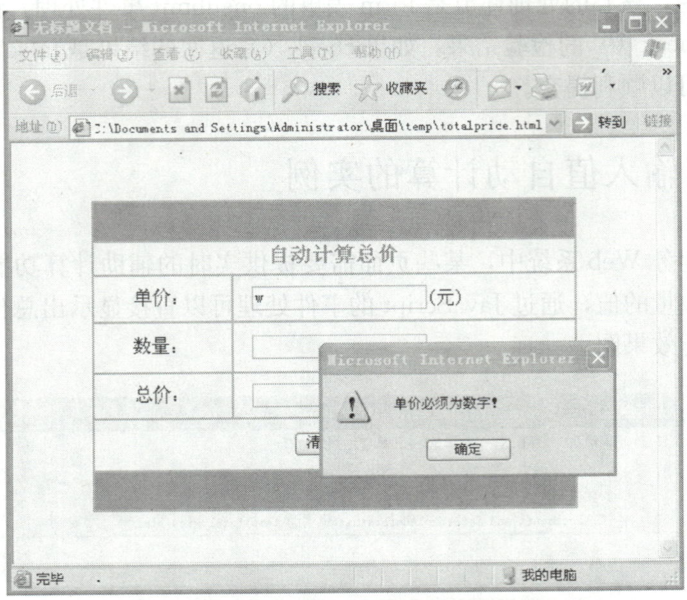

图 4－33 单价输入值不合法时警告框

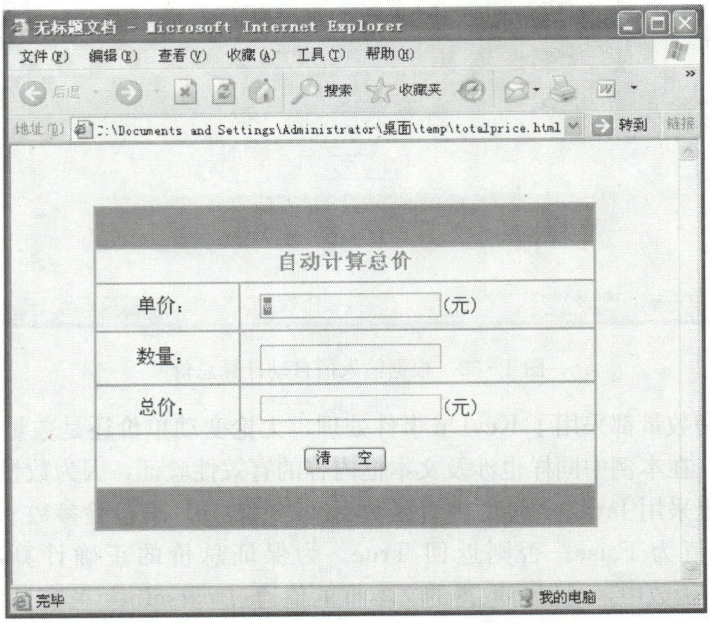

图 4－34 自动选中非法文字

首先，如图 4－35 所示，在“单价”所对应的文本框中输入合法的数值，此时总价文本框并没有什么变化。

然后，在“数量”对应的文本框中输入合法的数值，“总价”的文本框会随着刚才输入的数量值自动计算出新的总价值，如图 4－36 所示。这里其实是对“数量”对应的文本框进行了 KeyUp 事件的处理。

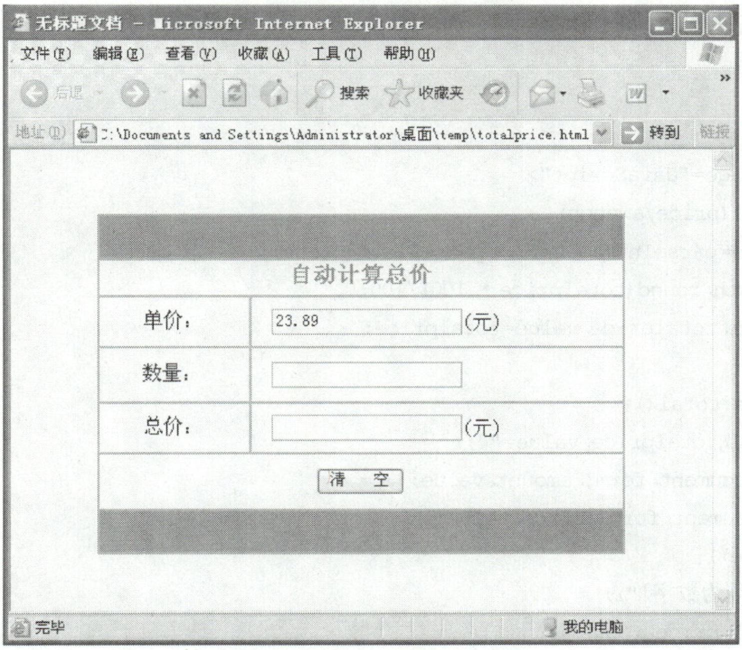

图 4－35　输入数量值前的页面

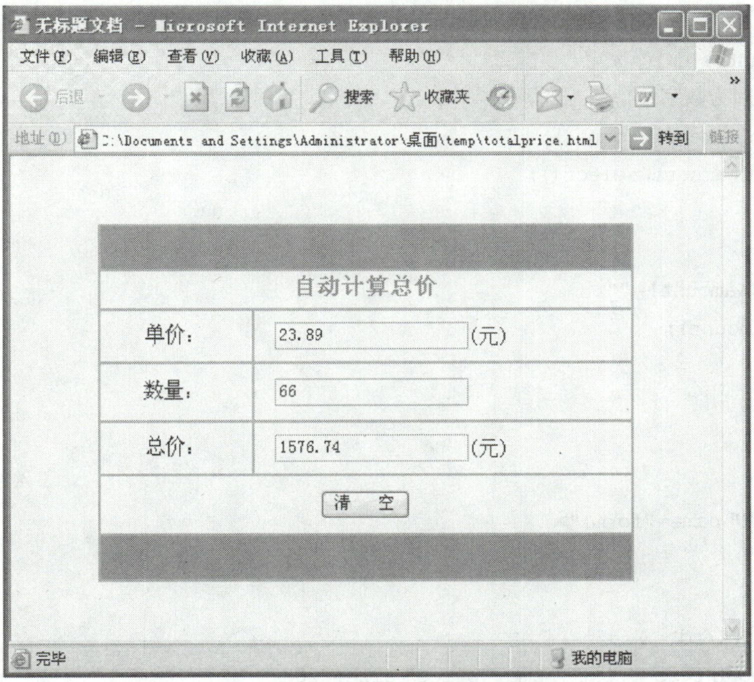

图 4－36　输入数量值后总价自动显示的效果

同样，在输入数量值之后，如果改动单价值，总价的值也会自动更新（这里不再截图，读者可以自己测试）。

本例中定义了一个无参数的函数 price_total（）同时作为单价和数量的 KeyUp 事件处理程序。此外，还定义了一个含有两个参数的公共函数 total（price，amount）用来计算总价。本实例的主要代码如下：

```
<html>
<head>
<script language="JavaScript">
function total(price,amount){
var totalprice=parseInt(amount) * parseFloat(price);
totalprice=Math.round(totalprice * 100)/100;
document.form1.totalprice.value=totalprice;
}
function price_total(){
document.form1.totalprice.value="";
var amount= document.form1.amount.value;
var price= document.form1.price.value;
if(isNaN(price)){
alert("单价必须为数字!");
document.form1.price.focus();
document.form1.price.select();
return false;
}
if(isNaN(amount)){
alert("数量必须为数字!");
document.form1.amount.focus();
document.form1.amount.select();
return false;
}
if(price!=""&&amount!="")
total(price,amount);
}
</script>
</head>
<body>
<form action="" name="form1">
<table >
    <tr>
      <td>单价:</td>
      <td><input type="text" name="price" size="20"
onKeyUp="price_total()">(元)</td>
    </tr>
    <tr>
      <td>数量:</td>
    <td><input type="text" name="amount" size="20"
```

```
        onKeyUp="price_total()"/></td>
    </tr>
    <tr>
      <td >总价:</td>
      <td><input type="text" name="totalprice" size="20" readonly>(元)
</td></tr>
</table>
</form>
</body>
</html>
```

4.9.3　控制 Div 显示与隐藏的实例

第 3 章中已经简要介绍了 Div 标记，下面将结合 JavaScript 技术来介绍 Div 在客户端动态效果中的常见应用，即用 JavaScript 控制 Div 的显示与隐藏。本例中，除了用到 JavaScript 之外，还将用到 CSS，主要目的就是让读者能熟练地将 CSS 与 Div 结合起来使用。对于显示和隐藏 Div，既可以用 display 属性，也可以用 visibility 属性。很多读者容易将 display 和 visibility 搞混淆，它们看似没有什么不同，其实差别却是非常大的。visibility 属性用来确定元素是显示还是隐藏，可以用 visibility＝" visible|hidden" 来表示，其中，“visible”表示显示，“hidden”表示隐藏。当 visibility 被设置为“hidden”时，元素虽然被隐藏了，但它仍然占据其原来所在的位置。而 display 属性就不同了，display 被设置为“none”时，元素实际上就从页面中被移走，它下面所在的元素就会自动跟上填充，所以它不会再占据原来所在的位置。

以下将采用一个“button”按钮作为控制开关，借助它的 onClick 事件来控制 DIV 层的显示与隐藏。如图 4－37 所示是本例的初始化页面，此时 DIV 层处于显示状态。

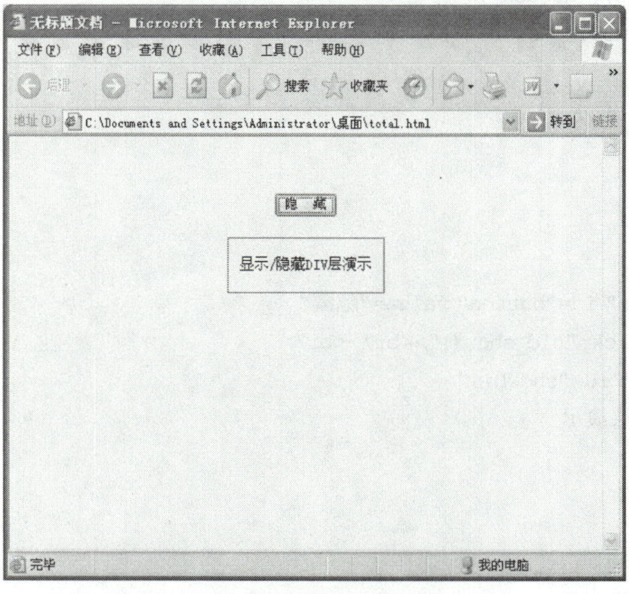

图 4－37　显示状态下的 DIV 层

单击【隐藏】按钮，可以发现，DIV 层消失了，同时按钮上的文字变为“显示”，如果再次单击【显示】按钮，会发现页面又变回初始化页面，按钮上的内容也会随之改变，这就是将几种技术结合在一起使用的动态效果。

以下是本例的部分代码：

```
<html>
<head>
…
<style>
#showDiv{
    border:1px solid#FFFFFF;
    width:150px;
    height:50;
    visibility:visible;
    border-color:#FF0000;
    font-size:14px;
     }
</style>
<script language="JavaScript">
function hid_show(){
var obj=document.getElementById("showDiv")
if(obj.style.visibility=="hidden"){
obj.style.visibility="visible";
document.getElementById("button").value="隐藏";
}
else{
obj.style.visibility="hidden";
document.getElementById("button").value="显示";
}
}
</script>
</head>
<body>
…
<input type="button" id="button" value="隐藏"
            onClick="hid_show()"><br/><br/>
<Div align="center" id="showDiv">
<br/>显示/隐藏 DIV 层演示
</Div>
</center>
</body>
</html>
```

JavaScript 与 DIV、CSS 结合的应用远不止于此，希望读者在今后见到类似的更加丰富的应用时，能运用自己所学的知识去分析它们的实现原理，从而设计出更多自己所需要的动态效果。

本章小结

本章主要结合 Eclipse 最新的插件工具 Apatana 介绍了客户端动态脚本 JavaScript 的设计，其中重点介绍了 JavaScript 中基于对象的设计模式并通过实用的案例加以分析。JavaScript 脚本是 Web 设计中不可或缺的客户端技术之一，也是本书后续高级开发中 Ajax 技术的设计基础，因此读者必须对 JavaScript 的开发技术熟练掌握。

本章习题

1. JavaScript 与 Java 语言有什么区别？

2. JavaScritp 提供了哪些常见的浏览器对象？请举例说明。

3. JavaScript 事件驱动与处理的基本原理是什么？

4. 请制作一个网页 index. html，按以下方式实现弹出新窗口，要求：

(1) 在浏览器加载完 index. html 后会自动弹出一个新窗口；

(2) 在新窗口中显示外部 Internet 站点中的一幅图片；

(3) 新窗口的位置在屏幕左上角的位置。

5. 请在第 3 章习题设计的表单页面中增加以下验证：

(1) 用户名、密码不可以为空；

(2) 密码长度不能少于 6 位；

(3) 两次输入的密码必须相等。

如果不满足以上的验证，则弹出警告框提醒用户进行正确的操作。

6. 请在网页中设计两个表格（见图 4-38），要求两个表格采用 JavaScript 和 DIV 技术进行控制，通过按钮可以使两个表格的显示相互切换。

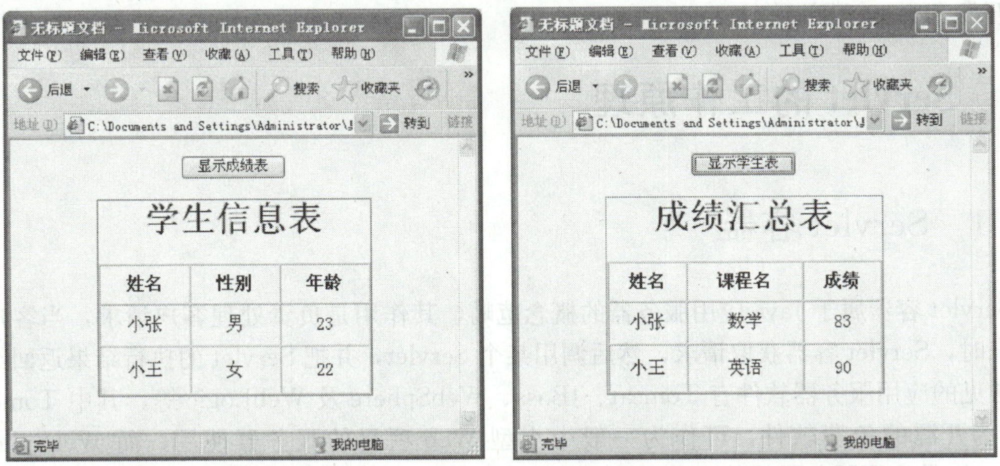

(a) 有关学生信息表　　(b) 有关学生成绩汇总表

图 4-38　网页设计图

第 5 章　Servlet 技术

所谓 Servlet，首先是一个 Java 类，是一种运行在支持 Java 应用服务器上的 Web 组件，它与普通 Java 类的区别在于它是一个专门处理请求和响应的 Java 类。例如，我们在某论坛的用户注册页面中输入注册信息后提交给服务器，服务器端的 Servlet 接受我们的信息，并作处理（插入到数据库），最终返回注册成功的信息给客户端的浏览器，如图 5-1 所示。

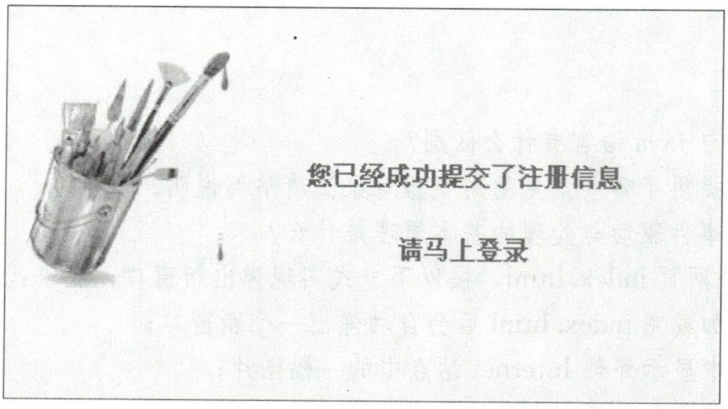

图 5-1　注册成功返回页

Servlet 是成熟的 J2EE（Java 2 Enterprise Edition）组件技术之一，J2EE 是由 Sun 公司提出的一种使用 Java 技术开发企业级应用的工业标准。从 Web 应用的开发架构来看，Servlet 属于目前主流的 MVC（Model View Controller）架构中的控制器层（Controller）组件，主要功能是接受前端用户的请求，调用后端的逻辑处理程序，最终给客户返回响应。

鉴于 Servlet 与 JSP 的紧密联系，读者要学习 JSP 就必须首先对 Servlet 技术有深入的了解，因此本章将着重介绍 Servlet 的工作原理、常用的 Servlet API 以及如何通过 MyEclipse 快速开发 Servlet 程序。

5.1　Servlet 的工作原理

5.1.1　Servlet 容器

Servlet 容器属于 Java 应用服务器的概念范畴，其作用是负责处理客户请求，当客户请求到来时，Servlet 容器获取请求，然后调用某个 Servlet，并把 Servlet 的执行结果返回给客户。常见的应用服务器软件有 Tomcat、JBoss、WebSphere 及 WebLogic 等，其中 Tomcat、JBoss 为开源的免费软件，可作为一般中小型 Web 项目的服务器使用，而 WebSphere、WebLogic 是商用服务器软件，安全性和健壮性更好，但价格比较昂贵，适合大型企业级的 Web 项目使用。

Tomcat 作为一种典型的 Servlet 容器，当客户请求容器中的某个 Servlet 时，Tomcat 使用 ServletRequest 对象把客户的请求封装起来传递给该 Servlet 对象，然后调用该 Servlet 的一些方法完成相应的处理，接着把 Servlet 处理完的结果封装到 ServletResponse 对象中，最后 Tomcat 把响应返回给客户，完成为客户的一次服务过程。Servlet 容器响应客户请求过程如图 5-2 所示。

图 5-2　Servlet 容器响应客户请求过程示意图

5.1.2　Servlet 的生命周期

一个 Servlet 具有一个生命周期，这个生命周期定义了一个 Servlet 如何被载入并被初始化，如何接收请求并作出响应，如何从服务器中被清除。

所有的 Servlet 都会直接地或间接地执行 javax. servlet. Servlet 接口，这样它才能在一个 Servlet 引擎中运行。Servlet 引擎是 Web 服务器按照 Java Servlet API 定制的扩展。Servlet 引擎提供网络服务，能够理解 MIME 请求，并提供一个运行 Servlet 的容器。

javax. servlet. Servlet 接口定义了在 Servlet 的生命周期中特定时间以及特定顺序被调用的方法，具体可参照前面关于 Servlet 接口的介绍，下面比较完整地描述了 Servlet 的生命周期。

(1) Servlet 容器创建 Servlet 的一个实例。

(2) 容器调用该实例的 init 方法进行初始化。在 Servlet 的整个生命周期中，init 方法只会被调用一次。

(3) 当客户端向该 Servlet 发送请求时，容器调用此实例的 service 方法。

(4) 在 service 方法中，根据当前用户请求的方式进一步调用 doGet 或者 doPost 方法进行处理。例如，如果请求方式为 GET，那么调用 doGet 方法；如果请求方式为 POST，那么调用 doPost 方法。

(5) 当 Servlet 容器终止运行或 Servlet 容器重新装载 Servlet 的新实例时，Servlet 容器调用 Servlet 的 destroy 方法释放 Servlet 所占用的资源。

一旦客户端请求了一个 Servlet，容器必将执行一个完整的 Servlet 生命周期。容器在 Servlet 首次被调用时创建它的一个实例，并保持该实例在内存中，让它对所有的请求进行处理。如果容器关闭重启或者 Servlet 类的内容产生变化，那么这个内存中的实例就会被销毁并在下一次被请求时重新被创建。通常情况下，容器只为每个 Servlet 创建一个单独的实例，容器并不会每接到一个请求就创建一个新线程，而是使用一个线程池来动态地将线程分配给到来的请求。

5.2　Servlet API

Servlet 容器可以创建实现 ServletRequest 和 ServletResponse 两个接口的对象，那么这

两个接口来源于哪里？如何使用？以下将对这些与 Serlvet 相关的编程接口做详细的介绍。

Servlet 应用程序编程接口，即 Servlet API（Application Programming Interface）包含 Sun 公司提供的两个软件包：javax. servlet 包定义了所有的 Servlet 类都必须扩展的通用接口和类；javax. servlet. http 包定义了采用 HTTP 协议通信的 HttpServlet 类以及相关接口。在这些软件包所提供的所有接口和类中，最重要的是 Servlet 接口，GenericServlet 实现了 Servlet 接口，而 HttpServlet 又扩展了 GenericServlet 类。如果我们要开发自己的 Servlet 类就可以直接扩展 HttpServlet 类。下面简要介绍 Servlet API 中几个常用的接口和类。

1. javax. servlet. http. HttpServlet

该接口是 Servlet API 的核心类，自定义的 Servlet 都是该类的子类。该类具有以下方法。

1）init

init 方法负责初始化 Servlet 对象，Servlet 容器会在 Servlet 实例化后调用该方法，加载 Servlet 运行所需的资源。

2）doGet 和 doPost

客户端向服务器发送请求的方式有两种：一种是 GET 方式，即直接在浏览器的地址栏中输入 URL 后回车，即向服务器发送了一次 GET 方式的请求；另外一种是 POST 方式，常见的是客户端通过一个表单把信息提交给服务器。GET 方式传送的数据量较小，不能大于 2KB；而 POST 传送的数据量较大，一般被默认为不受限制，可以传递二进制数据，如文件的上传。此外，GET 方式安全性较低（如密码之类的参数会直接显示在地址栏中），而 POST 安全性则较高（如密码框里输入的密码显示为掩码）。

为了对以上两种方式的请求进行对应的处理，Servlet 中提供了 doGet 和 doPost 方法，通常需要重写这两种方法的具体处理过程。

3）service

service 方法负责处理当前客户的请求，为用户提供服务。该方法的调用必须在 Servlet 对象初始化之后。Servlet 容器调用这个方法使 Servlet 对象响应客户端发送来的请求。service 方法根据当前用户请求的方式（GET 或 POST），把请求分发给相应的方法 doGet 或 doPost 进行处理。

4）destroy

destroy 方法负责释放 Servlet 对象占用的资源。该方法仅执行一次，即在 Servlet 容器停止执行该方法。

2. javax. servlet. http. HttpServletRequest

HttpServletRequest 接口包含了客户端请求的信息，可以通过实现该接口的对象取得客户端的一些信息（如表单数据、客户端 IP 地址等）。Servlet 容器通过 service（）方法将该对象传递给 Servlet，Servlet 通过自己的方法访问 HttpServletRequest 中的数据。下面是一些用来获取表单数据的基本方法。

1）getParameter

getParameter 方法可以获取客户以 GET 方式发送的参数或者以 POST 方式提交的 form 表单的控件值。如果有多个同名的控件或参数，则返回其中的第一个值。

2）getParameterValues

如果有多个同名的控件或参数，则该方法可以获得对应的多个参数值，并且放到一个 String 数组里，如复选框集合（checkbox）。

3. javax. servlet. http. HttpServletResponse

HttpServletResponse 接口用于完成 Servlet 与客户端的交互。Servlet 容器提供一个实现 HttpServletResponse 接口的对象并通过 service（）方法将该对象传递给 Servlet。Servlet 通过该对象及其方法可以向客户端浏览器返回结果。

1）setContentType

在给调用者发回响应前，必须用 setContentType 方法来设置 HTTP 响应的 MIME 类型。MIME（Multipurpose Internet Mail Extensions，多目的 Internet 邮件扩展）是创建用于电子邮件交换、网络文档及企业网和 Internet 上的其他应用程序中的文件格式的规范。每个 MIME 格式包含一个 MIME 内容类型和指示存储在这个文件中的数据的子类型。每个 MIME 类型由两部分组成，前面是数据的大类别，如声音 audio、图像 image 等，后面定义具体的种类，如网页的类型“text/html”。可以是任何有效的 MIME 类型，当给浏览器返回 HTML 通常设置如下：

```
response.setContentType("text/html;charset=gb2312");
```

2）getWriter

getWriter 方法将返回 PrintWriter 对象，把 Servlet 的结果作为文本返回给调用者。PrintWriter 对象自动把 Java 内部的 UniCode 编码字符转换成正确的编码以使客户端能够阅读。

3）getOutputStream

getOutputStream 方法返回 ServletOutputStream 对象，它是 java. io. OutputStream 的一个子类。此对象向客户发送二进制数据。

5.3 Servlet 的开发步骤

开发 Servlet 程序的典型步骤如下。

(1) 创建自定义的 Servlet 类，继承父类 HttpServlet。

(2) 在自定义的 Servlet 中覆盖父类 HttpServlet 的部分方法，如 doGet（）或 doPost（）方法，对其方法体进行重写。

(3) 在 web. xml 中为 Servlet 进行注册。

(4) 获取 HTTP 请求信息，如从 HttpServletRequest 对象中获取客户端提交的参数，可以通过 getParameter（String name）方法进行获取。

(5) 生成 HTTP 响应结果。通过 HttpServletResponse 对象可以生成响应结果。HttpServletResponse 对象的 getWriter（）方法返回一个 PrintWriter 对象。使用 PrintWriter 的 print（）或 println（）方法可以向客户端发送字符串数据流。此外，还可以使用 HttpServletResponse 对象的 sendRedirect（）方法重定向到其他 URL。

5.4 Servlet 开发实例

Servlet 作为控制器，可以接收并处理用户的请求，Tomcat 服务器调用 Servlet 的 doGet 方法处理客户端通过地址栏传递过来的参数（如用户名和密码），并将它们打印出来。在获取 request 对象中的参数时，如果遇到中文字符串且不做任何处理，则显示出来的将会是乱码，如本例中的“用户名”有可能出现中文字符，就必须进行中文编码转换才能正常显示。下面通过一个 Servlet 处理客户端 GET 方式请求的实例来介绍如何处理关于中文字符串显示的问题。

假设用户在浏览器输入请求 Servlet 并带有用户名和密码两个参数的 URL：http://localhost：8080/hello/login? username=小王 &password=123。在以上 URL 中，localhost 和 8080 分别代表服务器主机名和提供服务的端口号（Tomcat 端口号）；“/hello”代表 Web 项目的 URL；“/login”代表所要访问的 loginServlet 的 URL；“?”表示后面将附加参数；“&”用于把不同参数隔开。

输入以上 URL 后，按回车键向服务器端提交请求，Tomcat 服务器将调用对应的 Servlet 对象来接收用户的请求并打印出接收到的参数。

下面将开发 loginServlet 类，具体步骤如下。

首先，在 MyEclipse 开发工具中选择【File】→【New】→【Project】命令，新建一个项目，如图 5-3 所示。

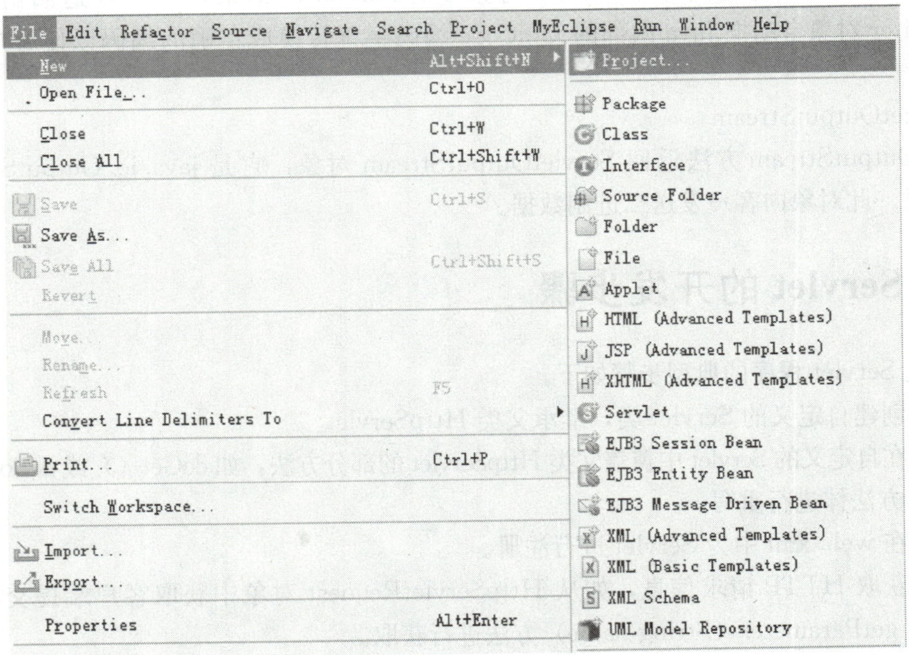

图 5-3 在 MyEclipse 中新建项目

选中后系统会弹出如图 5-4 所示的项目创建向导对话框，选中“Web Project”选项。单击【Next】按钮，弹出如图 5-5 所示的对话框，此处给当前的 Web 项目命名为“hello”。

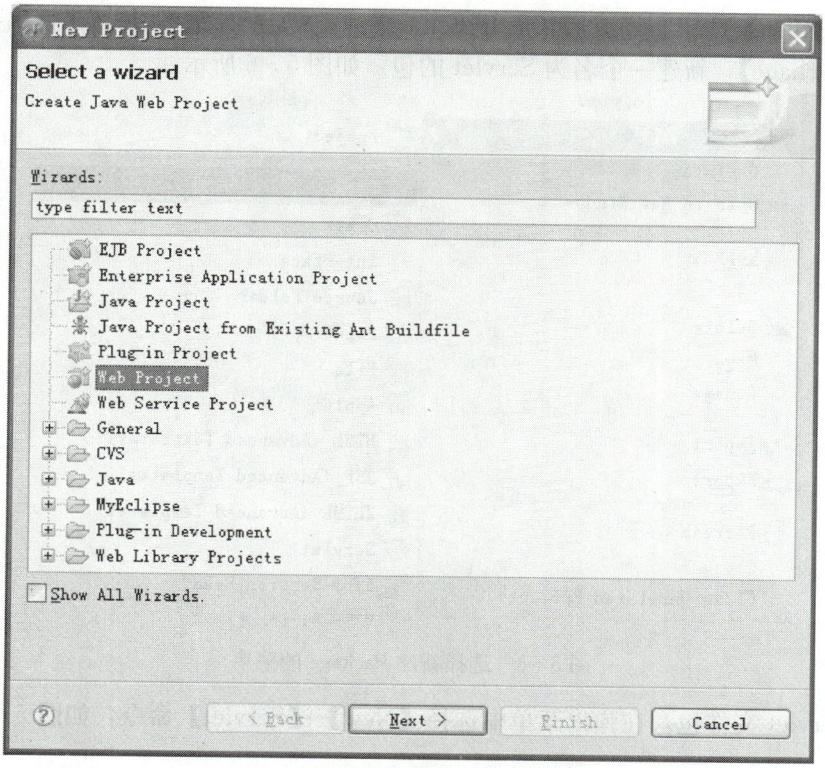

图 5-4　选择新建 Web Project

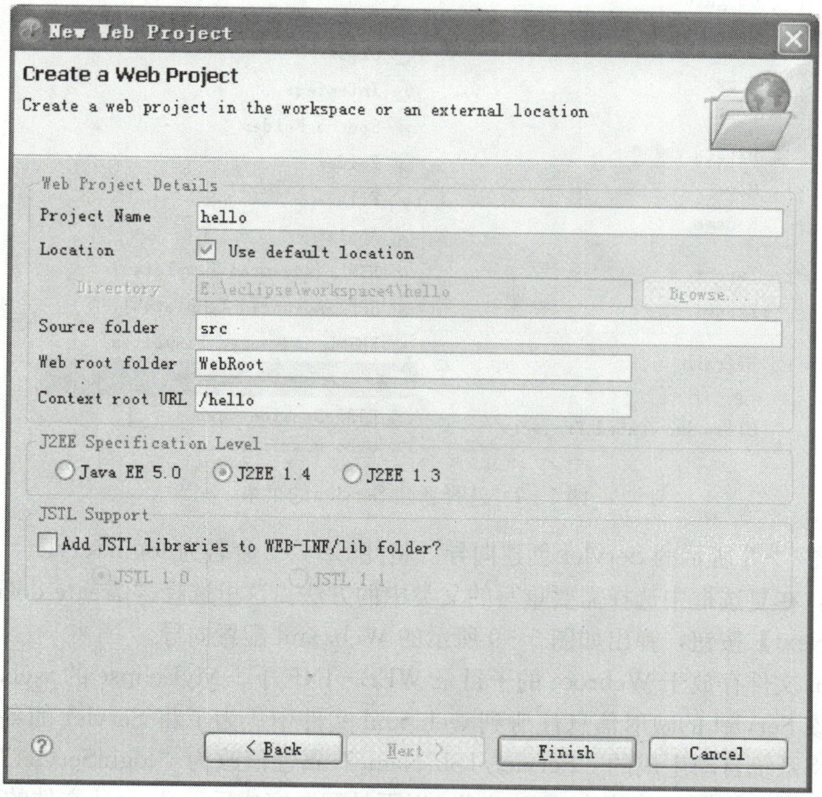

图 5-5　给新建 Web 项目命名

单击【Finish】按钮。完成后，展开 hello 项目，右击 src 文件夹，在弹出菜单中选择【New】→【Package】，新建一个名为 Servlet 的包。如图 5－6 所示。

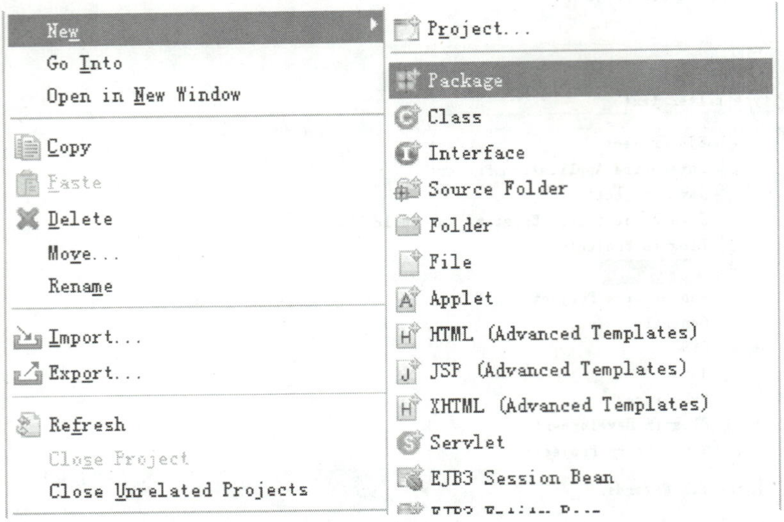

图 5－6　选择新建 Package 的菜单

右击 Servlet 文件包，在弹出菜单中选择【New】→【Servlet】命令，如图 5－7 所示。

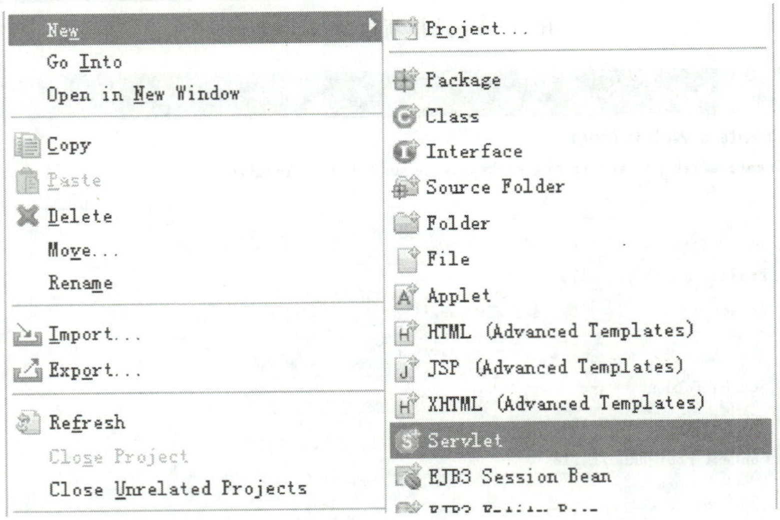

图 5－7　选择新建 Servlet 的菜单

弹出如图 5－8 所示的 Servlet 创建向导。将此 Servlet 命名为 loginServlet，父类默认是 HttpServlet，在复选框中选择需要重写的父类中的方法。这里选择“Create doGet”方法。

单击【Next】按钮，弹出如图 5－9 所示的 Web. xml 配置向导。

web. xml 文件存放于 Webroot 的子目录 WEB－INF 下。MyEclipse 的 web. xml 的配置向导可以将该 Servlet 的映射信息注册到 web. xml 文件中。为了将 Servlet 的各配置属性严格区分开，将系统自动生成的“Servlet/JSP Name”属性值改为“loginServlet”，“Servlet/JSP Mapping URL”属性值改为“/login”。以下是配置完成后 web. xml 文件的代码。

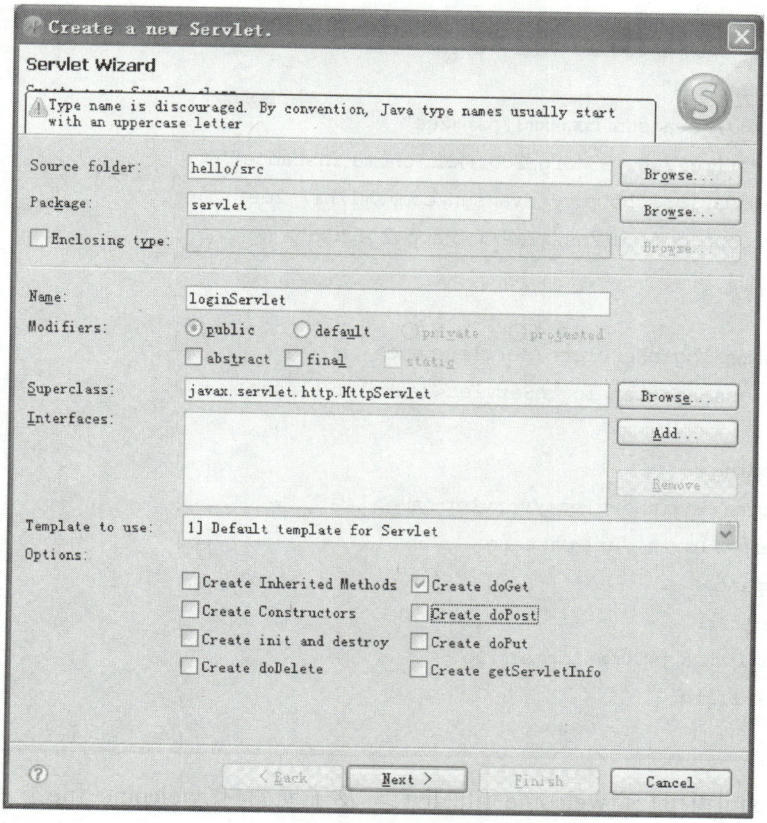

图 5－8　Servlet 创建向导

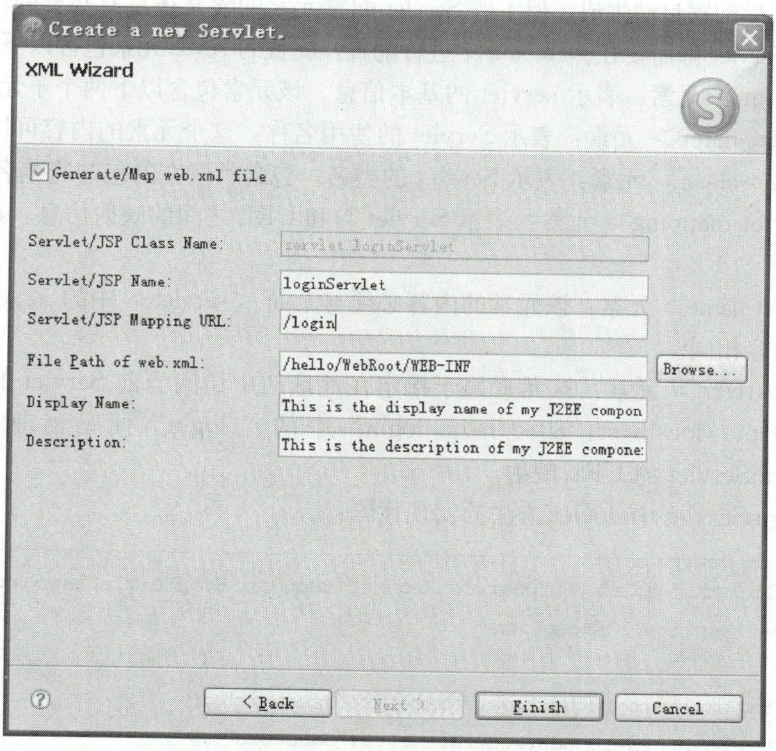

图 5－9　web. xml 配置向导

```
<?xml version="1.0" encoding="UTF-8"?>
<web-app version="2.4"
    xmlns="http://java.sun.com/xml/ns/j2ee"
    xmlns:xsi="http://www.w3.org/2001/XMLSchema-instance"
    xsi:schemaLocation="http://java.sun.com/xml/ns/j2ee
    http://java.sun.com/xml/ns/j2ee/web-app_2_4.xsd">
  <servlet>
...
    <servlet-name>loginServlet</servlet-name>
    <servlet-class>servlet.loginServlet</servlet-class>
  </servlet>
  <servlet-mapping>
    <servlet-name>loginServlet</servlet-name>
    <url-pattern>/login</url-pattern>
</servlet-mapping>
<welcome-file-list>
<welcome-file>index.jsp</welcome-file>
</welcome-file-list>
</web-app>
```

以上 web.xml 中的 <welcome-file-list> 及子元素 <welcome-file> 的配置信息是 MyEclipse 为每一个 Web 项目自动生成的，其作用是将 index.jsp 设置为默认首页。虽然以上代码可以通过向导配置自动生成，但了解 Servlet 配置元素的含义还是有必要的。在 Java Web 项目中，每个 Servlet 都需要在 web.xml 中进行配置，配置的 XML 元素包含以下内容。

(1) <servlet> 元素：表示 servlet 的基本信息。该元素包含以下两个子元素。

- <servlet-name> 元素：表示 Servlet 的使用名称，这个元素的内容可以自定义。
- <servlet-class> 元素：表示 Servlet 的类名，包含类所在的包的完整名称。

(2) <servlet-mapping> 元素：表示 Servlet 与和 URL 之间的映射信息。该元素包含以下两个子元素。

- <servlet-name> 元素：该元素的内容必须与上面 <servlet> 中的 <servlet-name> 元素内容相同。
- <url-pattern> 元素：该元素用于指定在地址栏中访问当前 Servlet 的 URL 形式，如“http://localhost:8080/hello/login”中的“/login”便是当前项目中 servlet.loginServlet 的 URL 映射。

以下是 loginServlet 中 doGet 方法的实现代码：

```
        public void doGet (HttpServletRequest request, HttpServletResponse response)
throws ServletException,IOException
        {
        String username=request.getParameter("username");
        String password=request.getParameter("password");
```

```
        response.setContentType("text/html;charset=gb2312");
        PrintWriter out=response.getWriter();

        if(username!=null){
            out.println("您的用户名是:"+username+"<br>");
        }

        if(password!=null){
            out.println("您的密码是:"+password);
        }

        out.flush();
        out.close();
    }
}
```

完成以上代码后，在 MyEclipse 的工具栏中单击项目发布图标，如图 5-10 所示。

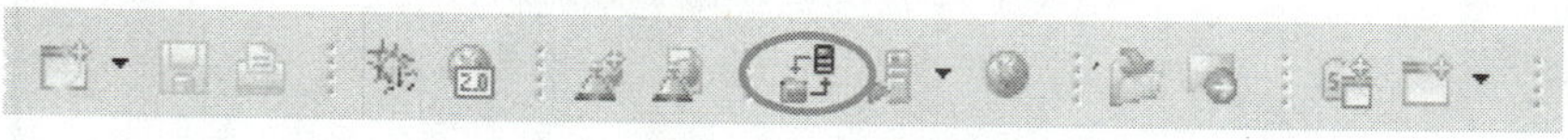

图 5-10　MyEclipse 工具栏中的部署按钮

单击该图标后，系统会弹出如图 5-11 所示的项目发布对话框。

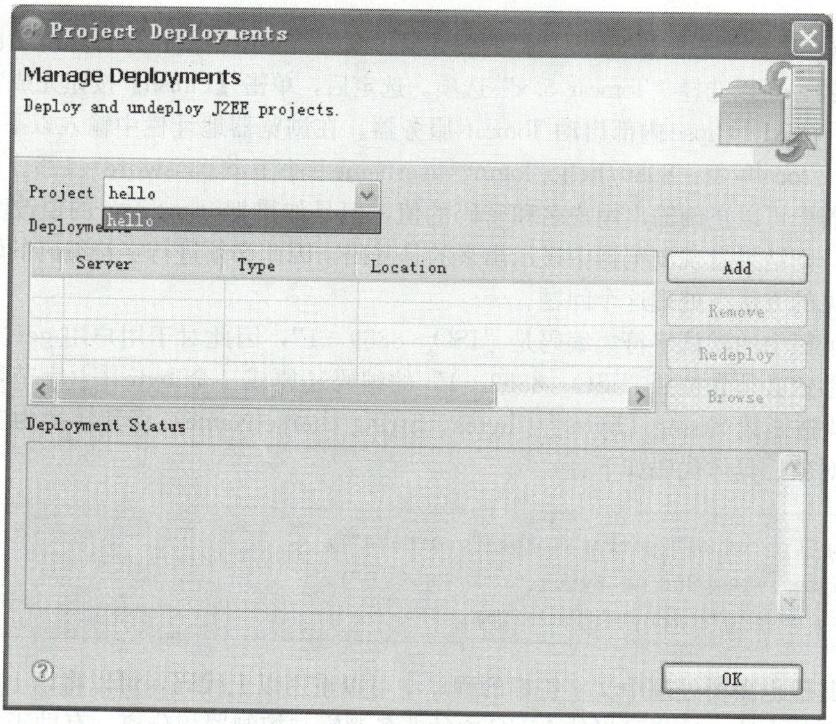

图 5-11　选择需要部署的项目

在“Project”下拉框中选择所要发布的项目，本例为“hello”。然后单击【Add】按钮，弹出如图 5 - 12 所示的服务器选择对话框。

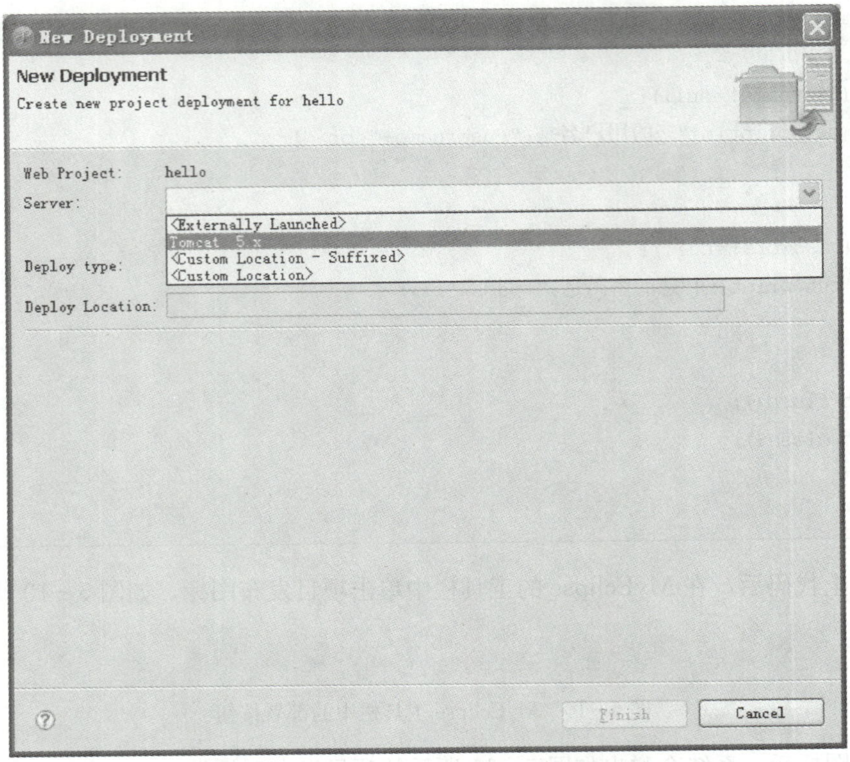

图 5 - 12 选择当前项目需要部署的目标服务器

在“Server”下拉框中选择所要使用的服务器，在第 2 章中我们在运行环境中已经安装了 Tomcat 服务器，所以选择“Tomcat 5.x”选项。选定后，单击【Finish】按钮完成整个项目的部署。最后，在 MyEclipse 内部启动 Tomcat 服务器。在浏览器地址栏中输入以下 URL 进行访问：http://localhost：8080/hello/login? username=小王 &password=123。

在浏览器中可以正确输出用户名和密码的值，但是如果把 username 的值改为中文，如“注册用户”，则结果发现浏览器中显示出来的是乱码，因此必须进行字符编码的转换。下面介绍一种常见的方法来处理这个问题。

由于地址栏中的默认字符集编码是“ISO - 8859 - 1”，因此对于用户用 get 方式提交的中文字符串参数必须先按照“ISO - 8859 - 1”的编码还原成一个 byte [] 字节数组，再用 String 类的构造函数 String（byte [] bytes，String charsetName）将其转换为支持中文字符集编码的对象。具体代码如下：

```
String tempStr=request.getParameter("username");
byte tempbyte[]=tempStr.getBytes("ISO-8859-1");
tempStr=new String(tempbyte,"gb2312");
```

为了在其他也需要处理中文字符串的程序中可以重用以上代码，可以将以上处理代码封装成模型层中的方法，这样可以使 MVC 中的业务逻辑与控制器相分离，有助于提高系统程

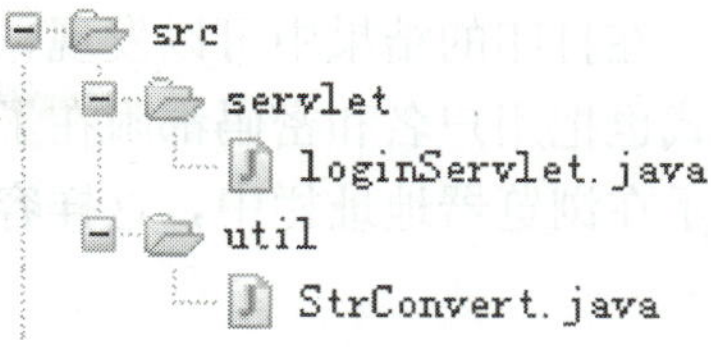

图 5 - 13　当前项目 src 下的类包结构图

序的可重用性和可维护性。

为了与 Servlet 程序区分开，我们在当前项目的“src”下创建一个名为“util”的包，在“util”包下创建一个名为 StrConvert 的类，类包文件的结构如图 5 - 13 所示。

在 StrConvert 类中，封装了中文字符串处理的静态方法，具体实现如下。

```
public static String ToCN(String str)
{
    String strcn=null;
    try{
        strcn=new String(str.getBytes("iso-8859-1"),"gb2312");
    } catch(UnsupportedEncodingException e){
        //TODO Auto-generated catch block
        e.printStackTrace();
    }
    return strcn;
}
```

完成 StrConvert 类的编写后，需要修改 loginServlet 的 doGet 方法，在获取参数后调用 StrConvert 的 ToCN 方法进行中文字符串的处理，代码如下：

```
String username=StrConvert.ToCN(request.getParameter("username"));
```

至此，本实例已经彻底开发完成，再次在浏览器中输入带有中文的用户名，得到的页面如图 5 - 14 所示。

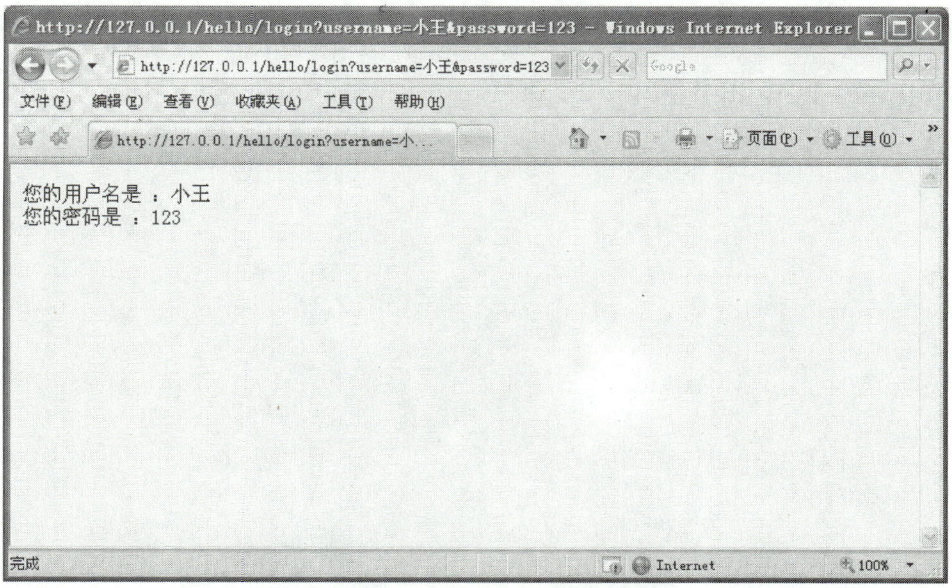

图 5 - 14　get 方式请求的最终结果

在打印的结果中可以发现，地址栏中输入的用户名和密码现在均可以打印出来，但这种方式也把用户名和密码都附在了 URL 的后面。也就是说，通过 get 方式传递参数，参数都显示在浏览器地址栏中，这样容易带来安全性的问题。

本章小结

本章介绍了 MVC 框架中控制器 Servlet 的相关概念，包括 Servlet 容器、Servlet API 及 Servlet 的生命周期等，其中在 Servlet API 部分重点介绍了 HttpServlet 类、HttpServletRequest 接口及 HttpServletResponse 接口的一些常见的实用方法。在最后的开发实例中详细介绍了如何使用工具 MyEclipse 快速开发一个以 get 方式请求 Servlet 的应用程序。本章的内容对于学习 Java Web 技术的读者而言较为重要，有关 Servlet 与 JSP 等其他 Web 组件结合使用的内容还会在后续章节中再做详细介绍。

本章习题

1. Servlet 在 MVC 框架中的作用是什么？
2. 简述 Servlet 的生命周期及其工作原理。
3. Servlet 完整的类名是什么？有哪些常见的方法？
4. 在 Servlet 相关的 API 中，请求和响应接口分别是什么？有哪些常见的方法？
5. 请开发一个 Servlet 程序，要求能够获取客户端发送的用户名和密码，并判断用户名和密码是否分别为“admin”和“123456”，最终在浏览器中打印是否验证通过的信息提示。

第6章 JSP技术

JSP（Java Server Pages）是一种动态网页技术，该技术为创建显示动态生成内容的Web页面提供了一种简捷而快速的方法。例如，不同的用户在某论坛的用户注册页面中输入注册信息后提交给服务器，服务器端的Servlet将这些用户的注册信息分别插入到数据库后，最终通过一个动态的JSP将这些用户的注册信息分别返回给他们的浏览器，每一个用户也就可以看到自己的注册信息了，如图6－1所示。

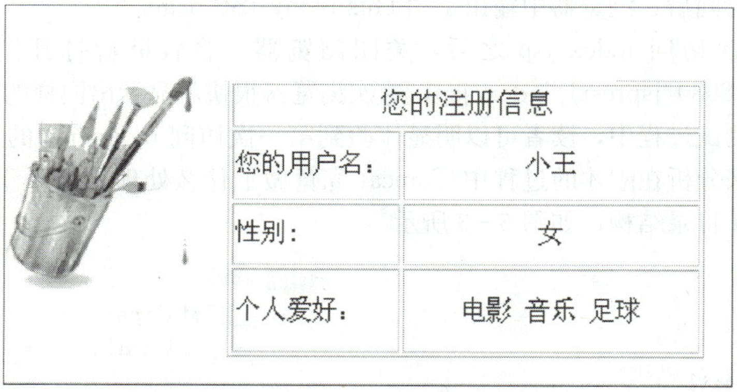

图6－1　JSP被服务器处理后返回的页面

读者需要注意的是，虽然返回到每个用户的浏览器中的注册信息都是不同的，但是其实这些HTML页面都是由服务器执行同一个JSP产生的结果。JSP技术的设计目的是使得构造基于Web的应用程序更加容易和快捷，而这些应用程序能够与各种Web服务器、应用服务器、浏览器和开发工具共同工作。JSP也是J2EE组件技术之一，从Web应用的开发架构来看，JSP属于MVC（Model－View－Controller）架构中的视图层（View）组件，有两个主要功能：一是将用户表单的输入数据和请求传递给控制器层和模型层组件，另一个则是接受模型层处理完的数据显示给用户。本章将介绍JSP的工作原理、JSP基本语法（指令、声明、表达式、代码段、注释等）、JSP内置对象以及如何通过MyEclipse快速开发JSP程序。

6.1　JSP简介

6.1.1　JSP的工作原理

Tomcat作为Servlet容器的同时，它也是一种JSP容器，也可以管理JSP对象的生命周期。与Servlet的工作原理相类似，当客户请求访问JSP容器中的某个JSP时，Tomcat使用ServletRequest对象把客户的请求封装起来传递给该JSP对象，然后调用该JSP的一些生命周期方法完成处理，最后把处理完的结果封装到ServletResponse对象中，最后Tomcat

把响应返回给客户，完成为客户的一次服务过程。

虽然基本的工作原理与 Serlvet 相似，但是在细节上 JSP 则较为复杂。在 JSP 第一次被用户请求时，JSP 文件将被容器的 JSP 引擎转换成为一个类似 Servlet 的 Java 代码。在编译时候如果发现 JSP 文件有任何语法错误，转换过程将中断，并向客户端发出出错信息；而如果转换成功了，则所转换生成的 Servlet 代码继续被编译生成二进制字节码文件（Class 文件）。

以下将通过对一个 JSP 的运行过程进行分析，揭示上述原理。以 MyEclipse 中一个 Web Project 的默认页面 index. jsp 为例（如图 6－2 所示），来看看 index. jsp 是怎么运行的。

通过 MyEclipse 的项目部署功能，可以把该项目部署到 Tomcat 的 webapps 目录下。在 Tomcat 处于启动状态下做以下测试。

（1）在浏览器中输入 http://localhost:8080/jsptest1/index. jsp，并按回车键发送请求，等待一段较长的时间后，浏览器中输出了"This is my JSP page."。

（2）在第一次访问 index. jsp 之后，关闭浏览器，然后重新打开浏览器再次访问 http://localhost:8080/jsptest1/index. jsp，这次浏览器很快就显示出同样的结果。

在以上两个测试过程中，读者可以明显体验到第一次访问 index. jsp 的速度比后来访问的速度慢。下面来分析在刚才的过程中 Tomcat 究竟做了什么处理。打开 Tomcat 的 work\Catalina\localhost 目录结构，如图 6－3 所示。

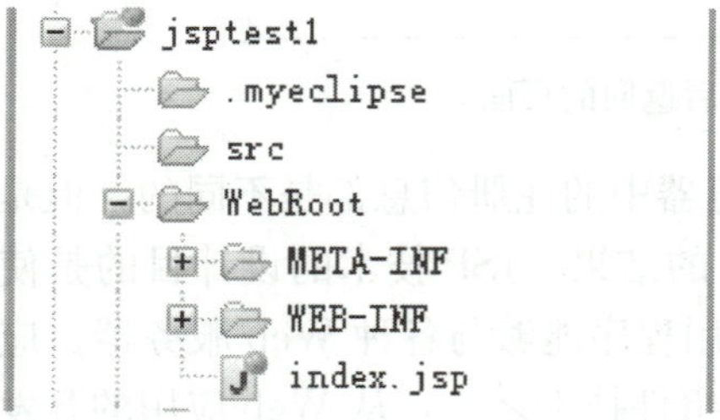

图 6－2 MyEclipse 中的 Web Project

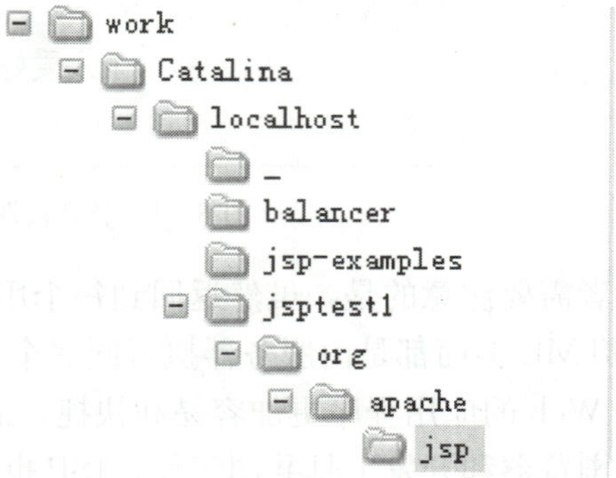

图 6－3 Tomcat 下的 work 目录结构

可以找到如下的 HelloWorld _ jsp. java，这个文件就是 Tomcat 解析 HelloWorld. jsp 时生成的源文件，如图 6－4 所示。

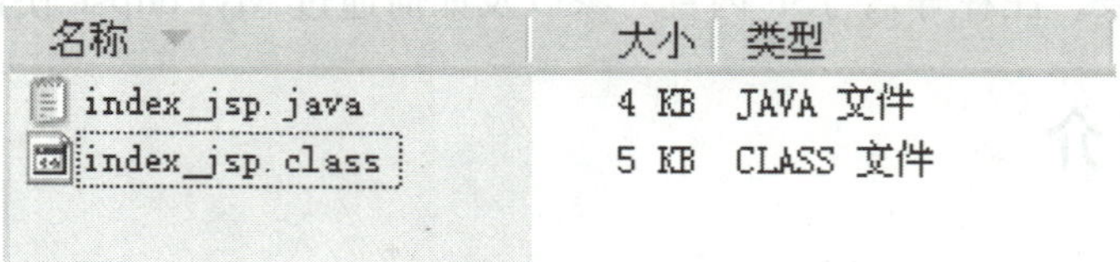

图 6－4 JSP 被编译生成的文件

打开 index _ jsp. java 的源文件，核心代码如下。

```
package org.apache.jsp;
import javax.servlet.*;
import javax.servlet.http.*;
```

```
import javax.servlet.jsp.*;
import java.util.*;

public final class index_jsp extends
org.apache.jasper.runtime.HttpJspBase
   implements org.apache.jasper.runtime.JspSourceDependent{
   …
…
  public void _jspService(HttpServletRequest request,
HttpServletResponse response)
throws java.io.IOException,ServletException{
…
…
     out.write("<!DOCTYPE HTML PUBLIC \"-//W3C//DTD HTML 4.01
Transitional//EN\">\r\n");
     out.write("<html>\r\n");
     out.write("<head>\r\n");
     out.write("<base href=\"");
     out.print(basePath);
     out.write("\">\r\n");
     out.write("\r\n");
     out.write("<title>My JSP'index.jsp'starting
page</title>\r\n");
…
…
     out.write("</head>\r\n");
     out.write("\r\n");
     out.write("<body>\r\n");
     out.write("This is my JSP page.<br>\r\n");
     out.write("</body>\r\n");
     out.write("</html>\r\n");
  }
}
```

接下来的过程就与容器管理 Servlet 的生命周期相类似，容器在内存中创建该 Servlet 类的实例对象，并进一步调用 jspInit()方法执行初始化，然后 jspService()方法被容器调用来处理客户端的请求和响应操作。对于随后而来的对该 JSP 文件第二次及以后的请求，容器将检查该 JSP 文件自最后一次保存后是否修改过，如果没有修改则将请求交给还在内存中的 Servlet 的 jspService()，方法加以处理。注意，由于Servlet始终驻于内存，所以响应是非常快的。如果 JSP 文件被修改了，服务器将自动地对文件重新编译，并将结果取代内存中的 Servlet，并继续上述处理过程。整个 JSP 的工作原理如图 6－5 所示。

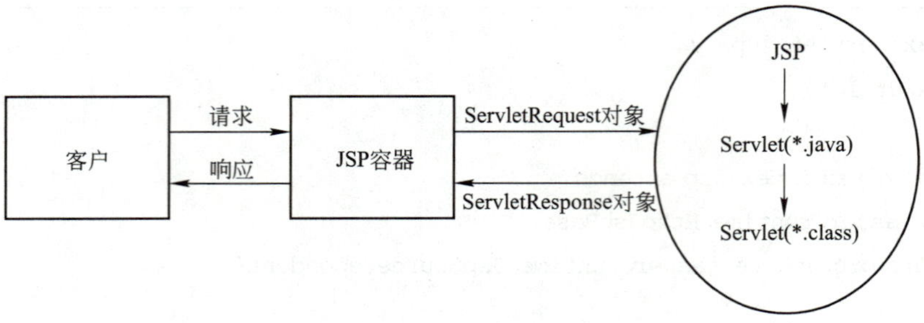

图 6-5 JSP 的工作原理

6.1.2 JSP 的特点

从最直观的页面代码的角度来看，JSP 就是在传统的 HTML 文件（*htm、*.html）中嵌入 Java 程序片段和 JSP 标记，并且将文件后缀名改为“.jsp”。

在本书前面的章节中，已经详细介绍了静态网页 HTML 以及客户端动态脚本 JavaScript；本章所要介绍的 JSP 则是一种典型的服务器端动态网页技术。这 3 种技术之间有以下区别与联系。

(1) 客户端动态网页和服务器端动态网页都是以基本的 HTML 为基础，在 HTML 中分别嵌入 JavaScript 和 JSP 代码而构成的动态网页。

(2) HTML 代码的解析由客户端浏览器完成，由浏览器显示其页面效果；客户端动态网页程序也是由浏览器执行，处理各种用户行为与浏览器、页面对象之间的交互事件；而服务器端动态网页则是由应用服务器执行，执行完后将处理的结果以 HTML 的形式返回给客户端浏览器。

(3) HTML 和 JavaScript 代码的执行是直接被浏览器解析执行，没有任何中间代码产生；而 JSP 页面则需要先被编译成为 Servlet 程序，并进一步被编译生成二进制字节码文件，最终被服务器的 Java 虚拟机所执行。

(4) HTML 和客户端动态网页的源代码都可以在客户端被查看，而由于服务器端动态网页的执行在服务器端，因此客户端得到的结果中并不包含原始的服务器端动态代码，所以服务器端动态网页的源代码是比较安全的，只有在服务器端才能被查看。

6.2 JSP 指令

JSP 指令主要用来提供整个 JSP 网页相关的信息，并且用来设定 JSP 页面的相关属性。

6.2.1 page 指令

page 指令定义 JSP 文件中的全局属性。为了 JSP 程序的可读性，通常的编程习惯是把 `<%@page%>` 指令放在 JSP 文件的顶部，它的作用范围是整个 JSP 页面。

page 指令具有以下常用属性。

（1）language：该属性用于指定当前 JSP 页面将使用的语言。例如：

```
<%@page language="java"%>
```

（2）import：该属性用于指定当前页面需要导入的包或类，与 Java 程序中的 import 语句类似。如果需要导入多个包或类，则用逗号隔开。例如：

```
<%@page import="java.util.*,java.sql.*"%>
```

（3）contentType：该属性用于指定向客户端输出内容的类型。例如：

```
<%@page contentType="text/html;charset= gb2312"%>
```

（4）errorPage：该属性用于指定一个 JSP 作为专门的错误处理页来处理当前页面所有抛出的未被处理的意外错误。例如：

```
<%@page errorPage="errorPage.jsp"%>
```

（5）isErrorPage：该属性用于指定当前页面是否可以处理来自其他页面的错误，默认为“false”。例如：

```
<%@page isErrorPage="true"%>
```

如果 JSP 页面中有多个 <%@page%> 的指令，通常将这些属性合并到一个指令中编写。例如：

```
<%@page language="java"import="java.util.*"
contentType="text/html;charset=gb2312"%>
```

6.2.2　include 指令

include 指令的作用是包含另一个文件，其语法相当简单：

```
<%@include file="…"%>
```

以下分别是 index.jsp 和 product.jsp 的页面结构，如图 6－6 和图 6－7 所示。

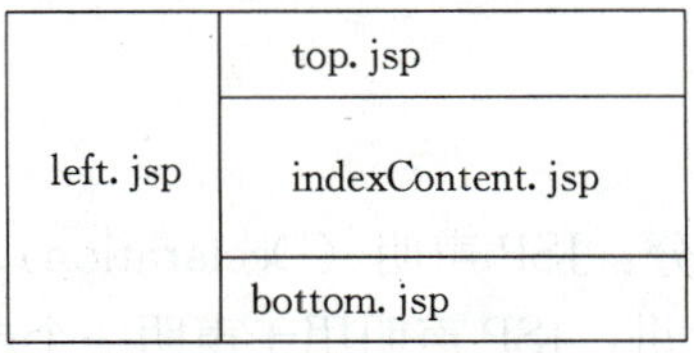

图 6－6　index.jsp 的页面结构

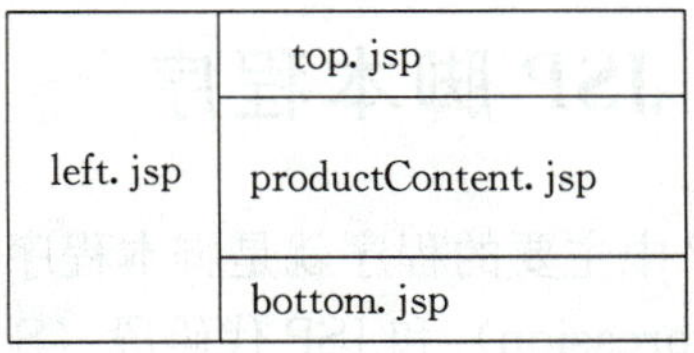

图 6－7　product.jsp 的页面结构

在 index. jsp 和 product. jsp 中均包含 top. jsp、left. jsp 和 bottom. jsp，仅仅网页主体部分包含的 JSP 文件不同，分别是 indexContent. jsp 和 productContent. jsp。以下是 index. jsp 的源代码。

```
<%@page contentType="text/html;charset=gb2312"%>
<html>
<head>
    <title>include 指令实例</title>
</head>
<body>
  <table width="100%" height="100%" border="0">
  <tr>
    <td width="22%" rowspan="3">
        <%@include file="left.jsp"%>
    </td>
    <td width="78%" height="76">
        <%@include file="top.jsp"%>
    </td>
  </tr>
  <tr>
    <td height="321">
        <%@include file="indexContent.jsp"%>
    </td>
  </tr>
  <tr>
    <td>
        <%@include file="bottom.jsp"%>
    </td>
  </tr>
 </table>
</body>
</html>
```

采用 JSP 的 include 指令来创建复合式页面，可以提高代码的重用性。index. jsp 和 product. jsp 中包含 3 部分相同的内容，可以把这些内容放在单独的 JSP 页面中。index. jsp 和 product. jsp 只需通过 include 指令把这几个 JSP 包含进来即可。

6.3 JSP 脚本程序

JSP 中主要的程序就是脚本程序，其中包括 3 个部分：JSP 声明（Declaration)、JSP 表达式 Expression）和 JSP 代码段（Scriptlet)。从功能上讲，JSP 声明用于声明一个或多个变量，JSP 表达式是一个完整的语言表达式，而 JSP 代码段则是一些 Java 程序片断。三种脚本程序的基本语法都是以"<%"开头、"%>"结尾的。

6.3.1 JSP 声明

JSP 声明是在当前页面范围内声明合法的变量或方法，这些变量或方法也仅在当前页面中有效。语法如下：

```
<%!declaration;%>
```

或者：

```
<%declaration;%>
```

以上是两种声明变量或方法的方式，区别在于是否在前面加"!"进行声明，举例如下：

```
<%!int i=0;%>
<%int j=0;%>
```

假设把以上的 JSP 声明嵌入到 index.jsp 中，然后打开浏览器访问 index.jsp，最后打开 Tomcat 的 work\Catalina\localhost 目录下的 index_jsp.java，可以看到，当前变量 i 已经成为这个 Servlet 类的成员变量，而变量 j 则出现在 _jspService 方法中。index_jsp.java 的主要代码如下：

```
public final class index_jsp extends
org.apache.jasper.runtime.HttpJspBase
    implements org.apache.jasper.runtime.JspSourceDependent{
    int i=0;
    …
    …
  public void _jspService(HttpServletRequest request,
HttpServletResponse response)
throws java.io.IOException, ServletException{
    …
    int j=0;
    …
  }
}
```

通过以上代码，可以进一步分析得出：加"!"声明的变量其实就是该 JSP 生成的 Servlet 类的成员变量，属于全局变量，它的作用域是整个 Servlet 对象，只要 Servlet 对象在 Tomcat 容器中产生后，该变量就随着 Servlet 对象的存在而存在，直到 Servlet 对象被容器所释放；而不加"!"声明的变量则是该 JSP 生成的 Servlet 类中 _jspService 方法的局部变量，它的作用域仅仅是 _jspService 方法体，这个方法一旦被调用结束，该变量的生命周期也就结束了。在本章下面的内容中将会验证以上原理。

6.3.2 JSP 表达式

JSP 表达式包含一个符合 Java 语法的表达式。语法如下：

```
<%=expression %>
```

JSP 表达式在运行后被自动转化为字符串，然后输出到这个表达式在 JSP 文件中所在的位置。举例如下：

```
<%!int i=0;%>
<%int j=0;%>
i 的值为:<%=i++%><br>
j 的值为:<%=j++%>
```

假设我们把以上的 JSP 声明和 JSP 表达式嵌入到 index. jsp 的 <body></body> 中，然后打开浏览器访问 index. jsp，得到结果如图 6-8 所示。

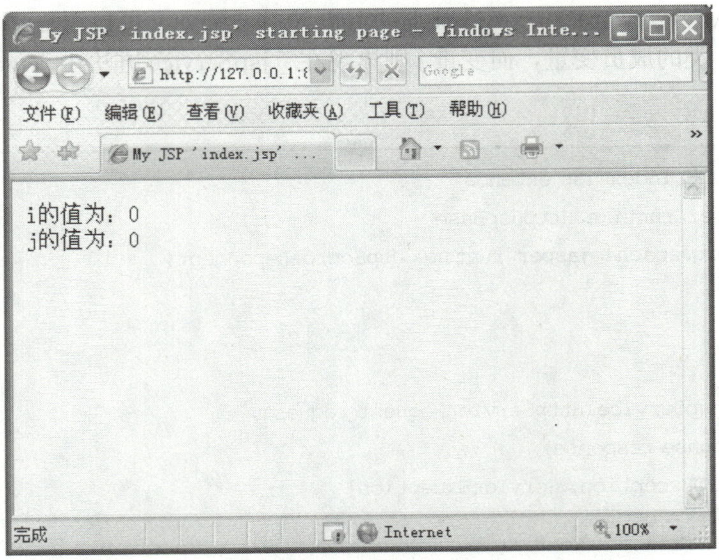

图 6-8 首次访问 index. jsp

如果第二次访问 index. jsp，得到的结果如图 6-9 所示。

在首次访问 index. jsp 后，返回的结果 i 和 j 的值都为 0；而第二次访问后，返回的结果 i 的值为 1，j 的值仍然为 0，这样的现象可以用前面介绍的 JSP 工作原理和 JSP 声明来解释。

由于 i 用“!”声明，j 没有用“!”声明，因此，i 为当前 JSP 编译生成的 Servlet 对象的全局变量，而 j 只是 _jspService 方法中的局部变量。当客户端第一次访问 index. jsp 时，Tomcat 容器创建该 JSP 对应的 Servlet 的对象后，把 i 和 j 的值返回给客户端，再对 i 和 j 做后缀加法，i 和 j 的值都为 1。

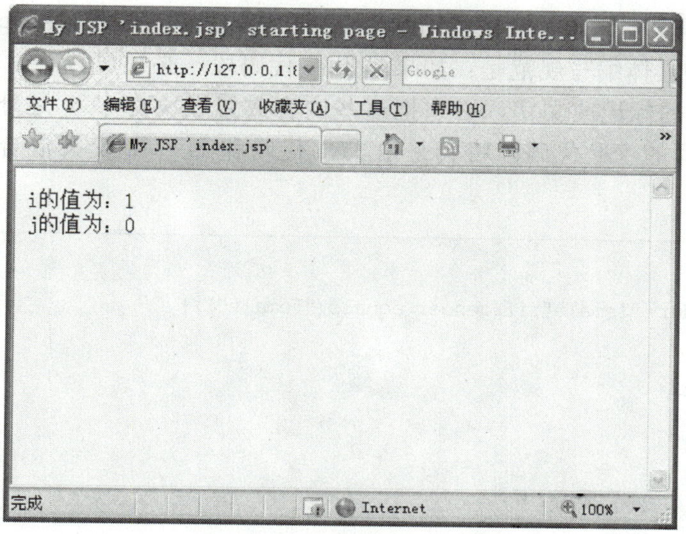

图 6-9　第二次访问 index.jsp

由于 i 是该 Servlet 对象的成员变量，该 Servlet 对象从创建以后就一直在容器中，因此 i 的状态也随着 Servlet 对象的存在而延续；由于 j 是 _jspService 方法中的局部变量，它的作用范围仅在该方法体内部，虽然首次执行后 j 的值通过后缀＋＋已经变为 1，但是该方法执行完之后，j 的生命周期也就结束了，因此当客户端第二次访问该对象的时候，_jspService 方法重新被执行，而每次执行 _jspService 方法时，方法体内部的局部变量 j 都是重新声明的新变量，每次执行都是先输出“0”，然后做后缀＋＋。核心代码如下。

```
public final class index_jsp extends
org.apache.jasper.runtime.HttpJspBase
    implements org.apache.jasper.runtime.JspSourceDependent{
    int i=0;
     …
     …
   public void _jspService(HttpServletRequest request,
HttpServletResponse response)
throws java.io.IOException,ServletException{
     …
    int j=0;
     …
  }
}
```

6.3.3　JSP 代码段

上面我们已经介绍了如何在 JSP 网页中通过 <%=…%> 嵌入 Java 表达式，但是通过 <%=…%> 仅仅能完成输出变量或表达式结果的功能，其他的功能实现还是需要在当前网页内嵌入 Java 代码，这些嵌入后的代码就称为 JSP 代码段，又叫作“scriptlet”。

JSP 代码段的具体编写规范是：如果是 Java 代码段，必须放置于 <%…%> 之间；如果出现了 HTML 的标记或文字，必须把这些内容放置在 <%…%> 之外。基于这样的规范，通常我们所写的 JSP 代码段将会是由 Java 代码和 HTML 交叉混合的代码体。举例如下。

```
<%
    String gender="female";if(gender.equals("female")){
%>
    She is a girl.
<%}else{%>
    He is a boy.
<%}%>
```

以上代码等价于该 JSP 编译生成的 Servlet 中的如下代码。

```
public void _jspService(HttpServletRequest request,
 HttpServletResponse response)
 throws java.io.IOException,ServletException{
   …
        String gender="female";
        if(gender.equals("female")){
          out.write("\r\n");
          out.write("She is a girl.\r\n");
        }else{
          out.write("\r\n");
          out.write("\t He is a boy.\r\n");
    }
    …
 }
}
```

小提示：

JSP 表达式的末尾是没有分号的，这点和本节中的 JSP 声明、JSP 代码不同，在 JSP 声明和 JSP 代码中，每个声明或每行代码的结尾都要使用分号结尾，否则当前 JSP 被编译时就会报语法错误。

6.4　JSP 动作

JSP 动作利用形如 XML 格式的标签来控制 JSP 引擎的行为，利用 JSP 动作可以实现动态包含网页文件、请求转发等功能。语法如下：

```
<jsp:XXX 属性="属性值"/>
```

JSP 动作以也可以叫作 JSP 标签，JSP 标签以“jsp”为前缀。在 JSP 页面被编译为 Servlet 文件期间，当容器遇到这个标记时，就用相应的 Java 代码来代替它。

6.4.1　include 动作

<jsp：include> 标签表示包含一个静态的或者动态的网页文件。语法如下：

```
<jsp:include page="path"flush="true"/>
```

其中，page 属性为包含页面的相对路径，flush 属性指示在读入包含的页面内容之前是否清空现有的缓冲区，它的默认值是 false，必须使用 true。

前面 JSP 指令中，已经介绍过 include 指令，它是在 JSP 文件被转换成 Servlet 时引入包含文件；而这里的 <jsp：include> 动作则不同，引入包含文件的时间是在页面被请求的时候，<jsp：include> 动作的文件引入时间决定了它的效率要稍微差一点。

6.4.2　forward 动作

<jsp：forward> 标签表示把当前流程控制转发到另一个网页文件。语法如下：

```
<jsp:forward page="path"/>
```

这个动作将结束对当前页面的处理，而开始处理由 page 属性所指定的页面，当前的流程控制被转发到 page 所指定的页面后再也不会回到先前的页面。实际上，<jsp：forward> 在转发控制时，用户的请求对象也被继续转发给下一个页面，所有放在 request 对象中的信息也就可以继续被转发后的页面所使用，这就是所说的请求转发，整个转发过程中共用一个请求。

以下是两个 JSP 文件之间进行请求转发。用 get 方式向 forward1. jsp 发送请求，并传入参数 username；forward1. jsp 包含 <jsp：forward> 动作，用于向 forward2. jsp 进行转发；而 forward2. jsp 最终从转发后的请求中取出 username 的值。

forward1. jsp 的代码如下。

```
<HTML>
<HEAD>
<TITLE>forward1</TITLE>
</HEAD>
```

```
<body>
        <jsp:forward page="forward2.jsp"/>
</body>
</html>
```

forward2.jsp 的代码如下。

```
<HTML>
<HEAD>
<TITLE>forward2</TITLE>
</HEAD>
<body>
        Hello,<%=request.getParameter("username")%>
</body>
</html>
```

在地址栏中输入“http://127.0.0.1:8080/forwardtest/forward1.jsp? username=michael”，得到最后的结果如图 6-10 所示。

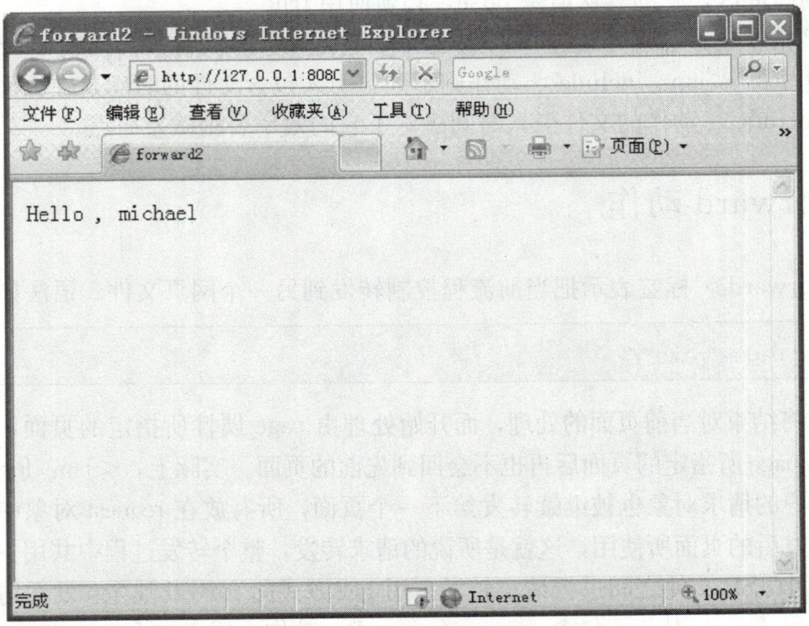

图 6-10 请求转发后的结果

6.5 JSP 内置对象

JSP 基于 Java 语言，面向对象也是它的一大特色。JSP 中包含大量的内置对象，其中有 6 个常用的内置对象，这 6 个对象分别是：out、request、response、session、application、page。这些对象不用声明就可以在 JSP 中直接使用。

6.5.1 out 对象

out 对象是 javax.servlet.jsp.JspWriter 的实例。out 对象一般只在 JSP 代码段内使用，它的主要功能是把 HTML 的内容输出到网页中。out 对象的常用方法如表 6-1 所示。

表 6-1 out 对象的常用方法

方法名	功 能	方法名	功 能
print	输出各种类型的数据，不换行	println	输出各种类型的数据，输出完毕后，进行换行
newLine	输出一个换行符号	close	关闭输出流，终止当前页面的剩余部分输出

out 对象的使用示例有：用 out 对象输出多种类型的数据。

out.jsp

```
<%@page language="java"contentType="text/html;charset=gb2312"%>
<html>
<head><title>out page</title></head>
<body>
<%
out.print("Hello World!");
out.println(12345.78);
out.println(12345);
%>
</body>
</html>
```

以上代码中分别用 out 对象的 print 方法和 println 方法输出字符串类型、double 类型以及 int 类型的数据，访问得到的结果如图 6-11 所示。

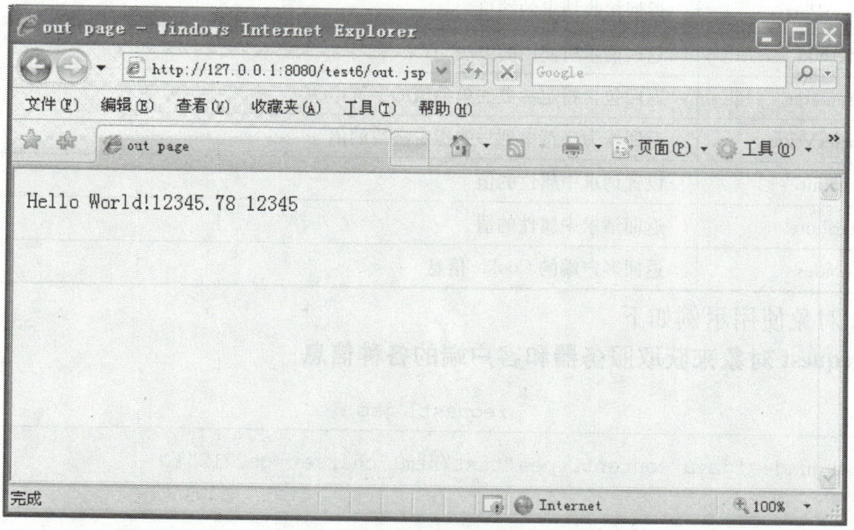

图 6-11 访问 out.jsp 结果

有读者看到图 6－11 显示的结果后可能会有疑问，为什么调用了 println 方法并没有起到换行的效果？在当前浏览器中单击右键菜单查看源文件，可以看到当前客户端得到的 HTML 源文件，如图 6－12 所示。

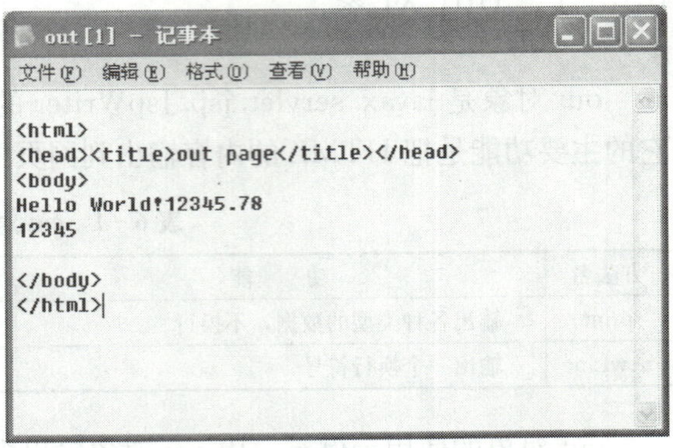

图 6－12　out.jsp 被处理生成的 HTML 源文件

从 HTML 源文件中可以看到，输出“12345.78”和“12345”后都换行了，原来 println 方法的换行指的是在 HTML 源文件中输出后的“换行”，而并不是页面被浏览器解析后呈现出来的“换行”。如果要解决这个问题，可以直接在 println 方法中的参数最后增加 HTML 中的换行标记“
”即可。代码如下。

```
out.println(12345.78+"<br>");
```

6.5.2　request 对象

request 对象是 javax.servlet.http.HttpServletRequest 的实例。当客户端请求一个 JSP 网页时，Tomcat 服务器会将客户端的请求信息包装在这个 request 对象中，请求信息的内容包括参数名、参数值以及客户端的主机地址、名称、端口等；然后可以通过这个 request 对象来取得上述有关客户端的信息。request 对象的常用方法如表 6－2 所示。

表 6－2　request 对象的常用方法

方法名	功　能
getServerName	返回接收请求的服务器的主机名
getRemoteAddr	返回发送请求的接口程序的 IP 地址
getServerPort	返回接收请求的端口
getMethod	返回请求所使用的方法
getParameter	返回包含指定参数的单独值的字符串
getParameterValues	返回作为字符串列举的指定参数的值
setAttribute	设置请求中属性的值
getAttribute	返回请求中属性的值
getCookies	返回客户端的 Cookie 信息

request 对象使用示例如下。

1. 用 request 对象来获取服务器和客户端的各种信息

request1.jsp

```
<%@page language="java"contentType="text/html;charset=gb2312"%>
<html>
<head>
```

```
    <title>request1 page</title>
</head>
<body>
        服务器的 IP:
        <%=request.getServerName()%>
        <br>
        服务器的端口:
        <%=request.getServerPort()%>
        <br>
        客户端 IP 地址:
        <%=request.getRemoteAddr()%>
        <br>
        请求方式:
        <%=request.getMethod()%>
        <br>
    </body>
</html>
```

在地址栏中访问 request1.jsp 后得到的结果如图 6 - 13 所示，由输出的结果可知，在很多 Web 应用中，如果需要了解客户端或服务器的详细信息可以使用 request 对象的上述方法。

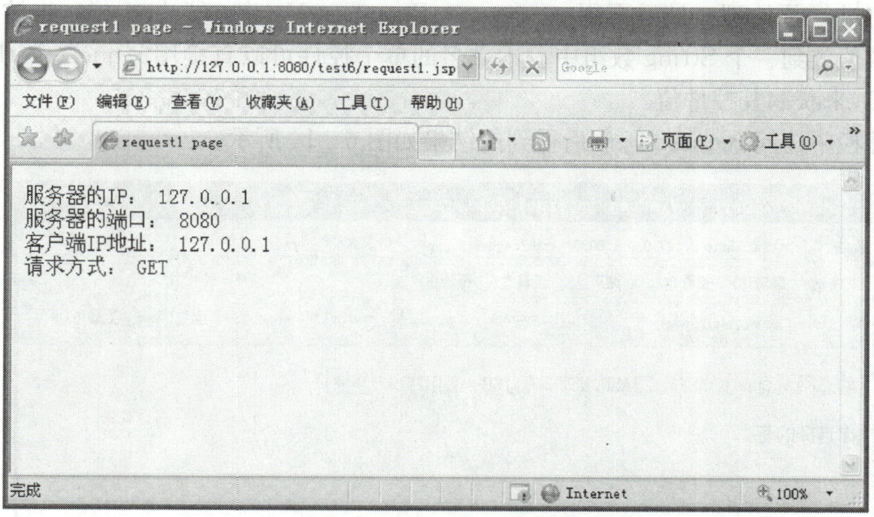

图 6 - 13　访问 request1.jsp 结果

2. 用 request 对象来获取表单提交的参数值

request2.jsp

```
<%@page language="java"contentType="text/html;charset=gb2312"%>
<html>
<head><title>request2 page</title></head>
<body><form action="request2.jsp"method="post">
```

```
动态网页有：
<input type="checkbox"name="choose"value="ASP">ASP 
<input type="checkbox"name="choose"value="ASP.NET">ASP.NET 
<input type="checkbox"name="choose"value="JSP">JSP 
<input type="checkbox"name="choose"value="PHP">PHP 
<input type="submit"value="选择"name="submit">
</form>
你选择的有：
<%
request.setCharacterEncoding("gb2312");
String like[]=request.getParameterValues("choose");
if(like!=null){
  for(int i=0;i<like.length;i++){
    out.println(like[i]+" ");}
}%>
</body>
</html>
```

在以上代码中，表单中包含 4 个同名的复选框控件“choose”，表单提交后处理的页面还是当前的 JSP。在获取表单参数之前，可以先用 request.setCharacterEncoding（"gb2312"）对编码设定进行预处理，最后再用 request.getParameterValues（"choose"）将被选中的复选框的参数值放到一个 String 数组中。不重名的单个控件可以直接用 request.getParameter（“控件名”）来获取其控件值。

在地址栏中访问 request2.jsp 后得到的结果如图 6-14 所示。

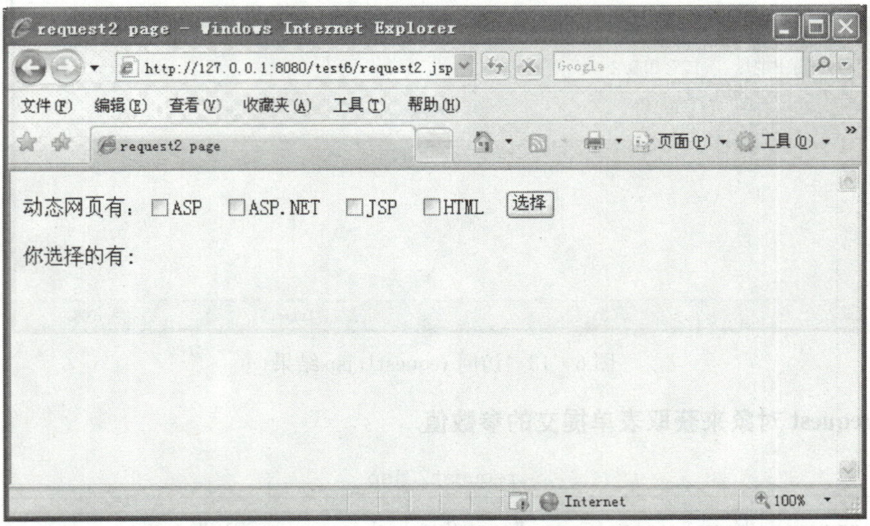

图 6-14 访问 request2.jsp 结果

选择其中的“ASP”、“ASP.NET”和“JSP”后，单击【选择】按钮，显示的结果是“你选择的有：ASP ASP.NET JSP”，如图 6-15 所示。

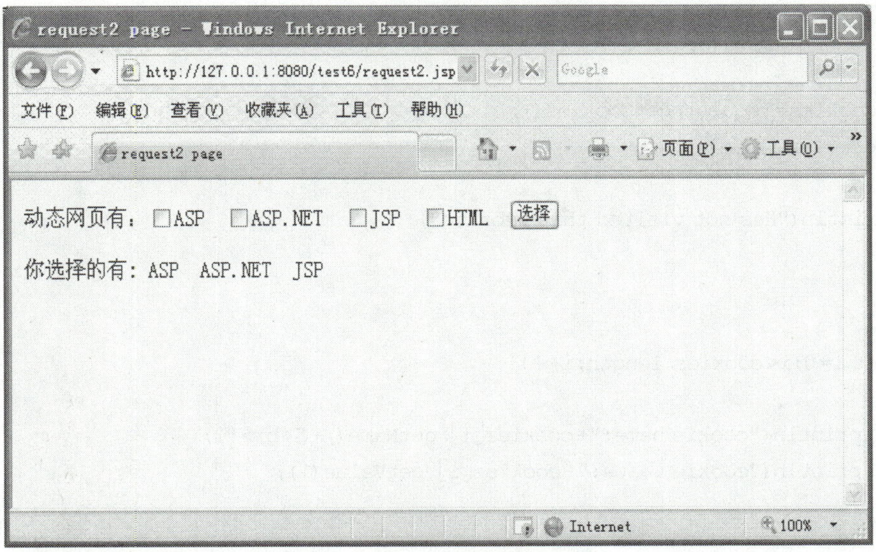

图 6-15　选择以后显示的结果

小提示：

只有对于表单 POST 提交的参数才可以用 request.setCharacterEncoding（"gb2312"）进行中文处理，其他情况只能用第 5 章中所介绍的方式——new String（tempStr.getBytes（"iso-8859-1"），"gb2312"）。

3. 用 request 对象获取客户端的 Cookie 信息

Cookie 是当用户浏览某网站时，网站服务器存储到客户机上的一个小文本信息，它可以记录用户的会话 ID 以及登录名、密码等信息，当用户再次来到该网站时，网站通过读取该用户的 Cookie，便可以得知用户曾经访问该网站的相关信息，就可以做出相应的动作，如在页面显示欢迎的标语，或者让用户不用输入用户名、密码就可以直接登录。Cookie 默认保存在客户机的内存里，如果设置了 Cookie 的过期时间，浏览器就会把 Cookie 保存到硬盘上，关闭后再次打开浏览器访问该网站，这些 Cookie 仍然有效，直到超过设定的过期时间。

Java 中，实现 Cookie 对象的类是 javax.servlet.http.Cookie。JSP 内置对象 request 中有 getCookies 方法，返回的是 Cookie 对象数组。此外，response 对象有 addCookie 方法，可以将服务器端自定义的 Cookie 对象向客户机写入。

getcookie.jsp

```
<%@page language="java"contentType="text/html;charset=gb2312"%>
<html>
<head><title>getcookie page</title></head>
```

```
<body>
<%
Cookie[]cookies=request.getCookies();
if(cookies==null)
{
   out.println("Has not visited this website");
}
else
{
   for(int i=0;i<cookies.length;i++)
   {
      out.println("cookie name:"+cookies[i].getName()+"<br>");
      out.println("cookie value:"+cookies[i].getValue());
   }
}
%>
</body>
</html>
```

在以上代码中，首先用 request.getCookies () 取出用户本机所有访问该网站留下的 Cookie 信息。如果本次是第一次访问该网站，则 Cookie 对象为空，显示的结果如图 6－16 所示。

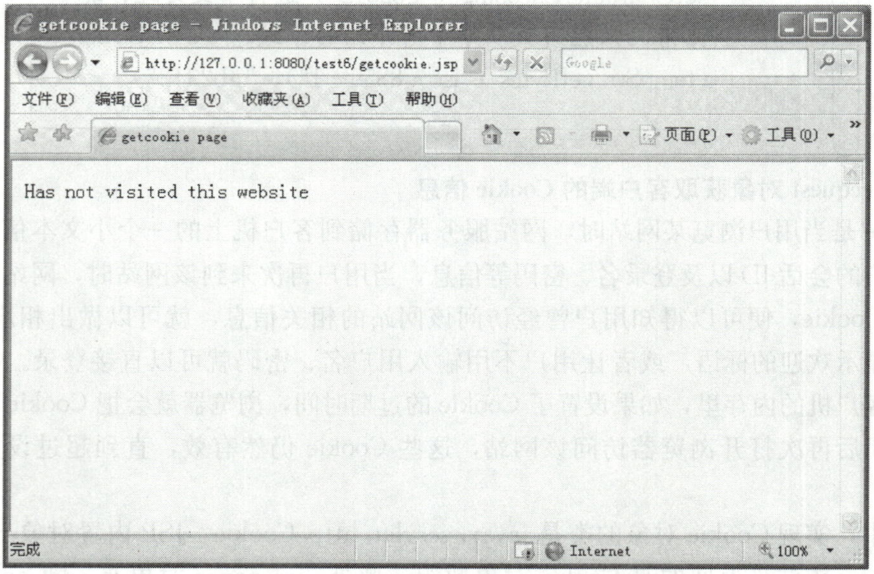

图 6－16 首次访问 getcookie.jsp 结果

显示以上结果后，其实服务器端已经在客户端留下了 Cookie 信息，默认只有一个 Cookie，即会话 Cookie。在 J2EE 中，会话 Cookie 针对某一次用户与服务器的会话而言，如果不设置 Cookie 过期时间，则表示这个 Cookie 的生命周期为会话期间，只要客户端关闭浏览器，结束本次与服务器的会话，Cookie 就消失了。这种 Cookie 被称为会话 Cookie。

当用户再次刷新 getcookie.jsp，此时 request.getCookies () 取出的 Cookie 不再为空，而是

用户上次访问该页面留下的会话 Cookie，因此可以用循环的方式遍历 Cookie 数组，取出会话 Cookie，分别把它的 Name 和 Value 的值打印出来，显示的结果如图 6 - 17 所示，会话 Cookie 对象的名称为 JSESSIONID，值为服务器生成的具有唯一性的字符串。

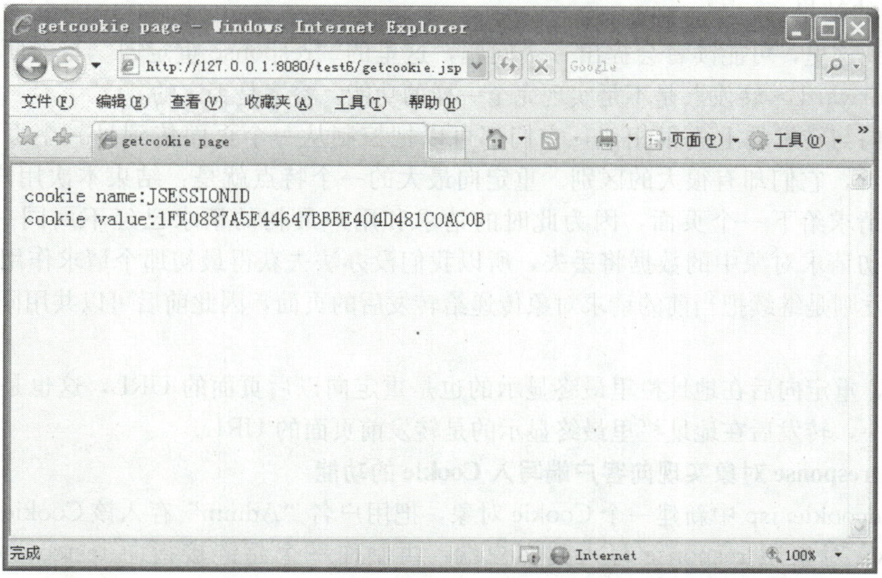

图 6 - 17　再次刷新 getcookie.jsp 结果

6.5.3　response 对象

response 对象是 javax.servlet.http.HttpServletResponse 的实例，Tomcat 服务器会根据客户端的请求建立一个默认的 response 对象，它通常用于将服务器端的处理结果返回给客户端的浏览器或进行重定向等操作。response 对象的常用方法如表 6 - 3 所示。

表 6 - 3　response 对象的常用方法

方法名	功　能
sendRedirect	重定向客户端的地址
addCookie	添加一个 Cookie 对象，用来保存客户端的用户信息

response 对象使用示例如下。

1. 用 response 对象实现页面重定向功能

response.jsp

```
<body>
<%
if(request.getParameter("username").equals("admin")){
    response.sendRedirect("index.jsp");
}
%>
</body>
```

在以上代码中，根据判断用户请求对象中的参数 username 值是否等于“admin”。如果正确则用 response 对象的 sendRedirect 方法重定向到 index. jsp。在地址栏中输入“http://127.0.0.1:8080/test6/response. jsp? username=admin”，回车后浏览器中显示 index. jsp 的结果。

介绍到这里，可能读者会提出一个问题，这里的“response 重定向”与前面所介绍的“<jsp：forward> 转发”是不是实现完全一样的功能？答案是否定的。

重定向与转发看上去很相似，它们都可以把控制从一个页面传到另一个页面，但从原理上来看，它们却有很大的区别。重定向最大的一个特点就是：结束本次用户的请求，发送新的请求给下一个页面，因为此时的请求和用户最初的请求已经不属同一请求了，所有在最初请求对象中的数据将丢失，所以我们没办法去获得最初那个请求作用域中的数据；而转发则是继续把当前的请求对象传递给转发后的页面，因此前后可以共用同一个请求对象。

此外，重定向后在地址栏里最终显示的也是重定向以后页面的 URL，这也是它与转发的区别之一，转发后在地址栏里最终显示的是转发前页面的 URL。

2. 用 response 对象实现向客户端写入 Cookie 的功能

在 addcookie. jsp 中新建一个 Cookie 对象，把用户名“Admin”存入该 Cookie 对象，并将该 Cookie 对象用 response 写入到客户端，再制作一个超链接指向 testcookie. jsp，由 testcookie. jsp 取出 Cookie 的值。

addcookie. jsp

```
<%@page language="java"contentType="text/html;charset=gb2312"%>
<html>
<head><title>addcookie page</title></head>
<body>
<%
Cookie cookie=new Cookie("username","admin");
cookie.setMaxAge(2 * 60);
response.addCookie(cookie);
out.print("写 Cookie 完成");
%>
<br>
<a href="testcookie.jsp">test getcookie!</a>
</body>
</html>
```

在以上代码中，cookie. setMaxAge（2×60）设置 Cookie 的有效期为 120 秒钟，表示 Cookie 被写入客户端的硬盘后 120 秒钟内有效，一旦超过这个有效期，Cookie 立刻失效。访问该页面得到的结果如图 6 - 18 所示。

在 testcookie. jsp 中，如果取到的 Cookie 对象为空，则表示用户是首次访问该网站页面；如果取到的 Cookie 对象不为空，说明服务器曾经在用户本机留下过 Cookie 信息，且 Cookie 仍然有效，继而可以取出 Cookie 中的用户名，一旦取到则停止循环。

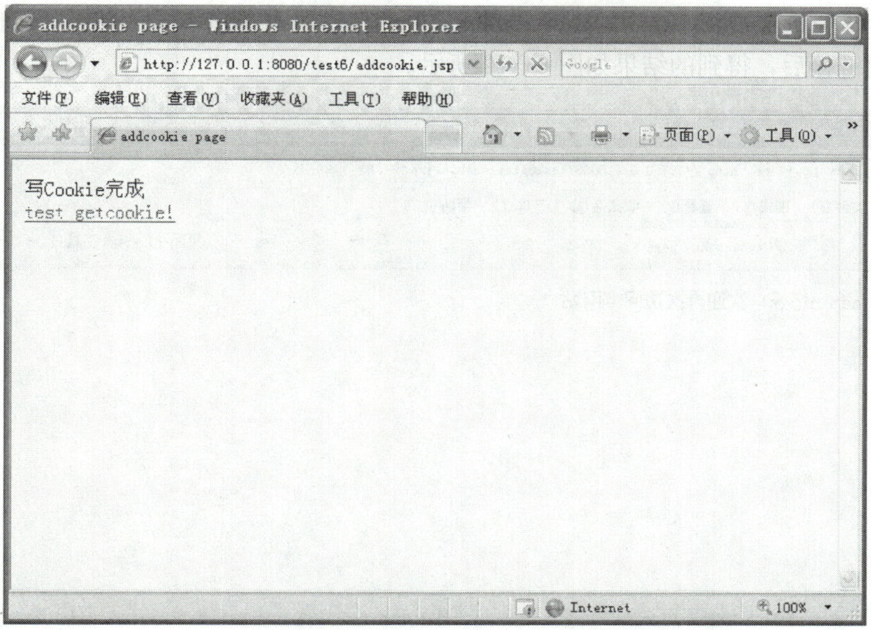

图 6-18　访问 addcookie.jsp 结果

testcookie.jsp

```
<%@page language="java"contentType="text/html;charset=gb2312"%>
<html>
<head><title>testcookie page</title></head>
<body>
<%
Cookie[]cookies=request.getCookies();
if(cookies==null){
   out.println("欢迎访问本网站!");
}
else
{
   for(int i=0;i<cookies.length;i++)
   {
     if(cookies[i].getName().equals("username"))
     {
       out.println(cookies[i].getValue()+"您好！ 欢迎再次访问本网站");
       break;
     }
   }
}
%>
</body>
</html>
```

在访问完 addcookie. jsp 后的 120 秒钟 Cookie 有效期内单击图 6－18 中指向 testcookie. jsp 的超链接后，得到的结果如图 6－19 所示。

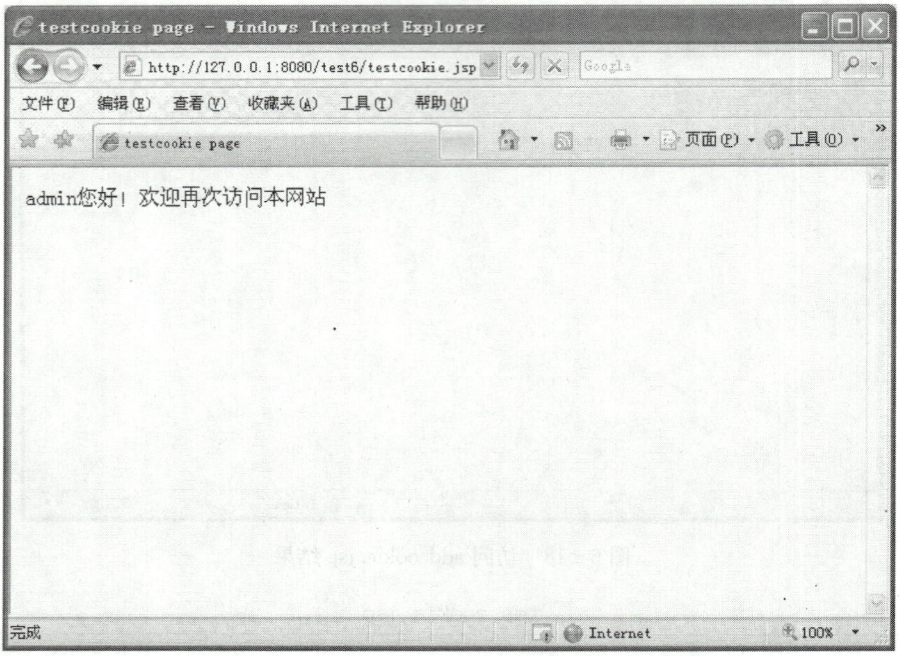

图 6－19 在 Cookie 有效期内访问 testcookie. jsp 结果

关闭浏览器，再等待一段时间，等 Cookie 失效之后重新打开浏览器直接访问 testcookie. jsp，此时得到的结果如图 6－20 所示。

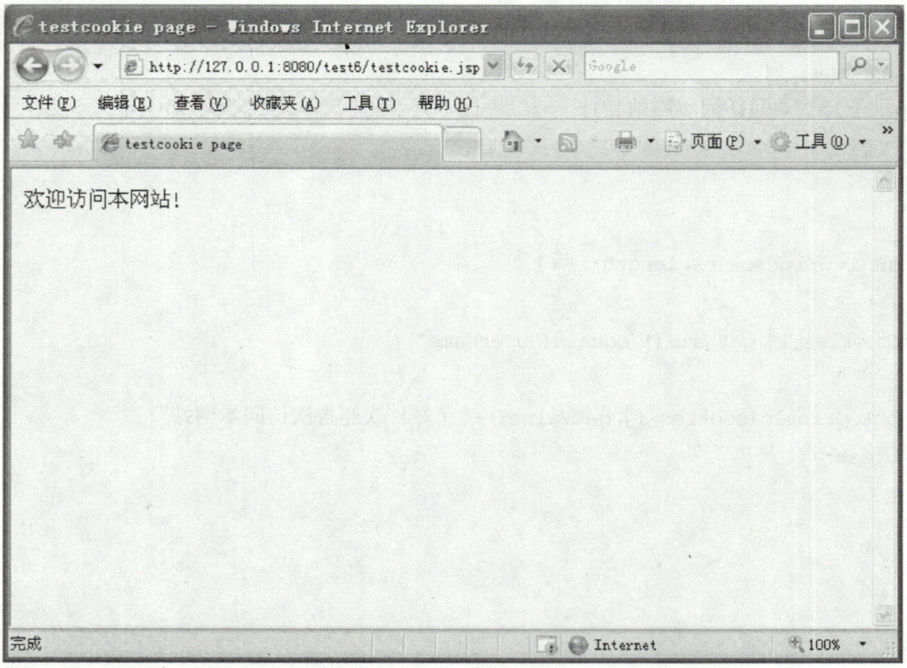

图 6－20 Cookie 失效后重新访问 testcookie. jsp 结果

以上案例的技巧在很多论坛中被广泛使用，即如果把 Cookie 的有效期设为 365×24×60×60 秒钟，则相当于 Cookie 的有效期为 1 年。用户第一次登录论坛之后，服务器就在客户机写入带有用户名等信息的 Cookie。只要用户在 1 年 Cookie 有效期内不手动删除本机浏览器的 Cookie，那么用户每次访问该网站的页面，都会显示“×××（用户名）您好！欢迎再次访问本网站”的欢迎信息。

6.5.4　session 对象

session 对象是 javax. servlet. http. HttpSession 的实例。session 对象指的是客户端与服务器的一次会话，从客户访问服务器的一个 Web 应用开始，直到客户端与服务器断开连接为止。session 对象存在于服务器的内存中。

通常会话管理是通过服务器将 session ID 作为一个 Cookie 存储在用户的 Web 浏览器中来唯一标识每个用户会话，session ID 的值是一个不会重复的字符串。从一个客户端浏览器向 Web 服务器请求后，服务器首先检查这个客户端的请求里是否已包含了一个 session ID，如果已包含一个 session ID，则说明以前已经为此客户端创建过 session，服务器就按照 session ID 在服务器的内存中检索这个 session，如果检索不到，则服务器会创建一个新的 session；如果客户的请求不包含 session ID，则服务器也会创建一个新的 session。新的 session ID 将被在本次响应中返回给客户端保存。至此，在这个客户端与服务器的交互过程中，这个 session 对象一直存在，直到客户端关闭所有与该网站相关的网页后，这个 session 对象才被释放。

可以这样理解，每一个客户端用户都对应服务器端的一个 session 对象。这样，session 对象可以用来存储用户的信息，用户的信息也就可以在不同页面中可以被传递。例如，用户 A 登陆后，将其用户名、用户权限等信息存储到该用户的 session 对象中，在需要判断的时候，可以取出 session 对象中的这些信息。在 Web 程序开发中，有多种对象可以用来保存客户信息，但是最常用的还是 session 对象（见表 6－4）。

表 6－4　session 对象常用方法

方法名	功　能	方法名	功　能
isNew	检查用户的会话对象是否是新创建的	setMaxInactiveInterval	设置会话对象所允许的最大的不活动持续时间
getId	返回会话标识符，即 session ID	invalidate	使会话强制失效
getMaxInactiveInterval	返回会话对象所允许的最大的不活动持续时间	setAttribute	设置会话中属性的值
		getAttribute	返回会话中属性的值

session 对象使用示例如下。

1. 获取并设置 session 对象本身的各种信息

session1. jsp

```
<%@page language="java"contentType="text/html;charset=gb2312"%>
<html>
<head><title>session1 page</title></head>
```

```
<body>
是否是新一次的会话?<%=session.isNew()%><br>
会话标识 Sessionid:<%=session.getId()%><br>
本次会话的最大不活动持续时间:<%=session.getMaxInactiveInterval()%>秒
<%session.setMaxInactiveInterval(10);%>
</body>
</html>
```

在以上代码中，先后打印了当前用户的 session 是否是新的会话、session ID 值以及该 session 的最大的不活动持续时间，并最终修改最大的不活动持续时间为 10 秒。最大的不活动持续时间具体指用户在这段持续时间内如果不向服务器发送任何请求，则服务器端该用户的 session 对象自动失效。通常情况下，一个 session 默认的最大的不活动持续时间为 1 800 秒，即 30 分钟。

访问 session1.jsp 得到的结果如图 6－21 所示。

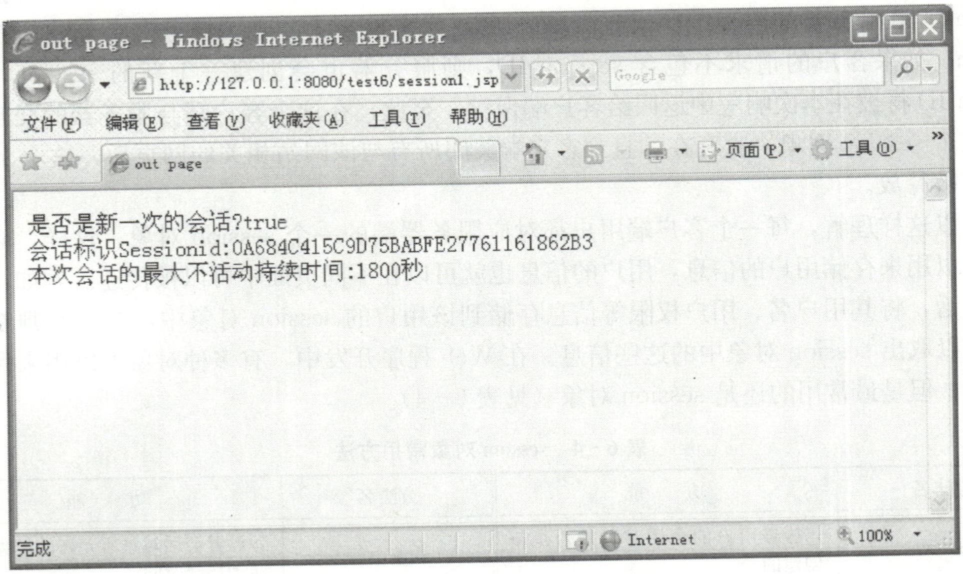

图 6－21 首次访问 session1.jsp 结果

session1.jsp 被服务器处理后，最大的不活动持续时间被修改为 10 秒。客户端在首次访问后的 10 秒之内再次刷新 session1.jsp，得到的结果如图 6－22 所示。

如果在首次访问后的 10 秒之后再次刷新 session1.jsp 或者关闭浏览器重新访问 session1.jsp，此时原先的 session 已经失效，得到的结果如图 6－23 所示。

2. 获取并设置 session 对象中的自定义属性

session2.jsp

```
<%@page language="java"contentType="text/html;charset=gb2312"%>
<html>
```

```
<head><title>session2 page</title></head>
<body>
用户名:<%=session.getAttribute("username")%>
密码:<%=session.getAttribute("password")%>
<%
session.setAttribute("username","guest");
session.setAttribute("password","123456");
%>
</body></html>
```

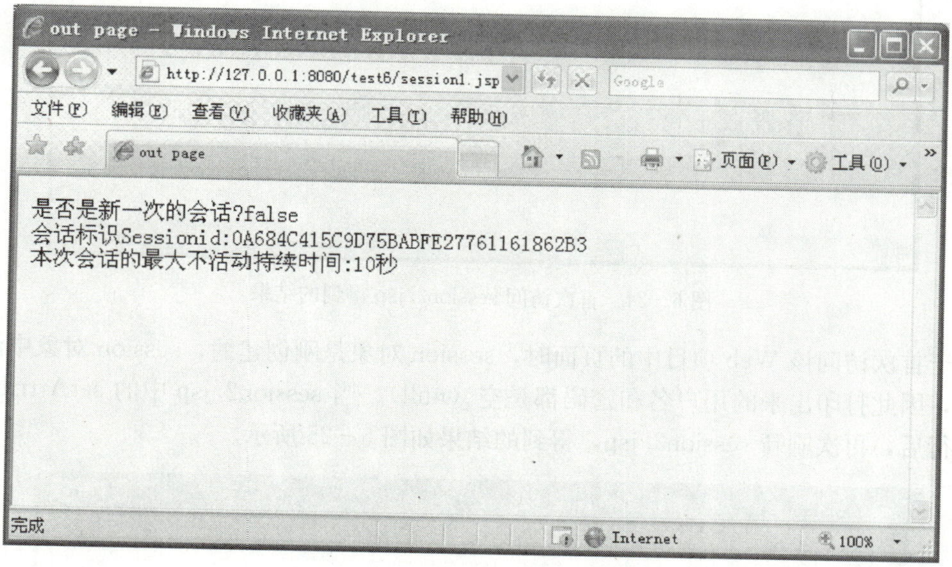

图 6-22 10 秒之内再次刷新 session1.jsp 结果

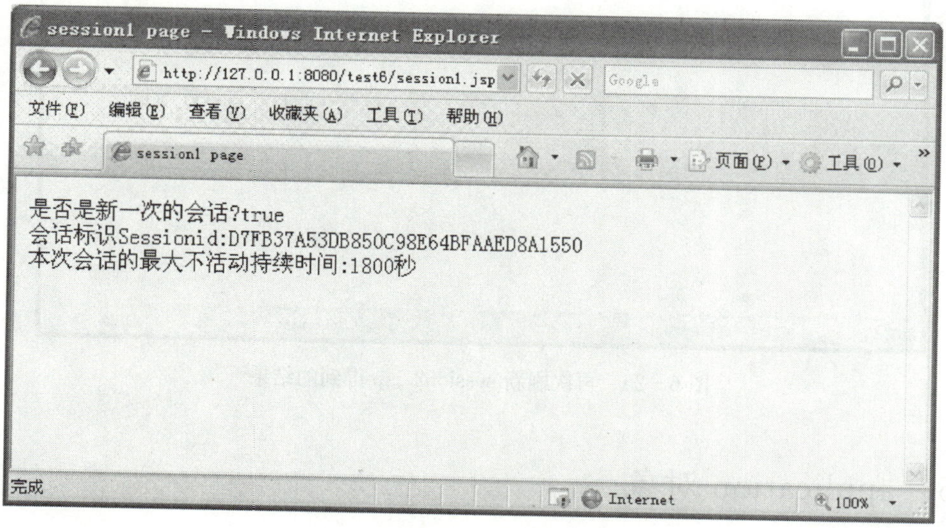

图 6-23 session 失效后重新访问 session1.jsp 结果

在以上代码中，首先采用 session 对象的 getAttribute 方法对 session 中的用户名和密码两个属性进行获取并打印，然后用 setAttribute 方法把这两个属性的值进行设置。首次访问 session2. jsp 得到的结果如图 6-24 所示。

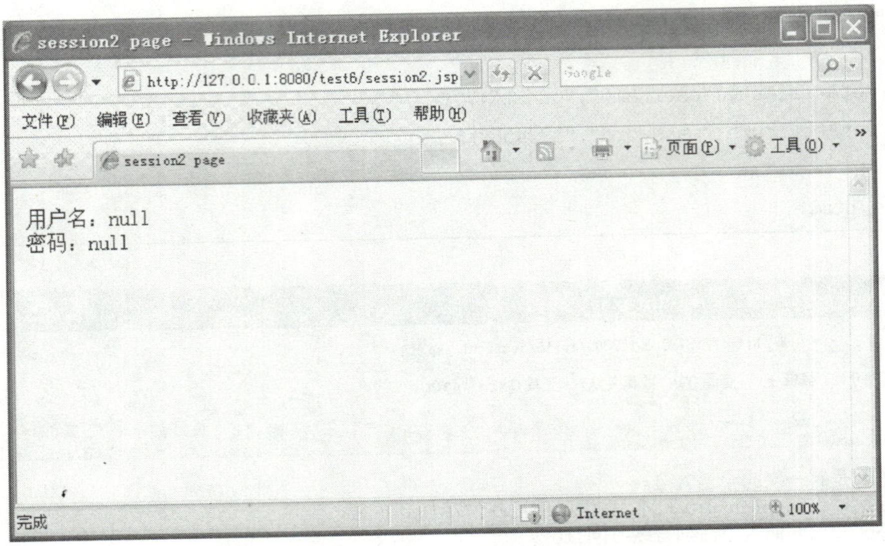

图 6-24 首次访问 session2. jsp 得到的结果

由于首次访问该 Web 项目中的页面时，session 对象是刚创建的，session 对象中没有任何属性，因此打印出来的用户名和密码都是空（null）。当 session2. jsp 中的 setAttribute 方法被执行后，再次刷新 session2. jsp，得到的结果如图 6-25 所示。

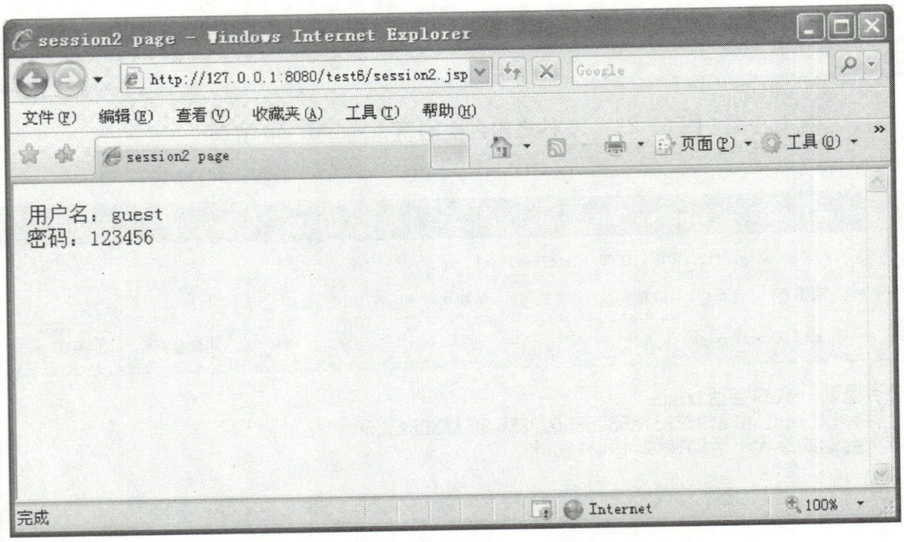

图 6-25 再次刷新 session2. jsp 得到的结果

6.5.5 application 对象

application 对象是 javax. servlet. ServletContext 的实例。一个 Web 项目只有一个 application 对象，它开始于服务器的启动，直到服务器关闭时结束。在此期间，application 对象一直存在于服务器内存中。application 对象是所有用户共享的，可以存放公用的全局变量，与 application 对象相比，session 对象则是每个客户各自专有的，不同用户的 session 对象之间不可以共享和交互数据。application 对象的常用方法如表 6-5 所示。

表 6-5　application 对象的常用方法

方法名	功　能
setAttribute	设置某个 application 对象的某个属性值
getAttribute	以 Object 对象的形式返回对应名称的 application 对象的属性值

application 对象的使用示例有：使用 application 对象实现网站计数器。

application.jsp

```
<%@page language="java"contentType="text/html;charset=gb2312"%>
<html>
<head>
<title>application page</title>
</head>
<body>

<%
Integer totalcount=1;
if(application.getAttribute("count")!=null)
{
  totalcount=(Integer)application.getAttribute("count")+ 1;
}
out.println("自从应用服务器启动后,本网站已经被访问了"+totalcount+"次");
application.setAttribute("count",totalcount);
%>

</body>
</html>
```

以上代码的设计流程如下。

(1) 声明默认的初始计数值为 1。

(2) 从当前 Web 站点的 application 对象中获取 count 属性，如果 count 不为空，说明 Web 站点过去已被访问过，取出已有的 count 属性值并增加 1，表示本次的访问次数；反之，说明 Web 站点是第一次被访问，计数值仍然用默认值 1。

(3) 在页面上输出本次访问的计数值。

(4) 把本次访问的计数值再次存入 application 对象中，覆盖原有的 count 属性。

打开浏览器首次访问该页面得到的结果如图 6-26 所示。不断地刷新该页面，计数值也会不断地增加。

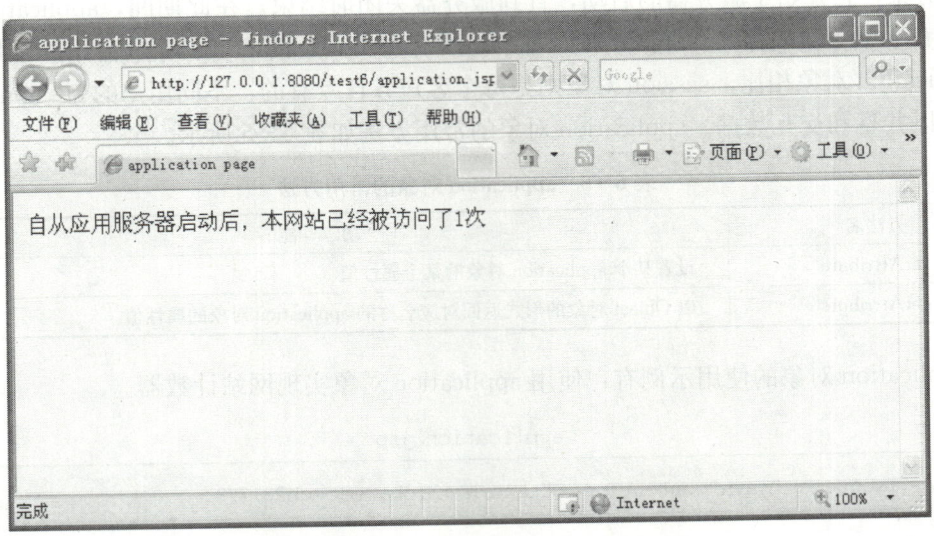

图 6-26 首次访问 application.jsp 得到的结果

6.5.6 page 对象

page 对象是 java.lang.Object 类型的，它是处理当前请求的 JSP 页的实现类的实例。page 对象的常用方法也是 setAttribute 和 getAttribute，使用方式与 request、session 及 application 中的相似，只是所存储的属性的作用域仅仅是当前页面，一旦离开当前页面，page 中的属性也就随着 page 对象的结束而失效。

6.6 JSP 开发实例

在 Java Web 开发过程中，我们经常需要进行程序或页面间的转发。因为完成一个业务操作往往需要经历多个步骤，每一步骤完成处理后要转到下一个步骤。例如，通常在 Servlet 中需要把处理完的结果转向到另一个 JSP 页面进行显示。转发的方式主要有两种：一种是使用请求转发器（RequestDispatcher）进行请求转发；另一种则是使用 HttpServletResponse 的 sendRedirect 方法，即响应重定向。

下面将结合具体的应用实例分别讨论这两种方式的实现。该应用的需求是用户填写包含注册信息的表单页提交给 Servlet 进行处理，Servlet 接收数据后转发到另一个 JSP 文件，最后由这个 JSP 文件将用户的注册信息打印出来。

6.6.1 请求转发实例

RequestDispatcher 是请求转发器，RequestDispatcher 接口中定义了 forward 方法，它可以将当前的 request 对象转发到该 RequestDispacher 指定的 Web 资源，可能是一个 Servlet 或者 JSP，然后由该资源文件继续处理请求并完成响应。

forward 方法不能通过 get 方式将参数附带在要转发到的资源路径的后面，但可以通过 request. setAttribute（"username"，username）来储存参数并传至下一个资源文件，然后再通过 request. getAttribute（"username"）来获取参数值。跳转后，服务器自动以下一页来回应客户端的请求，但在浏览器中的地址栏中不会看到下一页的 URL 地址。

下面通过具体实例对请求转发进行介绍。本例中有一个 JSP 注册页面，用户填写完注册信息后提交给一个 Servlet 文件进行处理，Servlet 文件接收数据后将请求转发到另一个 JSP 文件，最后由这个 JSP 文件将用户的注册信息打印出来。

首先，在新建的项目中右击 WebRoot 文件夹，选择【新建】→【JSP】，新建一个名为“reguser1. jsp”的 JSP 文件，如图 6 - 27 所示。

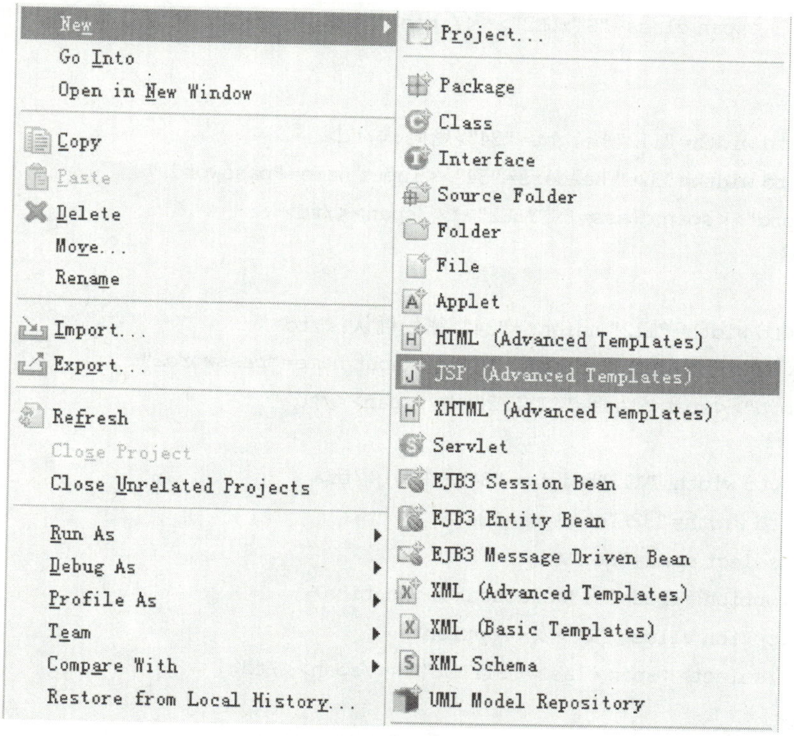

图 6 - 27　新建 JSP 文件

reguser1. jsp 的主要代码如下。

```
<%@page language="java"contentType="text/html;charset=gb2312"%>
<script language="javascript">
Function check()
{
…
}
</script>
<form method="post"action="reg"name="form1"onsubmit="returncheck()">
```

```
        <table align="center" border="1" cellspacing="0"
cellpadding="0" width="100%">
        <tbody>
        <tr>
            <td colspan="2">注册信息(注:带*号为必填项)</td>
        </tr>
        <tr>
            <td width="112" height="34">用户名:</td>
            <td width="326" headers="34"><input name="username"
size="15">
                <span class="STYLE2">*</span></td>
        </tr>
        <tr>
            <td width="112" height="34">密码:</td>
            <td width="326" headers="34"><input name="password1"
type="password"><span class="STYLE2">*</span></td>
        </tr>
        <tr>
            <td width="112" height="34">密码确认:</td>
            <td width="326" headers="34"><input name="password2"
type="password"><span class="STYLE2">*</span></td>
        </tr>
        <tr><td width="112"height="34">性别:</td>
            <td width="326"headers="34">
            <select name="sex">
            <option value="男"selected>男</option>
            <option value="女">女</option>
            </select><span class="STYLE2">*</span></td>
        </tr>
        <tr><td width="112" height="34">个人爱好:</td>
            <td width="326" headers="34">
            <input name="interest" type="checkbox" value="电影">电影
            <input name="interest" type="checkbox" value="音乐">音乐
            <input name="interest" type="checkbox" value="编程">编程<br>
            <input name="interest" type="checkbox" value="篮球">篮球
            <input name="interest" type="checkbox" value="足球">足球
            <input name="interest" type="checkbox" value="其他">其他
        </td>
        </tr>
        <tr>
            <td height="56"colspan="4"><center>
            <input name="submit" type="submit" value="提交">
```

```
            <input name="reset"type="reset"value="重写"></center></td>
        </tr>
        </tbody>
    </table>
</form>
```

以上 JSP 文件的内容是由 HTML 文件直接修改而来，其中需要注意的是，<form> 标签的 method 属性和 action 属性。method 属性必须为 POST 方式，其含义是以 POST 方式将整个表单数据提交给服务器端的 Servlet 程序。action 属性指定需要提交给哪一个 Servlet 的 URL。

通常我们更习惯采用 Dreamweaver 来设计 html，如果在 Dreamweaver 中设计好上述页面后，必须在整个文件前面添加如下代码：

```
<%@page language="java"contentType="text/html;charset=gb2312"%>
```

完成以上修改后，将文件的后缀名修改为 jsp，然后直接用鼠标拖拽的方式导入到 MyEclipse 中。

接下来，通过 MyEclipse 的 Servlet 创建向导新建一个名为 RegServlet 的 Servlet 文件，其"Mapping URL"设置为"/reg"，作为该 Servlet 文件的访问路径。web. xml 中的主要代码如下。

```
<servlet>
  <servlet-name>MyServlet</servlet-name>
  <servlet-class>servlet.RegServlet</servlet-class>
</servlet>
<servlet-mapping>
  <servlet-name>MyServlet</servlet-name>
  <url-pattern>/reg</url-pattern>
</servlet-mapping>
```

以下是 RegServlet 文件中的核心处理代码。

```
    public void doPost(HttpServletRequest request,HttpServletResponse response)throws
ServletException,IOException{
    String username=
StrConvert.ToChinese(request.getParameter("username"));
    String sex=StrConvert.ToChinese(request.getParameter("sex"));
    String[]interest=request.getParameterValues("interest");
      String interests="";
      if(interest!=null){
         for(int i=0;i<interest.length; i++){
             interests=interests+
StrConvert.ToChinese(interest[i])+"";
```

```
            }
        } else
            interests="没有任何爱好";

    request.setAttribute("username",username);
    request.setAttribute("sex",sex);
    request.setAttribute("interests",interests);
    RequestDispatcher dispatcher=request.getRequestDispatcher
("/reguser2.jsp");
    dispatcher.forward(request,response);
    }
}
```

在以上代码中，我们将 request 中的参数获取后，采用 StrConvert（与第 5 章中的相同）对其进行中文处理，并作为属性存到 request 对象里，最后请求转发到 reguser2.jsp。在 reguser2.jsp 中，通过 request 的 getAttribute 方法将属性取出并打印出来。

reguser2.jsp 的主要代码如下：

```
<%@page language="java"contentType="text/html;charset=gb2312"%>
…
<table width="50%"align="center"border="1">
  <tr><td height="27"colspan="2"align="center"><font size="4">您的注册信息</font></td>
  </tr>
  <tr>
   <td width="36%"height="43"><div align="left">您的用户名:</div></td>
   <td width="64%"><% =request.getAttribute("username")%></td>
  </tr>
  <tr>
    <td height="39"><div align="left">性别:</div></td>
    <td align="center"><%=request.getAttribute("sex")%></td>
  </tr>
  <tr>
    <td height="52"><div align="left">个人爱好:</div></td>
    <td align="center"><%=request.getAttribute("interests")%></td>
  </tr>
  </table>
```

部署完毕后，在地址栏中输入“http://localhost:8080/requestDis/reguser1.jsp”，得到如图 6－28 所示页面。

填写完注册信息后，单击【提交】按钮，生成如图 6－29 所示页面。

提交成功后，页面打印出了用户的注册信息。但同时也可以发现，地址栏中并不是“/reguser2.jsp”，而是“/reg”，即 Servlet 的访问路径。由此，可以得出结论：采用 forward 方法进行页面跳转后，浏览器地址栏中的 URL 不会改变。

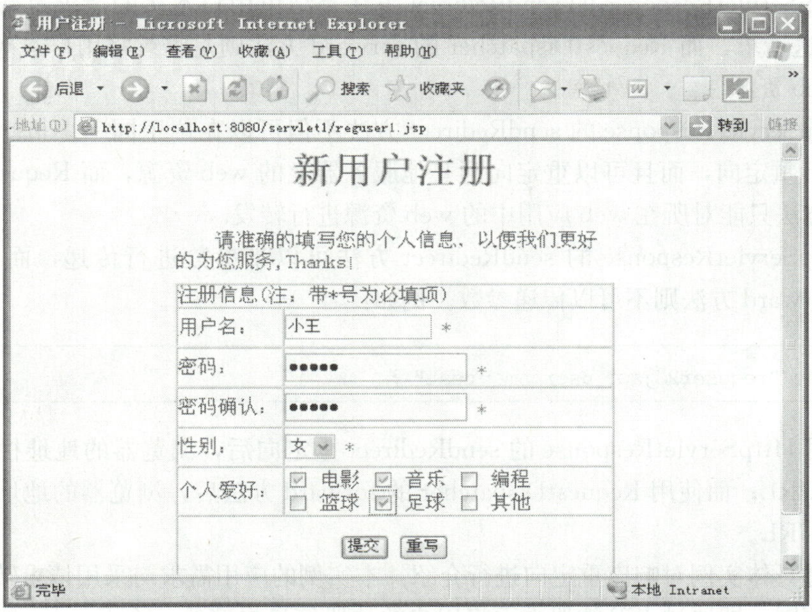

图 6-28 用户注册页面

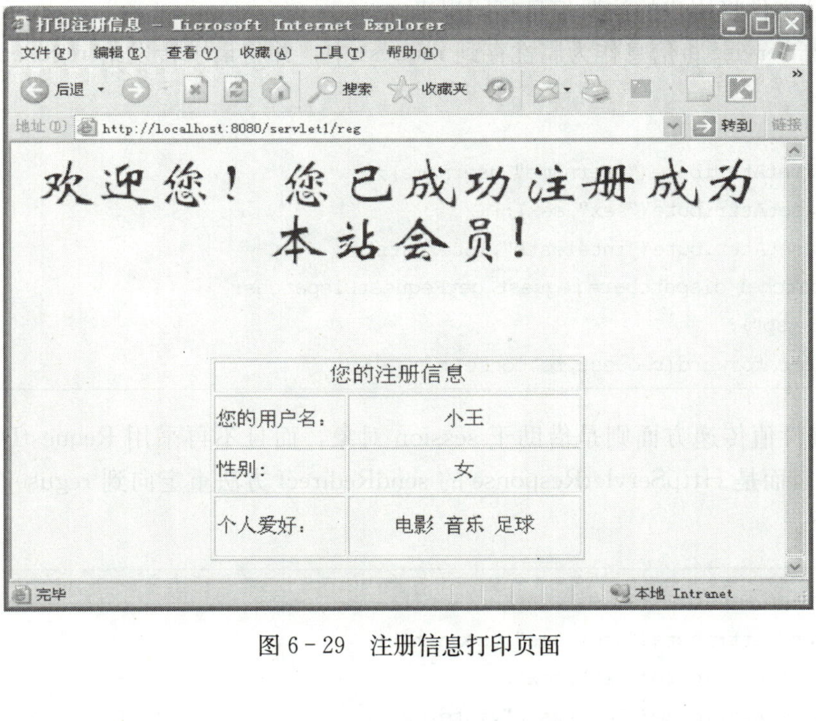

图 6-29 注册信息打印页面

6.6.2 响应重定向实例

HttpServletResponse 接口定义了可用于页面重定向的 sendRedirect 方法，该方法的过程对于用户来说是透明的，浏览器会自动完成新的访问。HttpServletResponse 的 sendRedirect 方法与 RequestDispatcher 接口的 forward 方法的效果类似，但两者存在以下区别。

(1) HttpServletResponse 的 sendRedirect 方法是结束用户本次的请求重新向一个新的 Web 资源发送请求，而 RequestDispatcher 的 forward 方法则是继续将用户本次的请求转发给下一个 Web 资源。

(2) HttpServletResponse 的 sendRedirect 方法不但可以在位于同一主机上的不同 web 应用之间进行重定向，而且可以重定向到其他服务器上的 web 资源，而 RequestDispatcher 的 forward 方法只能对所在 web 应用中的 web 资源进行转发。

(3) HttpServletResponse 的 sendRedirect 方法可以带参数进行传递，而 RequestDispatcher 的 forward 方法则不可以传递参数。例如：

```
sendRedirect("reguser2.jsp? username=test");
```

(4) 使用 HttpServletResponse 的 sendRedirect 重定向后，浏览器的地址栏里会显示重定向以后的 URL；而使用 RequestDispatcher 的 forward 方法后，浏览器的地址栏里仍然显示转发前的 URL。

下面通过具体实例对响应重定向进行介绍。本实例的应用需求与采用请求转发方式实现的实例基本相同，即通过 JSP 注册页面将用户的注册信息提交给一个 Servlet 处理；不同的是，本例在 Servlet 中采用响应重定向的文件接收数据后将请求转发到另一个 JSP 文件，最后由这个 JSP 文件将用户的注册信息打印出来。

上例中的 Servlet 将信息作为属性存到 request 中，并将请求转发给 reguser2.jsp，相关代码如下。

```
    request.setAttribute("username",username);
    request.setAttribute("sex",sex);
    request.setAttribute("interests",interests);
RequestDispatcher dispatcher=request.getRequestDispatcher
("/reguser2.jsp");
    dispatcher.forward(request,response);
```

本例在属性值传递方面则是借助于 session 对象，而且不再采用 RequestDispatcher 的 forward 方法，而是 HttpServletResponse 的 sendRedirect 方法重定向到 reguser2.jsp，修改后的代码如下。

```
    HttpSession session=request.getSession();
    session.setAttribute("username",username);
    session.setAttribute("sex",sex);
    session.setAttribute("interests",interests);
    response.sendRedirect("reguser2.jsp");
```

本例需要开发的两个 JSP 文件分别为 reguser1.jsp 和 reguser2.jsp，其中 reguser1.jsp 为注册表单页，内容与上例中的相同，但 reguser2.jsp 文件则与上例有所不同，原先从 request 中获取属性值改为从 session 中获取，修改后的代码如下：

```
...
    <td width="36%" height="43"><div align="left">您的用户名:</div></td>
    <td width="64%" align="center">
     <%=session.getAttribute("username")%></td>
  </tr>
  <tr>
    <td height="39"><div align="left">性别:</div></td>
    <td align="center"><%=session.getAttribute("sex")%></td>
  </tr>
  <tr>
    <td height="52"><div align="left">个人爱好:</div></td>
    <td align="center"><%=session.getAttribute("interests")%></td>
  </tr>
...
```

项目部署完毕后，访问用户注册页面，填写完注册信息后，单击【提交】按钮，生成如图 6-30 所示页面。

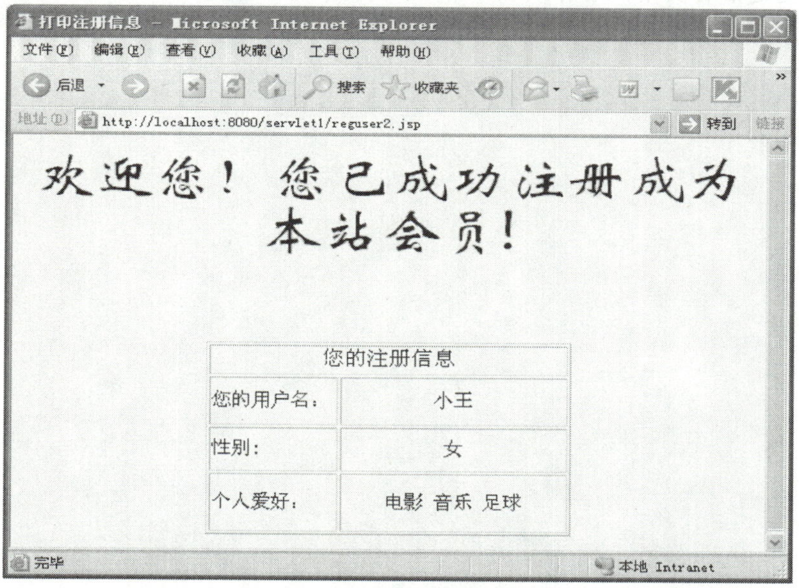

图 6-30 注册成功后的页面

页面上打印出了用户的注册信息，与上例基本相同，唯一不同的地方是地址栏中的 URL。也就是说，采用 sendRedirect 方法重定向后，浏览器地址栏中的 URL 发生了改变，地址栏不再是重定向之前的 URL，而是重定向以后的 URL。

本章小结

本章介绍了 MVC 框架中视图层 JSP 的相关知识，主要包括 JSP 的工作原理、JSP 指令、JSP 脚本程序、JSP 动作及 JSP 内置对象等，其中 JSP 的工作原理与第 5 章 Servlet 的工作原理是紧密联系的。在最后的开发实例中通过请求转发和响应重定向的两个实例详细介绍了如何将 JSP 与 Servlet 结合使用的应用技术。由于 JSP 的设计必须以静态页面 HTML 为基础，因此读者必须首先对 HTML 的设计熟练掌握。

本章习题

1. 简述 JSP 的工作原理。

2. JSP 有哪些常用的指令？作用分别是什么？

3. JSP 的脚本程序主要包括哪几部分？请写出示例程序。

4. JSP 有哪些常用的内置对象？作用分别是什么？请写出示例程序。

5. 请求转发与响应重定向有何联系与区别？

6. 请编写一个 Web 应用，要求如下：

(1) 在 login. jsp 中设计包含用户名和密码的表单；

(2) 在 check. jsp 中检验用户名和密码是否分别为“admin”和“123456”；

(3) 验证通过后将其用户名存到 session 中，并在 final. jsp 中取出打印；验证不通过则直接显示错误提示。

第 7 章　JavaBean 技术

所谓 JavaBean，就是一个很简单的 Java 类，每个类都有它特定的属性和方法。例如，可以把网上商城的商品抽象成一个商品类，其属性有商品编号、商品名称、商品型号、生产厂商及商品描述等，其方法可以有设置商品名称、获取商品名称等；论坛中的帖子是一个帖子类，其属性有主题、内容、日期、留言者等，其方法可以有设置留言、获取留言等。使用 JavaBean，主要是为了让 JSP 编程能够符合 Java 面向对象的编程特点，直接对类和实例进行封装、调用，而不是直接去操作数据库。

JavaBean 是成熟的 Java 软件组件技术之一，JavaBean 通过封装属性和方法成为业务对象。在前面几章的内容中曾经提到，从面向对象的开发方式和代码可读性等角度来考虑，JSP 页面中应该尽可能少写嵌入代码。而 JavaBean 的使用便可以使我们减少不必要的 JSP 嵌入程序。因此，在 JSP 中提供了相关标记用来访问 JavaBean，这样就可以提高代码的可维护性。本章将介绍如何通过 MyEclipse 开发标准 JavaBean 以及在 JSP 或 Servlet 环境下如何调用 JavaBean。

7.1　JavaBean 的规范

JavaBean 是一个可重复利用的软件组件，目前通常所提到的 JavaBean 其实可以分为两种。

第一种是标准 JavaBean，它的形式必须符合以下标准化规范。

（1）标准 JavaBean 必须有一个空参数的构造函数。其实在每个 Java 类中，默认都有一个空参数的构造器，因此在编写 JavaBean 时可以忽略这一步。

（2）标准 JavaBean 的成员变量是私有类型的（private）。

（3）标准 JavaBean 中的每个私有成员变量必须具有对应的 get×××和 set×××方法（其中×××是首字母大写的私有变量名称）：如类名为 person 的 JavaBean 中有一个名为 name 的私有成员变量，那么就必须有 getName 方法获取该属性值和 setName 方法设置该属性值。这些方法必须是 Public 类型的。

以下是一个标准的 JavaBean 实例。

```
public class person{
    public person(){}        //本行代码代表空参数的构造器,可以省略

    private int id;
    private String name;
    private int age;


    public void setId(int id)
```

```
    {
        this.id=id;
    }
    public void setName(String name)
    {
        this.name=name;
    }

    public void setAge(int age)
    {
        this.age=age;
    }

    public int getId()
    {
      return this.id;
    }
    public String getName()
    {
      return this.name;
    }
    public int getAge()
    {
      return this.age;
    }
}
```

第二种是 Java 实用类，它的结构同样包含属性和方法，只不过不需要严格按照标准 JavaBean 的编写规范，属性和方法可以根据当前的业务需求进行自定义。在第 8 章中介绍的 DAO（数据库访问对象）就是一种典型的 Java 实用类。

7.2 JavaBean 的开发

在 Web 开发早期，JavaBean 基本都是手动编写，如果一个 JavaBean 中的属性很多时，对应的 get×××和 set×××方法也会随之增多，影响开发效率。在 MyEclipse 中，利用它的代码辅助生成功能可以快速地开发 JavaBean。

（1）在当前新建的 Web Project 中的 src 文件夹右键菜单中，单击【New】按钮，创建一个新的“Package”，名为“bean”，如图 7－1 所示。

（2）在 bean 的右键菜单中，单击【New】按钮，创建一个类，名为“person”，如图 7－2 所示。

（3）在自动生成的 person.java 中添加私有成员变量 id、name 和 age，如图 7－3 所示。

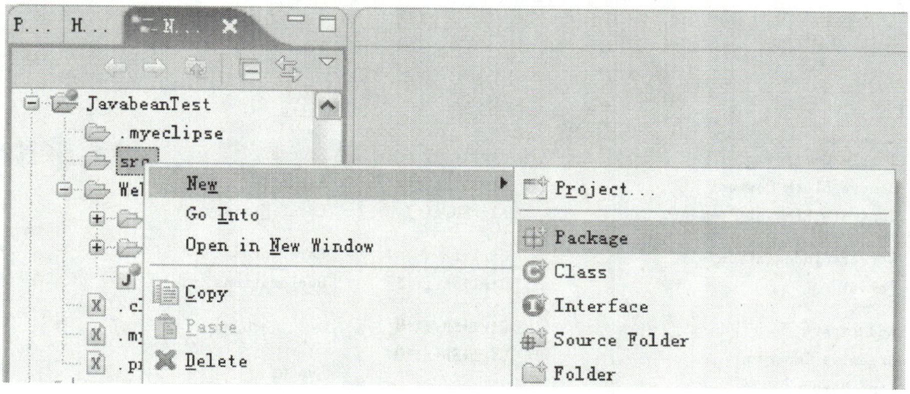

图 7－1 新建 Package

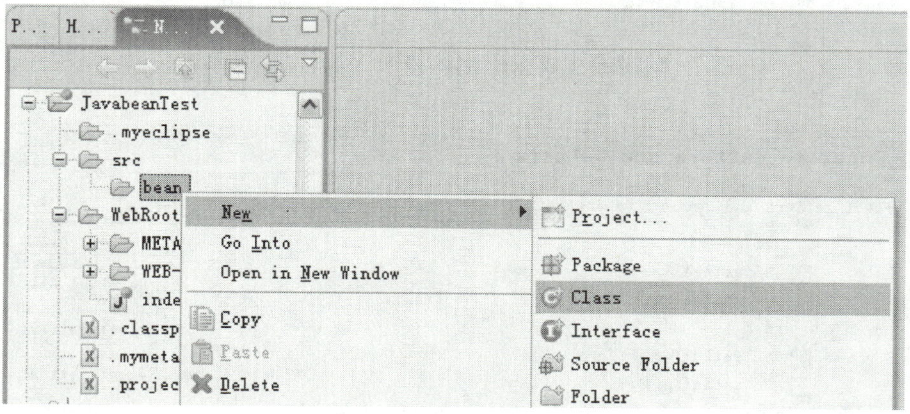

图 7－2 新建 person 类

图 7－3 添加 person 类的成员变量

(4) 在 person 类的代码体内右击菜单【Source】，选择其中的【Generate Getters and Setters】选项，即生成 get×××和 set×××方法，如图 7－4 所示。

(5) 如图 7－5 所示，在弹出的对话框中将 id、name 和 age3 个属性前面的复选框选中，即选择生成所有匹配的 get×××和 set×××方法，单击【OK】按钮，整个 JavaBean 的编写完毕。

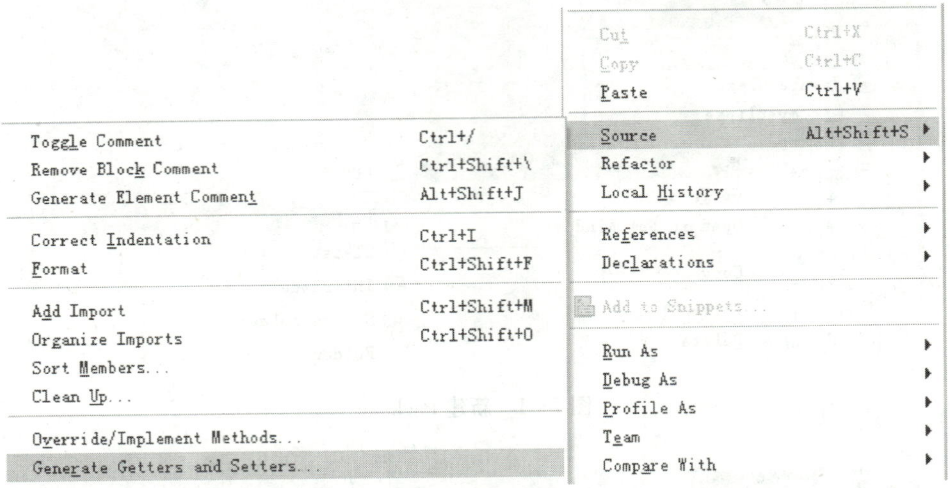

图 7-4 选择生成 get×××和 set×××方法的菜单

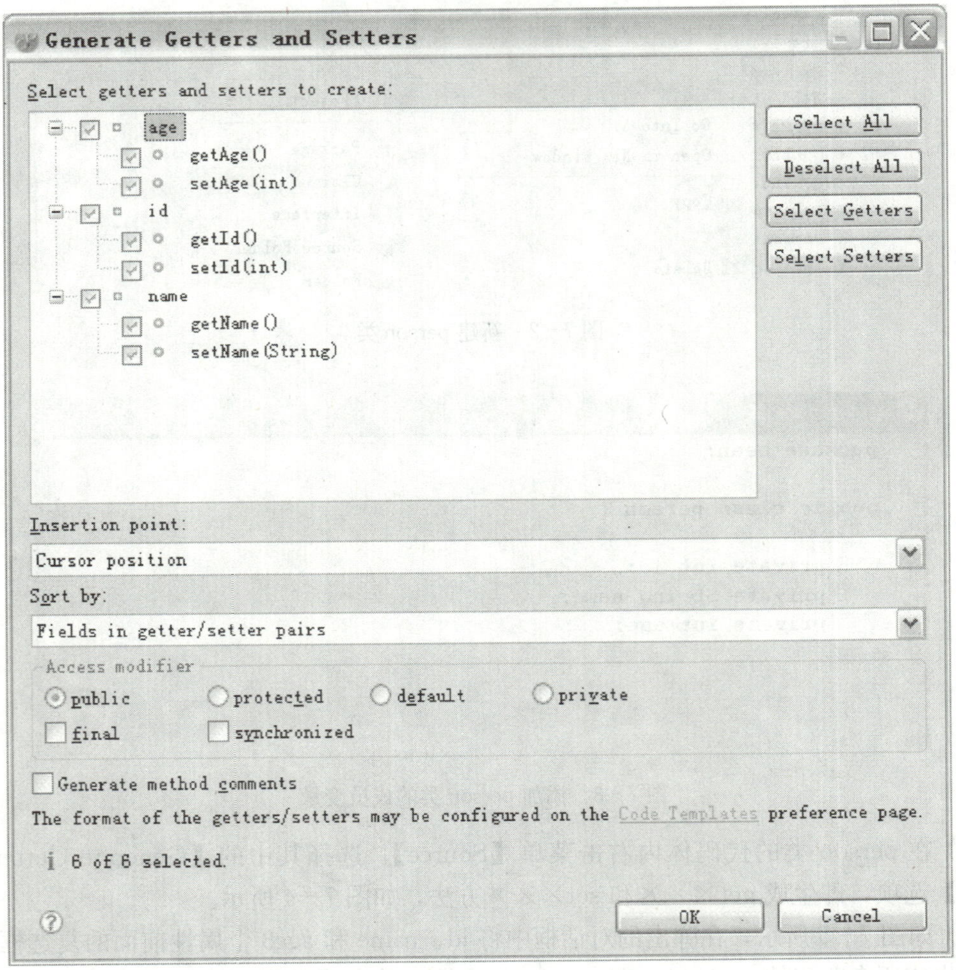

图 7-5 选择生成 get×××和 set×××方法

7.3 Servlet 中访问 JavaBean

在 Servlet 中访问 JavaBean 较为简单，与一般的 Java 对象创建与调用的过程相类似。在当前的项目中的 src 文件夹下继续创建 HelloPersonServlet.java 对前面的 person 进行访问。

本次案例将采用地址栏请求的形式直接访问 HelloPersonServlet，因此在 HelloPersonServlet 中的 doGet 方法中输入以下代码。

```
person ps=new person();
ps.setId(100);
ps.setName("陈刚");
ps.setAge(22);

request.getSession().setAttribute("Person",ps);
response.sendRedirect("helloperson.jsp");
```

第一段代码的作用是创建 person 类的实例对象 ps，并把 3 个具体值通过 set×××方法进行设值；第二段代码的作用是把 ps 作为名为 Person 的属性存到用户的 session 里，并进行响应重定向，目标页面为 helloperson.jsp。

在前几章的例子中，曾经在 session 中存储过整型和字符串等类型的对象，这里存储了自定义的 person 类的对象 ps。另外，除了 session，request、servletContext 等 scope 对象中也可以存储 JavaBean。

7.4 JSP 中访问 JavaBean

标准 JavaBean 一般理解为 MVC 中视图层的技术，主要用来和 JSP 搭配显示一些属性值。在 JSP 页面中，既可以通过嵌入代码来访问 JavaBean，也可以通过特定的 JSP 标签直接访问 JavaBean。采用后一种方法，可以减少 JSP 页面中的嵌入代码，使整个 JSP 页面更加简洁易读。下面介绍与访问 JavaBean 相关的 JSP 指令和标签。

1. 导入 JavaBean 类

通过＜%@ page import＞ 指令导入 JavaBean 类，例如：

```
<%@page import="bean.person"%>
```

2. 声明 JavaBean 对象

＜jsp:useBean＞ 标签用来声明 JavaBean 对象，例如：

```
<jsp:useBean id="ps"class="bean.person"scope="session"/>
```

上述标签的含义为：声明名为 ps 的 JavaBean 对象，如果在 scope 指定的范围内，attribute

名称为 ps 的 JavaBean 对象不存在，则创建这个 JavaBean 对象 ps；如果在 scope 指定的范围内，该 JavaBean 对象存在，则直接取已存在的 JavaBean 对象的引用 ps，不生成新的 JavaBean 对象。等价的 JSP 代码如下：

```
<%
person ps= (person) session. getAttribute ("ps");
If (ps==null) {
ps=new person ();
session. setAttribute ("ps",ps);
%>
```

另外，在 <jsp:useBean> 标签中可以设置 scope 属性，scope 属性表示 JavaBean 对象存在的范围，scope 的可选值包括 page、request、session 和 application，如果不设置 scope 属性，则默认为 page。

3. 访问 JavaBean 属性

JSP 提供了访问 JavaBean 属性的标签，如果要将 JavaBean 的某个属性值取出并显示到页面上，可以用 <jsp:getProperty> 标签。例如。

```
<jsp:getProperty name="ps"property="age"/>
```

等价的 JSP 代码为：

```
<%=ps. getAge () %>
```

如果要给 JavaBean 的某个属性赋值，可以用 <jsp:setProperty> 标签，例如：

```
<jsp:setProperty name="ps"property="age"value="22"/>
```

等价的 JSP 代码为：

```
<%ps. setAge (22);%>
```

小提示：

JavaBean 的类文件不可以直接放于 src 文件夹下，必须放在 src 下的子文件夹（Package）中，否则 JSP 中无法导入并访问这些 JavaBean。

本章小结

本章首先对 JavaBean 的概念和编写规范进行了介绍，然后详细地讲解了如何使用开发工具Myeclipse快速开发JavaBean。7.3节和7.4节分别介绍了如何在Servlet和JSP中访问、调用JavaBean对象，并通过实例说明了JavaBean在Web应用中所起的表述信息、传递信息的作用。

本章习题

1. 什么是标准Javabean？它的规范是什么？

2. JavaBean可以存储在哪些Scope对象里？如何存储？

3. 请编写一个名为product的JavaBean，要求有商品编号、名称、单价、生产厂商等属性。

4. 编写一个完整的Web Project，要求包含如下程序和功能。

(1) add.jsp：商品添加页面，包含商品编号、名称、单价、生产厂商等属性的表单。

(2) product.java：要求同第3题。

(3) InsertSerlvet.java：接受用户提交的表单的参数，创建product对象，并对product的各属性值进行设值，然后将product存到session中，最后响应重定向到addfinish.jsp。

(4) addfinish.jsp：输出session中的product各属性值。

第 8 章　数据库编程

在当今互联网上各种丰富多彩的 Web 应用中，几乎无一例外地都要与数据库打交道，与数据库的交互是 Web 应用中必不可少的环节。下面图 8－1 是一个典型的互联网 BBS 论坛。

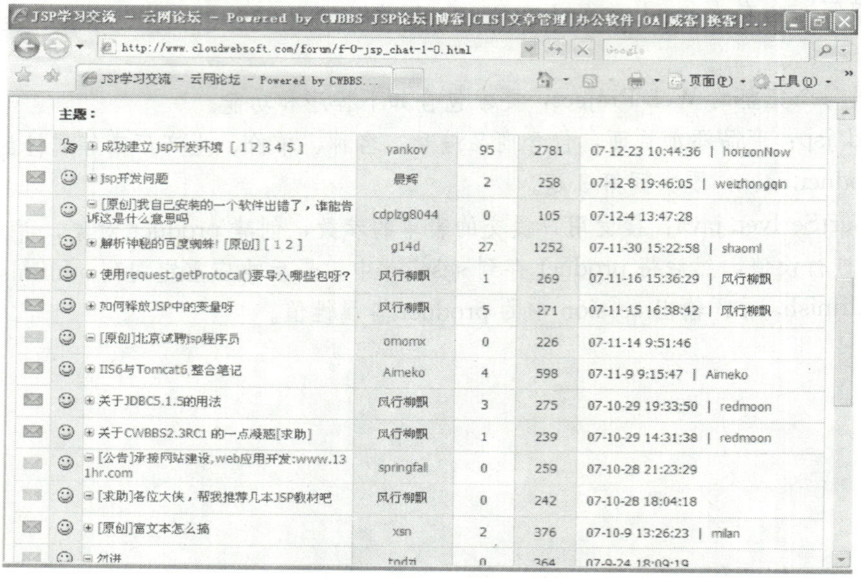

图 8－1　互联网 BBS 论坛界面

浏览者要在论坛中发帖子，必须先注册成为该论坛的用户。如图 8－2 所示，用户填写注册表单后单击【确定】按钮把个人注册信息发送给服务器，由服务器端的程序将这些数据

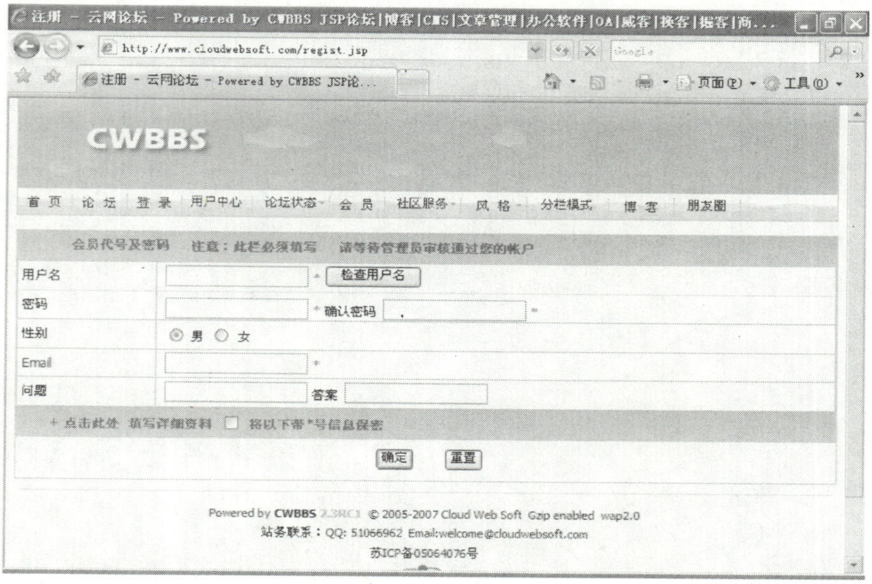

图 8－2　用户注册界面

保存到数据库里。

用户注册成功后即可发表帖子。如图 8－3 所示，用户发表一篇帖子，其实是将这篇帖子的标题、正文等内容存到了数据库里；而其他用户回复某一篇帖子，其实也是对数据库执行了一次新记录插入的过程。

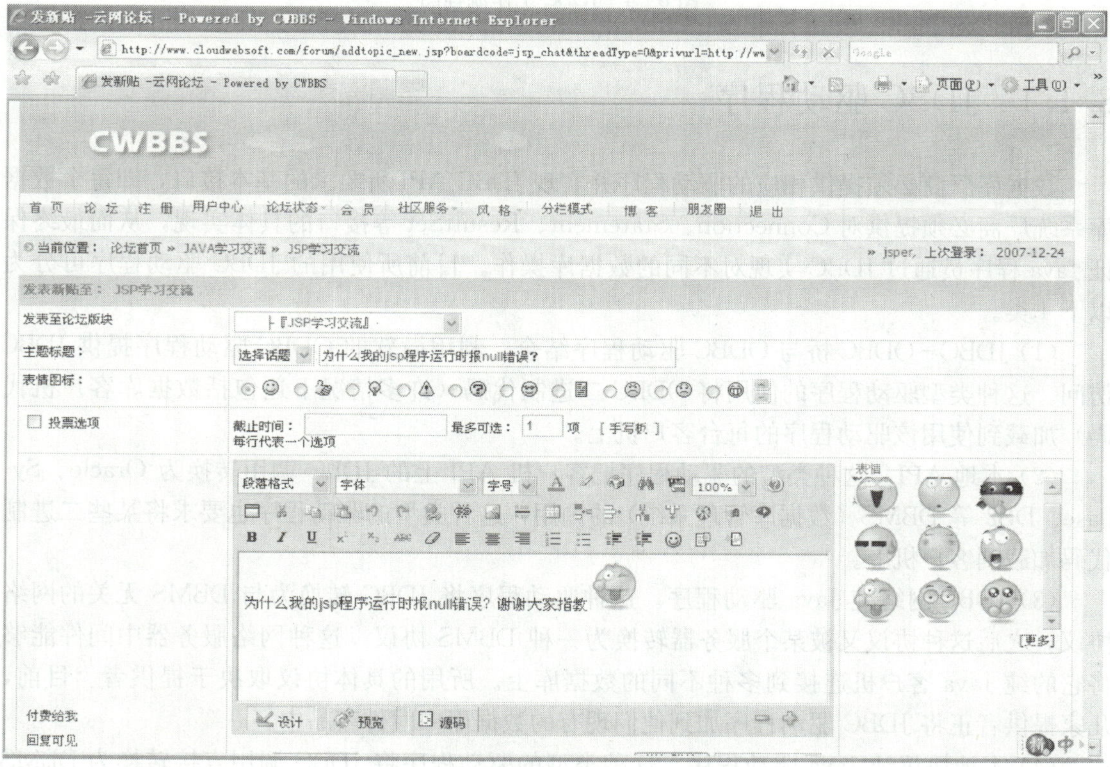

图 8－3　发帖界面

通过以上的典型应用，可以联想到很多与此类似的应用，可见，数据库编程技术是在 Web 项目中不可或缺的开发技术。本章主要是以 JDBC 编程技术为基础，介绍一些常见的数据库编程接口以及数据库连接池技术，并结合主流的网络数据库管理系统 MySQL 进行实例开发。

8.1　JDBC 基础

JDBC（Java Database Connectivity）是 Sun 公司提供的一套数据库编程接口 API（Application Programming Interface）函数，它由一组用 Java 编程语言编写的类和接口组成，具体体现为 Java 基础包中的 java.sql 下面的 DriveManager、Connection、Statement、ResultSet 等类和接口，从而为工具/数据库开发人员提供标准的 API，使他们能够用这些 API 来编写数据库应用程序，利用 JDBC API 开发的程序能够与数据库管理系统进行连接，并将 SQL 语句传送给数据库管理系统，从而得到返回的处理结果。图 8－4 展示了 JDBC 工作流程图。

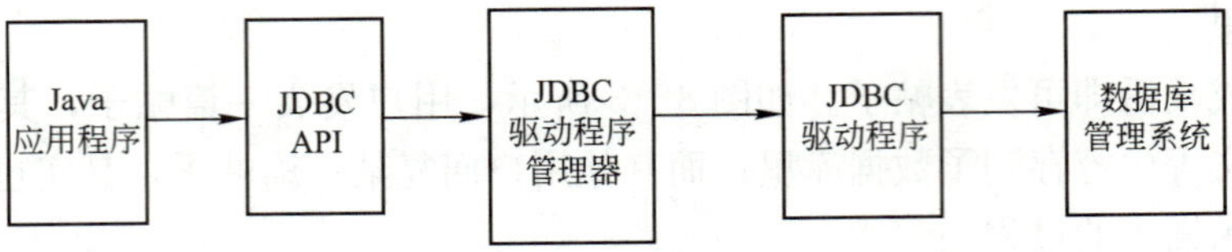

图 8-4 JDBC 工作流程图

8.1.1 JDBC 驱动程序

数据库厂商必须提供相应的驱动程序并实现 JDBC API 所要求的基本接口，即每个数据库系统厂商必须提供对 Connection、Statement、ResultSet 等接口的具体实现，从而最终保证 Java 程序员通过 JDBC 实现对不同的数据库操作。目前所使用的 JDBC 驱动程序可分为以下 4 类。

(1) JDBC-ODBC 桥与 ODBC 驱动程序结合。利用微软的 ODBC 驱动程序提供 JDBC 访问。这种类型驱动程序的使用将 ODBC 二进制代码（许多情况下还包括数据库客户机代码）加载到使用该驱动程序的每台客户机上。

(2) 本地 API。这种类型的驱动程序把客户机 API 上的 JDBC 调用转换为 Oracle、Sybase、DB2 等 DBMS（数据库管理系统）的调用，这种类型的驱动程序也要求将某些二进制代码加载到客户机上。

(3) JDBC 网络纯 Java 驱动程序。这种驱动程序将 JDBC 转换为与 DBMS 无关的网络协议，之后这种协议又被某个服务器转换为一种 DBMS 协议。这种网络服务器中间件能够将它的纯 Java 客户机连接到多种不同的数据库上。所用的具体协议取决于提供者。目前，几家提供者正将 JDBC 驱动程序加到他们现有的数据库中间件产品中。

(4) 本地协议纯 Java 驱动程序。这种类型的驱动程序将 JDBC 调用直接转换为 DBMS 所使用的网络协议。这将允许从客户机上直接调用 DBMS 服务器，是 Intranet 访问的一个很实用的解决方法。由于许多这样的协议都是专用的，因此数据库厂商自己是这类驱动程序的主要提供者，不过也有一些第三方提供者，例如 SQL Server 的纯 Java 驱动程序除了有微软自己提供的 3 个 Jar 文件（msbase. jar、msutil. jar 和 mssqlserver. jar）之外，还有一种目前较为流行的 jtds. jar。

在以上 4 种驱动程序中，后两类驱动程序是 JDBC 访问数据库的首选方式，前两类驱动程序只是在纯 Java 驱动程序还没有任何厂商提供或当前无法下载到的时候可以作为替代方案来使用。本章的案例将采用第 4 类驱动程序。

8.1.2 JDBC API

Java 程序员通过调用 JDBC API 实现连接数据库、执行 SQL 语句并返回结果集等编程数据库的能力，它主要是由一系列的接口和类定义所构成的。如：DriveManager、Connection、Statement、PreparedStatement、ResultSet。

1. DriveManager（java. sql. DriveManager）

DriverManager 类是 JDBC 的管理层，作用于用户和驱动程序之间。它跟踪可用的驱动程序，并在数据库和相应驱动程序之间建立连接。DriverManager 类存有已注册的 Driver 类的清单。该类中最重要的方法是 getConnection，该方法将建立与数据库的连接。当调用方法 getConnection 时，它将检查清单中的每个驱动程序，直到找到可以与指定数据库进行连接的驱动程序为止。

DriverManager 类包含一列 Driver 类，通过调用方法 Class. forName（String className）显式地加载驱动程序类：

```
Class.forName("net.sourceforge.jtds.jdbc.Driver");
```

加载 Driver 类并在 DriverManager 类中注册后，它们即可用来与数据库建立连接。当调用 DriverManager. getConnection 方法发出连接请求时，DriverManager 将检查每个驱动程序，查看它是否可以建立连接。以下是第 4 类驱动程序建立连接的示例代码：

```
Connection conn=
DriverManager.getConnection("jdbc:jtds:sqlserver://localhost:1433;
DatabaseName=shop","sa","123");
```

getConnection 方法需要 3 个参数：第一个参数“jdbc：jtds：sqlserver://localhost：1433；DatabaseName＝shop”是数据源连接字符串，其中“localhost：1433”表示数据库服务器的主机名（也可以用 IP 地址替代）和服务端口，“DatabaseName＝shop”表示数据库的名字，第二个参数“sa”和第三个参数“123”分别表示登录数据库服务器的用户和密码。

2. Connection（java. sql. Connection）

Connection 接口是代表与数据库之间的连接，连接成功后可以对后台数据库执行 SQL 语句、返回处理结果。一个客户端应用程序可与单个数据库建立一个或多个连接，也可以与多个数据库建立连接。在以上介绍的 DriverManager 中，调用 DriverMannger 的 getConnection 方法可以与数据库建立连接。

小提示：

使用微软的 SQL Server 2000 进行 JDBC 数据库连接的操作之前，必须先在 SQL Server 2000 上安装 Service Pack 3 以上版本的补丁。

3. Statement（java. sql. Statement）

Statement 对象用于将 SQL 语句发送到数据库管理系统中，作为在给定连接上执行 SQL 语句的包容器。在建立了数据库连接 Connection 之后，就可用 Connection 的方法 createStatement 创建 Statement 对象，如下列代码段所示：

```
Statement stmt=conn.createStatement();
```

Statement 接口提供了执行 SQL 语句的方法：executeQuery 和 executeUpdate。使用哪一个方法由 SQL 语句所产生的内容决定。executeQuery 方法用于查询结果集的语句，即 SELECT 语句，得到的结果是实现 ResultSet 接口的对象。

```
ResultSet rs=stmt.executeQuery("SELECT * FROM person");
```

executeUpdate 方法用于执行 INSERT、UPDATE 或 DELETE 等语句以及 SQL DDL（数据定义语言）语句，如 CREATE TABLE 和 DROP TABLE。executeUpdate 的返回值是一个整数，表示受影响的行数，即更新计数。对于 CREATE TABLE 或 DROP TABLE 等不操作行的语句，executeUpdate 的返回值为零。

4. PreparedStatement（java.sql.PreparedStatement）

PreparedStatement 接口继承 Statement，但是，两者最大的区别在于 Statement 对象本身不包含 SQL 语句，而 PreparedStatement 包含已编译的 SQL 语句，所以其执行速度要快于 Statement 对象。因此，多次执行的 SQL 语句经常创建为 PreparedStatement 对象，以提高效率。

1）创建 PreparedStatement 对象

以下的代码创建包含带两个参数的 SQL 语句的 PreparedStatement 对象，包含于 PreparedStatement 对象中的 SQL 语句可具有一个或多个参数，每个参数保留一个问号“?”作为占位符，这些参数的值在 SQL 语句创建时未被指定。

```
PreparedStatement pstmt=conn.prepareStatement("UPDATE product SET p_name=?,p_count=?
WHERE p_id=?");
```

2）为 PreparedStatement 对象提供参数

在执行 PreparedStatement 对象之前，必须设置每个“?”参数的值。这可通过调用 set××× 方法来完成，其中 ××× 是与该参数相应的类型。例如，如果输入参数的数据类型是 int 型，则调用 setInt 方法；如果输入参数是 String 型，则调用 setString 方法。一般说来，Java 中提供的简单和复合数据类型，都可以找到相应的 set×××（）方法。

```
pstmt.setString(1,"手机");           //商品名称
pstmt.setInt(2,200);                 //商品数量
pstmt.setString(3,"20050102026"); //商品编码
```

set×××（）方法一般有两个参数，第一个参数都是 int 型，该参数表示 PreparedStatement 对象中已预编译的 SQL 语句的第几个“?”参数将要被初始化；第二个参数就是参数的赋值，其数据类型应与方法名保持一致。例如，setString 的第二个参数是 String 类型，setInt 的第二个参数是 Int 类型。这里要说明的是，当 PreparedStatement 的参数被初始化以后，该参数的值一直保持不变，直到它被再一次赋值或调用 clearParameters 方法清除它为止。

3）调用 PreparedStatement 对象的执行方法

```
pstmt.executeUpdate();
```

PreparedStatement 对象的 executeUpdate（或 executeQuery）方法不同于 Statement 对象的 executeUpdate（或 executeQuery）方法。前者的执行方法是不带参数的，其所需要的 SQL 语句已经在实例化该对象时提供了。

```
PreparedStatement pstmt=conn.prepareStatement("UPDATE product SET p_name=?,p_count=?
WHERE p_id=?");
```

5. ResultSet（java.sql.ResultSet）

一个 ResultSet 对象对应着一个查询结果集，可以将这个结果集看成一个表。对 ResultSet 结果集中记录的访问必须逐行进行，常用 While 循环来处理。ResultSet 对象有一个指向当前行的指针，这个指针默认的初始位置指向第一行之前，ResultSet 的 next 方法使这个指针向下移动一行。因此，第一次使用 next 方法将指针指向结果集的第一行，这时可以对第一行的数据进行处理。处理完毕后，继续使用 next 方法，指针移向下一行，继续处理第二行数据。next 方法的返回值是一个 boolean 型的值，该值若为 true，说明结果集中还存在下一条记录，并且指针已经成功指向该记录，可以对其进行处理；若返回值是 false，则说明没有下一行记录，结果集已经处理完毕。

在对每一行记录进行处理时，可以对各属性列按任意顺序进行处理。不过，按从左到右的顺序对各列进行处理可以获得较高的执行效率。ResultSet 类的 get×××（）方法可以从某一列中获得检索结果。其中×××是 JDBC 中的 Java 数据类型，如 int、String、Date 等，这与 PreparedStatement 中设置 SQL 语句参数值相类似。

以下代码是查询商品表中所有商品的商品名称和商品数量记录，并打印输出：

```
PreparedStatement pstmt=conn.prepareStatement("SELECT p_name,p_count FROM product");
ResultSet rs=pstmt.executeQuery();
while(rs.next())
 {
      String name=rs.getString("p_name");
      int count=rs.getInt("p_count");
      System.out.println("商品名称:"+name+" 数量:"+count);
 }
```

get×××提供两种方法对指定列进行检索：一种是以列名（String 对象）来检索，另一种是以列的索引（int 值）来检索。注意列的索引是从左至右编号，并且从列 1 开始。以上代码中是用第一种方式取值的，下列代码则是以第二种方式取值：

```
String name=rs.getString(1);
int count=rs.getInt(2);
```

小提示：

Statement 或 PreparedStatement 每次执行 SQL 语句都会关闭上一次得到的 ResultSet 结果集。因此，在重新执行 SQL 语句之前，请先完成对上次得到的 ResultSet 对象的处理。

8.2 MySQL 的使用

本章案例部分采用的数据库管理系统是当前业界热门的 MySQL。MySQL 是一个小型关系型数据库管理系统，开发者为瑞典 MySQL AB 公司。目前，MySQL 被广泛地应用在 Internet 上的中小型网站中。由于其体积小、速度快，尤其是开源免费使用这一特点，许多中小型网站为了降低网站建设成本而选择了 MySQL 作为后台数据库管理系统。

MySQL 同时也是一个典型的客户机/服务器架构的网络数据库管理系统，以下将介绍 MySQL 服务器端和客户端的安装与配置。

8.2.1 MySQL 服务器的安装配置

打开 MySQL 安装文件压缩包，运行“setup. exe”，出现如图 8－5 所示界面。

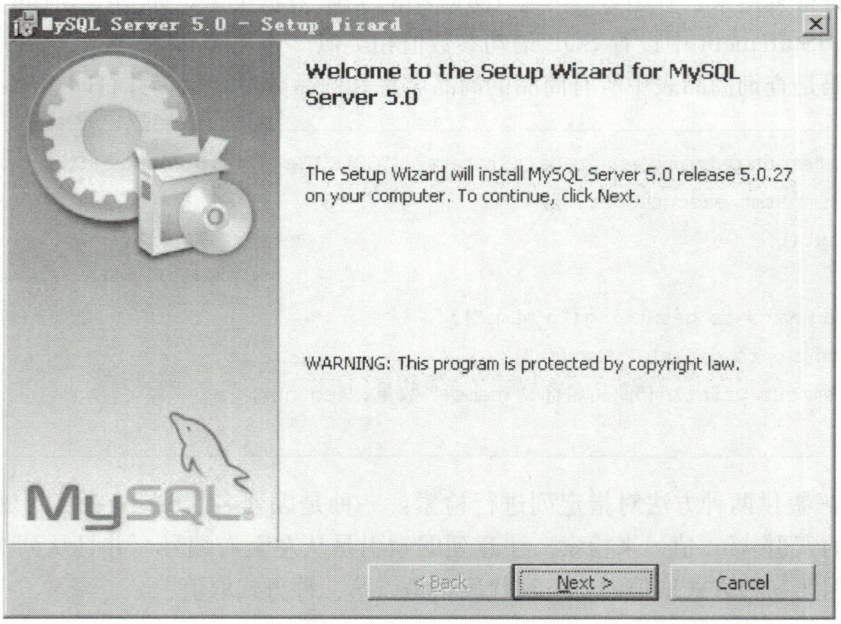

图 8－5 MySQL 安装程序的欢迎界面

MySQL 安装向导启动，单击【Next】按钮弹出如图 8－6 所示的安装类型选择界面。

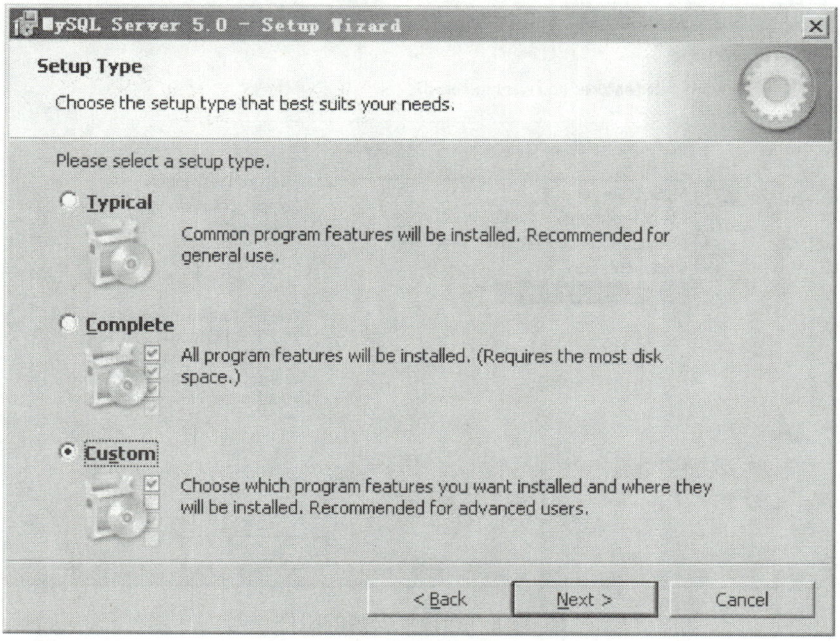

图 8－6　安装类型选择界面

可以选择的安装类型有“Typical（默认)”、“Complete（完全)”、“Custom（用户自定义)”3 个选项，现在选择“Custom”。单击【Next】按钮，在弹出的对话框中单击【Change…】按钮，手动指定安装目录。

如图 8－7 所示，默认安装路径为“C：\ Server \ MySQL \ MySQL Server 5.0”，建议不要放在操作系统分区，可以安装到 D 盘等其他非操作系统分区，防止系统重装的时候，MySQL 里的数据被删除。单击【OK】按钮，弹出如图 8－8 所示的组件选择对话框。

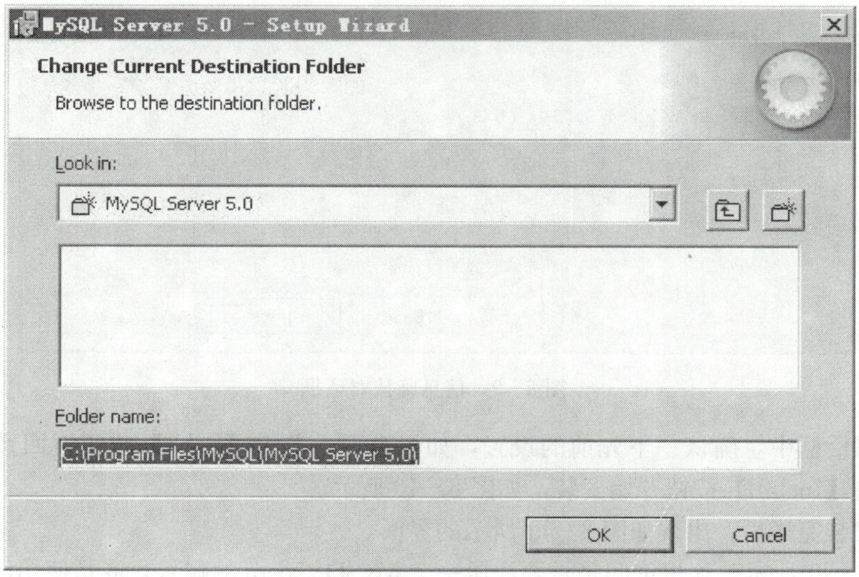

图 8－7　选择安装路径

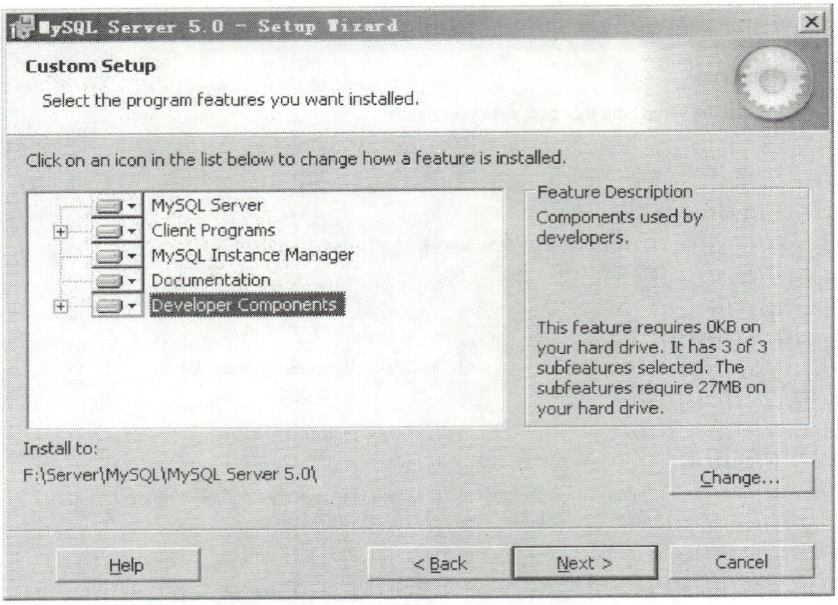

图 8－8　选择要安装的组件

默认全部选定，单击【Next】按钮，弹出如图 8－9 所示的信息确认对话框。

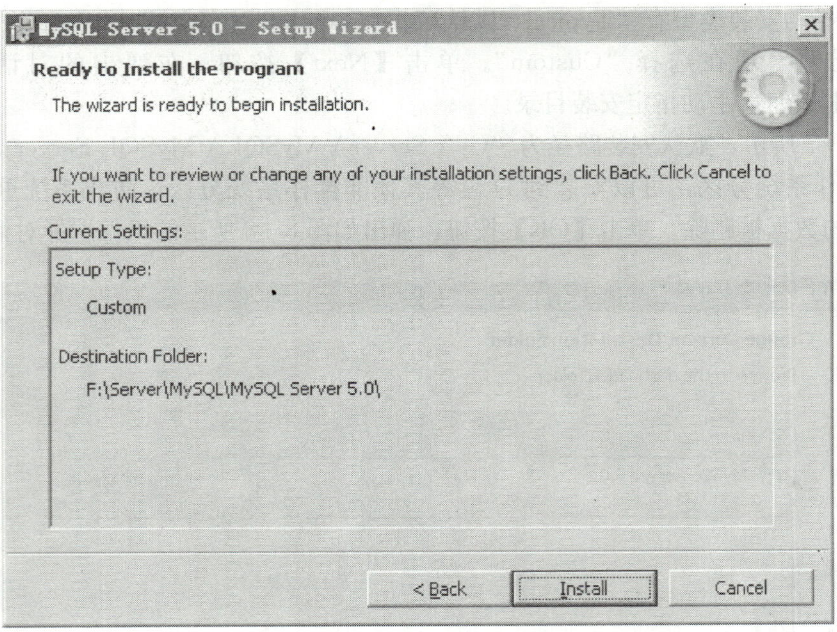

图 8－9　信息确认对话框

在该对话框中，确认一下先前的设置，如果有误，单击【Back】按钮返回重做；继续安装，单击【Install】按钮开始安装，如图 8－10 所示。

等待安装完毕后，出现如图 8－11 所示的界面。

如图 8－11 所示，这里询问是否要注册一个 MySQL. com 的账号，或是使用已有的账号登录 MySQL. com，这一步可以忽略，选择“Skip Sign－Up”。

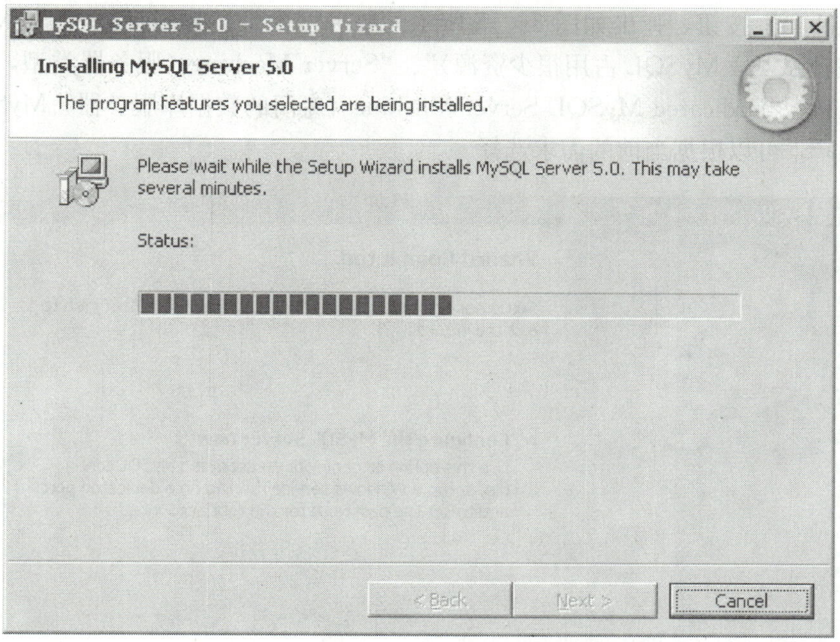

图 8－10　正在安装界面

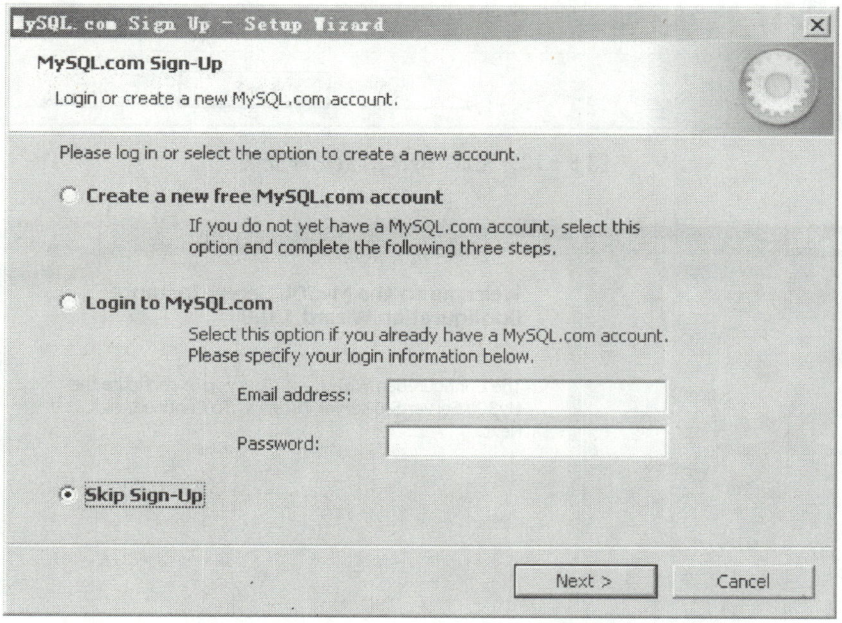

图 8－11　是否注册 MySQL. com 的用户

单击【Next】按钮，弹出如图 8－12 所示对话框，完成了 MySQL 数据库安装。

单击【Finish】按钮，结束软件的安装并启动 MySQL 配置向导。如图 8－13 所示进入服务器配置的欢迎界面。

单击【Next】按钮，弹出如图 8－14 所示的配置模式选择界面。

可选配置方式有：“Detailed Configuration（手动精确配置）”、“Standard Configuration（标准配置）”，这里我们选择“Detailed Configuration”。

单击【Next】按钮，弹出如图 8－15 所示的服务器类型选择对话框，“Developer Machine（开发测试类，MySQL 占用很少资源）”、“Server Machine（服务器类型，MySQL 占用较多资源）”、“Dedicated MySQL Server Machine（专门的数据库服务器，MySQL 占用所有可用资源）”，可以根据当前的需求选择。

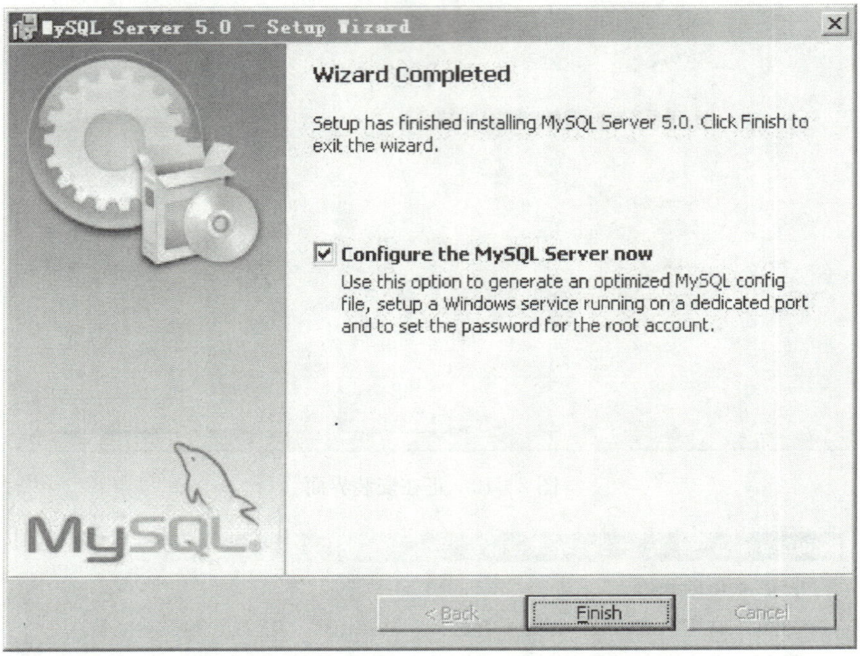

图 8－12 完成 MySQL 数据库安装

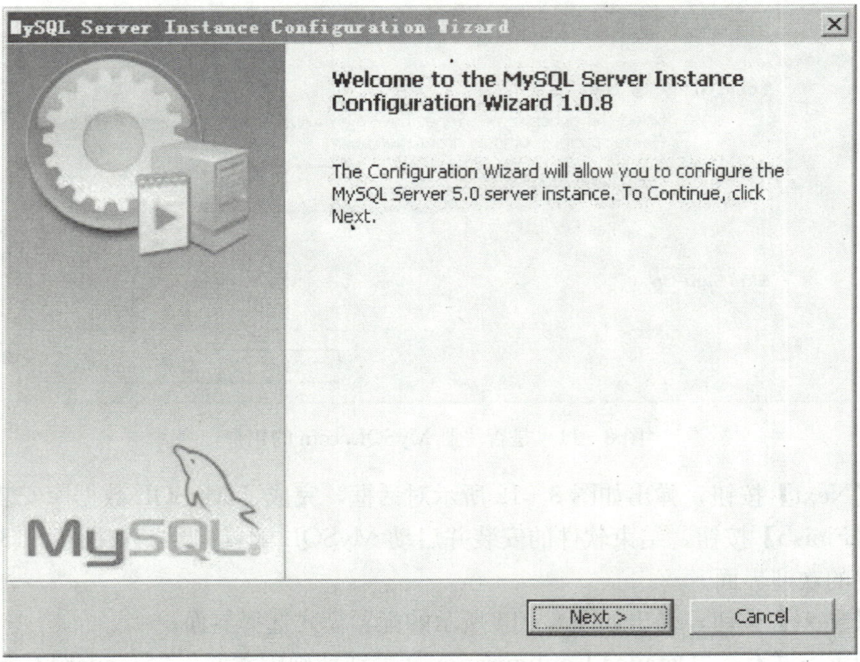

图 8－13 MySQL 配置向导启动界面

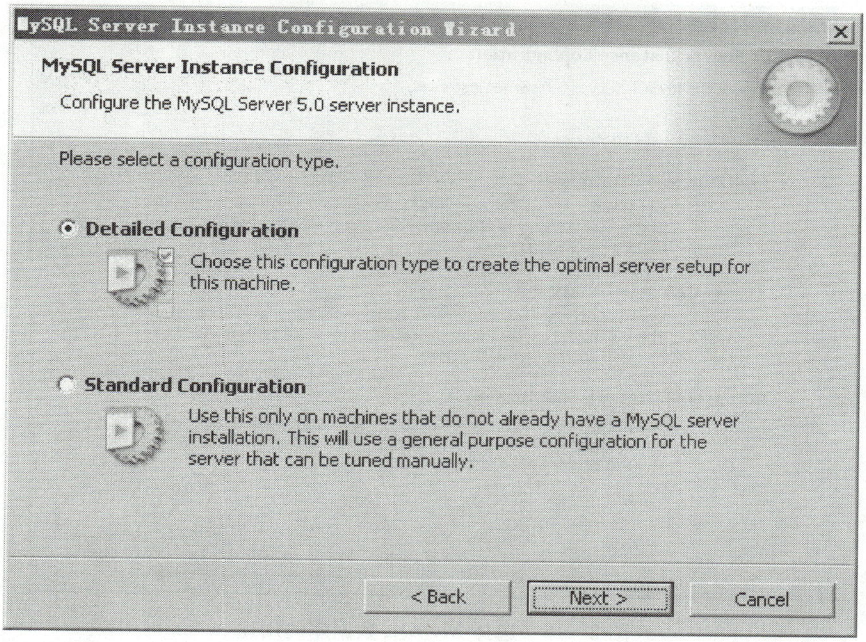

图 8 - 14　选择配置模式

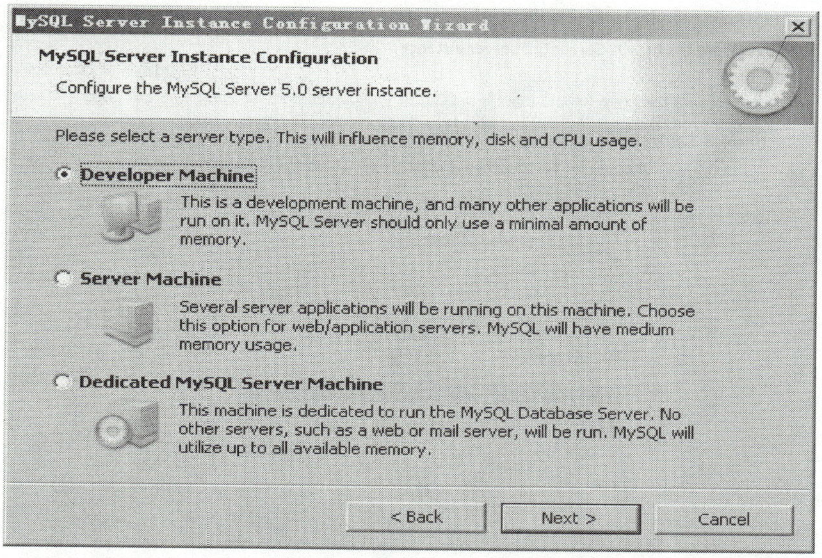

图 8 - 15　选择服务器类型

单击【Next】按钮，弹出如图 8 - 16 所示的选择 MySQL 数据库的大致用途界面，包括“Multifunctional Database（通用多功能型）”、“Transactional Database Only（服务器类型，专注于事务处理）”、“Non - Transactional Database Only（非事务处理型，主要做一些监控、记数用）”，这里选择“Transactional Database Only”。

单击【Next】按钮，弹出如图 8 - 17 所示的对话框，为数据库文件选择存储路径。要记住保存的路径，下次重装 MySQL 时要选择同样的路径，否则可能会造成数据库损坏。

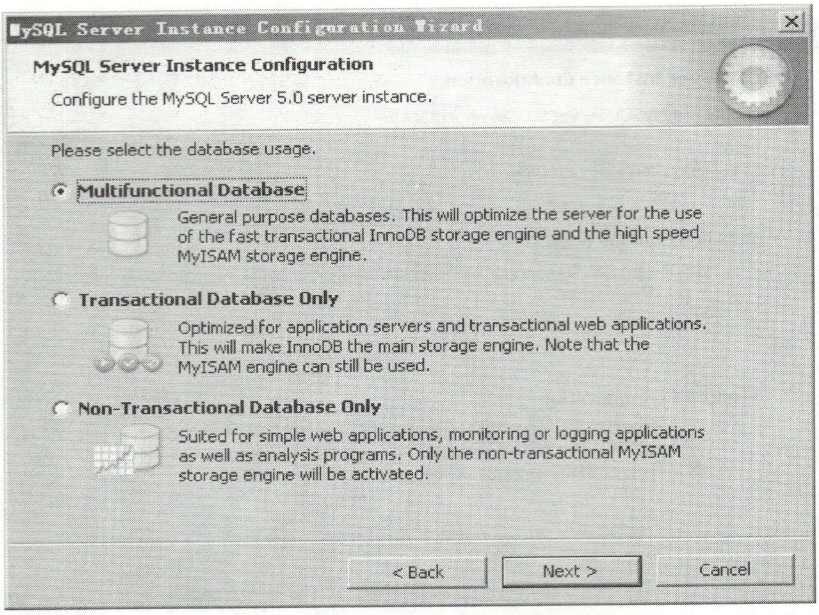

图 8-16 选择 MySQL 数据库的用途

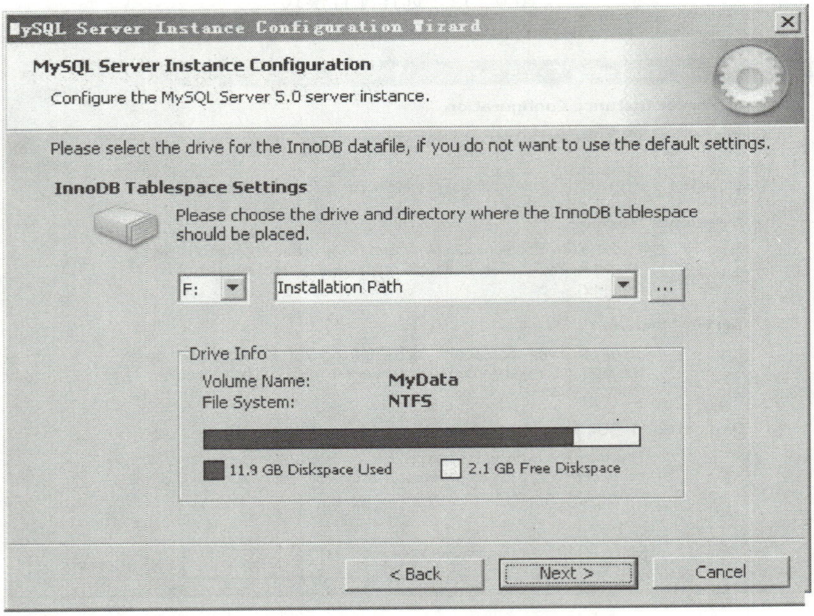

图 8-17 为数据库文件选择存储路径

单击【Next】按钮，弹出如图 8-18 所示的对话框，选择 MySQL 并发连接的数目。可选项包括“Decision Support (DSS)/OLAP (20 个左右)”、“Online Transaction Processing (OLTP) (500 个左右)”、“Manual Setting (手动设置)”，这里选“Online Transaction Processing (OLTP)”。

单击【Next】按钮，弹出如图 8-19 所示的网络传输协议设置对话框。是否启用 TCP/IP 连接，如果不启用，就只能在本机访问 MySQL 数据库，服务器监听端口号 (Port Number)：3306；选择“启用标准模式”（Enable Strict Mode），这样 MySQL 就不会允许细小的语法错误，可以降低有害数据进入数据库的可能性。

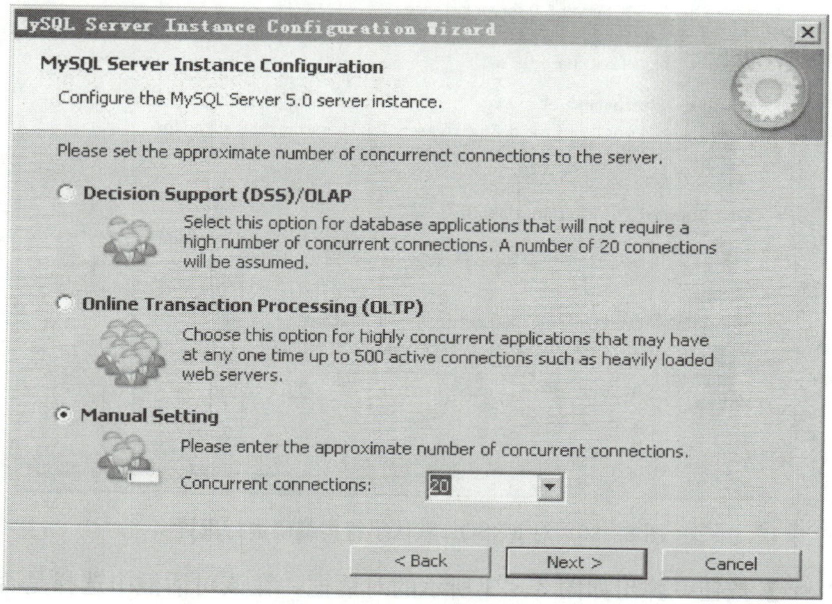

图 8-18　选择 MySQL 并发连接的数目

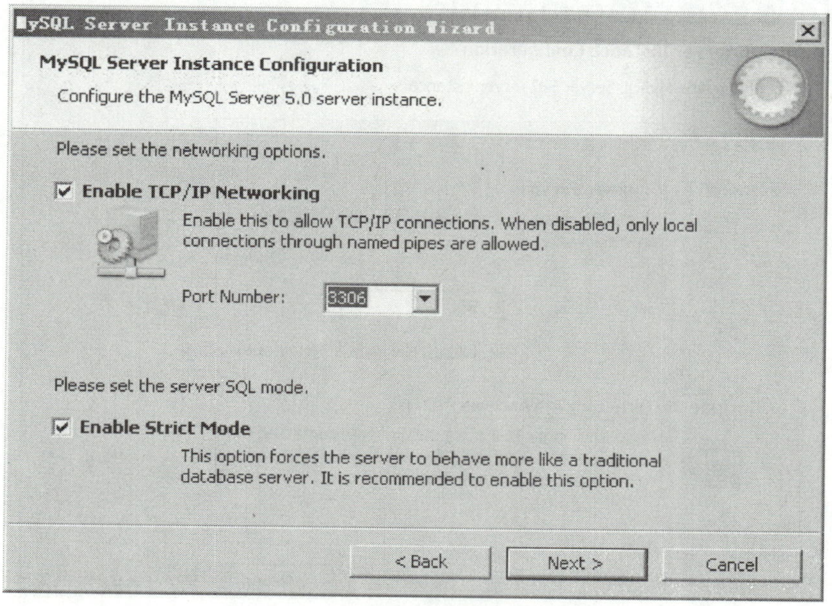

图 8-19　设置网络传输协议

单击【Next】按钮，弹出如图 8-20 所示的对话框，该对话框负责对 MySQL 默认字符集编码进行设置。这里选择第 3 个，然后在 Character Set 那里选择或填入“gbk”，当然也可以用“gb2312”。区别是 gbk 的字库容量大，包括了 gb2312 的所有汉字，并且加上了繁体字等。

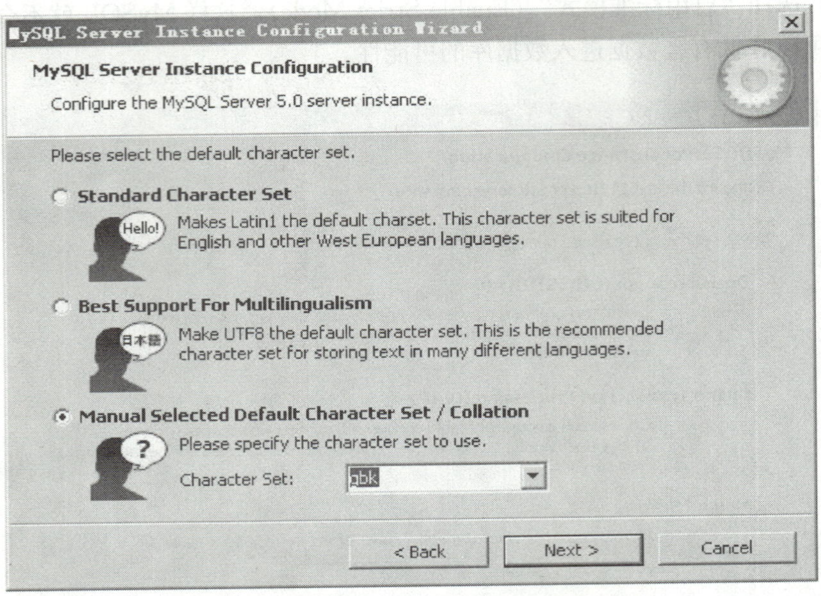

图 8 - 20 对 MySQL 默认字符集编码进行设置

单击【Next】按钮，弹出如图 8 - 21 所示的对话框，在该对话框中选择是否将 MySQL 安装为 windows 服务，以及是否自动启动该服务。

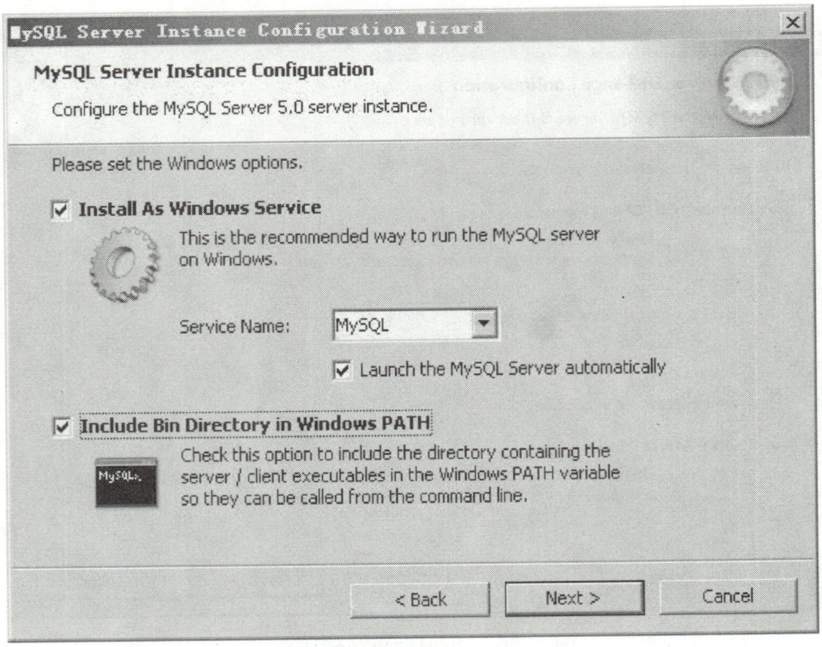

图 8 - 21 设置 windows 选项

单击【Next】按钮，弹出如图 8 - 22 所示的对话框，设置默认 root 用户（MySQL 默认系统管理员）的密码（默认为空），“New root password”表示如果要修改，就在此填入新密码，在“Confirm”里再输一遍。“Enable root access from remote machines”表示是否允许 root 用户在其他的机器上登录本台 MySQL 服务器。

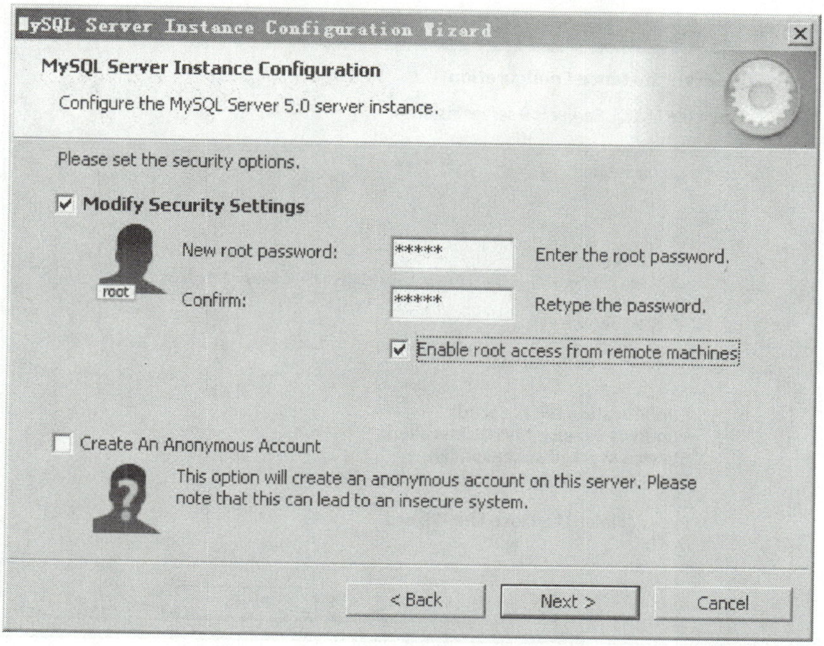

图 8 - 22　设置默认 root 用户的密码

单击【Next】按钮，弹出如图 8 - 23 所示的确认对话框。如果确认之前的所有配置无误，单击【Execute】按钮使设置生效。如果需修改，单击【Back】按钮返回。

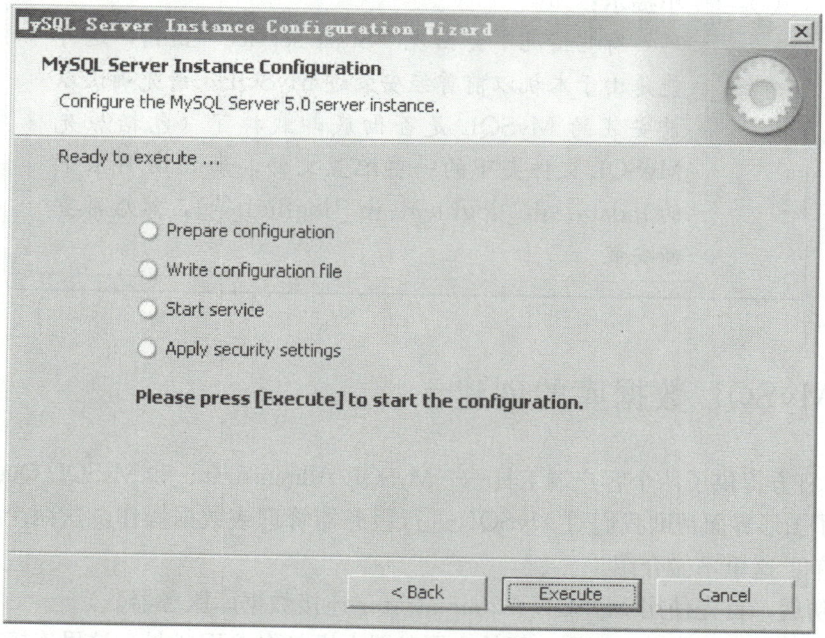

图 8 - 23　确认对话框

单击【Execute】按钮，弹出如图 8 - 24 所示对话框，设置完毕，单击【Finish】按钮结束。

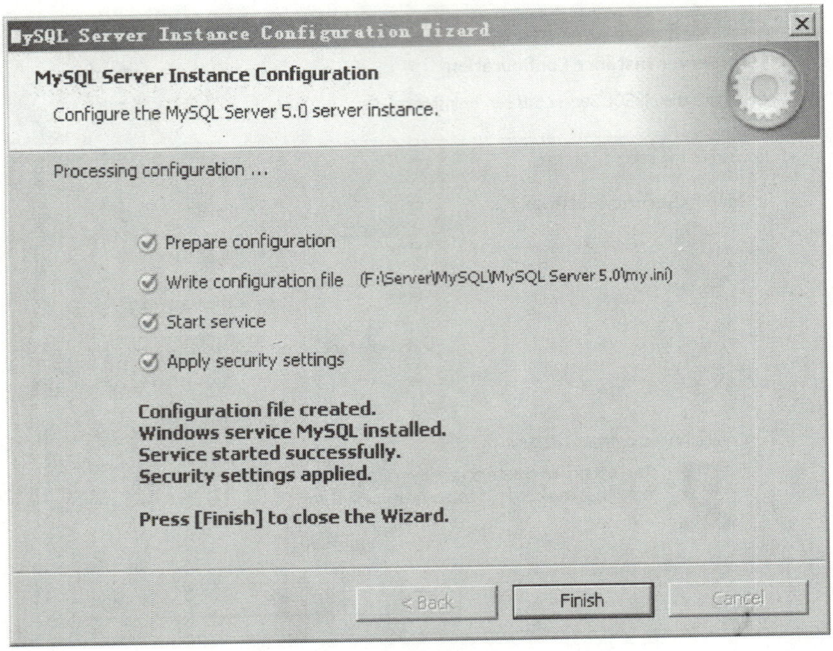

图 8-24 设置完毕

小提示：

有些情况下会出现"Start service"出错，这可能是由于本机以前曾经安装过 MySQL，请先确认以前安装的 MySQL 是否彻底卸载掉了（包括原先 MySQL 文件夹下的一些配置文件，如 data 目录下的 ibdata、ib _ logfile0、ib _ logfile1 等），然后再重新安装。

8.2.2 MySQL 数据库的创建

MySQL 官方提供了两个客户端工具——MySQL Administrator 和 MySQL Query Browser，它们均提供了图形界面帮助我们对 MySQL 进行服务器管理或数据操作。这两个工具的安装过程较为简单，这里不做介绍。

安装成功后，首先使用 MySQL Administrator 连接数据库服务器。

如图 8-25 所示，在 Server Host 里输入服务器主机名称或 IP 地址。这里连接本机"localhost"；在登录的 Username 和 Password 里，输入在配置 MySQL 服务器时所设置的管理员"root"及密码"test"。

单击【OK】按钮，弹出如图 8-26 所示对话框，即 Administrator 的主界面，选择

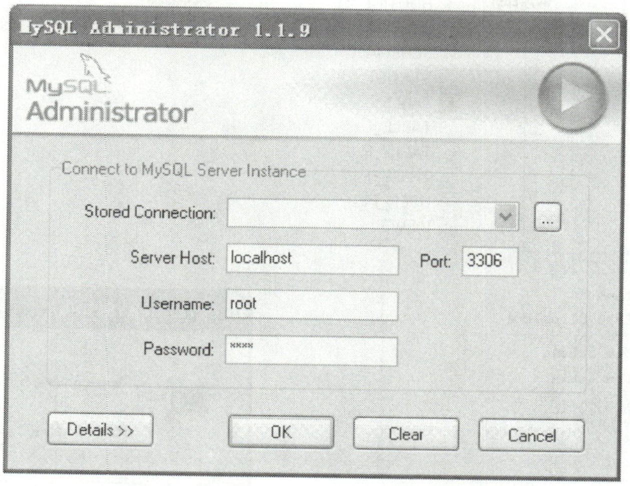

图 8 - 25　MySQL Administrator 登录界面

MySQL Administrator 左侧底部的菜单【Catalogs】，然后在管理器的下方会显示服务器上已经存在的数据库，右击后弹出如图 8 - 27 所示的下拉菜单。

选择【Create New Schema】创建新的数据库，弹出如图 8 - 28 所示对话框，输入所要建立的数据库名称，这里使用“dbtest”，在本章后续内容中也将使用这个数据库。

数据库创建后，新的数据库与服务器中其他数据库一起出现在左侧 Schemata 窗口中，如图 8 - 29 所示。选择“dbtest”数据库后，在右侧窗口显示该数据库中的所有表（默认是空的）。

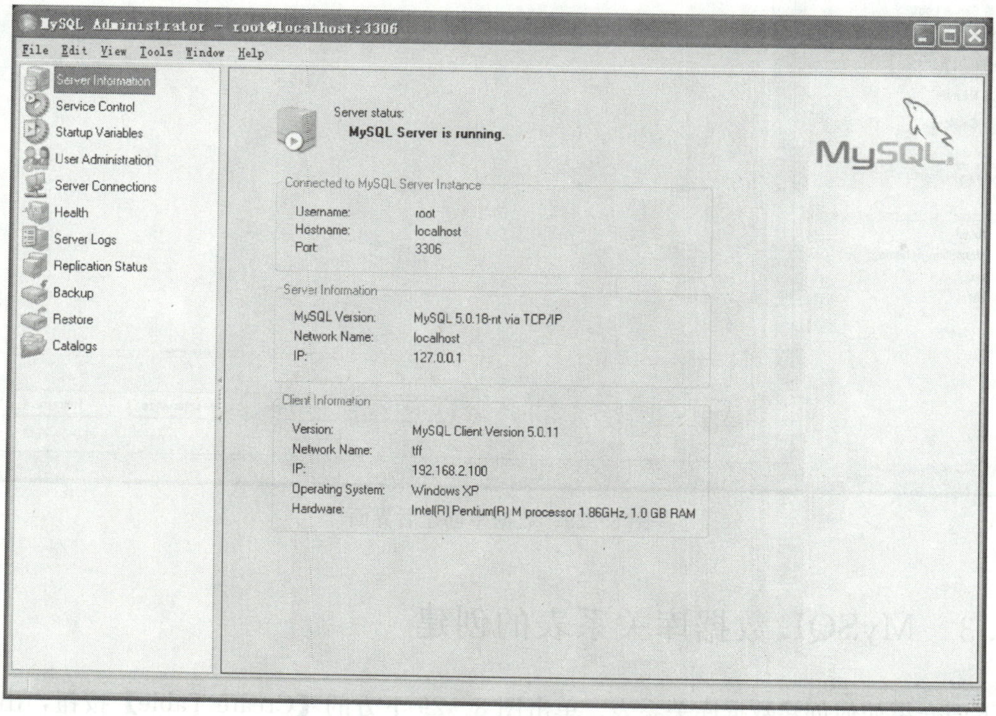

图 8 - 26　Administrator 的主界面

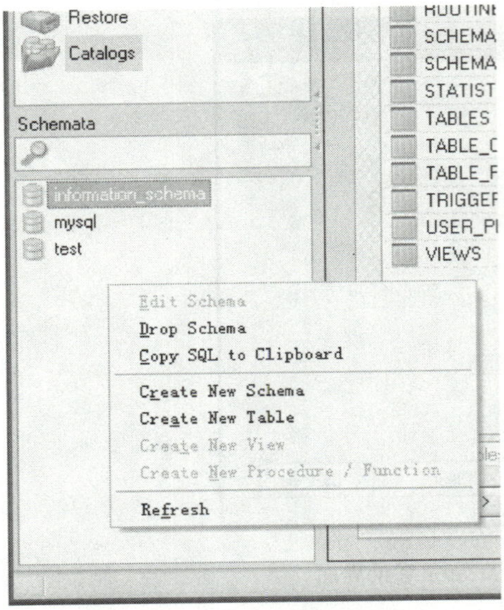

图 8－27　创建新的数据库

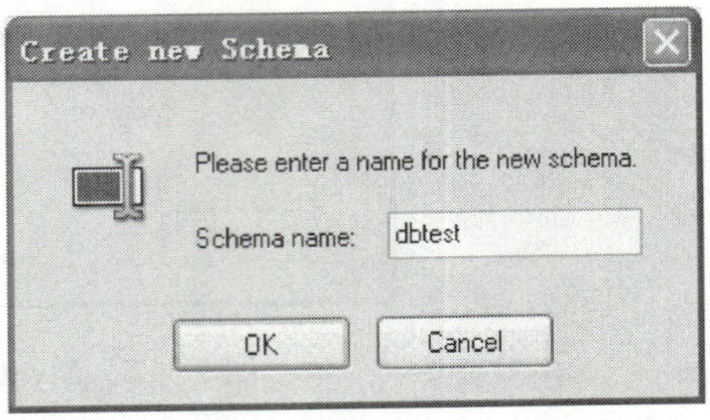

图 8－28　输入所要建立的数据库名称

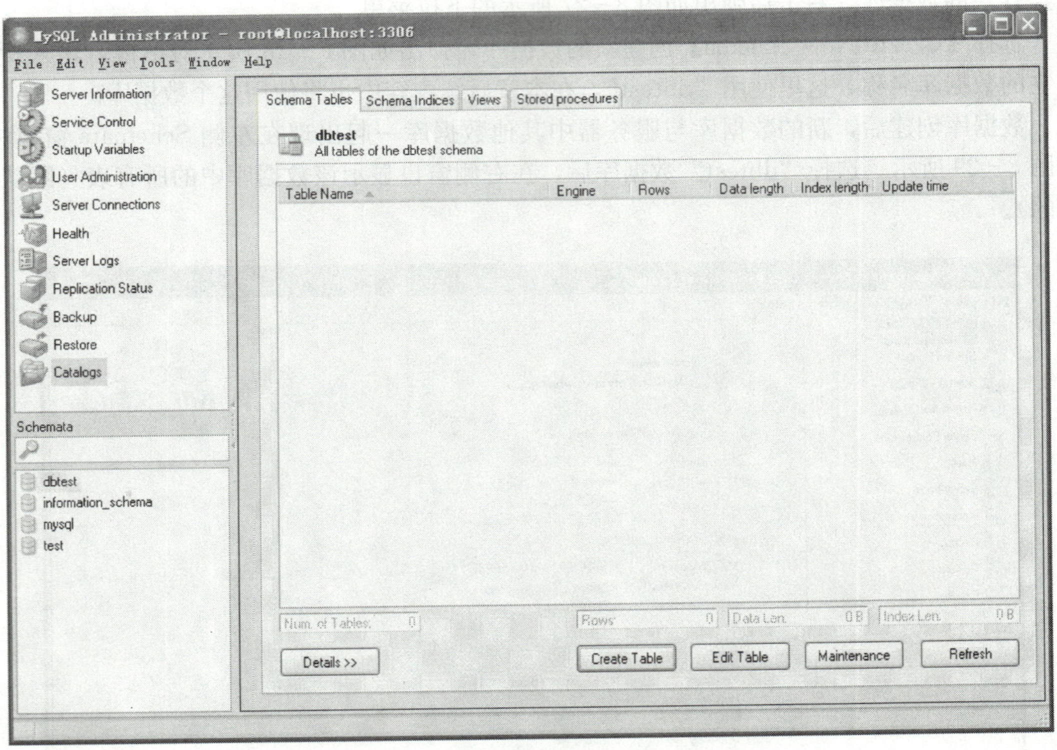

图 8－29　数据库创建后界面

8.2.3　MySQL 数据库关系表的创建

下面介绍如何创建数据库关系表。单击图 8－29 下方的【Create Table】按钮，出现如图 8－30 所示的窗体。

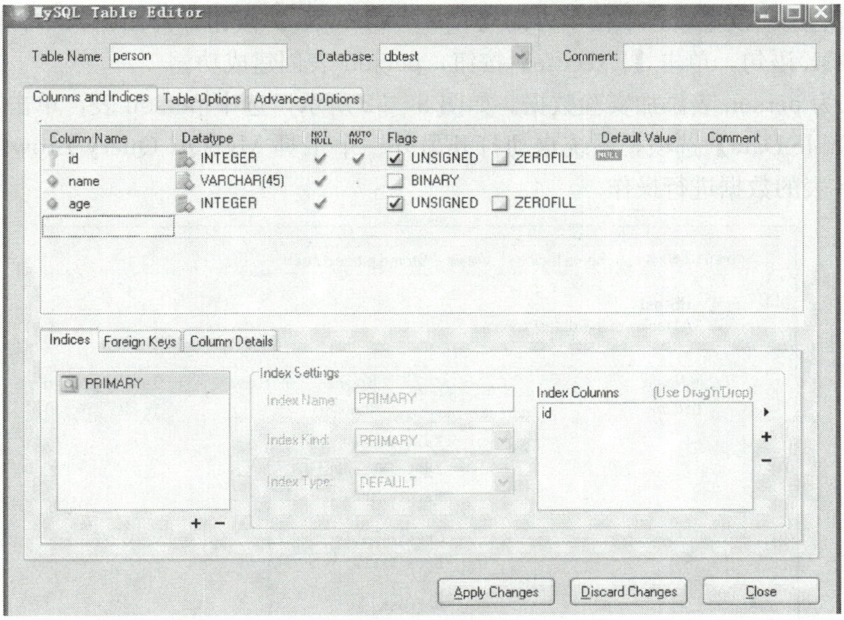

图 8－30　新建数据表

如图 8－30 所示，新建的表名为“person”，有 3 个属性，其中主键为 id（编号），设置为自动增长的整型，name（姓名）为可变长度的字符串类型、age（年龄）为整型。

由于 MySQL 的表默认不支持中文字符集，因此需要进行手动设置。单击上方的标签卡【Table Options】，出现如图 8－31 所示的窗口，在下方的“Character Set”中选择“gbk”。

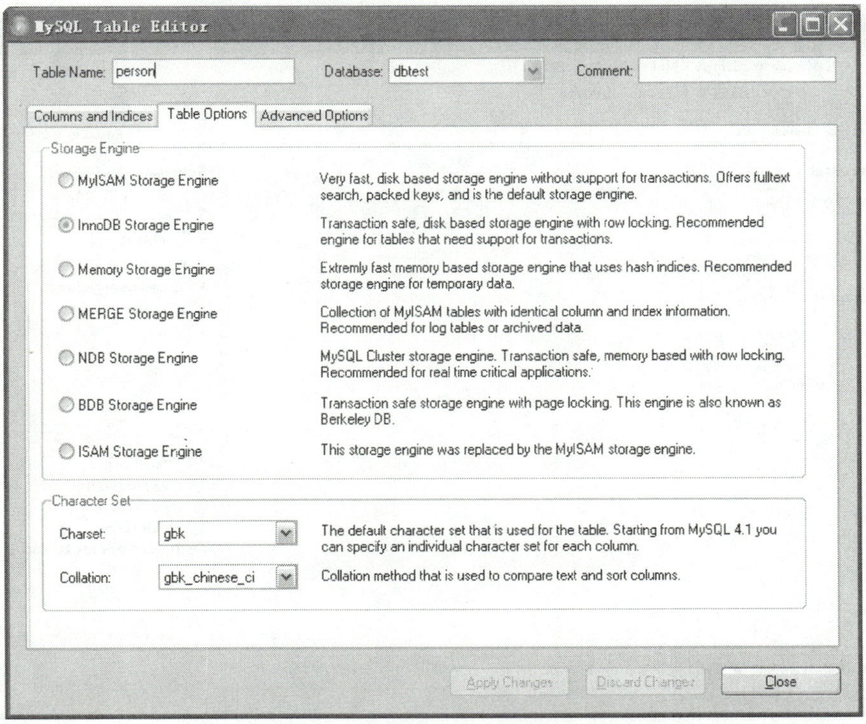

图 8－31　MySQL 的关系表属性设置页

完成以上这些设置后，单击下方的【Apply Changes】按钮，弹出窗口中询问是否执行创建表的 SQL 语句，单击【Execute】按钮，person 表创建成功。

接下来为 person 表添加实验数据。如图 8－32 所示，选中 person 表，单击右键菜单中的【Edit Table Data】选项，系统自动打开另外一个工具 MySQL Query Browser，可以用它对 person 表的数据进行操作。

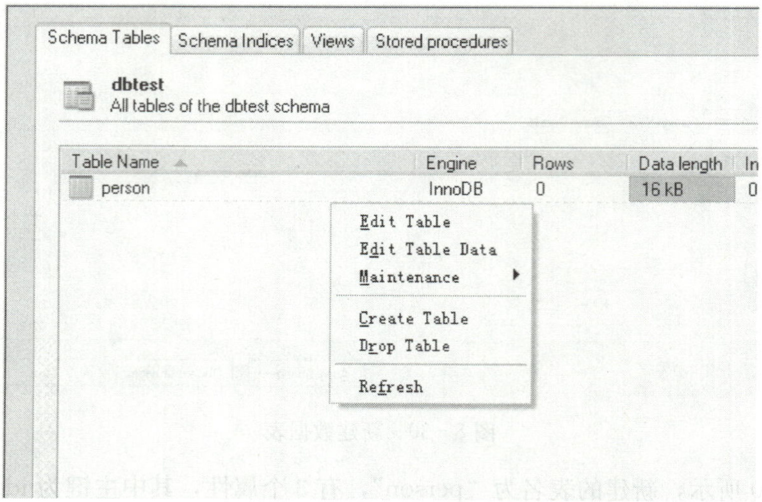

图 8－32 向表中添加实验数据

MySQL Query Browser 也是 MySQL 官方的客户端工具之一，可以用 MySQL Query Browser 连接 MySQL 数据库，执行各种 SQL 语句，如图 8－33 所示。

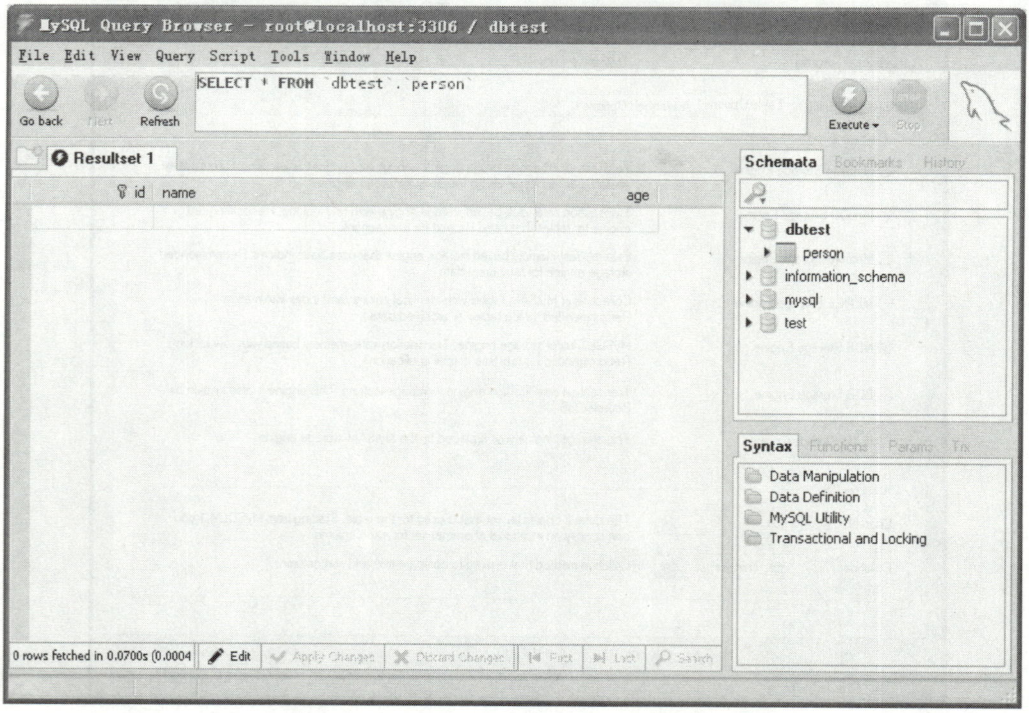

图 8－33 MySQL Query Browser 界面

单击窗体最下方的【Edit】按钮，然后在 Resultset1 的表格中录入数据库记录，如图 8－34 所示。录入完毕后，单击下方的【Apply Changes】按钮，完成本次录入操作。

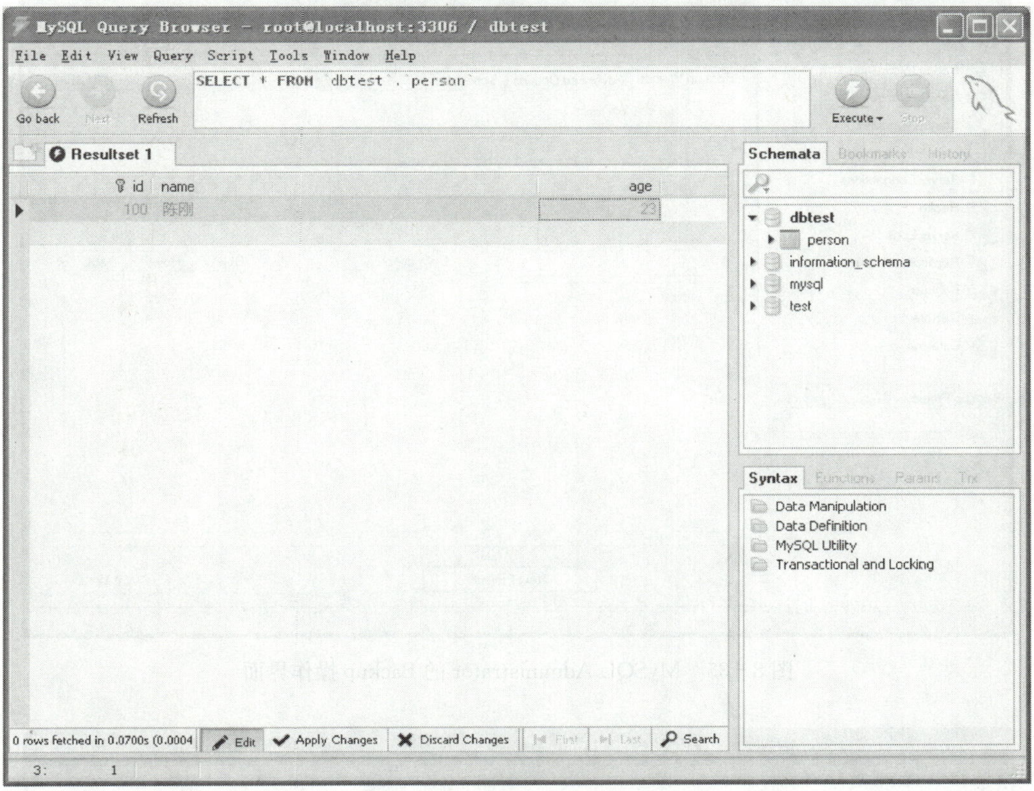

图 8－34　录入数据库记录

8.2.4　MySQL 数据库的备份与还原

数据库管理系统的日常维护中非常重要的工作就是备份与还原。在 MySQL 中，数据库的备份与还原都是通过 MySQL Administrator 来完成的，数据备份的文件形式是 sql 文件。下面将上述建立好的数据库“dbtest”进行备份。

选择 MySQL Administrator 左侧的菜单【Backup】，右侧会显示如图 8－35 所示的备份操作界面。

在 Backup 操作界面中，单击下方的【New Project】按钮，将左侧数据库列表中需要备份的数据库添加到右侧，最终单击右下角的【Execute Backup Now】执行本次备份，如图 8－36 所示。MySQL 的备份形式是把当前数据库的所有表（包含表记录）、视图等对象以 SQL 脚本的方式备份出来。

MySQL 的数据库还原操作较为简单，具体操作如下。

选择 MySQL Administrator 左侧的菜单【Restore】，右侧会显示如图 8－37 所示的备份操作界面。

在 Restore 操作界面中，单击下方的【Open Backup File】按钮，选择一个已有的 SQL 备份文件，加载后得到如图 8－38 所示的还原配置界面。

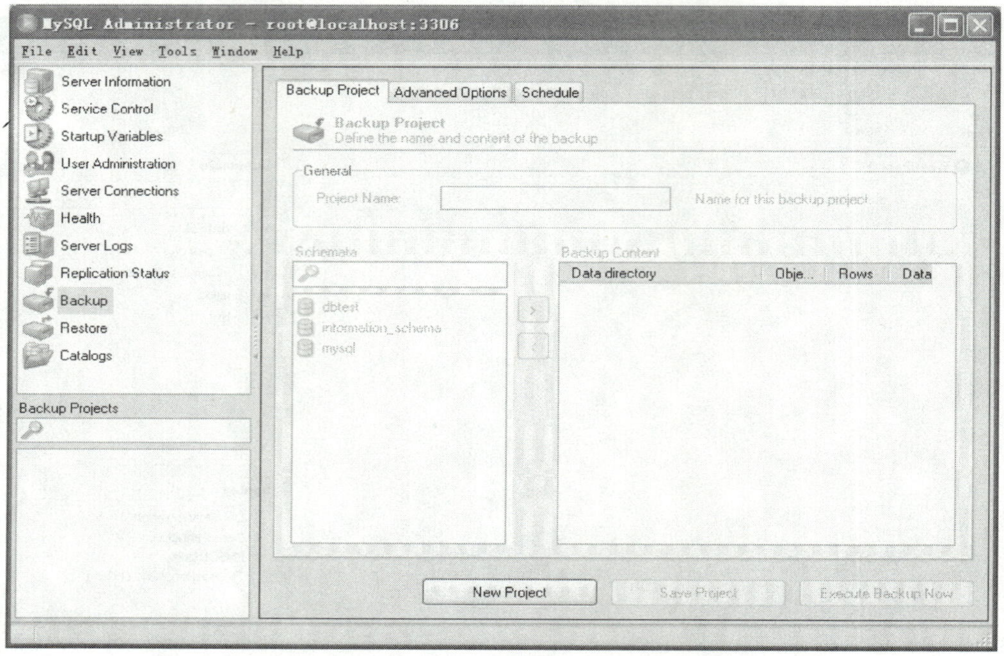

图 8－35　MySQL Administrator 的 Backup 操作界面

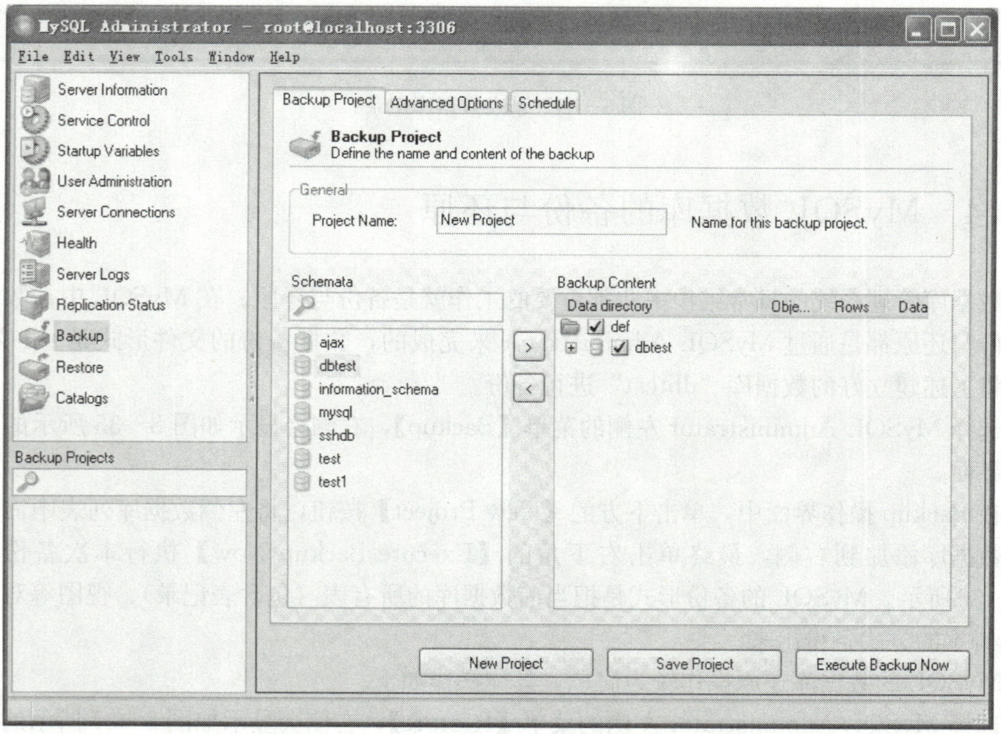

图 8－36　选择 MySQL 中需要备份的数据库

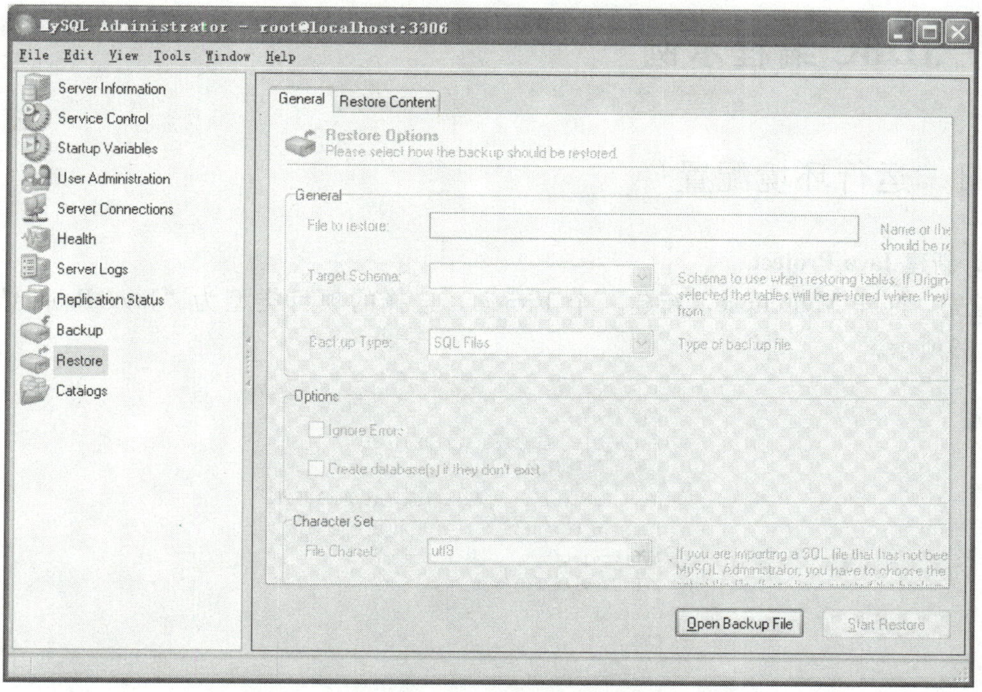

图 8-37　MySQL Administrator 的 Restore 操作界面

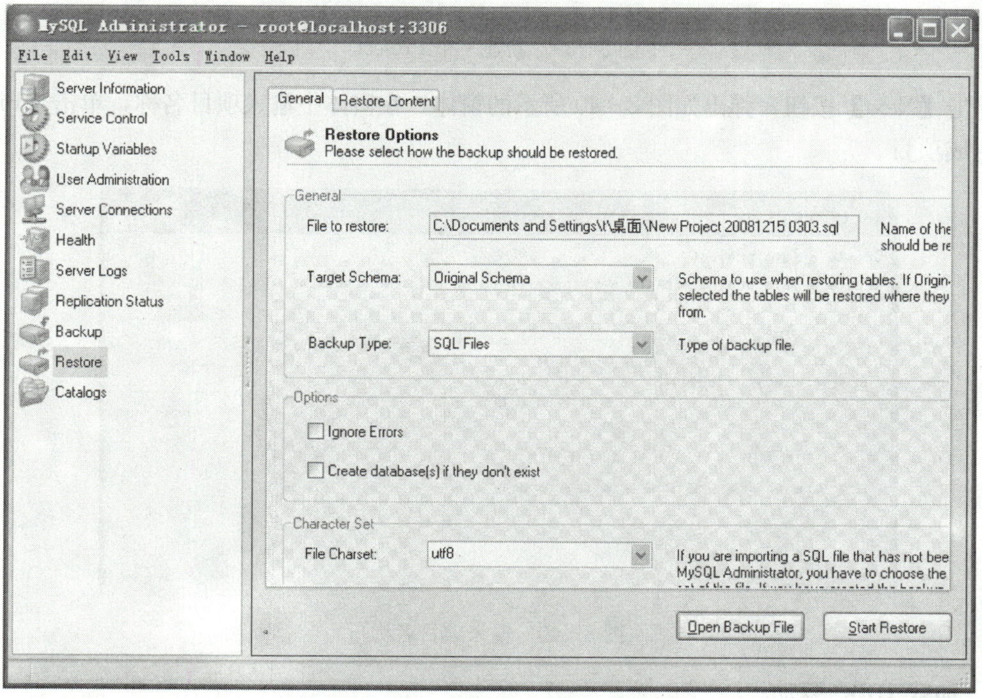

图 8-38　加载 SQL 文件之后的还原配置界面

采用默认的还原配置即可，最后单击右下角的【Start Restore】按钮执行 SQL 文件进行数据库的还原。

8.3 JDBC 编程示例

8.3.1 运行环境配置

1. 新建 Java Project

首先，打开 MyEclipse，新建一个 Project，选择的项目类型为“Java Project”，如图 8－39 所示。

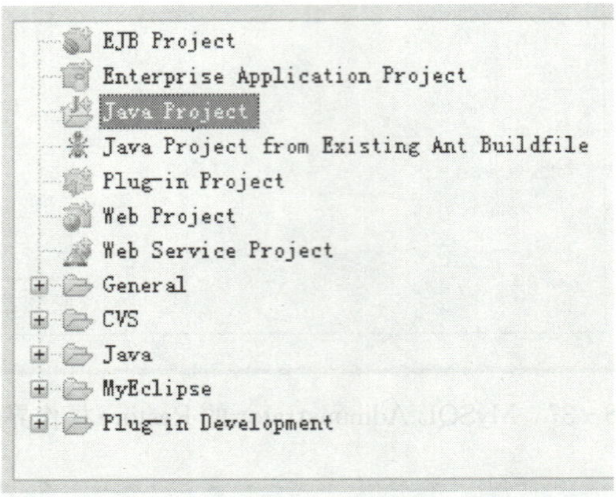

图 8－39 新建一个 Project

单击【Next】按钮，弹出如图 8－40 所示的窗体，在窗体中输入项目名称，单击【Finsh】按钮生成项目。

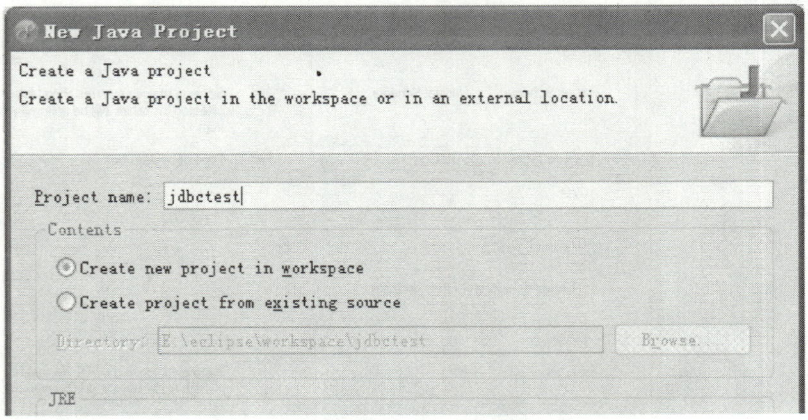

图 8－40 输入项目名称

2. 加载 JDBC 驱动

在 8.1.1 节中，已经介绍了 4 类 JDBC 驱动程序，这里采用第 4 类驱动，即 MySQL 官方发布的专用的驱动文件 mysql－connector－java－5.1.0－bin.jar，将其复制到当前的 Project 中，如图 8－41 所示。

3. 设置项目属性

选中该项目，在右键菜单中选择【Properties】，对该项目的属性进行设置，如图 8－42 所示。

如图 8－43 所示，在项目的属性窗体中，单击左侧菜单中的【Java Build Path】进行编辑。在右侧的标签卡中，选择【Libraries】，对当前项目所用到的 Java 类库进行设置，单击【Add JARs】按钮添加所需要的 Jar 包文件。

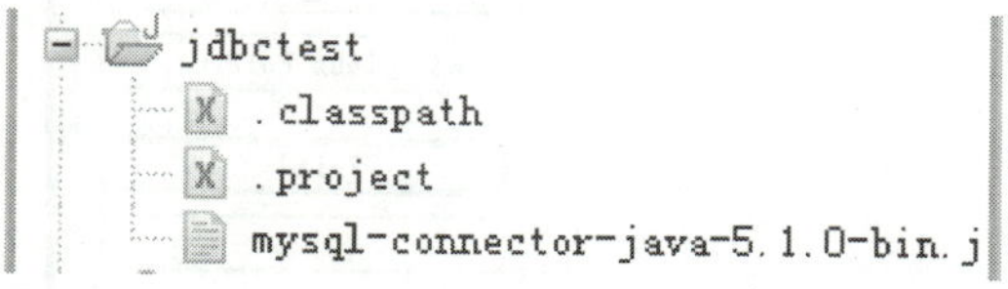

图 8－41 驱动文件

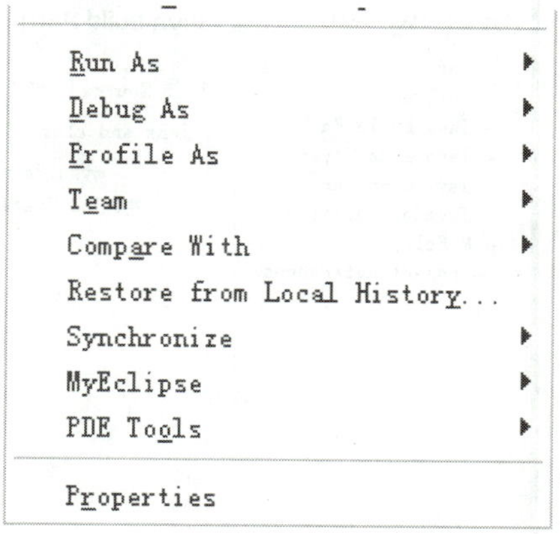

图 8－42 设置项目属性

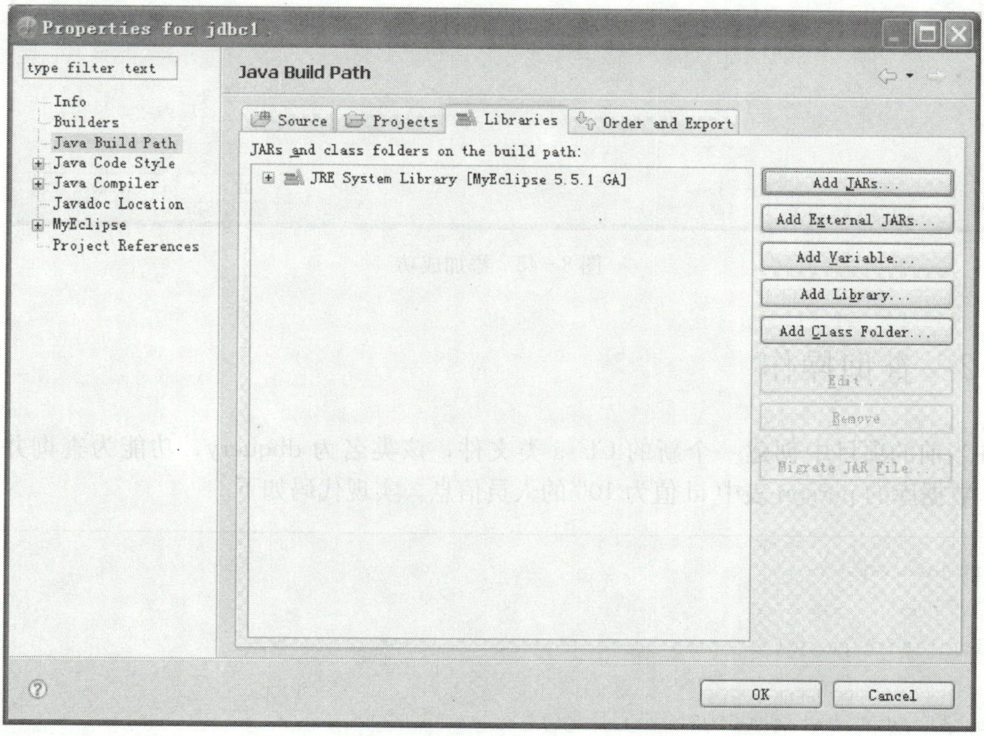

图 8－43 添加相关 jar 包

在弹出窗体中，选择当前项目中的驱动程序 mysql-connector-java-5.1.0-bin.jar，如图 8－44 所示。

添加成功后，可以看到 Libraries 中出现了该 JAR 包，如图 8－45 所示。

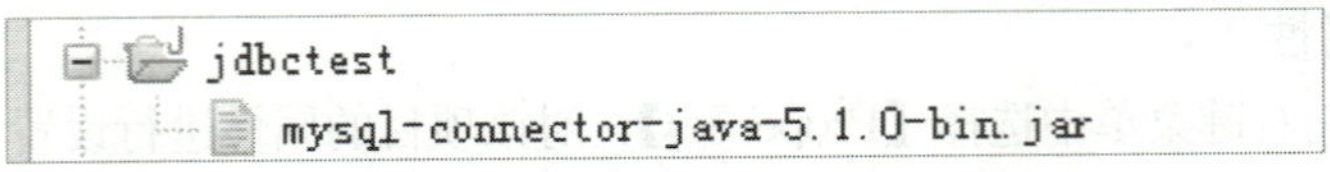

图 8-44 选择驱动程序

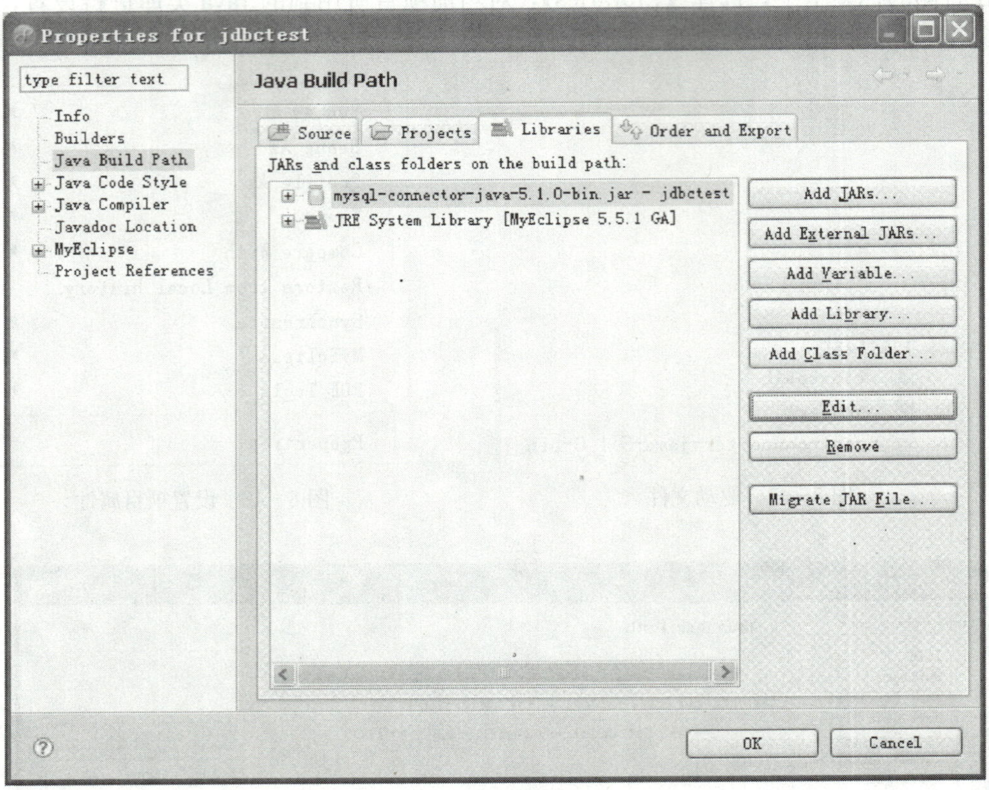

图 8-45 添加成功

8.3.2 查询操作

在当前的项目中创建一个新的 Class 类文件，该类名为 dbquery，功能为查询并打印 dbtest 数据库的 person 表中 id 值为 100 的人员信息。实现代码如下。

```
import java.sql.*;

public class dbquery {

    public static void main(String[]args){
        try{
            Class.forName("com.MySQL.jdbc.Driver");
            Connection conn=
DriverManager.getConnection("jdbc:MySQL://localhost:3306/dbtest?useUnicode=true&amp;
characterEncoding=gbk","root","test");
```

```
            String strsql="select * from person where id=?";
            PreparedStatement pstmt=conn.prepareStatement(strsql,ResultSet.TYPE_
SCROLL_SENSITIVE,ResultSet.CONCUR_UPDATABLE);
            pstmt.setInt(1,100);
            ResultSet rs=pstmt.executeQuery();
            while(rs.next()){
                int id=rs.getInt("id");
                String name=rs.getString("name");
                int age=rs.getInt("age");
                System.out.println("编号:"+id+"姓名:"+name+" 年龄:"+age);
            }
            rs.close();
            pstmt.close();
            conn.close();
        } catch(Exception e){
            e.printStackTrace();
        }
    }
}
```

在以上代码中，创建 PreparedStatement 对象时使用了带 3 个参数的方法，其中第 2、3 个参数分别为 ResultSet.TYPE_SCROLL_SENSITIVE（使结果集对滚动敏感）和 ResultSet.CONCUR_UPDATABLE（使结果集可更新）。采用这种方式创建的 PreparedStatement 执行查询 SQL 语句后，得到的结果集中的游标可以上下自由滚动，这将是第 9 章中对结果集进行分页显示处理的前提。

此外，作为一种良好的编程风格，数据操作完毕后，应依次关闭 ResultSet、PreparedStatement 和 Connection 对象，这将立即释放本次数据库访问所占用的资源，有助于避免潜在的内存问题。

8.3.3　插入操作

在当前的项目中创建一个新的 Class 类文件，该类名为 dbinsert，功能为插入一条新记录到 dbtest 数据库的 person 表中，查询并打印该表所有的记录。实现代码如下。

```
import java.sql.*;

public class dbinsert {

    public static void main(String[]args){
        try {
            Class.forName("com.MySQL.jdbc.Driver");
```

```
        Connection conn=
DriverManager.getConnection("jdbc:MySQL://localhost:3306/dbtest?useUnicode=true&amp;
characterEncoding=gbk","root","test");
        String strsql="insert into person(name,age)values(?,?)";
        PreparedStatement pstmt=conn.prepareStatement(strsql);
        pstmt.setString(1,"李晓华");
        pstmt.setInt(2,22);
        pstmt.executeUpdate();

        strsql="select * from person";
        PreparedStatement qpstmt = conn.prepareStatement(strsql, ResultSet.TYPE_
SCROLL_SENSITIVE,ResultSet.CONCUR_UPDATABLE);
        ResultSet rs=qpstmt.executeQuery();
        while(rs.next()){
            int id=rs.getInt("id");
            String name=rs.getString("name");
            int age=rs.getInt("age");
            System.out.println("编号:"+id+" 姓名:"+name+" 年龄:"+age);
        }
        rs.close();
        pstmt.close();
        conn.close();
      } catch(Exception e) {
        e.printStackTrace();
      }
   }
}
```

运行程序，从控制台输出的结果可以看到多出一条记录：编号 101、姓名“李晓华”，年龄 22 岁，表明插入成功。以上代码中，实现了两个功能，第一部分执行插入，第二部分进行查询和打印。

8.3.4 更新操作

更新操作的开发与插入相类似，只需修改 sql 语句和相应的参数。假设将编号为 100 的人员的年龄更新为 24 岁，核心的代码如下（可直接替换插入代码中的粗体字部分）。

```
String strsql="update person set age=?where id=?";
PreparedStatement pstmt=conn.prepareStatement(strsql);
pstmt.setInt(1,24);
pstmt.setInt(2,100);
```

运行程序，从控制台输出的结果可以看到编号为 100 的“陈刚”年龄为 24 岁，表明更新成功。

8.3.5　删除操作

删除操作的开发也与前面的插入和更新相类似，只需修改 sql 语句和相应的参数。假设要将编号为 100 的人员记录从 person 表里删除，核心的代码如下（也可直接替换插入代码中的粗体字部分）。

```
String strsql="delete from person where id=?";
PreparedStatement pstmt=conn.prepareStatement(strsql);
pstmt.setInt(1,100);
```

运行程序，从控制台输出的结果可以看到已经没有 id 值为 100 的记录，表明删除成功。

> **小提示：**
> 在进行插入、更新和删除操作的时候，我们采用的是 PreparedStatement 的 executeUpdate（）方法，而进行查询的时候则是用 executeQuery（）方法，后者返回结果集（ResultSet），注意区别。

8.4　数据库连接池技术

在使用 JDBC 进行与数据库有关的应用开发中，过多的数据库连接或数据库连接管理混乱所造成的服务器资源开销过大成为制约大型企业级应用的瓶颈。对数据库连接的管理能显著影响到整个应用程序的伸缩性和健壮性，影响到程序的性能指标。数据库连接池正是针对这个问题提出来的。对于众多用户访问的 Web 应用，采用数据库连接池技术在效率和稳定性上比采用传统的连接模式要优化很多。

一般情况下，传统的模式基本按以下步骤：首先，在主程序中创建数据库连接；然后，进行 SQL 操作；最后，断开数据库连接。使用这种模式开发，存在很多问题：要为每一次客户请求建立一个数据库连接，对于 Web 应用来讲，如果短时间之内并发访问的连接数很多，那么对于服务器的系统开销是相当大的，这很可能会影响服务器的访问速度。

针对以上问题，可以使用连接池技术对数据库的连接进行管理和控制。如图 8-46 所示，展示了采用连接池技术对数据库进行管理和控制的流程图。

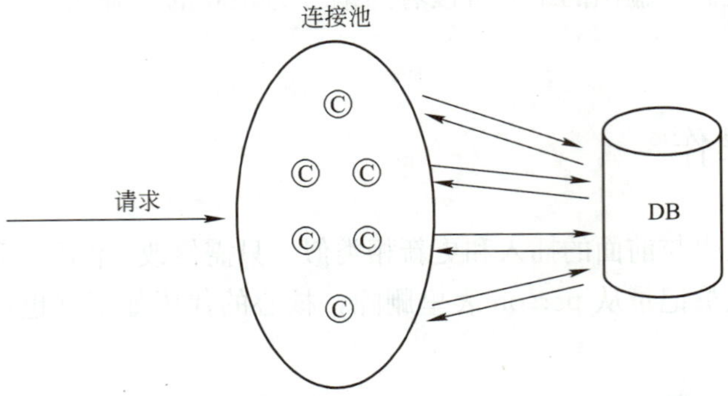

图 8-46 采用连接池技术对数据库进行管理和控制的流程图

8.4.1 连接池的工作原理

数据库连接池负责分配、管理和释放数据库连接（Connection），它最大的优点是允许应用程序重复使用现有的数据库连接，而不需要总是创建新的连接。

连接池的核心工作原理如下。

(1) 连接池在初始化时创建一定数量的数据库连接放到连接池中，这里的“一定数量”是指连接池的最小连接数。无论这些数据库连接是否被应用程序所使用，连接池都将一直保证至少有这么多的连接处于连接池中。

(2) 当应用程序向数据库连接池发送连接请求时，只要连接池中有处于空闲状态的连接，就可以直接取出来使用。如果超过最小连接数，连接池会创建新的连接。这些大于最小连接数的数据库连接在使用完不会马上被释放，它将被放到连接池中等待重复使用或是空闲超时后被释放。

(3) 当应用程序向连接池请求的连接已经超过了最大连接数时，这些请求将被加入到等待队列中，直到前面有使用完的连接被放回到连接池里，处于空闲状态，才可以继续使用这些连接。

(4) 当数据库连接的空闲时间超过最大空闲时间，则由连接池来彻底释放这些连接，以此来避免因为没有释放而引起的数据库连接遗漏。这项技术能明显提高对数据库操作的性能。

在设置连接池的最小连接数和最大连接数的设置时要考虑到下列因素。

(1) 最小连接数是连接池一直保持的数据库连接数。如果设置过大，而应用程序对数据库连接的使用量很小，那么将会有较多的数据库连接资源被浪费；如果设置过小，远小于日常的访问量，那么连接池将要频繁地创建新连接，浪费服务器资源。

(2) 最大连接数是连接池能容纳连接的最大数目。如果设置过小，而数据库连接请求数经常超过这个数目，那么将会经常有请求被加入到等待队列中，这会影响整个应用系统的访问效率；如果设置过大，超过服务器内存的负荷，反而可能导致服务器宕机。

因此，不同类型的 Web 应用系统要根据实际的日常访问量来确定以上这些参数。在下面介绍的连接池技术 Proxool 中，会提供检测连接池中连接状态的工具。

8.4.2　连接池的配置与应用

Proxool 是一种业界公认的性能较好的连接池实现技术，它提供了对常见的数据库驱动程序的连接池封装，只需要进行简易的配置就可以移植到现有的代码中，为现有的 JDBC 驱动程序增加连接池功能。

（1）下载 proxool 的 zip 压缩包，地址：http://proxool.sourceforge.net（本书附带光盘中 DB 目录下收录）。

（2）解压缩 proxool，复制其中 lib 下面的 proxool-0.9.jar 到 Web 项目中的 web-info/lib 下。

（3）根据当前使用的数据库类型将其 jdbc 驱动的 jar 包复制到 web-info/lib 下。

（4）在 web-info 下建立文件：proxool.xml，文件内容如下。

```
<?xml version="1.0" encoding="ISO-8859-1"?>
<something-else-entirely>
   <proxool>
      <alias>MySQL</alias>
<driver-url>jdbc:MySQL://localhost:3306/dbtest?useUnicode=true&amp;characterEncoding=
gb2312</driver-url>
      <driver-class>com.MySQL.jdbc.Driver</driver-class>
      <driver-properties>
         <property name="user" value="root" />
         <property name="password" value="mis" />
      </driver-properties>
      <maximum-connection-count>5000</maximum-connection-count>
      <minimum-connection-count>5</minimum-connection-count>
      <maximum-active-time>60000</maximum-active-time>
   </proxool>
</something-else-entirely>
```

其中，每一对 <proxool>…</proxool> 代表一个连接池的配置，因此可以在一个项目中配置多个连接池来调用不同类型的数据库系统。alias 是连接池的别名，可以自定义。driver-url、driver-class、driver-properties 分别是数据库连接 url、jdbc 驱动以及当前连接数据库的一些常规配置信息。maximum-connection-count 和 minimum-connection-count 分别对应连接池的最大连接数和最小连接数，而 maximum-active-time 则是指连接池中每个连接的最大活动时间，单位为毫秒，即连接池中某个空闲连接如果超过这个时间间隔没有程序使用它，那么连接池将彻底释放该连接。

（5）在 web.xml 文件内进行如下配置，使当前的 Web 项目启动时就读取 proxool.xml 中的各项配置信息从而进行连接池的创建。

```
   <servlet>
      <servlet-name>ServletConfigurator</servlet-name>
```

```
<servlet-class>
org.logicalcobwebs.proxool.configuration.ServletConfigurator
</servlet-class>
  <init-param>
      <param-name>xmlFile</param-name>
        <param-value>WEB-INF/proxool.xml</param-value>
    </init-param>
    <load-on-startup>1</load-on-startup>
</servlet>
```

(6) 如果需要查看连接池实时的运行情况，可以继续在 web.xml 中添加配置代码，使用 proxool 提供的管理监控工具类 AdminServlet，访问路径为“/admin”。

```
<servlet>
    <servlet-name>Admin</servlet-name>
<servlet-class>
  org.logicalcobwebs.proxool.admin.servlet.AdminServlet
</servlet-class>
</servlet>
<servlet-mapping>
    <servlet-name>Admin</servlet-name>
    <url-pattern>/admin</url-pattern>
</servlet-mapping>
```

(7) 如果想测试连接池是否运行成功，可以编写一个 JSP 文件，在页面中嵌入调用数据库连接的代码片段。

```
<%!int i=0;%>
<%
  try {
     Class.forName("org.logicalcobwebs.proxool.ProxoolDriver");
     Connection conn=DriverManager.getConnection("proxool.MySQL");
     i++;
     out.print("您已获取"+i+"个数据库连接");
  } catch(Exception e){
     e.printStackTrace();
  }
%>
```

以上代码中的“proxool.MySQL”中的“MySQL”必须与 proxool.xml 中的 alias（连接池别名）值对应。

(8) 在地址栏里访问以上 JSP，每次访问即获取连接池中的一个连接，然后访问

http://localhost:8080/dbpooltest/admin 查看连接池的运行状况，如图 8－47 所示。

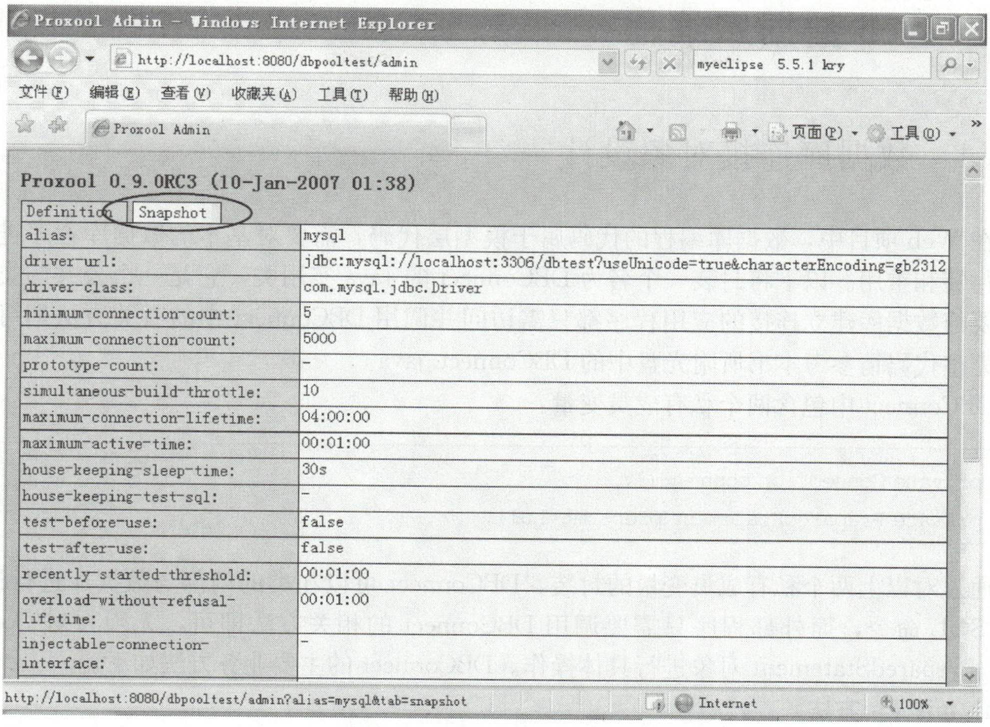

图 8－47　连接池的运行状况

单击【Snapshot】按钮就可以看到目前连接池中的正被占用的活动连接数（active）、处于空闲状态的可用连接数（available）以及所容纳的最大连接数（max），如图 8－48 所示。

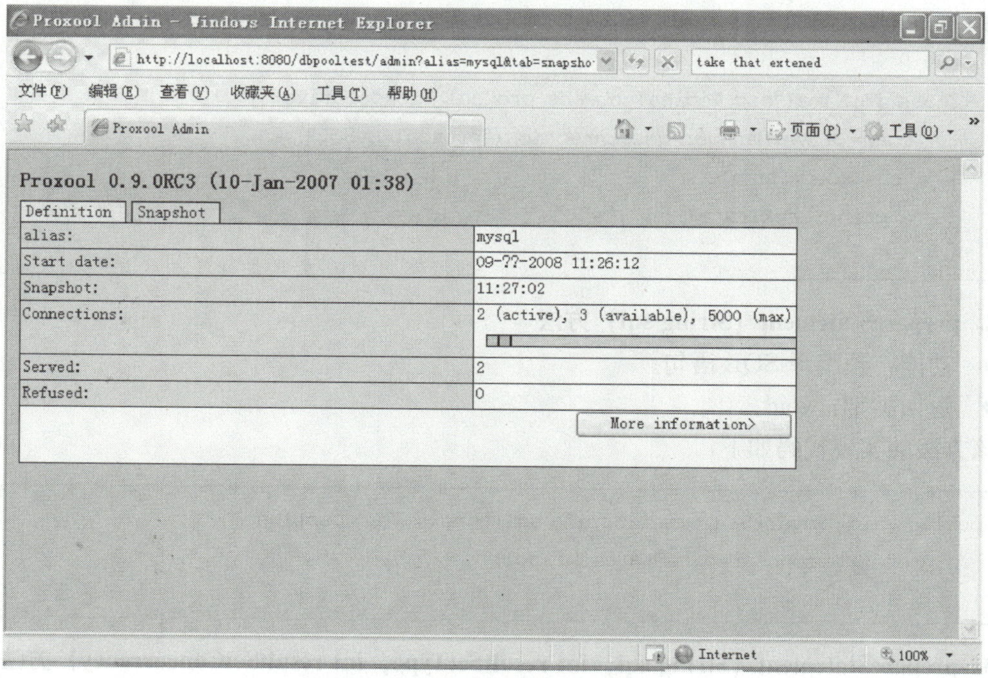

图 8－48　目前连接池中的连接情况

8.5 Web 数据库编程

8.5.1 数据库连接对象设计

在 Web 项目中，数据库编程的代码属于模型层代码，需要对基本的数据库程序进行一定的封装和重用。以下将封装一个名为 DBConnect 的 Java 实用类，它是一个公共的类，所有需要与数据库建立连接的应用程序都只需访问并调用 DBConnect 中的有关方法即可。该类的完整代码请参考本书所附光盘中的 DBConnect. java。

DBConnect 中包含两个私有成员变量：

```
private Connection conn=null;
private PreparedStatement prepstmt=null;
```

通过对以上两个私有成员变量的封装，DBConnect 可以在类的内部与数据库进行连接、执行 SQL 命令，而外部程序只需要调用 DBConnect 的相关方法即可，无须再对 Connection、PreparedStatement 对象进行具体操作。DBConnect 的主要业务方法如下。

1. init（）方法

- 功能：加载连接池驱动，获得可用连接。
- 返回类型：void。

该方法的实现代码如下：

```
void init(){
    try {
    Class.forName("org.logicalcobwebs.proxool.ProxoolDriver");
        conn=DriverManager.getConnection("proxool.MySQL");
    } catch(Exception e) {
        e.printStackTrace();
    }
```

2. prepareStatement（String sql）方法

- 功能：预编译 SQL 语句。
- 返回类型：void。

该方法的实现代码如下：

```
public void prepareStatement(String sql)throws SQLException {
    prepstmt=conn.prepareStatement(sql);
}
```

3. prepareStatement（String sql，int resultSetType，int resultSetConcurrency）方法

- 功能：预设 SQL 语句（带 3 个参数）。

- 返回类型：void。

该方法的实现代码如下：

```
public void prepareStatement(String sql,int resultSetType,
        int resultSetConcurrency)throws SQLException {
    prepstmt=conn.prepareStatement(sql,resultSetType,
            resultSetConcurrency);
}
```

4. executeQuery（）方法

- 功能：执行查询 SQL 语句，返回结果集。
- 返回类型：ResultSet。

该方法的实现代码如下：

```
public ResultSet executeQuery()throws SQLException {
    if(prepstmt!=null){
        return prepstmt.executeQuery();
    } else
        return null;
}
```

5. executeUpdate（）方法

- 功能：执行增加、删除和修改的 SQL 语句。
- 返回类型：void。

该方法的实现代码如下：

```
public void executeUpdate()throws SQLException {
    if(prepstmt!=null)
        prepstmt.executeUpdate();
}
```

6. close（）方法

- 功能：关闭 PreparedStatement 及 Connection 对象，释放资源。
- 返回类型：void。

该方法的实现代码如下：

```
public void close()throws SQLException {
    if(prepstmt!=null){
        prepstmt.close();
        prepstmt=null;
    }
    if(conn!=null){
```

```
        conn.close();
        conn=null;
    }
}
```

7. setString（）方法

- 功能：将字符串类型的实际参数传递给当前对象的私有成员 prepstmt，该方法属于轻量级的二次封装。
- 返回类型：void

该方法的实现代码如下：

```
public void setString(int index,String value)throws SQLException{
    prepstmt.setString(index,value);
  }
```

此外，针对不同数据类型的参数，该类还封装了其他的 set×××方法。例如，实际参数如果是整数类型，则使用 setInt 方法进行参数的传递；对于各种数据类型通用的还有 setObject 方法。

DBConnect 类中除了以上实用方法之外，还有两个自定义的构造器，作用是获取数据库的连接并预编译 SQL 语句。两者的差别在于后者专门用于构造可滚动结果集的情况。

两个构造器的实现代码如下：

```
public DBConnect(String sql)throws SQLException{
    init();
    this.prepareStatement(sql);
    }

public DBConnect(String sql,int resultSetType,int
resultSetConcurrency)throws SQLException{
    init();
    this.prepareStatement(sql,resultSetType,resultSetConcurrency);
    }
```

8.5.2 DAO 设计模式

DAO（Data Access Object）即数据访问对象，专门负责与数据库打交道，属于 MVC 中的模型层中的对象。J2EE 开发人员使用数据访问对象的设计模式，以便将低级别的数据访问逻辑与高级别的业务逻辑分离。实现 DAO 模式需要把对数据库的操作（如增加、删除、修改等操作）全部封装在 DAO 对象里。例如，如果要插入一个新的用户记录，在 DAO 中只需要封装一个 insert 方法，具体的插入过程在该方法体中实现。外部程序（如 Servlet）只需要调用 DAO 中的这个 insert 方法即可完成整个插入新用户的操作，而无须知道插入的过程是如何具体实现的。

以下将为数据库中的 Person 表构建一个对应的 DAO 类，提供对此表进行增加、删除、修改、查询等操作的实用方法。

首先，在 Web Project 的 src 目录下建立名为 DAO 的子目录，在此目录下创建 DAO 接口，该接口中包含增加、删除、修改、查询等抽象方法。

```
import java.util.List;

public interface DAO {

    void insert(Object bean);
    void update(Object bean);
    void delete(Object PKey);
    List findAll();
    List findExecutingSQL(String sql,Object[]sqlParams);
}
```

第二步，编写 PersonDAO 类。每一个 DAO 类都实现自第一步中的 DAO 接口，按照 Java 语言的机制，这些 DAO 类中都必须实现 DAO 接口中声明的抽象方法，这样可以使得整个项目中所有的 DAO 类中增加、删除、修改、查询等方法的名称都是一致的。

在当前项目下创建 PersonDAO 类，如图 8-49 所示，在“New Java Class”向导窗体

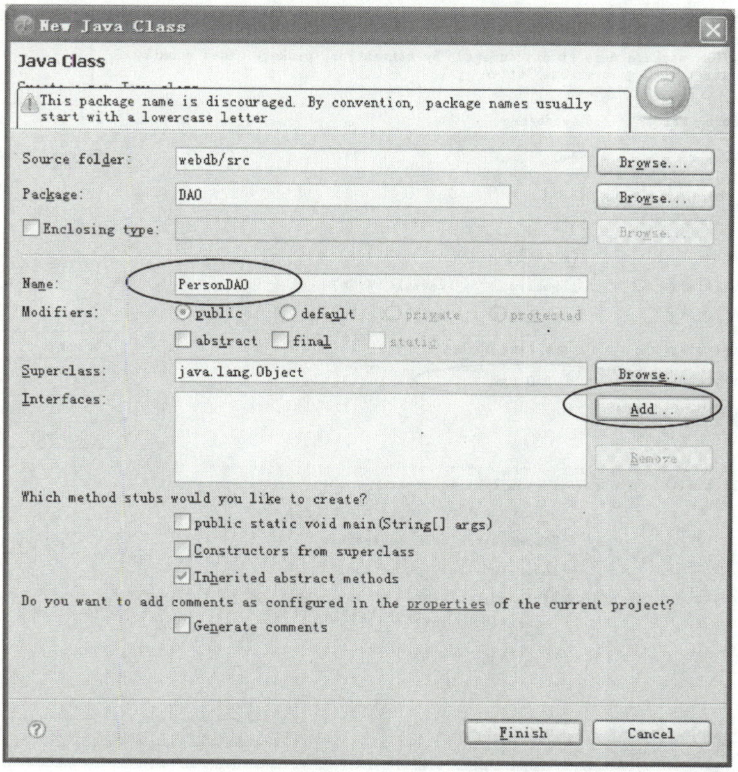

图 8-49　创建 PersonDAO 类

中，输入类名“PersonDAO”。

单击 Interfaces 框右侧的【Add】按钮，弹出如图 8－50 所示选择框。

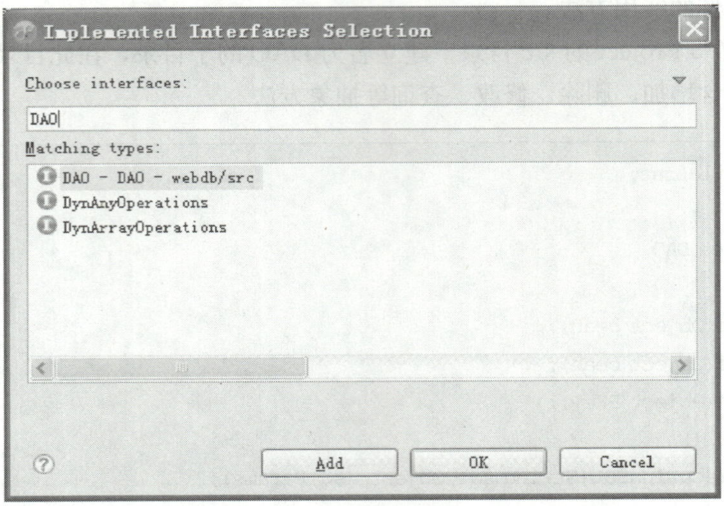

图 8－50　选择接口

图 8－50 中，在“Choose interfaces”中输入“DAO”，可以看到在下方“Matching types”中列出了待选的接口，其中有在第二步编写好的接口“DAO”，依次单击【Add】和【OK】按钮完成接口的添加，并回到类生成向导窗口，如图 8－51 所示。

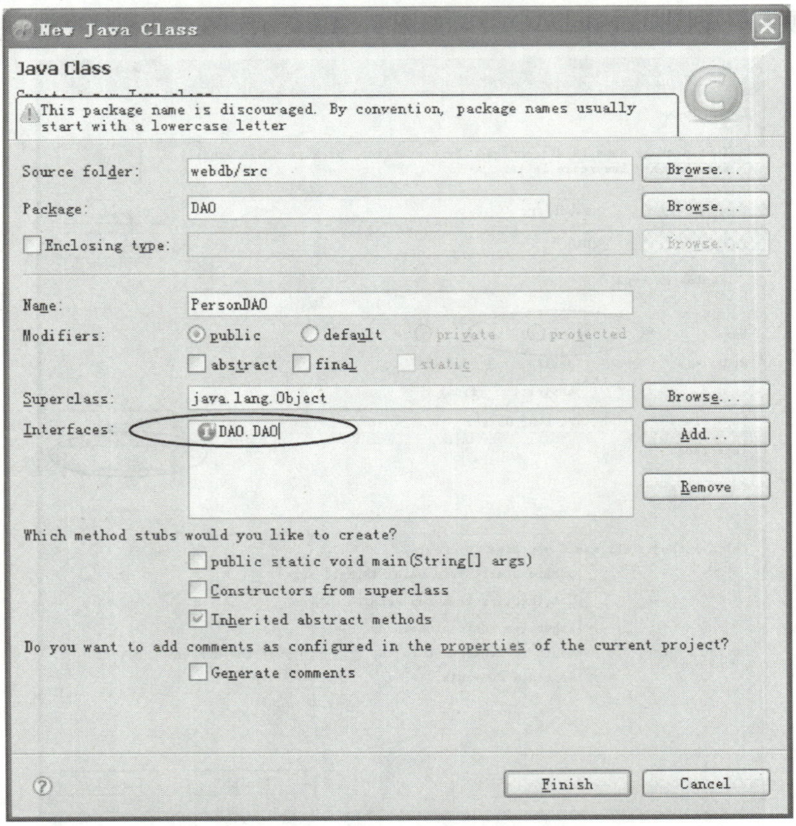

图 8－51　返回创建类对话框

单击【Finish】按钮完成类的创建，由工具自动生成 PersonDAO.java，具体代码如下：

```
package DAO;
import java.util.List;
public class PersonDAO implements DAO {
    public void delete(Object PKey){
    }
    public List findAll() {
        return null;
    }
    public List findExecutingSQL(String sql,Object[]sqlParams){
        return null;
    }
    public void insert(Object bean){

    }
    public void update(Object bean){
    }
}
```

最后一步的工作是把自动生成的这些方法具体实现，下面以 insert 和 delete 方法为例。

```
public void insert(Object bean){
        String sql="insert into Person(username,age)values(?,?)";
        try{
            DBConnect dbc=new DBConnect(sql);
            dbc.setString(1,((person)bean).getName());
            dbc.setInt(2,((person)bean).getAge());
            dbc.executeUpdate();
            dbc.close();
        } catch(SQLException e){
            e.printStackTrace();
        }
    }
public void delete(Object PKey){
            String sql="DELETE FROM Person WHERE ID=?";
            try{
                DBConnect dbc=new DBConnect(sql);
                dbc.setObject(1,PKey);
                dbc.executeUpdate();
                dbc.close();
            } catch(SQLException e){
                e.printStackTrace();
            }
}
```

从以上代码不难看出，DAO 接口实际上提供了统一的数据操作的方法声明，所有实现该接口的操作类（×××DAO.java）都要实现接口中所有的方法。所以接口是一种规范，一方面，使所有的开发人员都按统一的名称、参数等来进行实现和调用；另一方面，使整个程序内部、程序之间的结构看起来更为清晰，有助于今后程序的重用和维护。

本章小结

本章主要介绍了 Web 开发中非常关键的数据库编程的相关内容，包括 JDBC 的基本概念和原理、JDBC 的 API 及其调用、数据库连接池以及 Web 数据库编程等技术知识。本章中的很多内容具有较强的实际操作性，例如当前热门的数据库管理系统 MySQL 的安装使用以及用 MyEclipse 开发 JDBC 程序。本章在最后介绍了 Web 数据库编程的主流设计模式 DAO，这也是实际 Web 项目中必须掌握的开发模式之一。在第 9 章的 Web 系统综合开发中将把本章的数据库编程技术运用到 MVC 模式中，作为模型层组件进行调用。

本章习题

1. JDBC 的驱动程序和 JDBC API 有什么联系与区别？
2. MySQL 的服务器和客户端分别包含哪些软件？简要描述它们各自的作用。
3. 请在 MySQL 中建立 student 表（包含编号、姓名、电话、E-maill、家庭住址、邮政编码等属性），然后编写一个 JDBC 应用程序实现对该表进行记录插入的功能。
4. 请简述数据库连接池的基本工作原理及 Proxool 的配置步骤。
5. 请以第 2 题中所建立的 student 表为基础，创建一个名为 student 的 JavaBean，并实现一个包含增、删、改方法的 DAO 类。

第 9 章 MVC 综合开发

本章将采用一个典型的外贸信息服务网站的实例来详细介绍如何基于 MVC 框架来开发一个 Web 信息系统。该系统的开发过程主要包括概要设计和详细设计两部分，系统开发在结构上采用了界面、控制层和业务逻辑相分离的 MVC 框架进行设计，如图 9－1 所示。

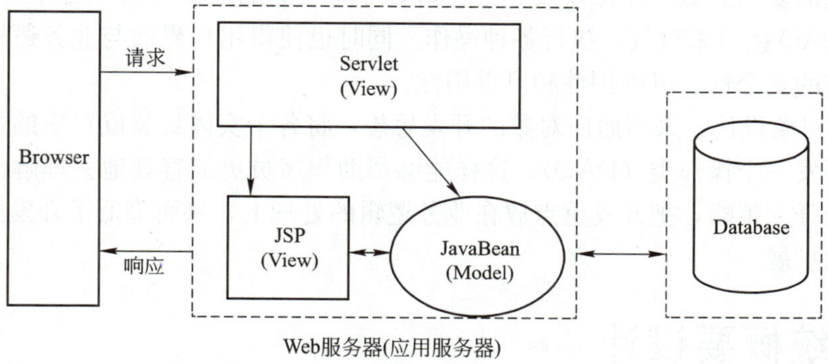

图 9－1 MVC 的设计框架图

本系统的开发严格采用了面向对象的开发思想，将模型层的各个业务实体封装成类，并且每个实体类都有对应的数据访问类，在数据库连接部分则使用了目前主流的 Proxool 连接池技术。通过对本系统开发过程的学习，读者可以进一步掌握基于 MVC 框架的开发模式，熟练运用 JSP、Servlet、JavaBean 以及 DAO 来实现典型的 Web 信息系统的开发，也为后续深入学习其他基于 MVC 的第三方开发框架打下良好的基础。

9.1 系统概述

9.1.1 系统设计思想

1. 系统功能总体分为前台显示与后台维护两大部分

本系统将后台管理员维护模块和前台用户浏览信息模块相独立开来，但两模块共享统一数据库中的数据，这样有助于管理员对数据进行管理和维护，同时也有助于用户的浏览。

2. 按照 MVC 的开发框架进行设计

模型层由 JavaBean 及 DAO 来实现，视图层由 JSP 来表示，而控制器则由 Servlet 来充当，客户可以从视图提供的客户界面上浏览数据或者发出请求，客户的请求由控制器接受并处理，控制器根据客户的请求调用模型中的方法，从而完成数据的更新等操作，然后将处理后的结果传到视图层相关页面。

9.1.2 系统特点

本系统实例具有如下特点。

(1) 页面模块化：本系统的界面在设计上都采用了模块化的设计思想，把多个页面共有的部分集成为一个模块，如页面的头部和底部等都采用模块化设计。这样，一方面可以在相关页面内直接载入而不用重新编写代码，另一方面当需要修改这部分公共页面代码时就只需要改一处就可以了，而不用重复地去修改每一个相关页面内的代码。

(2) 业务处理封装化：本系统采用用户界面层—业务逻辑处理层—数据存储层三层结构设计，将不同的复杂的数据库操作及业务逻辑划分为独立的模块封装在各个 Bean 中，通过实现统一的 DAO 接口来对数据执行各种操作。同时也使得用户界面与业务逻辑相分离，有助于提高系统的安全性、可维护性和可重用性。

(3) 面向对象设计：采用面向对象的开发思想，将各个实体封装成对应的数据类，并为每个数据类开发一个操作类（DAO），这样能够帮助程序员更加直观地去理解整个业务流程和整个系统的开发策略，把开发重点放在业务逻辑的处理上，从而降低了开发的难度，有助于今后程序的扩展。

9.2 系统概要设计

9.2.1 系统需求分析

随着计算机和网络技术的不断发展和进步，全球信息化的趋势越来越明显。在高度信息化的社会里，一个高性能的网络化的行业信息服务与交流平台也就成为各个行业的一种迫切需求。本系统作为一个中小型的外贸行业服务平台，在一定程度上正适应这种发展需求，从而为企业的发展带来新的机遇。

本系统的功能主要是对各种外贸信息的查询、添加、修改与删除。

用户可以通过本系统方便及时地查阅外贸相关信息，具体有两种途径：一种是通过搜索引擎进行模糊搜索；另一种则是直接进入相关页面进行查阅。对于信息的管理则由管理员在后台进行增、删、改等操作。

本系统主要实现以下功能。

(1) 前台客户端界面部分：①首页界面设计；②产品信息查阅；③外贸信息查阅与搜索；④使用指南查阅；⑤客户服务查阅；⑥系统公告查阅。

(2) 后台管理员界面部分：①管理员登录管理；②公告信息管理；③外贸信息管理；④使用指南信息管理；⑤客户服务信息管理等。

9.2.2 系统功能模块划分

根据以上功能分析，可以得出系统的功能模块图。现分别从客户端、管理端对各个功能模块图进行分析，图 9-2 是客户端功能模块图。

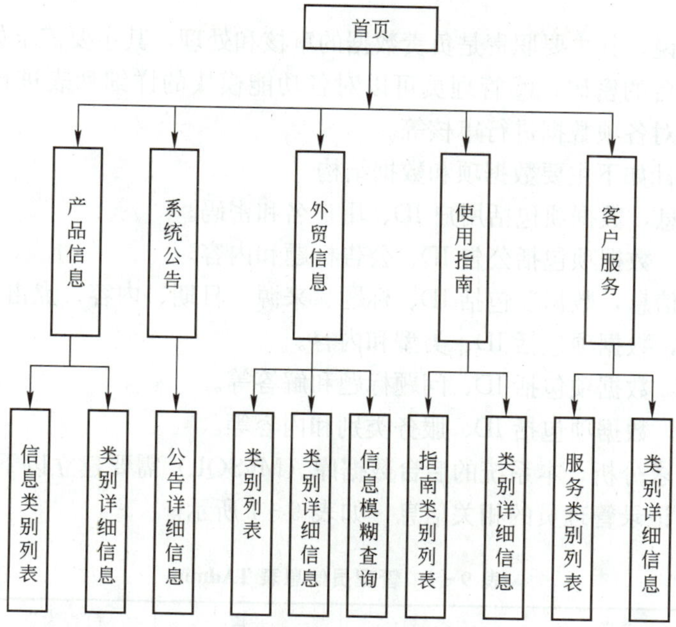

图 9-2　客户界面功能模块图

相应的后台管理功能模块图如图 9-3 所示。

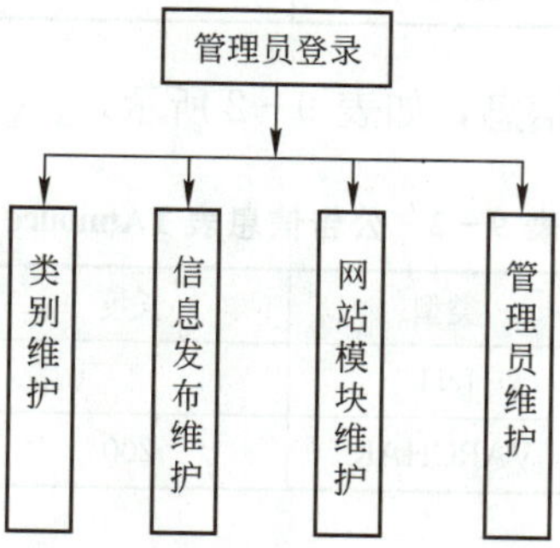

图 9-3　后台管理界面功能模块图

9.2.3　数据库设计

根据用户的需求来设计数据库是实现系统功能的基本前提，只有完全符合需求的数据库才能支撑整个系统日后的正常运行。在数据库设计阶段一定要认真分析各种已有的以及将来可能产生的各种需求，对其进行分类整理，为数据库的设计提供正确的依据。

通过前面对本系统功能的分析，可以总结出如下数据库的需求信息。

首先对于一般用户而言：①导航栏可以链接到每个功能模块的分类清单；②每个功能模块都可进行再分类，如外贸集粹又包括外贸基础、进出口退税等；③用户可以浏览所有客户端界面信息；④用户可以实现对外贸集粹内所有信息的模糊查询；⑤进行流量统计，如在线人数、总访问量等；⑥提供管理员登录链接；⑦根据用户点击率对外贸集粹内所有信息进行排名推荐等。

对于管理员来说，其主要职责是负责数据的审核和处理，其主要需求如下：①管理员有权修改自身登录后台的密码；②管理员可以对各功能模块的详细列表进行增、删、改等操作；③管理员可以对各项数据进行审核等。

因此，可以设计如下主要数据项和数据结构。

(1) 管理员信息，数据项包括用户 ID、用户名和密码。

(2) 公告信息，数据项包括公告 ID、公告标题和内容。

(3) 外贸集粹信息，数据项包括 ID、标题、来源、日期、内容、点击率等。

(4) 产品信息，数据项包括 ID、类型和内容。

(5) 问题信息，数据项包括 ID、问题标题和解答等。

(6) 服务信息，数据项包括 ID、服务类别和内容等。

基于以上的需求分析，本系统的后台数据库（MySQL）需要建立以下 6 个关系表。

管理员信息表记录管理员的相关信息，如表 9-1 所示。

表 9-1 管理员信息表 TAdmin

字段	含义	类型	长度	可否为空	是否为主键
TAdminID	标号	INT		N	Y
TAdminUsername	用户名	VARCHAR	50	Y	N
TAdminPass	密码	VARCHAR	50	Y	N

公告信息表记录公告的相关信息，如表 9-2 所示。

表 9-2 公告信息表 TAnnouce

字段	含义	类型	长度	可否为空	是否为主键
TAnnouceID	标号	INT		N	Y
TAnnouceContent	内容	VARCHAR	200	Y	N

外贸集粹信息表记录外贸新闻、外贸知识等相关信息，如表 9-3 所示。

表 9-3 外贸集粹信息表 TGuide

字段	含义	类型	长度	可否为空	是否为主键
TGuideID	标号	INT		N	Y
TGuideTitle	标题	VARCHAR	200	Y	N
TGuideFrom	来源	VARCHAR	200	Y	N
TGuideDate	日期	DATETIME		Y	N
TGuideContent	内容	TEXT		Y	N
TGuideHits	点击率	INT		Y	N

产品信息表记录产品的相关信息，如表 9-4 所示。

表 9-4　产品信息表 TProduct

字段	含义	类型	长度	可否为空	是否为主键
TProductID	标号	INT		N	Y
TProductIntroduce	内容	TEXT		Y	N
TProductType	类型	VARCHAR	50	Y	N

问题信息表记录问题及相关解答信息，如表 9-5 所示。

表 9-5　问题信息表 TQuestion

字段	含义	类型	长度	可否为空	是否为主键
TQuesID	标号	INT		N	Y
TQuesContent	内容	VARCHAR	50	Y	N
TQuesDate	日期	DATETIME		Y	N
TQuesAnswer	解答	TEXT		Y	N

服务信息表记录网站提供的服务信息，如表 9-6 所示。

表 9-6　服务信息表 TService

字段	含义	类型	长度	可否为空	是否为主键
TServiceID	标号	INT		N	Y
TServiceIntroduce	内容	TEXT		Y	N
TServiceType	类型	VARCHAR	50	Y	N

9.3　系统详细设计

9.3.1　外贸集粹维护模块

外贸集粹是网站前台的一个栏目，客户在前台网站可以浏览查询外贸集粹信息，后台管理系统可以对外贸集粹信息进行增加、删除、修改等维护操作。该模块的设计具有一定的代表性。

1. 模型层设计

1）外贸集粹 JavaBean（Guide. java）

外贸集粹模块需要设计一个类似新闻类型的 JavaBean，以下是 Guide. java 的部分代码：

```
package bean;
import java.util.Date;
public class Guide
{
  public Guide(){}
  private int tguideid;                    //编号
  private String tguidetitle;                    //标题
  private String tguidefrom;                    //来源
```

```
  private Date tguidedate;                    //发布日期
  private String tguidecontent;                  //正文
  private int tguidehits;                    //点击数
  private String tguidetype;                    //类型
...//各属性的 get×××()方法和 set×××()方法参见源代码
```

2) 分页显示 JavaBean (PageInfo.java)

分页是一种常用的页面数据显示技术，分页可以通过减少页面数据处理量从而提高系统的性能。如果查询出来的数据记录条数较多，所有的数据都显示在同一个页面内，必然会使得页面拉得很长而且很不美观，然而把数据进行分页显示就是一种好的解决办法。

对数据进行分页显示时，如果不采用模块或组件技术，就会有太多的重复代码，而这些代码都难以重用，从而使开发效率低下；但如果采用了模块或组件技术，就可以实现页面显示程序代码与业务逻辑相分离，减少代码冗余，提高程序的可扩展性和重用性。

以下是 PageInfo.java 的主要代码：

```
public class PageInfo{
  private int pagesize=10;//页面大小
  private int curpage;//当前页页码
  private int prepage;//上一页页码
  private int nxtpage;//下一页页码
  private int totalpage;//总页码数
  private int totalitem;//总条目数
  private int from;//从 from 下一条开始取记录
  private String next="";
  private String previous="";
  public PageInfo(int curpage){
      this.curpage=curpage;
  }
  public PageInfo(int curpage,int pagesize){
      this.curpage=curpage;
      this.pagesize=pagesize;
  }
  ...                   //各属性的 get×××()方法和 set×××()方法见源代码
  public void CaculatePageInfo(ResultSet rs)throws SQLException{
      // 1. 获取总条目数量
      rs.last();
      this.totalitem=rs.getRow();
      // 2. 计算页码信息
      this.totalpage=(totalitem%pagesize==0)?(totalitem/pagesize):(totalitem/
pagesize+1);
      // 3. 当前页,前页,后页等
```

```
        if(this.totalpage==0){
            this.curpage=0;
            this.prepage=0;
            this.nxtpage=0;
        }else{
            this.prepage=(this.curpage<=1)?1:(this.curpage-1);
            this.nxtpage=(this.curpage>=this.totalpage)?
            this.curpage:(this.curpage+1);
            this.from=(this.curpage-1)*this.pagesize+1;
            this.previous=(this.curpage<=1)?"":"上一页";
            this.next=(this.curpage>=this.totalpage)?"":"下一页";
        }
    }
}
```

3）外贸集粹 DAO（GuideDAO.java）

外贸集粹 DAO 类实现了 DAO 公共接口，主要负责对外贸集粹下面各分类的信息进行增、删、改和查询操作。为了成功调用分页显示组件，首先需要在 GuideDAO 中定义其实例。以下是 GuideDAO.java 中部分代码。

```
public class GuideDAO implements DAO{
    private PageInfo PageInfo;
    public GuideDAO(){
    }
    public GuideDAO(PageInfo PageInfo){
        this.PageInfo=PageInfo;
    }
...
}
```

GuideDAO 的主要方法如表 9－7 所示。

表 9－7　GuideDAO 包含的方法

返回类型	方　法	功　能
void	insert（Object bean）	添加数据
void	update（Object bean）	更改数据
void	delete（Object PKey）	删除数据
List	findAll（）	整体查询，即查询相关表内所有记录
List	findExecutingSQL（String sql，Object [] sqlParams）	筛选查询，即查询相关表内符合一定条件的所有记录
void	populateVO（Guide bean，ResultSet rs）	将查询记录结果置入 Bean 中
List	fetchMultiResults（ResultSet rs）	将 Bean 添加到 List 对象中
void	edithit（Object PKey）	更新点击率
List	findHits（）	按照点击率高低排序查询记录

Insert（Object bean）的实现代码如下：

```
public void insert(Object bean){
  String sql="insert into TGuide(TGuideTitle,TGuideFrom,TGuideDate,
           TGuideContent,TGuideType)values(?,?,?,?,?)";
  try{
        DBConnect dbc=new DBConnect(sql);
        dbc.setString(1,((Guide)bean).getTGuideTitle());
        dbc.setString(2,((Guide)bean).getTGuideFrom());
        dbc.setDate(3,(java.sql.Date)((Guide)bean).getTGuideDate());
        dbc.setString(4,((Guide)bean).getTGuideContent());
        dbc.setString(5,((Guide)bean).getTGuideType());
        dbc.executeUpdate();
        dbc.close();
  }catch(SQLException e){
        e.printStackTrace();
  }}
```

update（Object bean）的实现代码如下：

```
public void update(Object bean){
     String sql="Update TGuide set TGuideTitle=?,TGuideFrom=?,
     TGuideDate=?,TGuideContent=?,TGuideType=? where TGuideID=?";
     try{
        DBConnect dbc=new DBConnect(sql);
        dbc.setString(1,((Guide)bean).getTGuideTitle());
        dbc.setString(2,((Guide)bean).getTGuideFrom());
        dbc.setDate(3,(java.sql.Date)((Guide)bean).getTGuideDate());
        dbc.setString(4,((Guide) bean).getTGuideContent());
        dbc.setString(5,((Guide)bean).getTGuideType());
        dbc.setInt(6,((Guide)bean).getTGuideID());
        dbc.executeUpdate();
        dbc.close();
     }catch(SQLException e){
        e.printStackTrace();
     }}
```

delete（Object PKey）的实现代码如下：

```
public void delete(Object PKey){
          String sql="DELETE FROM TGuide WHERE TGuideID=?";
          try{
             DBConnect dbc=new DBConnect(sql);
```

```
            dbc.setObject(1,PKey);
            dbc.executeUpdate();
            dbc.close();
        }catch(SQLException e){
            // TODO Auto-generated catch block
            e.printStackTrace();
        }
    }
```

findAll () 的实现代码如下：

```
public List findAll(){
        List pslist=null;
        String sql="SELECT * FROM TGuide order by TGuideDate desc,
                    TGuideID desc";
        try{
            DBConnect dbc=new DBConnect(sql,
                            ResultSet.TYPE_SCROLL_SENSITIVE,
                            ResultSet.CONCUR_UPDATABLE);
            ResultSet rs=dbc.executeQuery();
            pslist=fetchMultiResults(rs);
            dbc.close();
        }catch(SQLException e){
            e.printStackTrace();
        }
            return pslist;
    }
```

findExecutingSQL (String sql, Object [] sqlParams) 的实现代码如下：

```
public List findExecutingSQL(String sql,Object[] sqlParams){
            List pslist=null;
            try{
                DBConnect dbc=new DBConnect(sql,
                        ResultSet.TYPE_SCROLL_SENSITIVE,
                        ResultSet.CONCUR_UPDATABLE);
                for(int i=0;i<sqlParams.length;i++){
                    dbc.setObject(i+1,sqlParams[i]);
                }
                ResultSet rs=dbc.executeQuery();
                pslist=fetchMultiResults(rs);
                    dbc.close();
```

```
            }catch(SQLException e){
                    e.printStackTrace();
            }
            return pslist;
        }
```

可以发现，上面两种方法中均用到了 fetchMultiResults（ResultSet rs）方法，而该方法中则会用到 populateVO（Guide bean，ResultSet rs）方法，这两种方法属于当前 DAO 内部的方法，而不是像增、删、改方法一样实现自 DAO 接口，目的只是为了使程序更加结构化。下面简要介绍这两种方法：

populateVO（Guide bean，ResultSet rs）的作用是把当前结果集的内容设置到 JavaBean 中，实现代码如下：

```
  protected void populateVO(Guide bean,ResultSet rs)throws
SQLException{
            bean.setTGuideID(rs.getInt("TGuideID"));

   bean.setTGuideContent(rs.getString("TGuideContent"));
            bean.setTGuideFrom(rs.getString("TGuideFrom"));
            bean.setTGuideTitle(rs.getString("TGuideTitle"));
            bean.setTGuideDate(rs.getDate("TGuideDate"));
            bean.setTGuideHits(rs.getInt("TGuideHits"));
            bean.setTGuideType(rs.getString("TGuideType"));
        }
```

fetchMultiResults（ResultSet rs）的作用是把整个结果集的内容增加到 List 对象中，实现代码如下：

```
  protected List fetchMultiResults(ResultSet rs)throws SQLException
 {
            int CurrNum=0;
            ArrayList resultList=new ArrayList();
            try{
            rs.last();
                if(rs.getRow()<=1){
                rs.first();
                    Guide bean=new Guide();
                    populateVO(bean,rs);
                    resultList.add(bean);
                }
                else{
                rs.first();
```

```
                if(PageInfo==null){
                    while(! rs.isAfterLast()){
                            Guide bean=new Guide();
                            populateVO(bean,rs);
                            resultList.add(bean);
                            rs.next();
                    }
                }
                else{
                rs.first();
                PageInfo.CaculatePageInfo(rs);
                rs.absolute(PageInfo.getFrom());
                while((! rs.isAfterLast())&&(CurrNum<
PageInfo.getPagesize())){
                    Guide bean=new Guide();
                    populateVO(bean,rs);
                    resultList.add(bean);

                    rs.next();
                    CurrNum++;
                }
                }
                }
                rs.close();
                return resultList;
            }
            catch(Exception e){}
            rs.close();
            return resultList;
        }
```

除了以上方法外，本操作类中还涉及了另外两个自定义的方法 editHit（Object PKey）和 findHits（）方法，这两个方法分别实现信息点击率的更新和查询。

editHit（Object PKey）的实现代码如下：

```
public void editHit(Object PKey)throws Exception{
        String sql="Update TGuide set TGuideHits=TGuideHits+1
                where TGuideID=?";
    try{
        DBConnect dbc=new DBConnect(sql);
        dbc.setObject(1,PKey);
        dbc.executeUpdate();
```

```
            dbc.close();
        }catch(SQLException e){
            // TODO Auto-generated catch block
            e.printStackTrace();
        }
    }
```

findHits () 的实现代码如下：

```
public List findHits(){
        List pslist=null;
        String sql="SELECT * FROM TGuide order by TGuideHits desc";
        try{
            DBConnect dbc=new DBConnect(sql,
                    ResultSet.TYPE_SCROLL_SENSITIVE,
                    ResultSet.CONCUR_UPDATABLE);
            ResultSet rs=dbc.executeQuery();
            pslist=fetchMultiResults(rs);
            dbc.close();
        }catch(SQLException e){
            // TODO Auto-generated catch block
            e.printStackTrace();
        }
        return pslist;
    }
```

2. 控制器层设计

外贸集粹模块的控制器层主要的功能是获取客户端提交的参数，调用模型层 DAO 的方法，向客户端返回处理结果。主要包含以下 Servlet，如表 9-8 所示。

表 9-8 外贸集粹模块包含的 Servlet

类 名	功 能
GuideFindServlet	负责查询的流程控制
GuideUpdateServlet	负责数据更新的流程控制
GuideDeleteServlet	负责数据删除的流程控制
GuideDetailServlet	负责数据添加与更改的流程控制

在 GuideFindServlet 中，先获取 currentpage、pageSize 两个参数，然后创建 PageInfo 实例。如果得不到 currentpage，则默认 currentpage 为 1；如果得不到 pageSize，则默认 pageSive 为 20。然后将 PageInfo 实例以及数据查询结果集 pslist 保存在 session 对象中。GuideFindServlet.java 相关代码如下：

```
...
public class GuideFindServlet extends HttpServlet{
    public void doGet(HttpServletRequest request,HttpServletResponse response)
            throws ServletException,IOException{
        String type=request.getParameter("Type");
        String stype=request.getParameter("stype");
        String keyword=request.getParameter("title");
        String from=request.getParameter("from");
        int pageSize=request.getParameter("PageSize")==null? 20
            :Integer.parseInt(request.getParameter("PageSize"));
        int currentpage=request.getParameter("page")==null? 1
            :Integer.parseInt(request.getParameter("page"));
        PageInfo PageInfo=new PageInfo(currentpage,pageSize);
         GuideDAO GuideDAO=new GuideDAO(PageInfo);
         if(from==null){
         if(request.getSession().getAttribute("admin")==null){
         response.sendRedirect("adminlo.jsp");
         }
         }
         if(stype!=null){
         if(stype.equals("fax"))
             stype="进出口退税";
         else if(stype.equals("law"))
             stype="政策法规";
         else if(stype.equals("base"))
             stype="外贸基础";
         }
         List pslist=null;
         List pslist2=null;
         String sql="";
         try{
             if(type==null){
                 if(stype==null){
                     pslist=GuideDAO.findAll();
                 }
                 else{
                     Object[] sqlparams=new Object[1];
                     sql="SELECT * FROM TGuide where TGuideType=? order by TGuideDate
desc,TGuideID desc";
                     sqlparams[0]=stype;
                     pslist=GuideDAO.findExecutingSQL(sql,sqlparams);
                 }
```

```
            }
            else if(type.equals("search")){
                if(stype==null){
                    sql="SELECT * FROM TGuide where TGuideTitle like? order by TGuideDate
desc,TGuideID desc";
                    Object[] sqlparams=new Object[1];
                    sqlparams[0]="%"+keyword+"%";
                    pslist=GuideDAO.findExecutingSQL(sql,sqlparams);

            }
            else{
                    sql="SELECT * FROM TGuide where TGuideTitle like? and TGuideType=? order
by TGuideDate desc,TGuideID desc";
                    Object[] sqlparams=new Object[2];
                    sqlparams[0]="%"+keyword+"%";
                    sqlparams[1]=stype;
                    pslist=GuideDAO.findExecutingSQL(sql,sqlparams);

            }
        }
        if(from!=null&&from.equals("index")){
                    pslist2=GuideDAO.findHits();
request.getSession().setAttribute("pslist2",pslist2);
        }
        request.getSession().setAttribute("type",type);
        request.getSession().setAttribute("key",keyword);
        request.getSession().setAttribute("pslist",pslist);
        request.getSession().setAttribute("PageInfo",PageInfo);
    }
    catch(Exception E){
                response.sendRedirect(Const.errorpage);
    }
        if(from!=null&&from.equals("index")){
            if(type==null){
                response.sendRedirect("foreinguide.jsp");
        }
        else if(type.equals("search")){
  response.sendRedirect("foreinguide.jsp?type=search&keyword="+java.net.URLEncoder.encode
(keyword)+"");

  response.sendRedirect("foreinguide.jsp?type=search&keyword="+keyword+"");
         return;
        }
```

```
        }
        else {
response.sendRedirect("fadmin/foreigntradeguide.jsp");
            return;
        }
    }
    public void doPost(HttpServletRequest request,
HttpServletResponse response)
            throws ServletException,IOException{
        doGet(request,response);
    }
}
```

GuideUpdateServle.java 的作用是编辑外贸集粹信息，根据传递的 type 参数值决定本次操作是增加还是修改一条记录。相关代码如下：

```
    ...
    public class GuideUpdateServlet extends HttpServlet{
      public void doGet(HttpServletRequest request, HttpServletResponse response) throws
ServletException,IOException{
            doPost(request,response);
      }
      public void doPost(HttpServletRequest request,HttpServletResponse response) throws
ServletException,IOException{
        if(request.getSession().getAttribute("admin")==null){
        response.sendRedirect("adminlo.jsp");
        }
        String type=StrFun.chinese(request.getParameter("type"));
        String
TGuideTitle=StrFun.chinese(request.getParameter("TGuideTitle"));
        String
TGuideFrom=StrFun.chinese(request.getParameter("TGuideFrom"));
        String
TGuideType=StrFun.chinese(request.getParameter("TGuideType"));
        Date
TGuideDate=Date.valueOf(request.getParameter("TGuideDate"));
        String
TGuideContent=StrFun.chinese(request.getParameter("TGuideContent"));

        Guide bean=new Guide();
        bean.setTGuideContent(TGuideContent);
        bean.setTGuideDate(TGuideDate);
```

```
            bean.setTGuideFrom(TGuideFrom);
            if(type.equals("edit")){
            int
guideid=Integer.parseInt(request.getParameter("guideid"));
            bean.setTGuideID(guideid);
            }
            bean.setTGuideTitle(TGuideTitle);
            bean.setTGuideType(TGuideType);
            GuideDAO guideDAO=new GuideDAO();
            try{
            if(type.equals("edit"))
                guideDAO.update(bean);
            else
                guideDAO.insert(bean);
            response.sendRedirect("GuideListServlet");
        }
        catch(Exception e)
        {
            response.sendRedirect(Const.errorpage);
        }
    }
}
```

GuideDeleteServlet.java 的作用是根据传递的主键值删除对应的记录，相关代码如下：

```
...
public class GuideDeleteServlet extends HttpServlet{
  public void doGet(HttpServletRequest request,HttpServletResponse response)
          throws ServletException,IOException{
      if(request.getSession().getAttribute("admin")==null){
        response.sendRedirect("adminlo.jsp");
        return;
        }
        GuideDAO guideop=new GuideDAO();
        int guideid=Integer.valueOf(request.getParameter("guideid"));
        try{
            guideop.delete(guideid);
            response.sendRedirect("GuideListServlet");
        }
        catch(Exception e){
            response.sendRedirect(Const.errorpage);
        }
```

```
    }
    public void doPost(HttpServletRequest request,HttpServletResponse response)
            throws ServletException,IOException{
        doGet(request,response);
    }
}
```

GuideDetailServlet.java 的作用是查询到所需的外贸集粹信息对象，存储到 session 并重定向到 JSP 页面。相关代码如下：

```
...
public class GuideDetailServlet extends HttpServlet{
    public void doGet(HttpServletRequest request,HttpServletResponse response)
        throws ServletException,IOException{
     String sType=StrFun.chinese(request.getParameter("stype"));
     int
guideid=Integer.parseInt(request.getParameter("guideid"));
        String from=StrFun.chinese(request.getParameter("from"));
        String type=StrFun.chinese(request.getParameter("type"));
        if(from==null){
            if(request.getSession().getAttribute("admin")==null){
                response.sendRedirect("adminlo.jsp");
                return;
            }
        }
        GuideDAO GuideDAO=new GuideDAO();
        String sql="";
        List pslist=null;
        Object[] sqlparams=new Object[1];
        sqlparams[0]=guideid;
        try{
            if(sType! =null){
            sql="select * from TGuide where TGuideID=? and
TGuideType='"+sType+"'";
            }
            else{
                sql="select * from TGuide where TGuideID=? ";
            }
            pslist=GuideDAO.findExecutingSQL(sql,sqlparams);
            if(! pslist.isEmpty()){
                Iterator it=pslist.iterator();
                Guide guideobject=(Guide)it.next();
```

```
            request.getSession().setAttribute("guideobject",guideobject);
        }
        if (from! =null&&from.equals("index")){
            GuideDAO.editHit(guideid);
            response.sendRedirect("display.jsp");
            return;
        }
        else{
response.sendRedirect("fadmin/foreigntradeguidedo.jsp? type="+type+"");
            return;
        }
    }
    catch(Exception e){
        response.sendRedirect(Const.errorpage);
    }
  }
  public void doPost(HttpServletRequest request,HttpServletResponse response)
        throws ServletException,IOException{
    doGet(request,response);
  }
}
```

3. 视图层设计

外贸信息服务网站的后台管理端的主页面运行效果如图 9-4 所示。

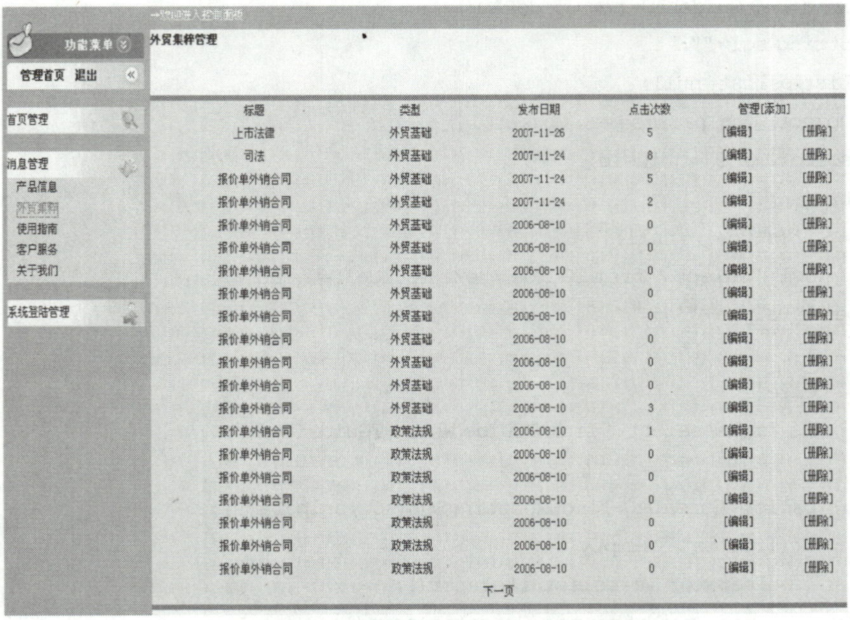

图 9-4　管理端信息管理页面效果图

以上页面采用框架式网页的模式进行设计，框架分成左右两部分，分别链接到 left. jsp 和 main. jsp。以下是管理页面 foreigntradeguide. jsp 主要代码。

```
...
<script language="javascript">
function del()
{
if(confirm("确定删除吗?")==true)
  return true;
 else
  return false;
}
function GoToPage()
{
ipageno=document.all.Sltpageno.value;
document.location.href="../GuideFindServlet? Page="+ipageno+"";
}

</script>
<%@include file="../inc/identy.jsp"%>
<%@page import="bean.Guide"%>
<%@page import="daos.GuideDAO"%>
<%@page import="daos.PageInfo"%>
<%@page import="util.StringDeal"%>
</head>
...
<TR>
          <TD class=tdbg3 height=5></TD>
        </TR>
        <TR>
          <TD class=tdbg1 vAlign=top align="center">
<%if(request.getSession().getAttribute("pslist")!=null)
  {
      ArrayList pslist=(ArrayList)session.getAttribute("pslist");
       Iterator it=pslist.iterator();
        %>
<table width="100%" border="0" cellpadding="0" cellspacing="0">
          <tr align="center">
  <td width="30%">标题</td>
  <td width="15%">类型</td>
  <td width="22%">发布日期</td>
  <td width="10%">点击次数</td>
```

```
<td colspan="2">管理[
<a href="../GuideDetailServlet? guideid=0&type=add">添加</a>]</td>
            </tr>
         <%
        while(it.hasNext())
        {
            Guide guide=(Guide)it.next();
        %>
        <tr align="center">
  <td><%=StringDeal.cutstring(guide.getTGuideTitle(),15)%></td>
  <td><%=guide.getTGuideType()%></td>
  <td><%=guide.getTGuideDate()%></td>
  <td><%=guide.getTGuideHits()%></td>
  <td width="15%">
 [<a href="../GuideDetailServlet? guideid=<%=guide.getTGuideID()%>&type=edit">编辑
</a>]</td>
  <td width="15%">
 [<a href="../GuideDelServlet? guideid=<%=guide.getTGuideID()%>"onClick="return del
();"> 删除</a>]</td>
            </tr>
            <%
            }
            %>
            <tr align="center">
   <td colspan="6"><% if(session.getAttribute("PageInfo")! =null)
   {
   PageInfo info=(PageInfo)session.getAttribute("PageInfo");
   %>
   <a href="../GuideFindServlet?page=<%=info.getPrepage()%>">
   <%=info.getPrevious()%></a>
   <a href="../GuideFindServlet?page=<%=info.getNxtpage()%>">
   <%=info.getNext()%></a>
      <%}%>
   </td>
             </tr>
            </table>
           <%
           }
           %>
  ...
```

在 JSP 页面中提取保存在 session 对象中的 PageInfo 和 pslist 参数，并对结果集进行分页显示。信息添加页面如图 9－5 所示，该页面主要是提供信息的添加，信息修改页面也可参照实现。相应代码如下（具体参见 foreigntradeguidedo. jsp）：

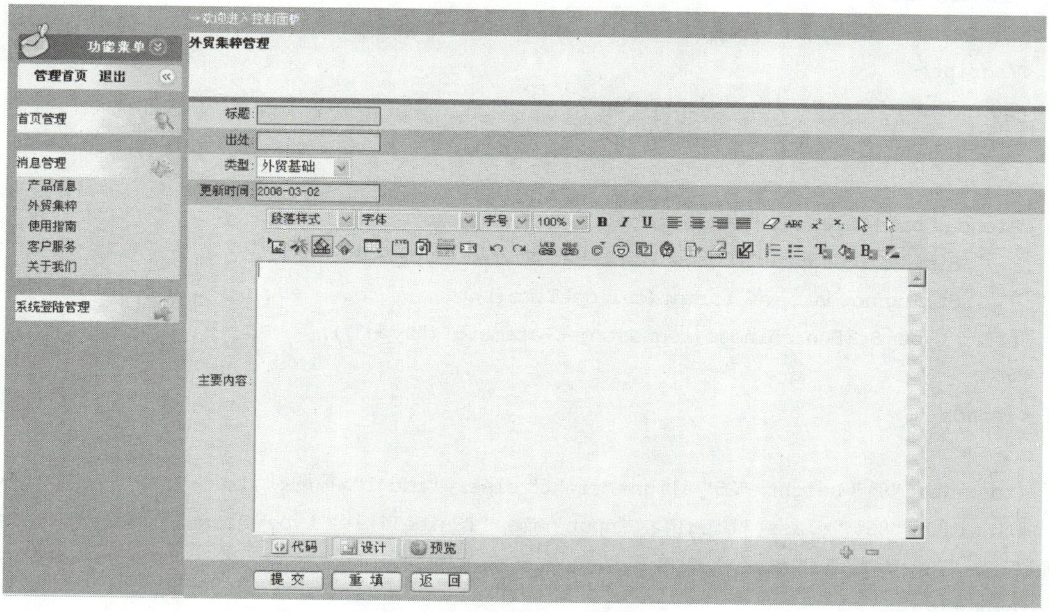

图 9－5　外贸集粹的信息添加页

```
...
<script language="javascript">
function checkform()
{
TGuideTitle=document.all.TGuideTitle.value;
TGuideFrom=document.all.TGuideFrom.value;

if(TGuideTitle=="")
{
  alert("请填写标题");
  return false;
}
else if(TGuideFrom=="")
{
  alert("请填写出处");
  return false;
}
else if(eWebEditor1.getHTML()=="")
{
  alert("请填写内容");
  return false;
}
else
```

```
  return true;
}
</script>
<%@include file="../inc/identy.jsp"%>
<%@page import="bean.*"%>
<%
Calendar cal=Calendar.getInstance();
      SimpleDateFormat sf=new SimpleDateFormat("yyyy-MM-dd");
      String nowdate=sf.format(cal.getTime());
String type=StrFun.chinese(request.getParameter("type"));
%>
</head>
...
<td width="8%" height="25" align="right" class="tdbg1">标题:</td>
<td width="86%" class="tdbg1"><input name="TGuideTitle" type="text" class="dataIn-
put" id="TGuideTitle" size="30"
value="<%
  if(type.equals("edit")){
     Guide
guideobject=(Guide)request.getSession().getAttribute("guideobject");
     out.print(guideobject.getTGuideTitle());
      }%>"></td>
<td width="6%" class="tdbg1"> </td>
</tr>
<tr>
<td height="25" align="right" class="tdbg2">出处:</td>
<td height="25" class="tdbg2"><input name="TGuideFrom" type="text" class="dataIn-
put" id="TGuideFrom" size="20"
  value="<%
  if(type.equals("edit")){
       Guide
guideobject=(Guide)request.getSession().getAttribute("guideobject");
       out.print(guideobject.getTGuideFrom());
   }
%>"></td>
<td height="25"class="tdbg2"> </td>
</tr>
<tr>
<td height="25" align="right" class="tdbg1">类型:</td>
<td height="25" class="tdbg1"><select name="TGuideType" id="TGuideType">
  <option value="外贸基础" selected>外贸基础</option>
  <option value="政策法规">政策法规</option>
```

```
<option value="进出口退税">进出口退税</option>
</select>
</td>
<td height="25" class="tdbg1"> </td>
</tr>
<tr>
<td height="25" align="right" class="tdbg2">更新时间:</td>
<td height="25" class="tdbg2">
<input name="TGuideDate" type="text" class="dataInput" id="TGuideDate" onFocus=
"this.select()" readonly="true" value="<%=nowdate%>"></td>
<td height="25" class="tdbg2"> </td>
</tr>
<tr class="tdbg2">
<td height="25" align="right" class="tdbg1">主要内容:</td>
<td height="25" class="tdbg1">
<textarea name="TGuideContent" style="display:none">
<%if(type.equals("edit"))
  {
    Guide
guideobject=(Guide)request.getSession().getAttribute("guideobject");
    out.print(guideobject.getTGuideContent());
  }
%></textarea>
<IFRAME ID="eWebEditor1"
src="../eWebEditor/eWebEditor.jsp? id=TGuideContent&style=standard" frameborder="0"
scrolling="no" width="650" height="350">
</IFRAME>
</td>
<td height="25" class="tdbg1"> </td>
</tr>
<tr>
<td height="40" class="tdbg2"> </td>
<td height="40" class="tdbg2"><input type=submit name=btn Submit value="提交" on-
Click="return checkform();">
<input type=reset name=btnReset value="重填"><input type="button" name="Submit2"
value="返回" onClick="window.history.back()">
<font color="#FF0000">
<input name="type" type="hidden" id="type" value="<%=type%>">
<input name="guideid" type="hidden" id="type" value="<%
if(type.equals("edit"))
{
  Guide
```

```
guideobject=(Guide)request.getSession().getAttribute("guideobject");
    out.print(guideobject.getTGuideID());
  }%>">
...
```

该页面同时也是外贸集粹修改的页面代码，代码中采用了 if…else…进行了判断。这样设计可以减少 JSP 文件的数量，提高重用性。

此外，该页面中的技术难点是采用了在线编辑器（eWebEditor）组件，该组件使用方便、灵巧，可以满足多种网页资源的编辑需求。其中 <IFRAME> 中的 src="../eWebEditor/eWebEditor.jsp? id=TguideContent&…" 的 id=TGuideContent 必须和文本域的名称（即 name="TGuideContent"）相同。关于 eWebEditor 的其他内容这里不再赘述，读者如有兴趣可以查询相关网络资料。

9.3.2 管理员维护模块

1. 模型层设计

1）管理员 JavaBean（Tadmin.java）

管理员 JavaBean 与前几章所使用的 person.java 相类似，主要封装管理员的属性。以下是 Tadmin.java 的部分代码。

```
public class Tadmin{
    private Integer tadminId;
    private String tadminUsername;
    private String tadminPass;
...        //各属性的 get×××()方法和 set×××()方法略
```

2）管理员 DAO（TadminDAO.java）

它同样也实现了 DAO 公共接口，主要负责对管理员的信息进行维护和查询，其主要方法如表 9-9 所示。

表 9-9 TadminDAO 包含的方法

返回类型	方 法	功 能
void	insert（Object bean）	添加数据
void	update（Object bean）	更改数据
void	delete（Object PKey）	删除数据
List	findAll（）	整体查询，即查询相关表内所有记录
List	findExecutingSQL（String sql，Object [] sqlParams）	筛选查询，即查询相关表内符合一定条件的所有记录

TadminDAO 的代码与 GuideDAO 类似，在这里不再赘述，读者可以参考光盘中的代码。

2. 控制器层设计

外贸集粹模块的控制器层主要的功能是获取客户端提交的参数，调用模型层 DAO 的方法，向客户端返回处理结果。主要包含以下 Servlet，如表 9-10 所示。

表 9-10 管理员维护模块包含的 Servlet

类 名	功 能
LoginServlet	负责登录控制
LogoutServlet	负责退出控制
AdminUpdateServlet	负责更新管理员信息的流程控制

以下是 LoginServlet.java 的代码：

```
  public class LoginServlet extends HttpServlet{
    public void doGet(HttpServletRequest request,HttpServletResponse response)
            throws ServletException,IOException{
        doPost(request,response);
    }
    public void doPost(HttpServletRequest request,HttpServletResponse response)
            throws ServletException,IOException{
        String
rand=request.getSession().getAttribute("rand").toString();
        String userpwd=request.getParameter("userpwd");
        String input=request.getParameter("rand");
        String username=request.getParameter("username");
        String url="";
        if(!rand.equals(input))
        {
         response.sendRedirect("fadmin/adminlo.jsp");
    }
    else{
         TAdminDAO adminop=new TAdminDAO();
         String sql="select * from TAdmin where TAdminUsername=?
                and TAdminPass=?";
         Object[] sqlparams=new Object[2];
         sqlparams[0]=username;
         sqlparams[1]=userpwd;
         List pslist=null;
         Tadmin admin=null;
         pslist=adminop.findExecutingSQL(sql,sqlparams);
            Iterator it=pslist.iterator();
            while(it.hasNext()){
               admin=(Tadmin)it.next();
            }
            if(admin!=null){
    request.getSession().setAttribute("admin","admin");
```

```
    request.getSession().setAttribute("username",username);

    request.getSession().setAttribute("userpwd",userpwd);

request.getSession().setAttribute("id",admin.getTadminId());
                url="fadmin/index.jsp";
            }
            else
                url="fadmin/adminlo.jsp";
                response.sendRedirect(url);
        }
    }
}
```

3. 视图层设计

如图 9－6 所示，该页面主要是显示管理员信息，并提供管理员信息的修改。

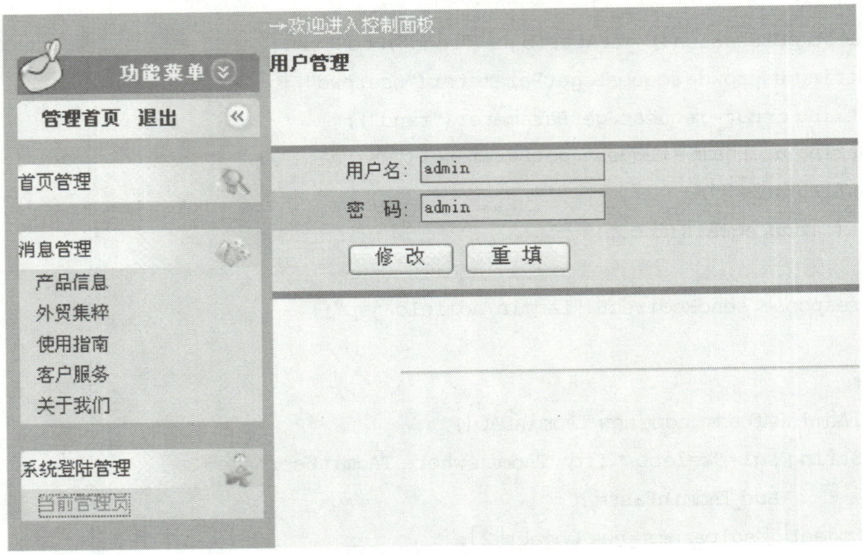

图 9－6 管理员管理页面效果图

相应代码如下（具体参见 adminuser.jsp）：

```
 ...
 <%
 String
userpwd=request.getSession().getAttribute("userpwd").toString();
 String
username=request.getSession().getAttribute("username").toString();
 %>
 ...
```

```
<form action="../EditAdminServlet" method="post">
  <TABLE height="100%"cellSpacing=0 cellPadding=0 width="100%"align=center
border=0>
    <TBODY>
  <%
    if(request.getSession().getAttribute("id")!=null)
  {
  int
id=Integer.parseInt((request.getSession().getAttribute("id")).toString());
  %>
      <TR><TD class=tdbg3 height=5></TD></TR>
      <TR><TD class=tdbg1 vAlign=top>
...
<table width="100%" border="0" cellspacing="0" cellpadding="0">
<tr>
<td width="6%" height="25" class="tdbg1"> </td>
<td width="88%" class="tdbg1">用户名:
<input name=username type="text" class="dataInput" id="username" size="30" value=
"<%=username%>">   </td>
<td width="6%" class="tdbg1"> </td></tr>
<tr>
<td height="25" class="tdbg2"> </td>
<td height="25" class="tdbg2">密  码:
<input name="userpwd" type="text" class="dataInput" id="userpwd" size="30" value=
"<% =userpwd %>">
  <font color="# FF0000">
<input name="TAdminID" type="hidden" id="TAdminID" value="<%=id%>">
</font></td>
<td height="25" class="tdbg2"> </td></tr>
<tr>
<td height="40" class="tdbg1"> </td>
<td height="40" class="tdbg1">
<input type=submit name=btnSubmit value="修改">
<input type=reset name=btnReset value="重填"></td>
...
```

9.3.3 其他功能模块

1. 模型层设计

1) JavaBean

系统的其他模块需要设计以下 JavaBean，如表 9－11 所示。

表 9-11 系统其他模块的 JavaBean

类 名	含 义	类 名	含 义
Tannouce	公告信息	Tquestion	问题信息
Tproduct	产品信息	TService	服务信息

2) DAO

针对以上 JavaBean，需要设计相应的 DAO 与其对应，如表 9-12 所示。

表 9-12 系统其他模块的 DAO

类 名	功 能
TannouceDAO	封装对公告信息的增、删、改、查询操作
TproductDAO	封装对产品信息的增、删、改、查询操作
TquestionDAO	封装对问题信息的增、删、改、查询操作
TServiceDAO	封装对服务信息的增、删、改、查询操作

以上 DAO 类均要实现 DAO 接口，因而必须首先实现 DAO 的所有增、删、改及查询方法，具体实现方式与外贸集粹 DAO 类似。除此以外，还可以根据不同模块的特殊处理要求，自定义一些必要的业务方法。

2. 控制器层设计

根据系统其他模块在流程上的控制需求，需要设计以下 Servlet 进行调遣，如表 9-13 所示。

表 9-13 系统其他模块的 Servlet

类 名	功 能
AnnouceFindServlet	负责公告信息查询的流程控制
AnnouceUpdateServlet	负责公告信息更新的流程控制
ProductFindServlet	负责产品信息查询的流程控制
ProductupdateServlet	负责产品信息更新的流程控制
QuesFindServlet	负责问题信息查询的流程控制
QuesUpdateServlet	负责问题信息更新的流程控制
QuesDeleteServlet	负责问题信息删除的流程控制
QuesDetailServlet	负责问题信息添加或更改的流程控制
ServiceFindServlet	负责服务信息查询的流程控制
ServiceUpdateServlet	负责服务信息更新的流程控制

以上 Servlet 类的具体实现代码也与外贸集粹模块的 Servlet 类似。

3. 视图层设计

作为 MVC 中的视图层，JSP 的作用无外乎两种：一种是包含各种输入控件的表单页，另一种则是负责把处理的结果呈现给客户端用户。系统中其他模块所使用的 JSP 文件数量较多，这里不再一一列出。

小提示：

系统示例代码的运行环境需要 jdk1.5 以上版本，否则可能会出现数据类型或某些对象的方法不兼容的问题。

本章小结

本章详细论述了如何采用 MVC 框架来设计和实现外贸信息服务网站这样的典型的 Web 信息系统，并从实际开发的角度具体阐述了 MVC 设计思想。本章内容着重对系统进行了总体功能模块划分、数据库设计和各功能模块详细设计，其中对 DAO 模式以及分页显示均做了详细的介绍，并用相关代码加以说明。从本系统的开发中可以看出，MVC 开发框架通过强制性分离，使得 M、V、C 三个层次之间相互独立，实现了松耦合的设计要求，这样可以使得系统在健壮性、代码重用和代码结构化等方面更上一个新台阶。

本章习题

1. 请简述 MVC 开发框架的思想以及各层面所包含的 Web 组件。
2. DAO 对象在本系统中是如何被调用的？
3. 请简述分页显示功能是如何实现的？涉及哪些程序？
4. 本系统前台的首页功能模块在实现过程中有何特殊之处？需要做怎样的技术处理？
5. 请编写一个基于 MVC 的用户登录模块，要求如下：

(1) 将检验用户名和密码的程序封装成模型层 DAO 类中的方法；

(2) 用户登录后将其登录时间和次数更新到数据库里；

(3) 用户登录后将其个人基本信息（JavaBean）存到 session 中，并在最终页面打印显示。

第 10 章　Web 2.0 开发——Ajax 技术

互联网浏览必用的搜索引擎 Google 我们几乎每天都要使用。当我们在搜索框里输入任何一个关键字之后，Google 会立刻显示一个下拉框，里面列出了相关的热门搜索关键字及搜索结果的条数，如图 10-1 所示。这个显示的动作几乎是立即响应的，不用等待页面提交或刷新。这便是当前最热门的 Ajax 典型应用之一。

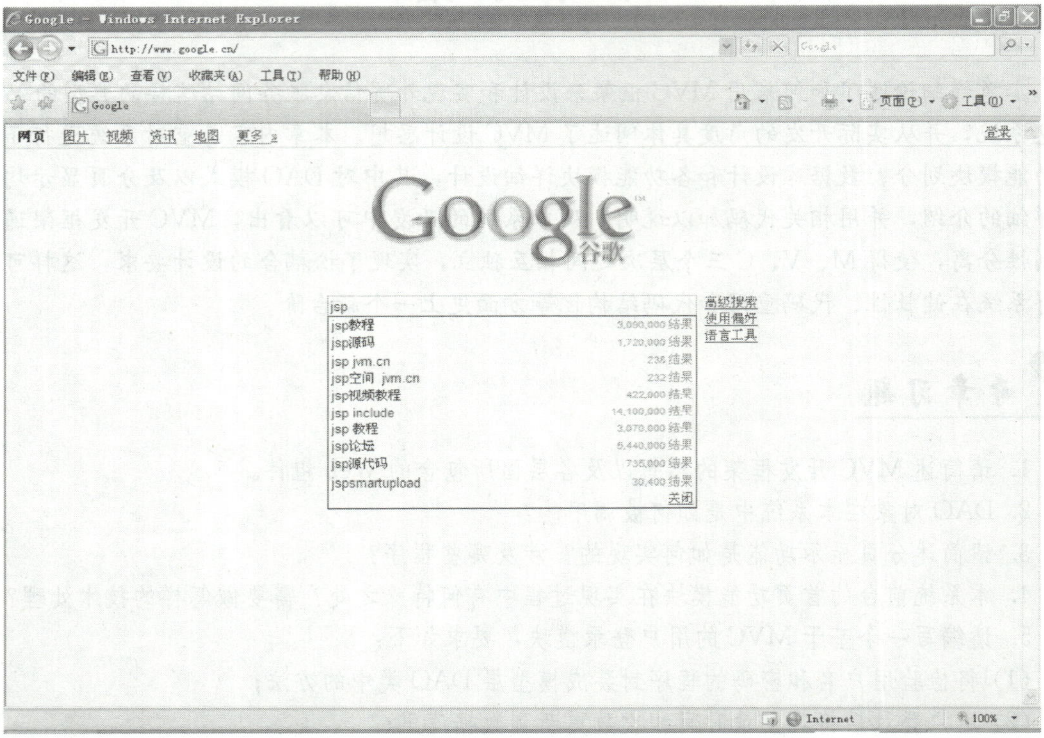

图 10-1　Google 首页

Ajax 是 Web 2.0 的典型实现技术之一。Web 2.0 是相对传统 Web 模式的新的一类互联网应用的统称。由传统 Web 模式单纯通过网络浏览器浏览网页向内容更丰富、联系性更强、工具性更强的 Web 2.0 模式的发展已经成为互联网新的发展趋势，常见的 Web 2.0 应用有博客、百度知道等。从“用户体验”的角度来看，传统的网页技术所实现的网页在呈现信息与提交信息时存在很多不方便的地方，不能很好地方便用户使用，浪费了用户很多的资源和时间，而 Ajax 这样的技术却可以极大提高用户的“用户体验”。本章将介绍 Ajax 技术的核心原理，并通过最新的开发工具来进行实例开发。

10.1　Ajax 的定义及特点

Ajax 全称为 Asynchronous JavaScript and XML，中文名为异步 JavaScript 和 XML，是

由 Jesse James Garrett 在 2005 年 2 月的一篇文章中提出的一个全新的概念。实际上，Ajax 并不是一门新的语言，它是通过巧妙组合 HTML、DHTML、JavaScript 以及 DOM 等技术形成的一种新的 Web 应用。

Ajax 技术有如下特点。

1. 操作上的友好性

Ajax 的一个最大的特点是大大增加了用户体验。用户向服务器发送一个请求时，如单击网页上的一个链接或按钮，不会再出现浏览器白页的现象。也就是说，用户可以在不改变当前网页内容的情况下，得到用户所需要的内容。

2. 减轻服务器的负担

在传统的 Web 浏览方式中，用户若要查看一个数据列表中的一行数据，就必须转到另外一个页面，这对于一个基本的 HTML 页面来讲，必然会包含许多用不到的信息，有时候很有可能出现用户需要的数据仅占页面的 1%，而 Ajax 的运行方式则按照用户的需要在当前页面显示数据，这样就大大地减轻了服务器处理动态网页的负担，同时也大大增加了用户取得数据的速度。

3. 标准化和广泛支持

Ajax 的支撑技术均是国际上的一些标准技术，如 JavaScript、XML 等，因此取得了许多国际 IT 巨头的支持，各大 IT 企业都开发了许多 Ajax 实现框架，使程序员能够非常方便地开发出基于 Ajax 的 Web 应用。

10.2　Ajax 的工作原理

Ajax 的工作原理是通过在浏览器和服务器之间增加一个中间层，进而实现用户请求与服务器响应的异步通信。这个中间层就是由 Ajax 引擎来实现的。Ajax 的核心是 JavaScript 对象 XMLHttpRequest，它是一种支持异步发送请求的技术，而 Ajax 引擎就是借助于 JavaScript 程序，通过调用 XMLHttpRequest 对象的属性和方法来与服务器端进行交互，然后再通过 DOM（Document Object Model）来解析 XML 文档和部分更新 HTML 页面的内容。

这里的异步指的是浏览器端与服务器端的一种通信方式，与之相对应的是我们比较熟悉的同步通信。如图 10－2 所示，当用户通过浏览器提交请求时，直接由服务器接收并进行相应处理，然后将处理结果响应给浏览器。如果整个程序运行正常，就标志着本次通信的结束，这也是下一次通信开始的前提，即如果前一个请求还没有得到服务器的响应，那么后面的请

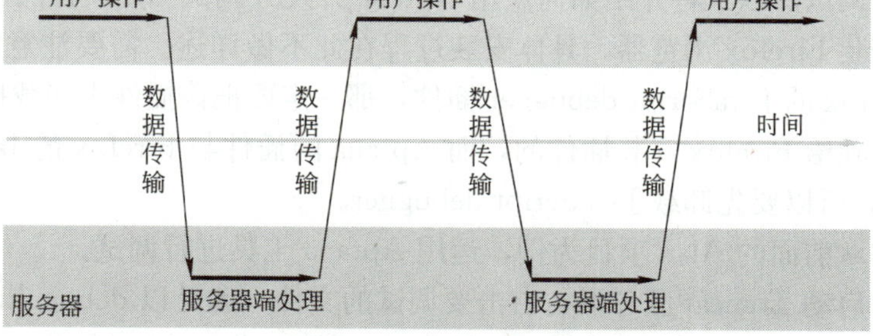

图 10－2　同步通信示意图

求就必须进入等待状态，直到前一个请求得到响应。这样就很有可能造成等待期间页面显示为空白，而且即使是很小的改动也要加载整个页面。

异步通信就可以解决上述弊端。如图 10－3 所示，当用户通过浏览器提交请求时，数据将发送给 Ajax 引擎。Ajax 引擎捕获用户输入的数据，然后再向服务器发送请求，此时，浏览器不用等待服务器的响应，因此用户可以继续输入数据。服务器处理完用户请求之后，返回处理结果并改变 HTTP 的就绪状态。一旦 HTTP 的就绪状态发生改变，Ajax 引擎就会调用相应的回调函数来接收这些处理结果并将它们更新到页面的指定部分，浏览器无需刷新整个页面就能更新页面的部分内容，这样，就会让用户感觉到应用程序是立即完成的，表单页面不需要刷新而页面的部分内容就发生了改变，动态地显示出处理的结果，这使得 Web 浏览器看起来就像即时响应的桌面应用程序一样。使用这种通信方式，在整个交互过程中，无需页面的跳转。

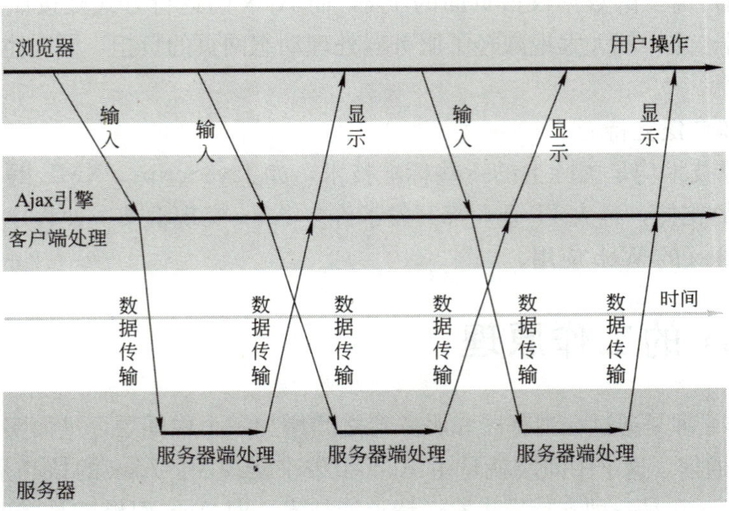

图 10－3　异步通信示意图

10.3　Ajax 开发调试技巧

在前面 JavaScript 部分已经介绍过 Eclipse 插件 Aptana 的使用技巧，其实 Aptana 不仅可以编写普通的 JavaScript 程序，而且支持开发复杂的 Ajax 程序并支持客户端程序与服务器端程序之间的调试。以下将介绍如何使用 Aptana 开发并调试 Ajax 程序。

首先需要安装 Firefox 浏览器，具体安装过程在此不做详述。需要注意的是，如果读者已经安装了 Firefox 的 JavaScript debugger 插件，那一定要把该插件先卸载掉。因为 Aptana 的调试是需要单独给 Firefox 安装插件的，而 Aptana 的插件与 Firefox 的 JavaScript debugger 插件有冲突，所以要先卸载 JavaScript debugger。

下面将以本章前面的 Ajax 项目为例，运用 Aptana 工具进行调试。

打开项目，启动 Tomcat 服务器，右击要调试的文件（此处以 debug.html 为例），在弹出菜单中选择【Debug As】→【Debug】，如图 10－4 所示。

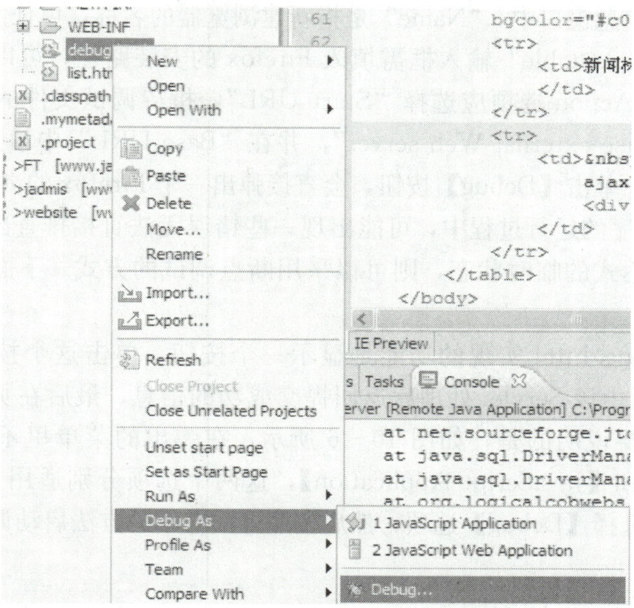

图 10-4　调试文件

单击【Debug】选项后，系统弹出如图 10-5 所示的 Debug 配置对话框。因为 Aptana 的调试是在浏览器中进行的，所以要设置浏览器。在图 10-5 中选择【Web Browser】，然后单击左上角的小按钮，系统会弹出详细配置信息。

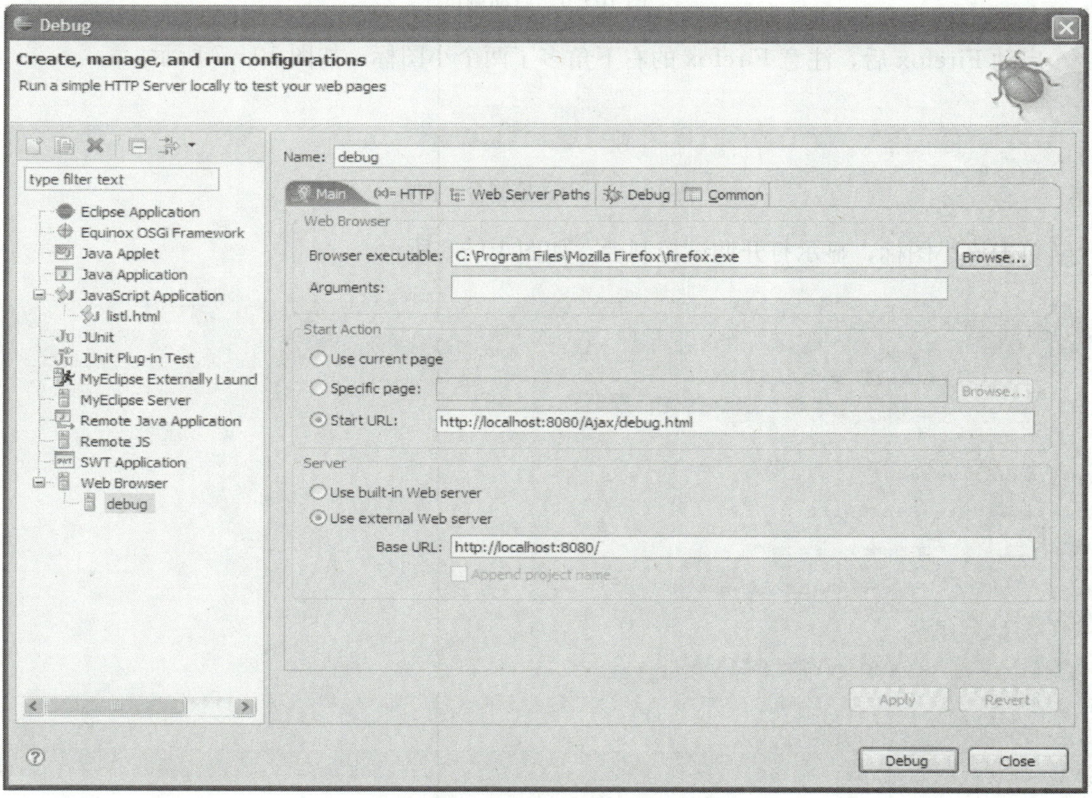

图 10-5　Debug 具体配置

在弹出的调试信息窗口中，“Name”是指新建浏览器的名称，可任意填写，此例中值为debug；“Browser executable”输入框需填入 Firefox 的安装路径，可以单击【Browse】按钮浏览查找；Start Action 选项应选择“Start URL”，指待调试文件的 URL 路径。此外，Server 选项选择“Use external Web server”，并在“Base URL”中填入 http://localhost:8080。设置完成后，单击【Debug】按钮，会直接弹出一个 Firefox 的浏览器。

在复杂 Web 程序的运行过程中，可能出现一些错误无法直接排查出来，或者开发者想查看某些变量、表达式的临时状态，则可以采用断点调试的方式。下面进行断点的设置并调试：

在本例中，debug.html 实现的功能是显示一个按钮，单击这个按钮，将请求提交到 DebugServlet，最后由该 Servlet 处理后返回提交成功的信息，最后在页面中弹出一个提交成功的对话框。需要说明的是，如图 10-6 所示，在弹出的菜单里不能选择【Javascript Web Application】和【JavaScript Application】，这两个选项分别适用于单个页面和 JS 文件。所以，还是要选择【Debug】选项，然后按照上面介绍的方法启动调试。

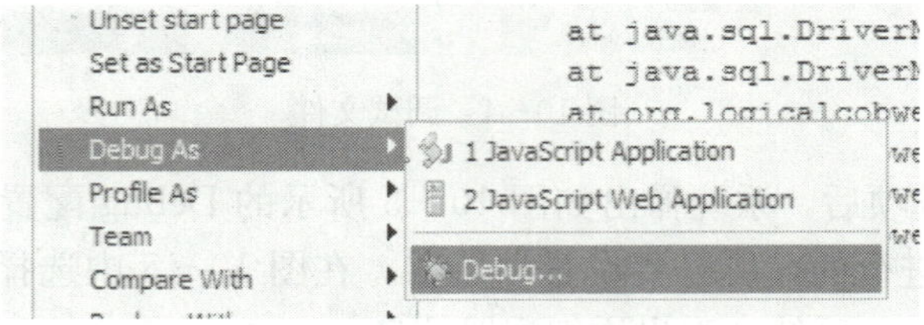

图 10-6 启动调试

启动 Firefox 后，注意 Firefox 的右下角多了两个小图标，如图 10-7 所示。

图 10-7 调试控制台小图标

单击该小图标，显示打开调试控制台，如图 10-8 所示。

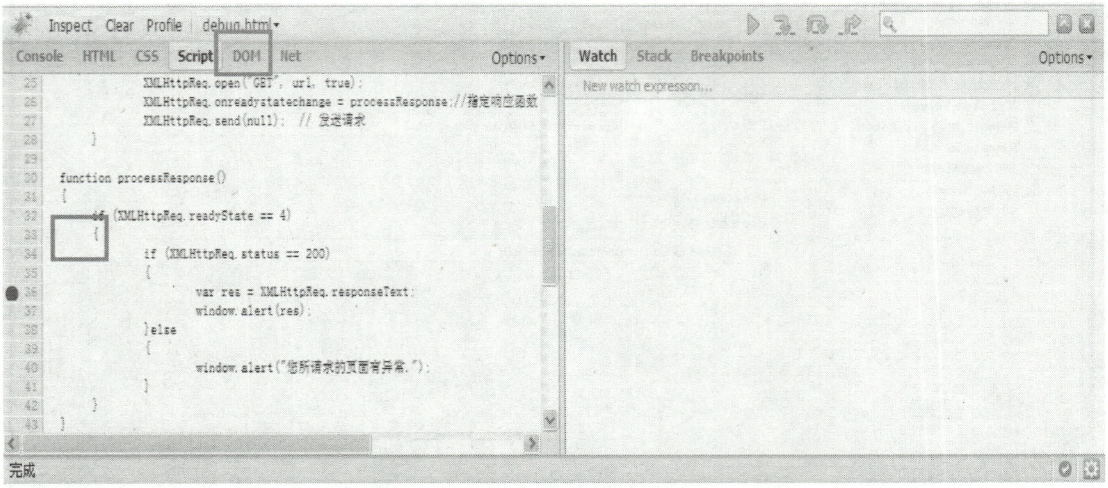

图 10-8 代码调试透视图

单击【Script】选项卡，在需要设置断点的代码行的标记栏上双击即产生一个断点，当程序运行到这行代码时，线程被挂起，如图 10－8 所示。当程序代码量不是很大、线程被挂起的时候，可以使用单步控制，让程序逐行执行。如果在执行单步操作的过程中遇到了断点，则线程会再次被挂起，进行单步测试。单步操作的几个按钮如图 10－9 所示。

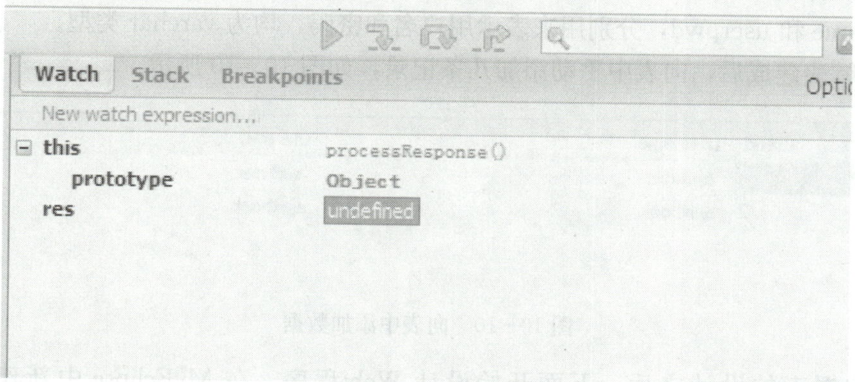

图 10－9　单步操作

其中，调试视图工具栏上第一个图标按钮表示“继续”，它可以恢复线程的执行，恢复后，其他编辑器中的信息也会被清除；第二个图标按钮表示“单步跳入”，是指调用方法或者对象的内部暂挂线程，有时候，错误可能出现在被调试的方法的内部，如果希望程序流程跳入到方法内部执行，则可以使用“单步跳入”功能；第三个图标按钮表示“单步跳过”，是指不进入调用方法的内部，跳到下一个可执行处并暂挂线程；最后一个图标按钮表示“单步过滤”，是指在执行单步跳入的时候，会过滤掉被设置的系统方法和用户自定义方法，它不仅可以让用户跳过一些系统产生的繁琐代码，而且还可以跳过自定义类。利用这些单步操作按钮，可以对程序进行单步执行并查看相关变量或对象的内容和状态。

10.4　Ajax 开发实例

10.4.1　用户名唯一性检验

本例是开发一个用户名唯一性检验的程序，要求在用户输入用户名和密码后，采用 Ajax 技术进行对其用户名是否可用进行验证。为了避免用户名重复的情况，用户提交信息后，需要判断该用户名是否已存在。如果采用传统的验证方式，当前页面需要先提交给服务器端，然后等待服务器端程序判断完毕后返回结果，在出现等待过程中有可能出现浏览器空白的情况。有些情况下，一旦提交后发现此用户名已经存在，那么就要返回注册页面，用户要重新填写所有信息，这就给用户带来了极大的不便。如果采取 Ajax 技术，那么无需经过页面的跳转就可以实现用户名的快速检查。

本例中采用 MySQL 数据库，因此需要导入 MySQL 数据库的驱动文件 mysql－connector - java - 5. 1. 0 - bin. jar 到 WebRoot\WEB - INF\lib\下。此外，为了方便建立与数据库的连接，还需要在 src 文件夹下新建一个 util 包，并在该包下新建一个 DBConnect 类，封装对数据库的各种操作（该类的具体代码请参考第 9 章 MVC 综合开发中相关内容）。

在 MySQL 数据库中新建一个数据库表，表名为 userinfo，为该表创建 3 个字段，其中 userid 表示一条记录的唯一标志，为 int 类型、自增长，同时也是该表的主键；另外两个字段是 username 和 userpwd，分别用来表示用户名和密码，均为 varchar 类型。

userinfo 表建成后，向表中手动添加几条记录，如图 10 - 10 所示。

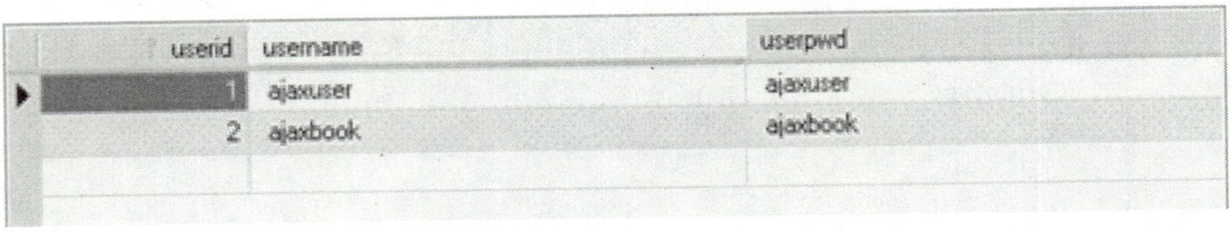

userid	username	userpwd
1	ajaxuser	ajaxuser
2	ajaxbook	ajaxbook

图 10 - 10　向表中添加数据

完成数据表的设计之后，下面开始设计 Web 程序。在 MyEclipse 中新建一个名为“Ajax”的 Web 项目，并在 Ajax 项目中新建一个注册页面 register. html，如图 10 - 11 所示。

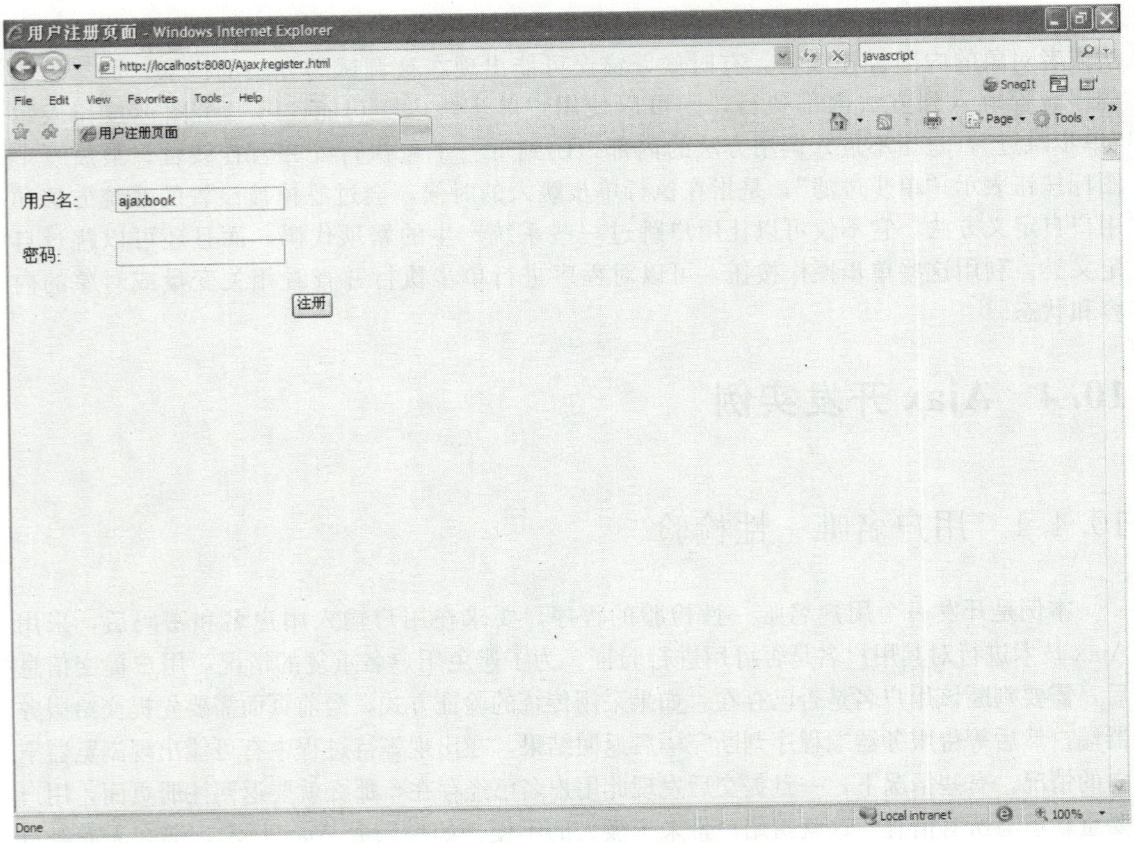

图 10 - 11　用户注册页面

在以上表单中的用户名输入框里需要预设一个 onblur 的事件处理，并设计一个单元格用于显示验证后的提示信息。相关代码设计如下。

```
<tr>
<td width="82">用户名:</td>
<td width="156"><input type="text"name="username"id="username"
onblur="sendRequest()"></td>
<td width="285"id="tip"></td>
</tr>
```

设计的思路是用户输入完用户名之后，光标一旦离开用户名输入框，输入框不再获得焦点，此时触发 blur 事件，因此可以在 onblur 事件处理中调用 sendRequest（）函数将用户名发送给服务器的程序进行验证并将返回的文本信息设置到“tip”单元格中。

下面在 <head> </head> 标签中编写 Ajax 处理所涉及的 JavaScript 函数。首先是函数 createXMLHttpRequest（），代码如下。

```
var XMLHttpReq;
  function createXMLHttpRequest() {
        if(window.XMLHttpRequest)      { //Mozilla 浏览器
            XMLHttpReq=new XMLHttpRequest();
        }
        else if(window.ActiveXObject) { // IE 浏览器
            try {
                XMLHttpReq=new ActiveXObject("Msxml2.XMLHTTP");
            } catch(e) {
                try {
                XMLHttpReq=new ActiveXObject("Microsoft.XMLHTTP");
                } catch(e) {}
            }
        }
  }
```

createXMLHttpRequest（）函数的主要功能是创建一个 XMLHttpRequest 对象实例。根据客户端浏览器的不同，建立该实例的方法也会不同。例如，判断是否为 Mozilla 浏览器（Firefox 就属于 Mozilla 浏览器），如果是，就通过 XMLHttpReq=new XMLHttpRequest（）来建立；如果不是，则判断是否为 IE 浏览器。如果为 Mozilla 浏览器，则通过微软的 ActiveX 对象的方式来创建 XMLHttpReq。通过以上方式创建的 XMLHttpRequest 基本上能兼容目前所有的浏览器。

XMLHttpRequest 对象有以下常用属性。

(1) Onreadystatechange：指定 XMLHttpRequest 对象状态改变时的响应程序。

(2) readyState：XMLHttpRequest 对象的处理状态，共有 0、1、2、3、4 五个值：

> **小提示：**
> 以上代码首先定义了一个全局对象 XMLHttpReq，因为在以上多个函数体中都需要使用该对象。

0 表示对象还没有完成初始化；1 代表对象开始发送请求；2 代表对象的请求发送已经完成；3 代表开始读取服务器的响应；4 代表读取服务器的响应结束。

(3) responseText：用于获取服务器的响应文本，这取决于服务器是以何种形式返回数据，如果是以普通文本返回，则需要用该属性来获取返回的数据。

(4) responseXML：用于获取服务器的响应 XML，当服务器是以 XML 数据返回，则需要用该属性来获取返回的数据。

(5) status：服务器返回的状态值，表示服务器完成响应的状态。共有以下 10 个值：

200，表示服务器响应正常；304，表示该资源在上次请求后没有做任何更改；400，表示无法找到请求的资源；401，表示没有足够的权限来访问资源；403，表示没有权限访问资源；404，表示访问的资源不存在；405，表示需要访问的资源被禁止；407，表示访问的资源需要代理身份认证；414，表示 URL 的长度过长；500，表示内部服务器出错。

了解以上 XMLHttpRequest 的常用属性后，接下来开发一个响应函数 processResponse ()，代码如下。

```
function processResponse()
{
   if(XMLHttpReq.readyState==4)
   {
      if(XMLHttpReq.status==200)
         {
         var tip=XMLHttpReq.responseText;
          document.getElementById("tip").innerHTML="<font
color='blue'>"+tip+"</font>";
      }else
         {
          alert("您所请求的页面有异常!");
         }
      } }
```

在 processResponse () 中，如果 XMLHttpRequest 对象处理的状态为 4，并且服务器返回的状态为 200，表示请求、处理和返回都正常，就可以接收返回的文本并处理；否则提示用户请求的页面有异常。

在前面设计的 register.html 中包含一个名为“tip”的单元格，本实例的关键就是要把服务器返回的文本信息显示在该单元格中。这里通过 getElementById 来取得页面中的 <td> 对象，然后再通过修改该对象的 innerHTML 属性值来达到局部更新的目的。值得一提的是，innerHTML这个属性，其含义是指当前 HTML 标签的对象范围内所包含的 HTML 代码，本例中是指在 <td> </td> 标签对象内部增加显示蓝色文字的 HTML 代码。在很多情况下，局部更新可以通过动态设置 innerHTML 属性得以实现。与之相类似的还有 innerText 属性，但通过 innerText 属性只能设置标签对象范围内的普通文本。

有了 createXMLHttpRequest () 和 processResponse () 函数后，就可以完成 sendRequest () 函数了，代码如下。

```
function sendRequest() {
    var username=document.getElementById("username").value;
    var url="UserRegiterServlet? username="+username;
    createXMLHttpRequest();
    XMLHttpReq.open("GET",url,true);
    XMLHttpReq.onreadystatechange=processResponse;
    XMLHttpReq.send(null);
}
```

sendRequest () 函数首先取得了用户名输入框的值，并调用 createXMLHttpRequest () 创建一个 XMLHttpRequest 对象，然后通过该对象的 open 方法建立与服务器 URL 的连接，URL 中包含了进行下一步处理的 Servlet 以及用户名。这里，XMLHttpRequest 的 open 方法有 3 个参数：第一个是指请求的提交方式，有 POST 和 GET 两种；第二个是指服务器处理程序的地址；最后一个则是指是否采取异步通信方式。下面根据 XMLHttpRequest 对象处理的状态指定响应函数，最后把请求发送给服务器端。

register.html 设计完毕后，继续设计服务器端处理程序 UserRegisterServlet。因为请求是以 GET 的方式发送给服务器，所以在 UserRegisterServlet 中以 doGet 方法进行处理，代码如下。

```
public void doGet(HttpServletRequest request,HttpServletResponse response)throws Serv-
letException,IOException {
    request.setCharacterEncoding("UTF-8");
    String username=request.getParameter("username");
    response.setContentType("text/html;charset=GBK");
    PrintWriter out=response.getWriter();
    try {
        String sql="select * from userinfo where username=?";
        DBConnect dbc=new DBConnect(sql);
        dbc.setString(1,username);
        ResultSet rs=dbc.executeQuery();
        if(rs.next())
        out.println("对不起,您所注册的用户名已经存在");
        else
```

```
        out.println("恭喜您,该用户名可以使用");

    } catch(Exception e) {
        // TODO: handle exception
    }
    out.close();
}
```

在以上代码中，request. setCharacterEncoding（"UTF-8"）是设置服务器的解码方式。需要说明的是，POST 方法发送过来的数据，默认以 UTF-8 发送，所以也以 UTF-8 的字符集来接收。如果是 GET 方法，并且发送的是中文数据，则需要自己设置所采用的字符集，否则将出现乱码，设置字符集可以采用 java. net. URLDecoder. decode（parameter, "UTF-8"）。

response. setContentType（"text/html; charset = GBK"）设置返回内容的格式为 GBK，text/html 表示返回的是 HTML 文本，如果设置成 text/xml，则以 XML 的形式返回结果。根据返回形式的不同，采取的接收方式也不同。如果返回文本，可以用 XMLHttpReq. responseText 取得文本值；如果是 XML，则用 XMLHttpReq. responseXML 接收。

至此，采用 Ajax 技术实现的用户名唯一性检验的功能基本完成。运行该项目，在用户名输入框中输入 Ajaxuser，因为该用户名已经在数据库表中存在，所以当用户名输入框失去焦点后，页面就会提示“对不起，您所注册的用户名已经存在”，如图 10-12 所示。

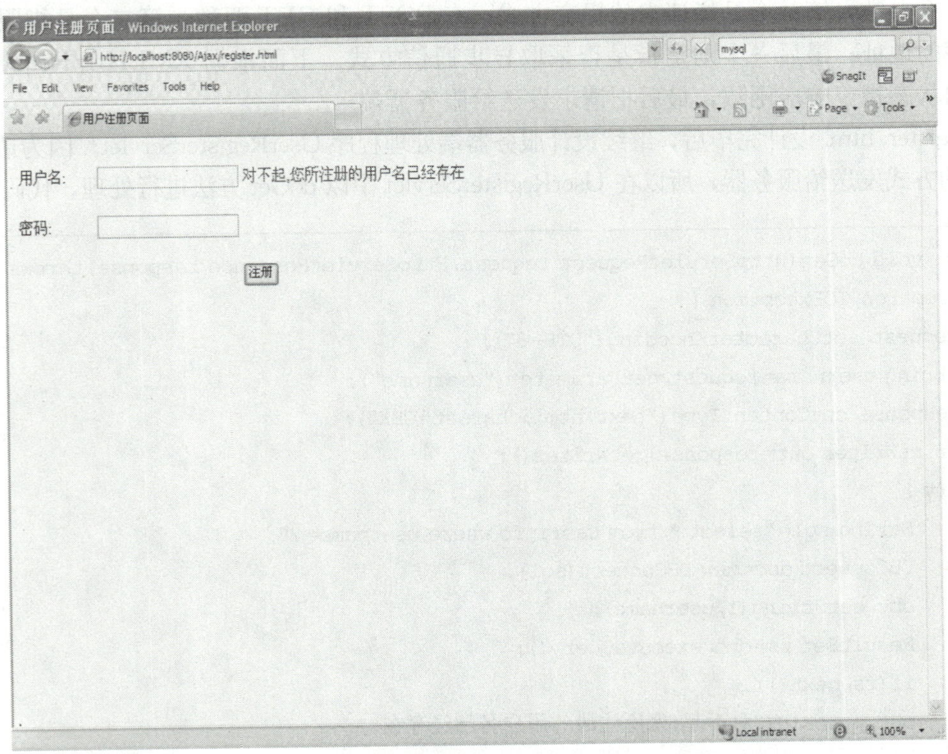

图 10-12　Ajax 实现用户名已存在时提示效果

如果输入一个用户名表中不存在的用户名，则页面会提示“恭喜您，该用户名可以使用”，如图 10－13 所示。

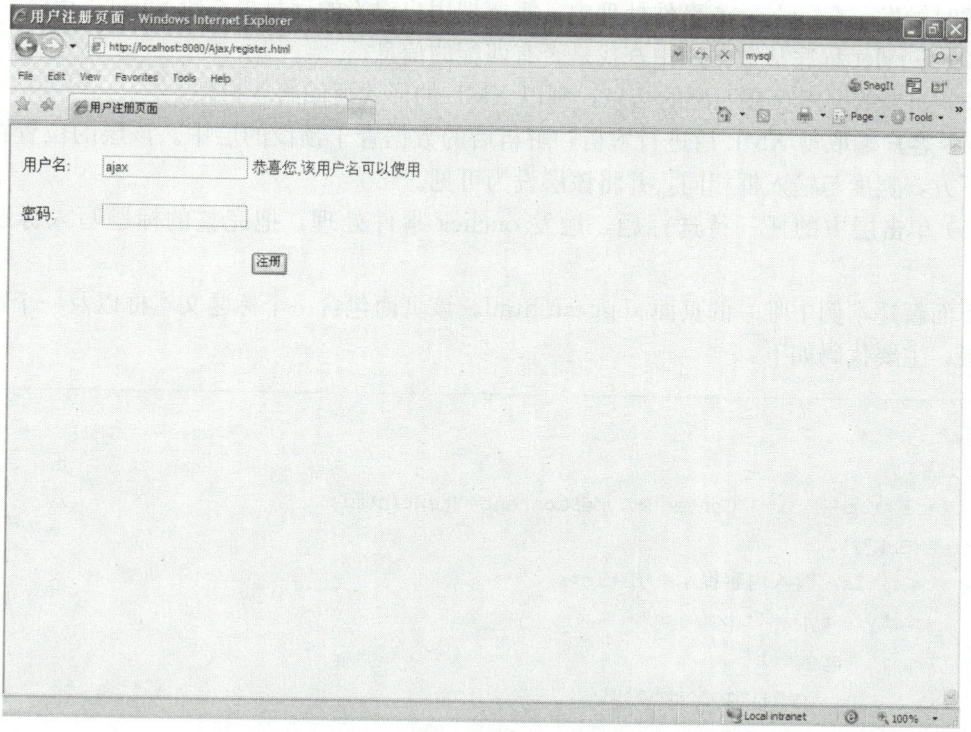

图 10－13　Ajax 实现用户名可以使用时提示效果

10.4.2　智能匹配检索

智能匹配检索是指用户在输入框中输入文字信息时，系统会自动查找数据库中与该文字相匹配的信息，并提供给用户选择，这样可以大大提高用户的输入效率。实际应用中最典型的例子就是著名的搜索引擎 Google，当用户输入少量的搜索关键字时，Google 会自动提示出相关的搜索关键词，用户可以选择需要的关键词自动完成输入。

本例中需要新建一个 infolist 表，该表有两个字段，其中 infoid 为自增长类型，同时也是该表的主键，另外一个字段 infotitle 表示信息的标题，为 varchar 类型。在 infolist 表中输入数据，如图 10－14 所示。

infoid	infotitle
1	ajax
2	ajaxframework
3	ajax system
4	api
5	google
6	google suggest

图 10－14　向数据库中添加记录

完成数据表的设计后，下面开发本例的程序部分。开发思路如下。

(1) 用户在表单中的标题文本框里输入信息，触发 keyup 事件，该事件为用户按下并释放按键时触发，在 onkeyup 事件处理中，需要把用户输入的信息提交给 Servlet 程序。

(2) Servlet 程序从数据库中查找是否有匹配的信息。

(3) 如果数据库存在匹配的信息，则以 XML 的形式返回给客户端。

(4) 客户端取得 XML 后进行解析，解析后的数据置于预设的层中。该层的位置在输入框的下方，宽度与输入框相同，并将该层设为可见。

(5) 单击层中的任一待选标题，触发 onclick 事件处理，把完整的标题写入标题文本框中。

下面新建本例中唯一的页面 suggest. html。该页面包含一个标题文本框以及一个默认隐含的层，主要代码如下：

```
<html>
<head>
    <meta http-equiv="Content-Type"content="text/html;
charset=GBK"/>
        <title> 输入内容提示</title>
        <style type="text/css">
            #suggest{
                position:absolute;
                z-index:1;
                border:1px solid black;
                font-size:14px;
            }
            .over{
                border:1px solid#999999;
                background:#e8eff7;
                cursor:hand;
            }
            .out{                       /*out样式*/
                border:1px solid #FFFFFF;
                background:#FFFFFF;
                cursor:hand;
            }
        </style>
</head>
<body>
<div id="suggest"style="display:none"></div>
    Google Suggest 效果实例
    <table width="410"border="0"cellpadding="0"cellspacing="0">
      <tr>
```

```
    <td width="63"height="37">标题</td>
    <td width="347"><input name="title"type="text"id="title"size="50"onKeyUp="sendRequest()"></td>
      </tr>
      </table>
</body>
```

在以上代码中，<style> </style> 中设置了 suggest 层的初始样式以及 over、out 的样式。下面在 <head> </head> 标签中编写 Ajax 处理所涉及的 JavaScript 函数。首先是函数 createXMLHttpRequest ()，该函数的定义与上一个实例中是一样的，这里不再赘述。

由于本例中客户端每次获得的服务器返回的结果不是单个文本信息，而是多个字符串，因此本例考虑将这多个返回字符串用 XML 的结构来描述，数据格式如下。

```
<response>
    <res> title1</res>
    <res> title2</res>
    ...
</response>
```

在客户端 JavaScript 解析以上 XML 的时候，需要获取的数据是 res 节点的文本值（“title1”、“title2” 等）。

在 JavaScript 中，通常采用 DOM 来解析 XML 文件。DOM 是 Document Object Model 的缩写，中文名称是文档对象模型，是采取一种直观、一致的方式将结构化文档进行模型化处理，形成一棵结构化的文档树，从而提供访问、导航和操作该文档的简易编程接口，因此，DOM 中最关键是要掌握节点与节点之间的关系。

(1) 根节点。DOM 把层次中的每一个对象都称之为节点（NODE），以 HTML 超文本标记语言为例：整个文档的一个根就是 <html>，在 DOM 中可以使用 document. documentElement 来访问它，它就是整个节点树的根节点（ROOT）。

(2) 子节点。一般意义上的节点，根节点以下最大子节点就是主文档区 <body> 了，要访问到 body 标签，在脚本中应该用 document. body。body 区以内所有的文本及 HTML 标签都是文档的节点，分别称为文本节点、元素节点（或者叫标签节点）。

(3) 节点之间的关系。节点之间的关系也是 DOM 中最重要的一个关节，如何正确地引用到节点对象，一定要清楚节点树各个节点的相互描述方式，Javascript 脚本就用了各个节点对象的一整套属性和方法去描述另外的节点对象。

节点的绝对引用如表 10 - 1 所示。

表 10 - 1　节点的绝对引用

属　性	功　能
document. documentElement	返回文档的根节点
document. activeElement	返回当前文档中被激活的标签节点
event. fromElement	返回鼠标移出的源节点

续表

属性	功能
event. toElement	返回鼠标移入的源节点
event. srcElement	返回激活事件的源节点

节点的相对引用如表 10－2 所示（当前节点为 node）。

表 10－2 节点的相对引用

属性	功能
node. parentNode node. parentElement	返回父节点
node. childNodes	返回子节点集合（包含文本节点及标签节点）
node. children	返回子标签节点集合
node. textNodes	返回子文本节点集合
node. firstChild	返回第一个子节点
node. lastChild	返回最后一个子节点
node. nextSibling	返回同属下一个节点
node. previousSibling	返回同属上一个节点

节点的各种操作如表 10－3 所示（当前节点为 node）。

表 10－3 节点的各种操作

方法	功能
document. createElement（sNode）	新增标签节点
node. appendChild（oNode）	追加子节点
node. remove（） node. removeChild（） node. removeNode（）	删除节点
node. replaceChild（） node. replaceNode（） node. swapNode（）	替换节点

关于节点信息的判断如表 10－4 所示（当前节点为 node）。

表 10－4 节点信息的判断

方法	功能
node. contains（）	是否包含某节点
node. hasChildNodes（）	是否有子节点

接下来在响应函数 processResponse（）中调用 DOM 的 API 来解析 XML，其代码如下：

```
var title;          //标题变量
function processResponse()
 {
    if(XMLHttpReq.readyState==4)
    {
       if(XMLHttpReq.status==200)
```

```
    {
        clearSuggest();
     var tips=XMLHttpReq.responseXML.getElementsByTagName("res");
        //查找 XML 中 res 节点,返回 res 的节点数组
        if(tips.length!=0)
        {
            for(i=0;i<tips.length;i++)
            {
                title=tips[i].firstChild.nodeValue;
            //解析返回的 res 节点数组,取得<res></res>间的值存入 title 变量
                createSuggest();
            }
            displaySuggest();
        }else
        {
            clearSuggest();
            hiddenSuggest();
        }
     }else
     {
     window.alert("您所请求的页面有异常.");
     }
     }
}
```

其中，createSuggest () 的作用是生成一个层的代码，光标移到层上时，层的 CSS 属性设为“over”；光标移出时，则设为“out”；单击时，对标题进行赋值。最后，把生成的代码加到“suggest”层中。createSuggest () 的具体定义如下：

```
function createSuggest()
{
    var sDiv="<div class='out'onmouseover='mover(this);'
onmouseout='mout(this);'onclick='setSuggest(this)'>"+title+"</div>";
    document.getElementById("suggest").innerHTML+=sDiv;
}
```

以上事件处理中调用的函数 setSuggest、mover 及 mout 的定义如下：

```
function setSuggest(para)
{
    document.getElementById("title").value=para.firstChild.nodeValue;
    hiddenSuggest();
```

```
}
function mover(para)
{    para.className="over";
}
function mout(para)
{    para.className="out";
}
```

displaySuggest（）的作用是给层进行定位并显示层，具体定义如下：

```
function displaySuggest()
{    document.getElementById("suggest").style.display="block";
     //设置层为可见
     document.getElementById("suggest").style.width=document.getElementById("title").
clientWidth+4;
     //设置层的宽度
     document.getElementById("suggest").style.left=document.getElementById("title").
offsetLeft+73;
     //设置层距浏览器左边框的大小
     document.getElementById("suggest").style.top=document.getElementById("title").
style.top+79;
     //设置层距浏览器上边框的大小
}
```

clearSuggest（）的作用是清除提示层中的信息，具体定义如下：

```
function clearSuggest()
{    document.getElementById("suggest").innerHTML="";
}
```

hiddenSuggest（）的作用是隐藏提示层，具体定义如下：

```
function hiddenSuggest()
{    document.getElementById("suggest").style.display="none";
}
```

完成 processResponse（）及其调用的各个函数后，就可以设计函数 sendRequest（）了，其代码如下：

```
  function sendRequest() {
       var info=document.getElementById("title").value;
       var url="SuggestServlet? info="+info;
```

```
    createXMLHttpRequest();
    XMLHttpReq.open("GET",url,true);
    XMLHttpReq.onreadystatechange=processResponse;
    XMLHttpReq.send(null);
}
```

sendRequest () 函数首先取得了标题文本框的值，并调用 createXMLHttpRequest () 创建一个 XMLHttpRequest 对象，然后通过该对象的 open 方法建立与服务器 URL 的连接。URL 中包含了进行下一步处理的 Servlet 及标题文本框的值，接下来根据 XMLHttpRequest 对象处理的状态指定响应函数，最后把请求发送给服务器端程序。

客户端代码设计完毕后，继续设计服务器端处理程序 SuggestServlet。由于本例也是客户端通过 GET 方法发送的请求，因此 SuggestServlet 的 doGet 处理代码如下：

```
request.setCharacterEncoding("UTF-8");
String info=request.getParameter("info");
response.setContentType("text/xml;charset=UTF-8");
PrintWriter out=response.getWriter();
out.println("<response>");
String sql="select * from infolist where infotitle like?";
    try{
        DBConnect dbc=new DBConnect(sql);
        dbc.setString(1,info+"%");
        ResultSet rs=dbc.executeQuery();
        while(rs.next())
        {
            out.println("<res title='"+rs.getString("infotitle")
                +"'>"+rs.getString("infocontent")+"</res>");
        }
        rs.close();
        dbc.close();
    }catch(Exception e){
        System.out.println(e.getMessage());
    }
    out.println("</response>");
    out.close();
}
```

以上代码中，将请求中的参数作为左匹配查询的关键字进行 SQL 语句的构造，并将查询到的标题以 XML 的格式向客户端浏览器进行输出。该 XML 的内容由客户端响应函数 processResponse () 进行处理。

至此，采用 Ajax 技术实现的智能匹配检索的功能基本完成。运行该项目，在标题文本中输入字母“a”后，立刻提示所有以“a”开头的待选标题，如图 10－15 所示。

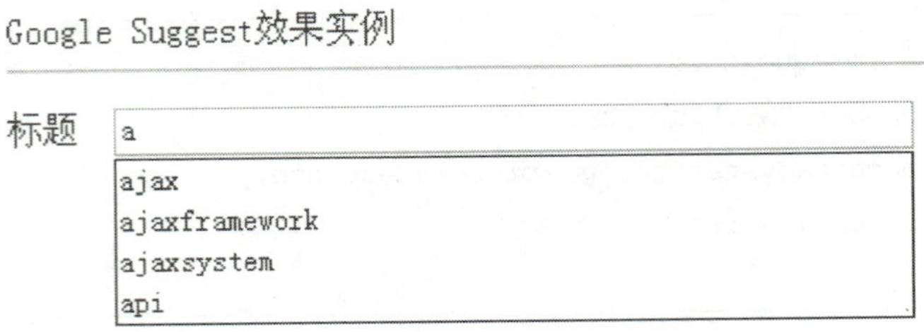

图 10-15 Google Suggest 效果图

选择其中一个选项（如 api），则自动完成标题的输入，无须每一个字母都由用户手工输入。结果如图 10-16 所示。

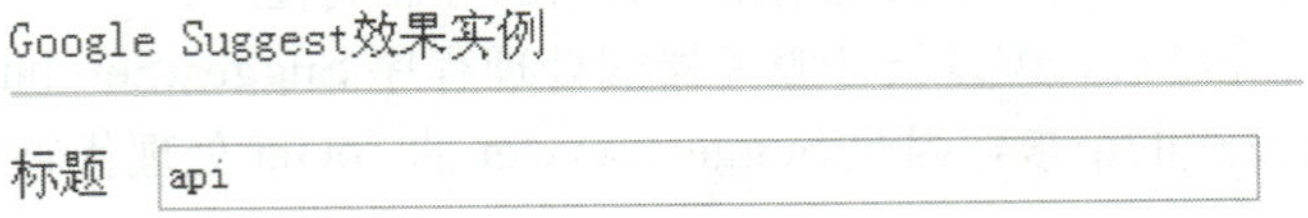

图 10-16 自动完成标题输入的效果

10.5 第三方 Ajax 高级框架

以上所介绍的 Ajax 实例在实际应用中较为常见，如果需要开发更加复杂的 Ajax 程序，则可以使用第三方软件厂商提供的各种 Ajax 高级框架来提高开发效率，这里简单介绍 3 个较为著名的 Ajax 开发框架。

1. Prototype

Prototype 与其说是 Ajax 框架，不如说是一个非常强大的 JavaScript 基础库。读者可以从 http://www.prototypejs.org/免费获得，下载得到的是一个 JavaScript 文件 Prototype.js，该文件包含了基本上所有常见的 JavaScript 操作，并且把这些操作封装成若干个函数，可以非常方便地被调用。例如，要取得一个 DOM 对象，原先需要通过 document.getElementById（id）来获得；如果采用 Prototype，那么只要用 $(id) 就可以轻松地获得。

在对 Ajax 的支持方面，Prototype 也同样很出色。其示例代码如下：

```
var myAjax=new Ajax.Request(
  url,                              //请求的服务器程序地址
  {
    method:'post',                  //请求方法
    parameters:params,              //传入参数
    onComplete:showResponse,        //指定回调函数
    asynchronous:true               //是否异步发送请求
  }
)
```

通过以上的代码，省去了编写复杂冗长的 JavaScript 代码来实现 Ajax。

关于 Prototype 的更多介绍，读者可以参考官方网站的 API 文档。

2. Dojo

Dojo 是一个非常强大的面向对象的 JavaScript 开源工具箱，可以从 http://dojotoolkit.org/免费获得。它比 Prototype 更庞大，而且它不仅仅局限于 Ajax 请求，还包含了许多美观方便的网页客户端控件，如日历、目录树等。只要具备了一定的网页设计基础，利用 Dojo 就可以做出非常美观的页面。

在对 Ajax 的支持方面，Dojo 的使用更加简便、功能更强大。示例代码如下：

```
dojo.io.bind(
{
    url:urlAddress,                         //请求的服务器程序地址
    method:'POST',                          //请求方法
    handler:callbackFunction,               //指定回调函数
    content:{param1:value1,param2:value2} //传入参数
}
)
```

关于 Dojo 的更多介绍，读者可以参考其官方网站。

3. YUI

YUI 全称为 Yahoo! User Interface Library，是由 Yahoo 公司推出的一个 Ajax 开源工具集，读者可以从 http://developer.yahoo.com/yui/下载获得。从 YUI 的全称可以看出，该框架提供了许多 Web 富客户端的控件和操作，它包含的工具有拖放操作、页面特效、浏览器事件管理等；UI 控件有日历、提示、面板、对话框、菜单、TabView、TreeView 等。

值得一提的是，在 YUI 的基础上，国外的程序员对其进行了扩展，推出了 YUI - Ext。读者可以从 http://extjs.com/免费获得，该工具包在页面的美观上有了一个很大的改进。如图 10 - 17 所示为官方提供的例子。

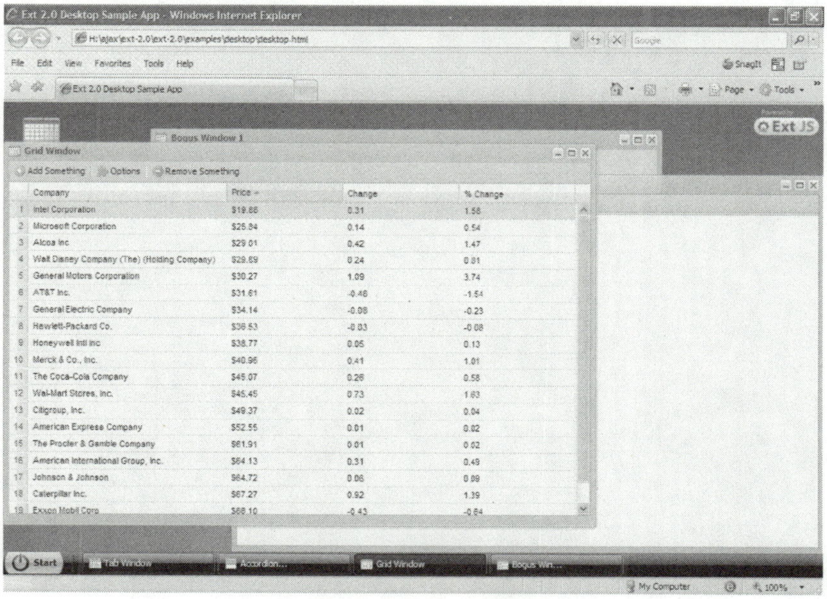

图 10 - 17　YUI 效果展示

本章小结

Web 2.0 带给互联网应用更多的交互性，而 Ajax 作为 Web 2.0 的典型实现技术之一，在未来对 Web 开发的重要性不言而喻。本章从 Ajax 的定义和工作原理出发，通过多个实例详细介绍了 Ajax 应用的具体实现及开发技巧。通过本章内容的学习，读者可以了解 Ajax 本身并不是一种新的技术，而是一些成熟技术结合起来而产生的新应用。因此，读者只有在熟练掌握 JavaScript、XML 及 CSS 等 Ajax 支撑技术的基础之上，才能对 Ajax 的高级应用进行更加深入的学习和研究。

本章习题

1. 简述 Ajax 技术的定义及其特点。
2. 简述 Ajax 的工作原理以及与传统处理方式的区别。
3. Ajax 技术中的核心对象是什么？如何使用该对象？
4. 请开发一个与本章智能匹配检索实例相似的 Ajax 应用，要求如下：

(1) 数据表中包含标题和内容两个字段；

(2) 不仅自动完成标题的输入，而且要把当前所选标题对应的内容显示在页面上。

5. 请通过互联网资源的帮助，设计一个基于第三方 Ajax 框架的应用程序（不局限于本章所介绍的 3 种框架）。

第11章 第三方开发框架SSH

一个良好的开发框架可以让开发人员减轻重新建立解决复杂问题方案的负担。第1章中曾经介绍过Web开发框架的发展历史，目前业内很多第三方机构或组织在Web开发框架方面表现得非常积极，已经研发出了很多基于MVC的高级开发框架。本章主要向读者介绍目前较为热门的Struts、Spring、Hibernate三种开发框架。其框架关系如图11-1所示。

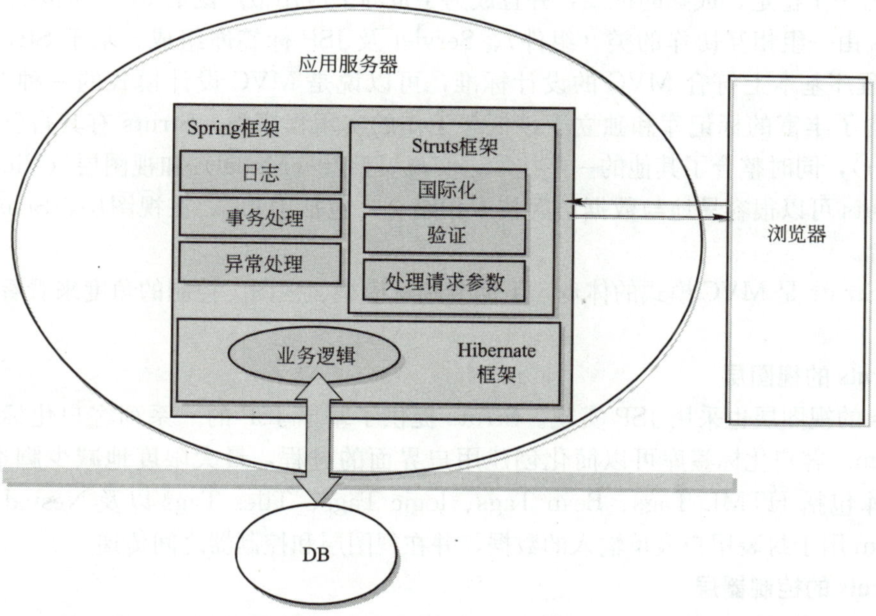

图11-1 SSH框架关系图

在SSH整合后的大系统框架下，Struts框架主要侧重实现MVC中的视图层和控制器层，它提供封装的一系列类、JSP自定义标签库及消息资源（message resources），并将这些组件整合到统一的框架中。模型层仍然以DAO设计模式为基础，通过对DAO的封装，完成系统所要求的业务逻辑操作。与以往采用JDBC处理数据库操作不同的是，所有的DAO类都使用Hibernate与数据库进行交互处理。Hibernate是一个对象关系映射框架，它对JDBC进行了轻量级的对象封装，使得Java程序员可以使用对象编程的思维来操纵数据库。通过实体关系映射工具将关系型数据库的数据映射成对象，用PO（持久化对象）来替代原先的JavaBean。而Spring框架的作用则贯穿了整个大系统，它将基于Hibernate的模型层（DAO、PO）和基于Struts的控制器层进行了无缝整合。

本章将对以上三个开发框架各自的工作原理、开发技巧以及三个框架进行整合的技巧进行详细介绍。在学习过程中，读者不仅要学习如何使用MyEclipse开发基于这些框架应用的特殊技巧，而且要注意领会这些框架的核心工作原理，从而为今后学习其他第三方开发框架提供基础。

11.1 Struts 框架

11.1.1 Struts 概述

Struts 是 Apache 软件基金下 Jakarta 项目的一部分。Struts 在英文中是“支架、支撑”的意思，这表明了 Struts 在 Web 应用开发中的巨大作用，采用 Struts 可以更好地遵循 MVC 模式。Struts 框架的应用使开发更加规范、统一。经过长达 5 年的发展，Struts 已经逐渐成长为一个稳定、成熟的框架，并且成为了世界上应用最广泛的 MVC 框架之一。

Struts 由一组相互协作的类（组件）、Servlet 及 JSP 标签库组成。基于 Struts 构架的 Web 应用程序基本上符合 MVC 的设计标准，可以说是 MVC 设计模式的一种变化类型。Struts 包含了丰富的标记库和独立于该框架工作的实用程序类。Struts 有其自己的控制器 (Controller)，同时整合了其他的一些技术去实现模型层（Model）和视图层（View）。在模型层，Struts 可以很容易地与数据访问技术相结合，包括 JDBC。在视图层，Struts 能够与 JSP 相结合。

既然 Struts 是 MVC 模式的体现，下面分别从模型、视图、控制的角度来看看 Struts 的体系结构。

1. Struts 的视图层

Struts 的视图层也采用 JSP 实现。Struts 提供了基于 JSP 的一系列客户化标签库以及 ActionForm。客户化标签库可以简化创建用户界面的过程，最大限度地减少脚本的使用。这些标签库包括 HTML Tags、Bean Tags、logic Tags、Tiles Tags 以及 Nested Tags 等。ActionForm 用于封装用户表单输入的数据，并在视图层和控制器之间传递。

2. Struts 的控制器层

Struts 的控制器层由核心控制器层和业务逻辑控制器层两个部分组成，核心控制器主要是 ActionServlet，对于业务逻辑的操作则主要由 Action、ActionMapping、ActionForward 这几个组件协调完成。其中，Action 扮演了真正的业务逻辑的实现者，而 ActionMapping 和 ActionForward 则指定了不同业务逻辑或流程的运行方向。

其中，核心控制器 ActionServlet 由 Struts 框架提供，程序员无须对该类做任何的编程工作。该类继承 HttpServlet 类，因此可以配置成一个标准的 Servlet。该控制器负责拦截所有 HTTP 请求，然后根据用户请求决定是否需要调用业务逻辑控制器，如果需要调用业务逻辑控制器，则将请求转发给 Action 处理，否则直接转向请求的 JSP 页面。业务逻辑控制器负责处理用户请求，但业务逻辑控制器本身并不具有处理能力，而是调用 Model 来完成处理。

3. Struts 的模型层

Struts 的模型层与标准 MVC 项目中的模型层几乎是一样的，也是通过类似 DAO 的方式封装底层的数据库访问等业务逻辑。当然，如果要将 Struts 框架与 Hibernate 框架相结合，则模型层会有一些变化，因为 Hibernate 框架可以取代原有的 JDBC 操作，采用持久化的方式进行处理。

11.1.2 Struts 的内置类

1. ActionServlet

Struts 的控制器由中央控制器与业务逻辑控制器两部分组成。中央控制器负责拦截用户请求，而业务逻辑控制器则负责处理用户请求。ActionServlet 便是中央控制器，是 Struts 中最核心的类，所有以指定后缀（如 *.do）的 URL 请求都是先通过它进行处理的。

一般状态下，ActionServlet 是处于待命状态，一旦容器接受到如“*.do”后缀的请求，容器会调用 ActionServlet 的 doGet 或 doPost 做相应处理，ActionServlet 进一步调用 RequestProccessor（请求处理器）来处理该请求。然后它将根据请求的路径、struts-config.xml 文件中 Action 对应的访问路径来调用 Action 的 excute 方法。Action 处理完成之后，将含有返回下一个路径信息的 ActionForward 对象传递给 ActionServlet，最后由 ActionServlet 转发到下一个页面返回给客户端浏览器。

与普通的 Servlet 一样，ActionServlet 也需要在 web.xml 文件中配置，配置时还需要将其设置成随着 Web 应用启动而加载。其内容配置如下：

```
<servlet>
   <servlet-name>action</servlet-name>
<servlet-class>org.apache.struts.action.ActionServlet</servlet-class>
   <init-param>
     <param-name>config</param-name>
     <param-value>/WEB-INF/struts-config.xml</param-value>
   </init-param>
   …
   …
   <load-on-startup>0</load-on-startup>
</servlet>
<servlet-mapping>
   <servlet-name>action</servlet-name>
   <url-pattern>*.do</url-pattern>
</servlet-mapping>
```

在以上 xml 代码中，我们为 ActionServlet 配置了几个 <init-param> 元素，即初始化参数，其中最重要的参数是加载 Struts 的配置文件 struts-config.xml。此外，<load-on-startup> 元素表明在 Web 应用程序启动的时候加载 ActionServlet，<load-on-startup> 的数字越低，启动越早，这里默认设置的是 0。

2. ActionForm

ActionForm 属于一种特殊的 JavaBean。ActionForm 是 Struts 框架提供的用于在视图层和控制器之间传递表单数据的 Java 对象，控制层可以从 ActionForm 中读取用于输入的表单数据，也可以把来自模型层的数据保存到 ActionForm 中，然后返回给视图层。由于

ActionForm 类是抽象类，因此必须在应用中创建它的子类来对应具体的 HTML 表单，创建的类的属性必须与表单的控件名称一一对应。

ActionForm 具有表单验证的功能。在 Struts 配置文件中，如果 ActionForm 的 validate 属性为 true，那么 validate 方法会被调用。在子类中应该覆盖 validate 方法，根据需求重新实现该方法体。一般来说，该方法主要负责检验格式和语法，而不用来检查数据是否符合业务逻辑。

ActionForm 的生命周期如下。

（1）控制器 ActionServlet 接收到请求。

（2）从 request 或者 session 范围内取出 ActionForm 的实例，如果没有就新建一个。

（3）调用 ActionForm 的 reset（）方法，当前表单的各属性恢复默认值。

（4）把 ActionForm 实例保存到 request 或者 session 范围中。

（5）把用户输入的表单数据封装到 ActionForm 中。

（6）如果配置文件中 validate 属性是 true，则调用 validate 方法对表单数据进行验证。

（7）验证成功就把 ActionForm 实例传递给 Action；如果失败则把请求转发给 input 属性指定的 JSP，ActionForm 依然保存在 request 或者 session 范围内。

以下是一个对应两个表单控件的 ActionForm 的典型结构。

```
public class LoginForm extends ActionForm {
    private String username;
    private String password;
    public ActionErrors validate(ActionMapping mapping,
            HttpServletRequest request){
        …
    }

    public void reset(ActionMapping mapping,HttpServletRequest request){
    …
    }

    public void setUsername(String username){
        this.username=username;
    }
    public String getUsername(){
        return username;
    }
    public void setPassword(String password){
        this.password=password;
    }
    public String getPassword(){
        return password;
    }
}
```

小提示:

由于 ActionForm 类使用了 Struts 的 API，并不是纯粹的 JavaBean，因此不提倡直接把 ActionForm 对象传递给模型层，而是应该在控制器层把它的数据重新组装到自定义的 JavaBean 对象中，再把这个 JavaBean 传递给模型层。

3. Action

Action 是 Struts 的业务逻辑控制器，也是用户请求和业务操作间的桥梁。每个 Action 类通常完成某种业务逻辑的操作。当用户请求某个 Action 后，ActionServlet 就会调用请求处理器 RequestProcessor 类的 processActionPerform（）方法，而 processActionPerform（）方法又调用 Action 实例的 execute（）方法。以下是一个 Action 的 execute（）方法的具体实现。

```
public ActionForward execute(ActionMapping mapping,ActionForm form,
        HttpServletRequest request,HttpServletResponse response){
    LoginForm loginForm=(LoginForm)form;
    String username=loginForm.getUsername();
    String password=loginForm.getPassword();

    Person person=new Person();
    Person.setUsername(username);
    Person.setPassword(password);

    PersonDAO DAO=new PersonDAO();
    if(DAO.isExist(Person)){
        return mapping.findForward("success");
    }
    return mapping.findForward("failure");
}
```

在以上代码中，execute（）方法被传入 4 个参数：ActionMapping 对象、ActionForm 对象、HttpServletRequest 对象和 HttpServletResponse 对象。Action 首先从 ActionForm 对象中获得表单数据，然后调用模型层组件 DAO 处理这些数据。最后，Action 又通过 ActionMapping 对象的 findForward（）方法获得指向正确（或错误）信息的一个 ActionForward 对象，把处理结果转发到 ActionForward 对象所指的目标。

4. ActionMapping

ActionMapping 存储了与用户请求对应的 Action 的相关信息，如 Action 的完整类名、传入的 ActionForm、转发的页面等。ActionServlet 将 ActionMapping 对象传入给 Action 类

的 execute () 方法，然后 Action 将调用 ActionMapping 的 findForward () 方法，此方法返回一个 ActionForward，ActionForward 指定转发的 JSP 路径。在 struts-config. xml 中，ActionMapping 对象所包含的内容如下：

```
<action attribute="loginForm"
        input="/login.jsp"
        name="loginForm"
        path="/login"
        scope="request"
        type="struts.action.LoginAction">
    <forward name="success" path="/success.jsp" redirect="true"/>
    <forward name="failure" path="/failure.jsp" redirect="true"/>
</action>
```

5. ActionForward

Action 类中的 execute () 方法返回一个 ActionForward 对象。ActionForward 代表一个 JSP 等 Web 资源路径的抽象表示形式，其属性在配置文件 struts-config. xml 中指定（如 forward 元素的 name、path 和 redirect 属性），而并非在 Java 程序代码中写入。其中，redirect 的属性值如果是 true，那么 ActionForward 实例将进行响应重定向，反之则进行请求转发。

以下代码是 struts-config. xml 中当前 Action 映射信息中的 forward 元素：

```
<forward name="success" path="/success.jsp" redirect="true"/>
```

要获取以上的 ActionForward 实例，可以在当前 Action 中使用 ActionMapping 的 findForward () 方法。其代码如下：

```
return mapping.findForward("success");
```

11. 1. 3 Struts 框架的配置文件

Struts 应用采用两个基于 XML 的配置文件来配置，分别是 web. xml 和 struts-config. xml 文件。web. xml 文件是用来配置所有 Web 应用的，而 struts-config. xml 文件是 Struts 专用的配置文件。

1. 创建 Web 应用的配置文件

对于 Struts 应用，它的配置文件 web. xml 应该对 ActionServlet 类进行配置。以下为 web. xml 的主要代码：

```
<?xml version="1.0"encoding="UTF-8"?>
<!DOCTYPE web-app
  PUBLIC"-//Sun Microsystems,Inc.//DTD Web Application 2.2//EN"
```

```
  "http://java.sun.com/j2ee/dtds/web-app_2_2.dtd">

<web-app>
  <servlet>
    <servlet-name>action</servlet-name>
<servlet-class>org.apache.struts.action.ActionServlet</servlet-class>
    <init-param>
      <param-name>config</param-name>
      <param-value>/WEB-INF/struts-config.xml</param-value>
    </init-param>
     <load-on-startup>2</load-on-startup>
  </servlet>
  <servlet-mapping>
    <servlet-name>action</servlet-name>
    <url-pattern>*.do</url-pattern>
  </servlet-mapping>

  <welcome-file-list>
    <welcome-file>hello.jsp</welcome-file>
  </welcome-file-list>
</web-app>
```

2. 创建 Struts 框架的配置文件

正如前面提及的，Struts 框架允许把应用划分成多个组件，提高开发速度。而 Struts 框架的配置文件 struts-config.xml 可以把这些组件组装起来，决定如何使用它们。以下是一个典型的 struts-config.xml 的源代码。

```
<?xml version="1.0"encoding="UTF-8"?>
<!DOCTYPE struts-config PUBLIC"-//Apache Software Foundation//DTD Struts Configuration
1.2//EN"
"http://struts.apache.org/dtds/struts-config_1_2.dtd">
<struts-config>
<form-beans>
        <form-bean name="HelloForm" type="hello.HelloForm"/>
</form-beans>
<action-mappings>
    <action path="/HelloWorld"
          type="hello.HelloAction"
          name="HelloForm"
          Scope="request"
          validate="true"
          input="/login.jsp"
```

```
    >
    <forward name="SayHello" path="/hello.jsp" redirect="true"/>
</action>
</action-mappings>
<message-resources parameter="hello.ApplicationResources"/>
</struts-config>
```

以上代码分别对 HelloForm、HelloAction 和消息资源文件进行了配置。首先通过 <form-bean> 元素配置了一个 ActionForm Bean，名为 HelloForm，它对应的类为 hello. HelloForm。

接下来用 <action> 元素配置了一个 Action 组件，<action> 元素各属性的含义如下。

（1）path 属性：指定请求访问 Action 的路径。

（2）type 属性：指定 Action 的完整类名。

（3）name 属性：指定需要传递给 Action 的 ActionForm Bean。

（4）scope 属性：指定 ActionForm Bean 的存放范围。

（5）validate 属性：指定是否执行表单验证。

（6）input 属性：指定当表单验证失败时的转发路径。

本例中的 <action> 元素所配置的各属性结合起来的含义是：当前 HelloAction 组件对应的类为 hello. HelloAction，访问的路径为"/HelloWorld"，当 Action 类被调用时，Struts 框架把包含表单数据的 HelloForm Bean 传给它。HelloForm Bean 存放在 request 范围内，并且在调用 Action 类之前进行表单验证。如果表单验证失败，请求将被转发到接收用户输入的网页 login. jsp，让用户纠正错误。此外，<action> 元素还包含一个 <forward> 子元素，它定义了在当前 Action 的程序中需要请求转发的 JSP 路径。

struts-config. xml 文件最后配置了一个消息资源文件。在 Struts 框架中，提倡 JSP 中不出现固定的文字，而是将要显示的文字统一在消息资源文件中进行定义，然后通过标签来调用。<message-resources> 元素的 parameter 属性指定当前使用的消息资源文件。本例中，parameter 属性值为"hello. ApplicationResources"，表明实际的消息资源文件是 hello 包下面的"ApplicationResources. properties"。文件名后缀". properties"只是当前 Struts 框架默认的一种文件类型，其内容就是文本文件。

11.1.4 Struts 标签库

Struts 标签库是联系视图组件和 Struts 框架中其他组件的纽带，这些标签可以访问或显示来自于控制器和模型组件的数据。

表 11-1 Struts 标签库

标签库	说明
html 标签	用来创建能够和 Struts 框架的 ActionForm 对应的表单以及和其他 HTML 标签相应的标签
bean 标签	用于访问 JavaBean、输出属性值、输出消息及定义请求参数等
logic 标签	管理条件产生的输出和对象集产生的循环
tiles 标签	随着 Tiles 框架包的出现，此标记已开始减少使用

1. html 标签库

1）<html：link>

<html：link> 可以直接用 page 属性指向一个网页文件。代码如下：

```
<html:link page="index.jsp">welcome</html:link>
```

此行代码解析后：

```
<a href="index.jsp">Click demo</a>
```

<html：link> 也可以用 forward 属性和 Struts 配置文件 <global-forwards> 元素中的 <forward> 子元素匹配。

首先，在 Struts 配置文件的 <global-forwards> 元素中定义一个 <forward> 元素：

```
<global-forwards>
   <forward name="index" path="/index.jsp"/>
</global-forwards>
```

然后，将 JSP 中 <html：link> 的 forward 属性值设置为配置文件中的 <forward> 元素的 name 属性值：

```
<html:link forward="index">welcome</html:link>
```

此行代码被解析后的 HTML 代码为：

```
<a href="/strutsdemo/index.jsp">welcome</a>
```

Strutsdemo 为当前 web 项目的名称。

2）<html：img>

<html：img> 的主要属性是 page，用于指定图像文件的路径，其他属性与基本 HTML 中的 <img> 的属性类似。代码如下：

```
<html:img page="logo.gif" height="50" width="200"/>
```

3）<html：form>

使用 <html：form> 标签时必须遵循一些规则：每一组 <html：form> 标签必须对应一个自定义的 ActionForm，且 <html：form> 中必须包含一个 action 属性，它是这个标签中唯一必需的属性。此外，<html：form> 标签中不需要设置 method 属性，默认的提交方式就是 POST。代码如下：

```
<html:form action="/login">
```

action 属性值必须是一个有效值，这个有效值是指要对应 Struts 配置文件中的一个 Action 元素的访问路径（path 属性值）。

4）<html：text>

<html：text> 标签是最常用的 HTML 标签，它对应于 type 属性值为“text”的 HTML <input> 标签。每一个和 HTML Tags 对应的 HTML 标签都有一个 property 属性，<html：text> 标签也不例外。这个属性用于和 ActionForm 的子类对象实例绑定，也就是说，property 属性的值必须和 ActionForm 子类中相应的属性拥有同样的名字。如果 property 属性的值在 ActionForm 子类中未找到相应的属性名，该 HTML 标签就会由于抛出异常而使 JSP 页面无法正常显示。<html：text> 标签的基本用法如下：

```
<html:text property="name"/>
```

<html：text> 标签的其他属性（如 size 属性）和 <input type=“text”/> 标签的相应属性使用方法完全一致。

5）<html：radio>

<html：radio> 标签对应于 type 属性值为“radio”的 HTML <input> 标签。如果 ActionForm 子类的某个属性有多个可枚举的选择值（如性别为“男”、“女”），就可以使用 <html：radio> 来采集用户的输入信息。每一个可能的值对应一个 <html：radio> 标签，如性别选项对应两个 <html：radio> 标签。代码如下：

```
男<html:radio property="sex" value="1"/>
女<html:radio property="sex" value="2"/>
```

其中，两个 <html：radio> 标签中的 property 属性值必须都为“sex”，每个 value 表示选中当前选项后，提交给服务端的值，也就是通过 ActionForm 的子类实例对象的相应属性可以获得的值。

6）<html：checkbox>

<html：checkbox> 标签对应于 type 属性值为“checkbox”的 HTML <input> 标签。<html：checkbox> 标签的基本用法如下：

```
<html:checkbox property="student" value="true"/>
```

其中，value 属性表示当选择这个复选框时提交给服务端的值。

7）<html：multibox> 标签

<html：multibox> 标签实际上也对应于 type 属性值为“checkbox”的 HTML <input> 标签。但 <html：multibox> 和 <html：checkbox> 在映射到 ActionForm 子类实例对象的相应属性的映射方式不同。所有 property 属性值相同的 <html：multibox> 标签被映射到同一个 property 所指的属性中，并且这个属性是一个数组类型。而 <html：checkbox> 标签只对应了一个值。<html：multibox> 标签的基本用法如下：

```
上网<html:multibox property="hobbies" value="上网"/>
旅游<html:multibox property="hobbies" value="旅游"/>
足球<html:multibox property="hobbies" value="足球"/>
围棋<html:multibox property="hobbies" value="围棋"/>
```

其中，value 属性表示选中当前复选框的返回值。

8）<html：select> 和 <html：option>

<html：select> 和 <html：option> 组合对应了 HTML 中的 <select> 和 <option> 组合。这两个标签的基本用法如下：

```
<html:select property="work">
    <html:option value="软件工程师"/>
    <html:option value="软件测试工程师"/>
    <html:option value="项目经理"/>
    <html:option value="高级顾问"/>
    <html:option value="其他"/>
</html:select>
```

其中，value 属性表示在下拉列表框中选择某一项时向服务端提交的值。

9）<html：submit> 和 <html：reset>

这两个 HTML 标签分别对应了 type 为"submit"和"reset"的 HTML <input> 标签。它们的基本用法如下：

```
<html:submit value="提交"/>
<html:reset value="重置"/>
```

其中，value 属性表示在按钮上显示的信息。

10）<html：error>

通过 <html：error> 标签可以在一个 JSP 页面上显示自定义的错误信息。该标签检查 Request 对象范围内的 ActionErrors 中是否存在对应的 ActionMessage 对象。代码如下：

```
<html:errors property="username"/>
```

以上代码是获取名为"username"的 ActionMessage 对象，如果找到，则把消息资源文件中对应的自定义错误消息输出到页面上。这种异常处理机制可以避免用户看到原始的 java 异常信息，可以更友好地把错误信息展示给用户。

2. bean 标签库

1）<bean：parameter>

<bean：parameter> 标签用于获得 HTTP 请求参数的值，并创建一个 page 范围的变量来保存所获得的 HTTP 请求参数的值。<bean：parameter> 标签有 3 个常用属性：id 用于保存 HTTP 请求参数值的变量名，name 代表请求中的参数名，value 代表如果 name 所指的参数不存在时的默认值。如果不指定 value 属性，且指定的 HTTP 请求参数不存在时，该标签就会抛出异常。

假设有 URL：http://localhost：8080/strutsdemo/beantest.jsp？name=tom，其中包含名为"name"的参数，在 beantest.jsp 中用 <bean：parameter> 可以获取该参数值：

```
<bean:parameter id="username" name="name" value="noname"/>
```

2) <bean：define>

<bean：define> 标签用来将 Java 对象的属性值保存在变量中。<bean：define> 标签有 5 个常用属性：id 代表变量名，name 代表 Java 对象名，property 代表 Java 对象属性名，scope 代表要获取的 name 所指的对象所在的范围，toScope 代表 id 所指的变量要保存的范围。后两个属性如果不指定，默认都是 page 范围。

以下代码在默认的 page 范围中声明了一个字符串类型的变量 user，它的值为“mary”：

```
<bean:define id="username" value="mary"/>
```

以下代码在默认的 page 范围中声明了一个字符串类型的变量 username，它的值为 session 中的 person 对象的 username 属性值：

```
<bean:define id="username" name="person" property="username"
scope="session"/>
```

3) <bean：write>

<bean：write> 用于输出字符串变量及对象变量的属性值。<bean：write> 有如下常用的属性：name 代表变量名（包括字符串变量或对象变量），如果 name 是对象变量，则 property 表示 name 对象的属性，scope 代表 name 变量保存的范围，默认是 page 范围。

以下代码可以输出 <bean：parameter> 和 <bean：define> 所声明的变量“username”的值：

```
Username is:<bean:write name="username"/>
```

如果要直接获取 session 中 person 对象的 username 属性值并输出，也可以用如下代码：

```
Username is:
<bean:write name="person" property="username" scope="session"/>
```

4) <bean：message>

在 Struts 框架中，提倡所有 JSP 中不出现固定的文字，而是将所有要显示的文字统一在消息资源文件中进行定义，最终在 JSP 中采用 <bean：message> 标签从消息资源文件中获得字符串信息并输出。要注意的是，<bean：message> 标签获得字符串信息后，并不将所获得的信息保存在变量中，而是将其直接输出。<bean：message> 标签中最常用的属性是 key，key 对应消息资源文件中的某一行字符串信息的键名。

例如，在 Struts 的默认消息资源文件 ApplicationResources. properties 中有如下自定义的字符串信息：

```
index.welcome=welcome to this site!
```

在以上消息资源文件中，“=”左边代表字符串信息的键名，可以是多个有含义的字符串以“.”所组成。以上代码中的“index.welcome”可以理解成首页模块中的欢迎信息。而“=”右边则代表该键名所对应的真正内容。因此，在首页的 JSP 中如果要输出欢迎信息，可以用如下代码：

```
<bean:message key="index.welcome"/>
```

3. logic 标签库

在 Struts 应用中，logic 标签库主要用于根据特定的逻辑条件来判断网页内容、循环遍历集合元素以及进行请求转发和重定向等功能。以下是 logic 标签库的常用标签。

1）<logic：empty> 与 <logic：notEmpty>

<logic：empty> 用于判断对象是否为 null、是否是一个空的字符串、是否是一个空的 collection 或 map。

```
<logic:empty name="myBean">
  The bean is missing
</logic:empty>
```

以上代码表示当一个名为 myBean 的 bean 在所有的 scope 中都不存在时，输出 The bean is missing；存在的话，则输出 The bean is not missing。此标签有 3 个属性：name、property 和 scope。

<logic：notEmpty> 的含义与 <logic：empty> 相反，使用方法类似。

2）<logic：present> 与 <logic：notPresent>

<logic：present> 用于检查 parameter、cookie、JavaBean 对象或 JavaBean 属性是否存在且不等于 null。

```
<logic:present name="person" property="username" scope="session">
  The bean property person.username is present
</logic:present>
```

以上代码检查在 session 作用域内名为 person 的 bean 是否有一个 username 属性。

<logic：notPresent> 的含义与 <logic：present> 相反，使用方法类似。

3）<logic：equal> 与 <logic：notEqual>

<logic：equal> 用于比较是否相等。

```
<logic:equal name="person"property="state"value="1">
  在线
</logic:equal>
```

以上代码比较人员的状态属性是否为 1，若为 1，则输出“在线”。如果上例中的 value 值需要动态获得，由于 Struts 不支持标签嵌套，无法使用 <bean：write> 输出 value 值，因此可采用 JSP 表达式来解决问题。

```
<logic:equal name="charge" property="num" value="<%=buz.getNum()%>">
</logic:equal>
```

<logic：notEqual> 的含义与 <logic：equal> 相反，使用方法类似。

4) <logic：greaterEqual> 与 <logic：greaterThan>

<logic：greaterEqual> 为大于等于比较符。

当某学生的成绩大于等于 90 时，输出“优秀”：

```
<logic:greaterEqual name="student" property="score" value="90">
  优秀
</logic:greaterEqual>
```

<logic：greaterThan> 为大于比较符，使用方法同 <logic：greaterEqual>。

5) <logic：lessEqual> 与 <logic：lessThan>

<logic：lessEqual> 为小于等于比较符，使用方法同 <logic：greaterEqual>。

<logic：lessThan> 为小于比较符，使用方法同 <logic：greaterEqual>。

6) <logic：match> 与 <logic：notMatch>

<logic：match> 比较字符串对象是否匹配。

检查在 request 范围内的 name 属性值是否包含 “Tom”：

```
<logic:match name="name" scope="request" value="Tom">
    <bean:write name="name"/>中有"Tom"。
</logic:match>
```

<logic：notMatch> 与 <logic：match> 含义相反，使用方法类似。

7) <logic：iterate>

<logic：iterate> 用于显示列表为 collection 的值（List、ArrayList、HashMap 等）。

逐一输出用户列表（userList）中用户的姓名和年龄：

```
<logic:iterate id="user" name="userList">
    <bean:write name="user" property="name"/>
    <bean:write name="user" property="age"/><br>
</logic:iterate>
```

8) <logic：forward>

该标签用于实现页面导向，查找 Strust 配置文件中的全局 forward。

```
<logic:forward name="index"/>
```

9) <logic：redirect>

该标签用于实现页面转向，可直接指定 URL 及传递参数。

```
<logic:redirect href="http://www.163.com"/>
```

11.1.5　Struts 的国际化处理

在设计基于 Struts 的项目过程中，如果当前整个 Web 系统需要设计中文版或日文版，即实施 Web 系统的国际化，那么就需要为此编制新的消息资源文件。

1. 建立临时中文消息资源文件

如图 11-2 所示，在消息资源文件所在的目录下新建一个文件名为“ApplicationResources_temp.properties”的临时中文消息资源文件。

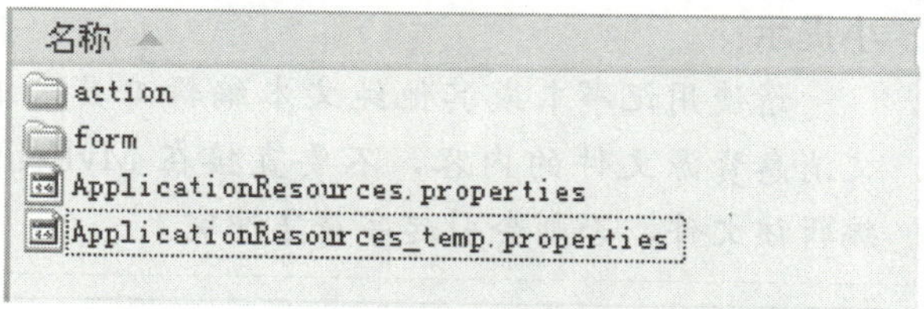

图 11-2　新建临时中文消息资源文件

用记事本编辑该文件的内容，不同于默认的英文消息资源文件，这里“=”号右边的文字是基于中文的，如下所示：

```
nullerror.username=用户名不可以为空！
nullerror.password=密码不可以为空！
```

2. 对中文消息资源文件进行编码

用 JDK 的 bin 目录下自带的 native2ascii 工具把临时中文消息资源文件里面的中文转化为用 ASCII 表示的 Unicode 编码。编码之前必须确认 JDK 的 bin 目录是否已经设置为当前操作系统环境变量中的 path。

在 DOC 命令行中用“cd”命令进入当前目录：

```
cd E:\eclipse\workspace\strutsdemo\src\struts
```

输入“native2ascii”命令及其参数进行编码转换：

```
native2ascii -encoding gb2312 ApplicationResources_temp.properties ApplicationResources_zh_CN.properties
```

转换成功后，在当前文件夹下会生成文件 ApplicationResources_zh_CN.properties。这里的“zh_CN”代表中国中文，其他的区域语言，如美国英语为“en_US”、日语为“ja_JP”等。生成的文件内容如下：

```
nullerror.username=\u7528\u6237\u540d\u4e0d\u53ef\u4ee5\u4e3a\u7a7a!
nullerror.password=\u5bc6\u7801\u4e0d\u53ef\u4ee5\u4e3a\u7a7a!
```

3. 定义 JSP 页面的字符集

将每个 JSP 页面中 page 指令的 pageEncoding 属性值设置为“UTF－8”。UTF－8 是 Unicode 的实现方式之一，它提供了一种技术可能，既可以成为一种 Unicode 的编码方式，又可以与 Internet 上表示文本时最常用的 ASCII 兼容。

```
<%@page language="java" pageEncoding="UTF-8"%>
```

通过以上的处理，Struts 的国际化基本完成，读者可以测试原有的网页中显示的信息是否可以显示为中文。

> **小提示：**
> 请使用记事本或其他纯文本编辑工具来编辑中文消息资源文件的内容，不要直接在 MyEclipse 中编辑该文件，否则会引起字符集冲突。

11.1.6 Struts 实例开发

MyEclipse 中对 Struts 的支持比较完善，开发 Struts 应用的过程也较为迅速便捷。下面将开发一个典型的登录验证的 Struts 应用。

1. 建立支持 Struts 框架的 Web 项目

首先，建立一个普通的 Web Project，在当前项目的右键菜单中选择 MyEclipse 的子菜单 Add Struts Capabilities，如图 11－3 所示。

在弹出的 Struts 配置向导对话框中，如图 11－4 所示，有如下属性需要设置。

(1) Struts config path 的值默认为“/WEB－INF/struts-config. xml”。struts-config. xml 是 Struts 的核心配置文件，可以说是整个 Struts 框架赖以工作的基础，该文件的配置尤为重要。

(2) Struts specification 的值选择“Struts 1. 2”。本书中所使用的 MyEclipse 版本最高支持 Struts 1. 2，这也是较为主流的一个版本。

(3) ActionServlet name 的值默认为“action”。这里的 action 只是核心控制器 ActionServlet 的对象名称，可以进行修改，它与 Struts 中的逻辑业务控制器 Action 没有任何关系。

(4) URL pattern 的值默认为“*. do”，指的是今后客户端浏览器中所有以“.do”为后缀的 URL 请求都交由在 (3) 中所配置的 ActionServlet 来处理。

(5) Base package for new classes 指的是今后编写与 Struts 相关的类文件所存放的包路径，这里可以自定义，如“struts”。

(6) Default application resources 指的是 Struts 的消息资源文件的名称，该文件的路径随 (5) 中的路径设置而变化。

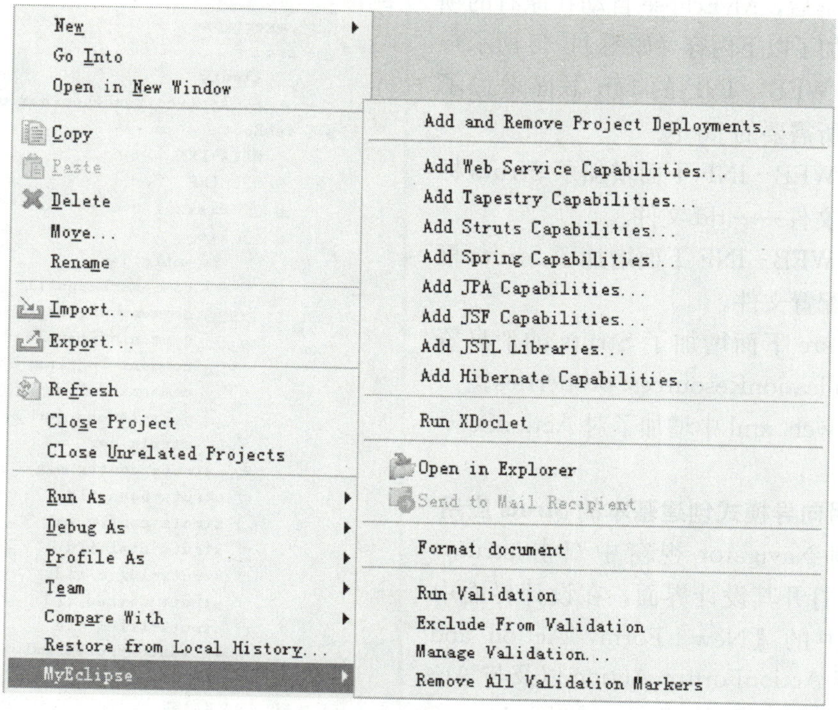

图 11-3　为当前的 Web 项目添加 Struts 性能

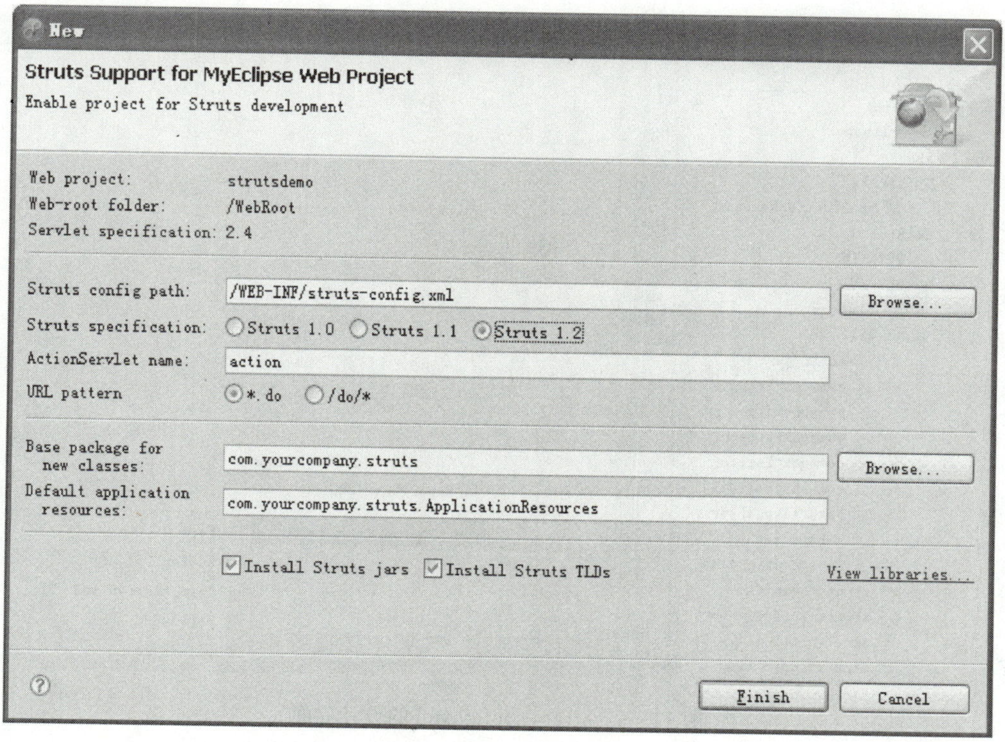

图 11-4　配置 Struts 的项目属性

配置完毕后，MyEclipse 自动在原有的项目目录中增加了以下内容（如图 11 - 5 所示）。

(1) 在 WEB - INF 的 Lib 下面增加了 Struts 框架所需要的 jar 包。

(2) 在 WEB - INF 下面增加了 Struts 标签库的定义文件——tld 文件。

(3) 在 WEB - INF 下面增加了 Struts 框架的 XML 配置文件。

(4) 在 src 下面增加了 Struts 的消息资源文件 ApplicationResources. properties。

(5) 在 web. xml 中增加了对 ActionServlet 的配置。

2. 采用向导模式创建基本的 Struts 应用

在左侧 Navigator 视窗中双击 struts-config. xml 打开其设计界面，在设计界面中右击菜单中的【New | Form，Action and JSP】，进行 ActionForm、Action 以及与 ActionForm 关联 JSP 的设计。如图 11 - 6 所示。

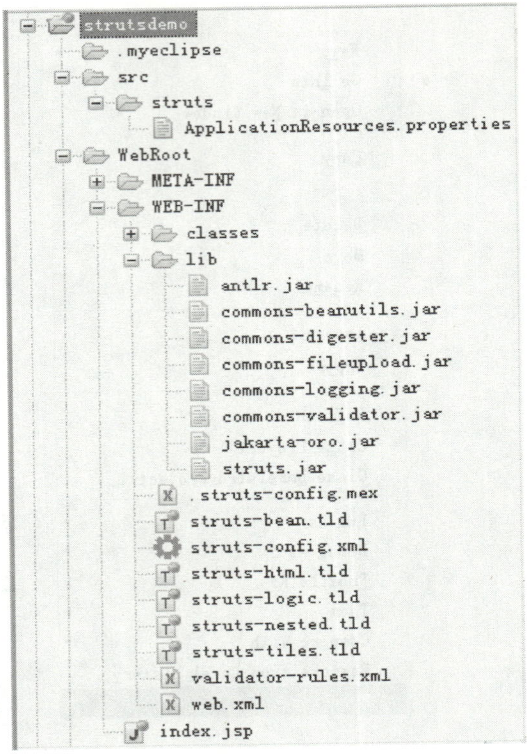

图 11 - 5 配置完毕的 Struts 项目的目录结构

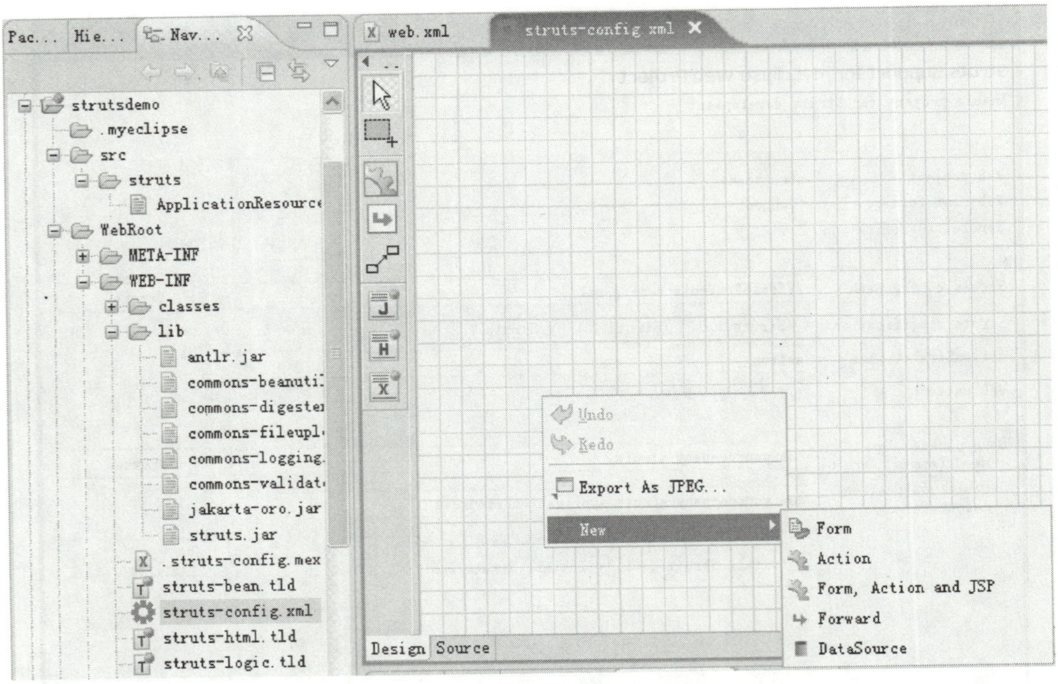

图 11 - 6 struts-config. xml 的设计界面

在弹出的向导窗体中，首先进行 ActionForm 的配置。在 Use case（用例）中输入“login”，工具会自动配置 ActionForm 的名称和完整的类名等内容，在 Superclass 中选择父类

"org. apache. struts. action. ActionForm"。在下方 Optional Details 的选项卡中，先进行 Form Properties 的配置。单击右侧的【Add】，如图 11－7 所示。

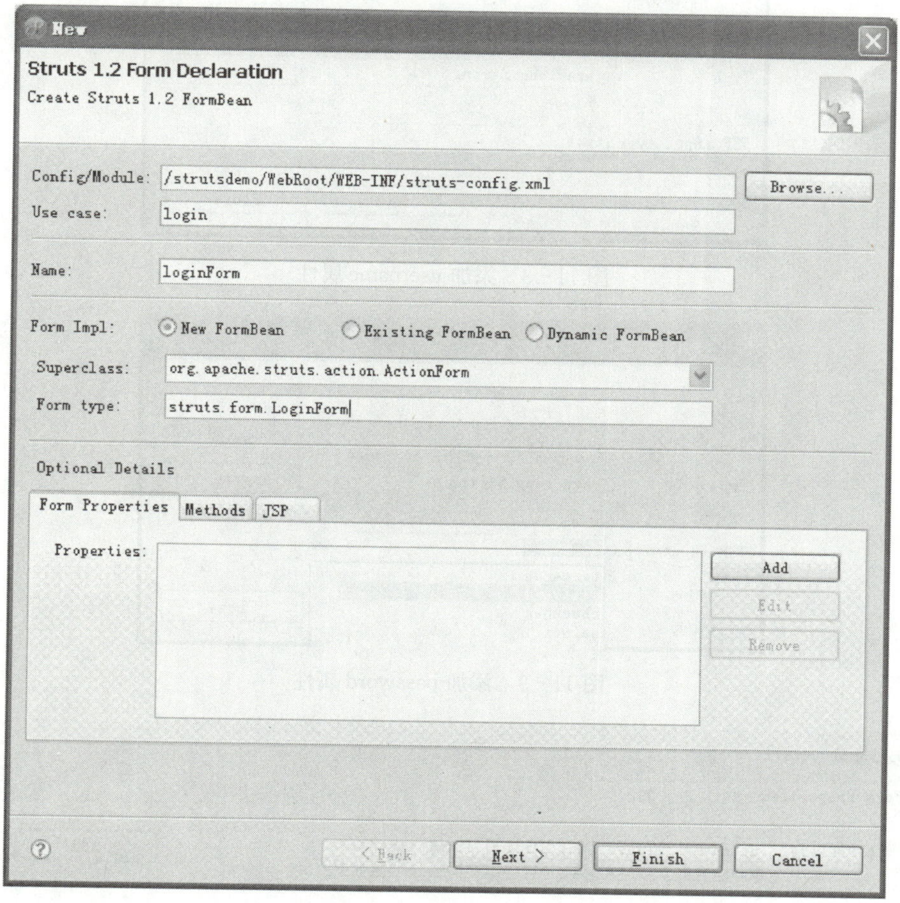

图 11－7 新建 ActionForm 的配置向导

这里所添加的 Form 属性是指为当前的 ActionForm 添加与 JSP 表单中的控件相对应的若干属性。本例既然是登录验证，那么分别添加名为"username"和"password"字符串类型的属性，其对应的 JSP 控件类型分别为文本框和密码框。如图 11－8 和图 11－9 所示。

添加完毕后，单击【Close】，回到主窗体，如图 11－10 所示。单击【Methods】标签卡，进入 ActionForm 方法的配置界面。

在前面 ActionForm 的介绍中，我们已经了解 ActionForm 的验证和重置两种方法。在 MyEclipse 中，默认为 ActionForm 创建这两个方法，如图 11－11 所示。

结束 ActionForm 方法的配置后，最后为当前的 ActionForm 配置对应的 JSP 文件。如图 11－12 所示选中【Create JSP form】选项，将新建的 JSP 路径修改为"/login. jsp"。完成本项配置，MyEclipse 将会在当前 Web 项目的 Webroot 下生成 login. jsp，该 JSP 文件中将包含以上所配置的具有文本框和密码框的表单。单击【Next】进入下一阶段的配置，即 Action 的配置。

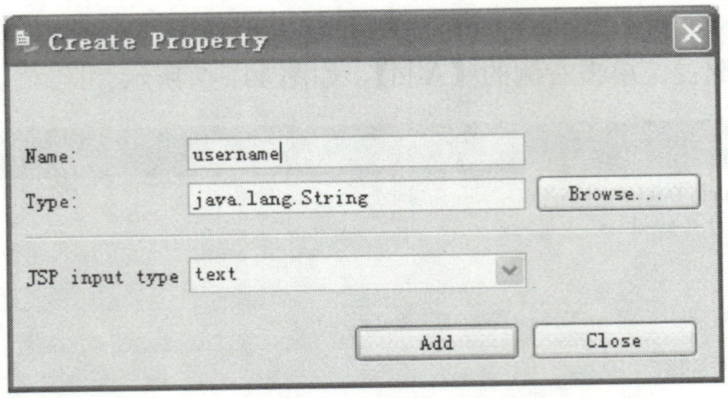

图 11-8 添加 username 属性

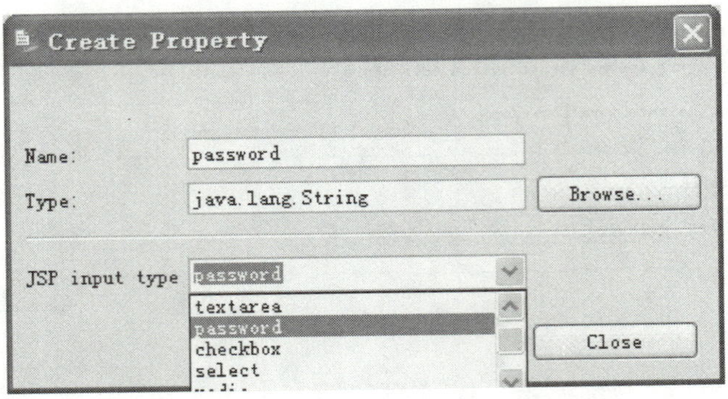

图 11-9 添加 password 属性

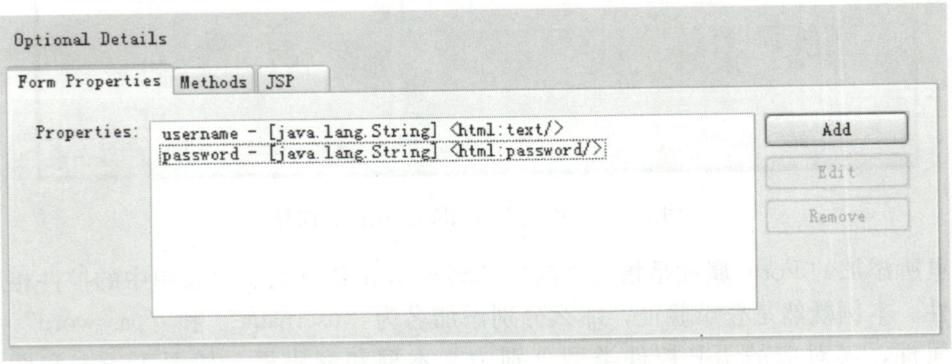

图 11-10 Form Properties 添加完毕

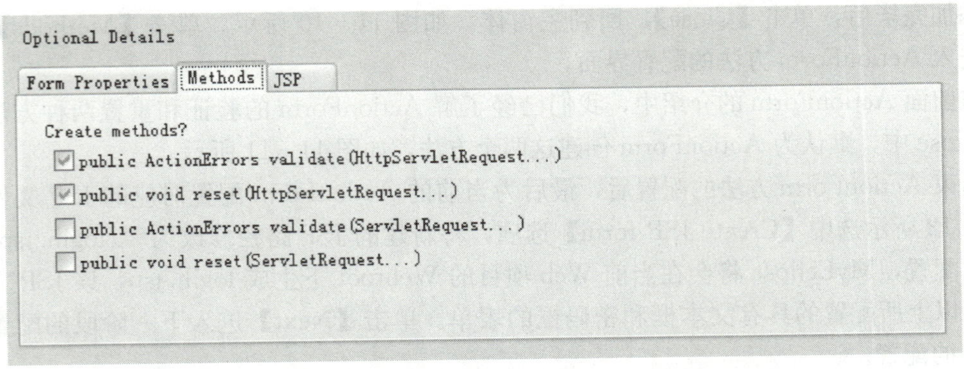

图 11-11 MyEclipse 默认为 ActionForm 创建的方法

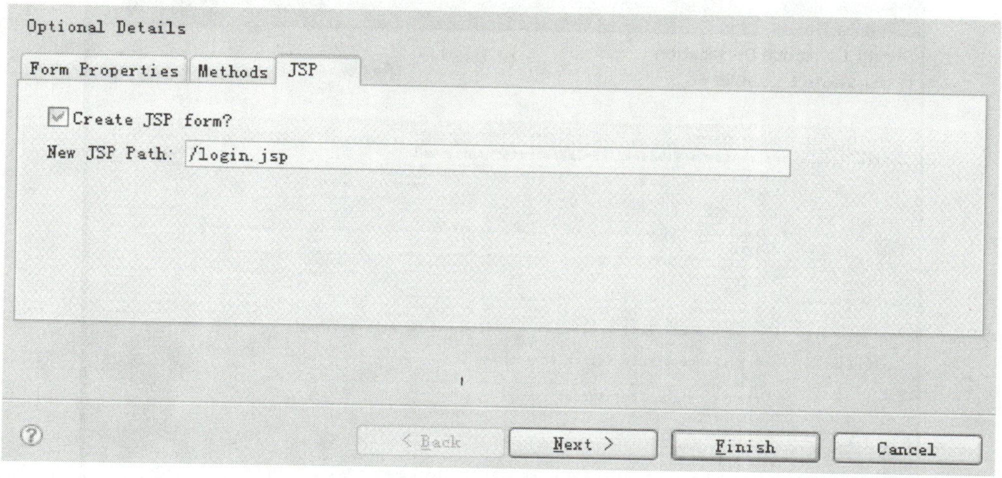

图 11 - 12　为当前的 ActionForm 创建对应的 JSP 文件

小提示：

在 ActionForm 和 JSP 的配置工作完毕后，不要单击【Finish】。如果单击了【Finish】，整个配置向导将会结束，下面关于 Action 的配置只能采用手动方式进行。

在 Action 的配置向导窗体中，MyEclipse 根据前面已经配置好的信息默认生成 Action 的一些相关配置，如 Action 对应的 path、父类、完整的类名以及 ActionForm 作为 request 中名为“loginForm”的 attribute 传递给当前 Action 等信息，如图 11 - 13 所示。

在 Action 的 Optional Details 配置中，单击【Forwards】标签卡，为当前 Action 配置跳转的 ActionForward 对象。如图 11 - 14 所示。

在 Action 的业务流程中，我们需要根据验证结果的成功与否向用户转发不同的页面。因此，在这里新建两个 ActionForward，分别是 success 和 failure，对应的 JSP 分别为当前项目根目录下的 success.jsp 和 failure.jsp，如图 11 - 15 所示，这里跳转的方式默认是请求转发，如果要用响应重定向的方式，选中【Redirect】即可。

添加完两个 ActionForward 的配置后，单击【Close】，回到主窗体，如图 11 - 16 所示。

在图 11 - 16 中，单击【Finish】，完成整个配置工作。此时，MyEclipse 会自动生成很多内容，包括 struts-config.xml 中的配置信息以及 LoginForm、LoginAction、login.jsp 等源文件。作为开发者，留给我们的工作主要是在各个源文件中“填充”与业务相关的代码，直至整个应用运行成功。

struts-config.xml 的设计视图如图 11 - 17 所示。在图 11 - 17 中，单击左下角的【Source】进行切换，可以看到 struts-config.xml 的源代码内容如下：

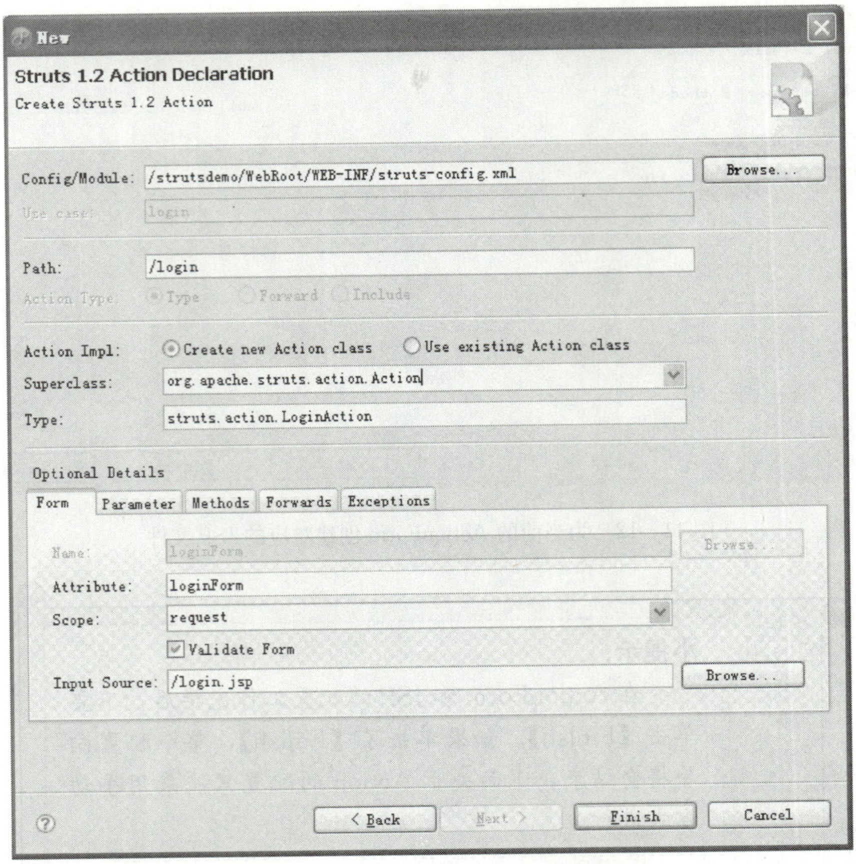

图 11-13 新建 Action 的配置向导

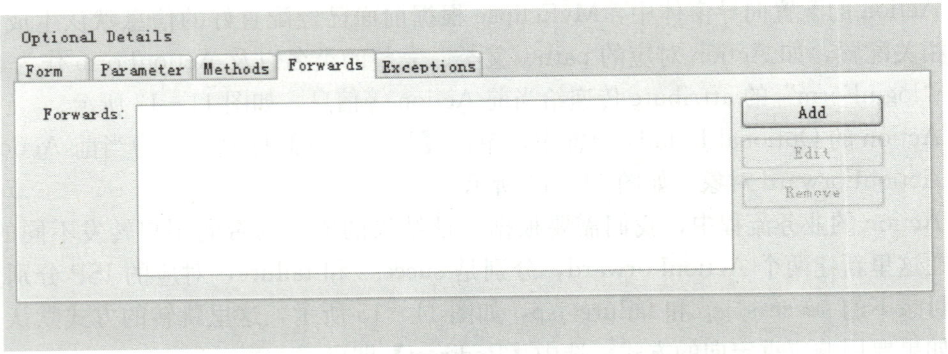

图 11-14 为当前 Action 配置所需的 ActionForward

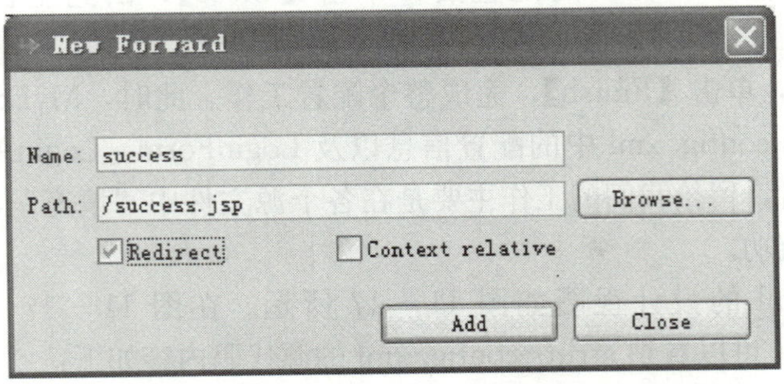

图 11-15 新建 ActionForward 的配置向导

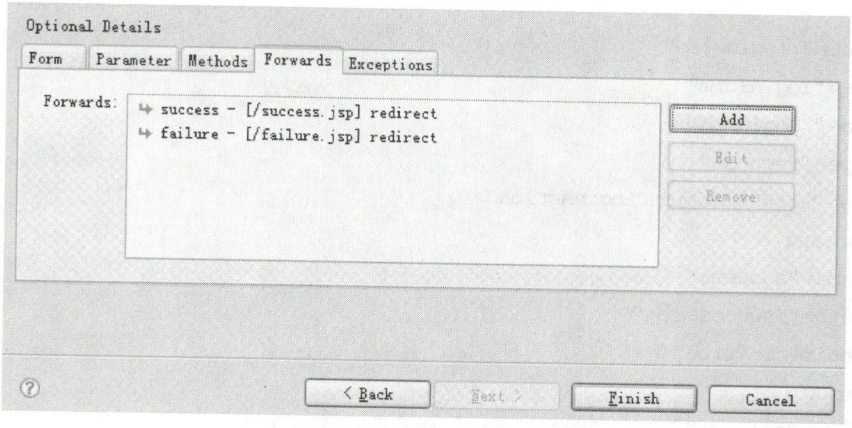

图 11－16　当前 Action 所需的 ActionForward 配置完毕

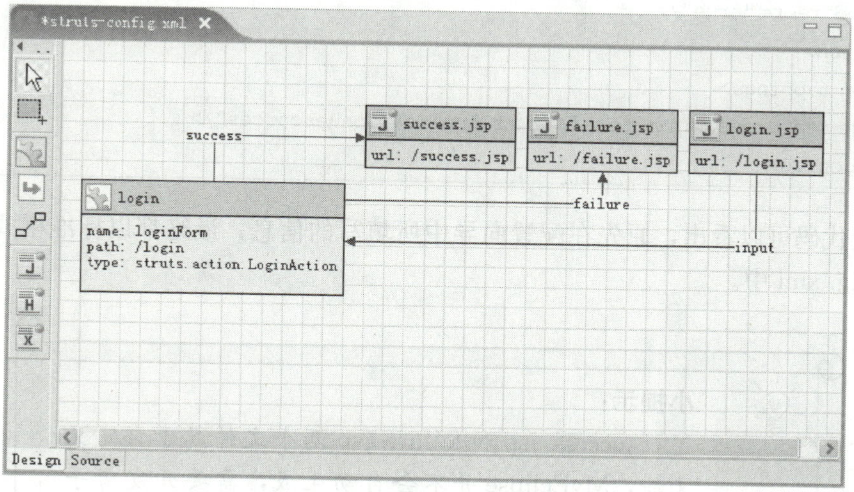

图 11－17　struts-config.xml 的设计视图

```
<?xml version="1.0"encoding="UTF-8"?>
<!DOCTYPE struts-config PUBLIC"-//Apache Software Foundation//DTD Struts Configuration
1.2//EN"
"http://struts.apache.org/dtds/struts-config_1_2.dtd">
<struts-config>
  <data-sources/>
  <form-beans>
    <form-bean name="loginForm"type="struts.form.LoginForm"/>
  </form-beans>
  <global-exceptions/>
  <global-forwards/>
  <action-mappings>
    <action
      attribute="loginForm"
```

```
    input="/login.jsp"
    name="loginForm"
    path="/login"
    scope="request"
    type="struts.action.LoginAction">
    <forward
      name="success"
      path="/success.jsp"
      redirect="true"/>
    <forward
      name="failure"
      path="/failure.jsp"
      redirect="true"/>
   </action>
  </action-mappings>
  <message-resources parameter="struts.ApplicationResources"/>
</struts-config>
```

从以上代码可以看出，原先在配置向导中所填写的信息，最终都以标准格式配置到了 struts-config.xml 中。

小提示：

success.jsp 和 failure.jsp 两个文件属于自定义文件，MyEclipse 并不会自动生成，需要开发者手动创建。这两个 JSP 的功能很简单，只需分别打印验证通过或失败的信息即可。

3. 完成 LoginForm 的 validate 方法

打开 LoginForm.java，完成 validate 方法的验证内容。代码如下：

```
public ActionErrors validate(ActionMapping mapping,
          HttpServletRequest request){
   ActionErrors errors=new ActionErrors();
   if(username.equals(""))
   {
   errors.add("username",new ActionMessage("nullerror.username"));
   }
   if(password.equals(""))
   {
```

```
        errors.add("password",new ActionMessage("nullerror.password"));
    }
    return errors;
}
```

在以上代码中，分别判断了用户名和密码的值是否为空字符串。如果为空字符串，则在 ActionErrors 对象中添加包含错误信息的 ActionMessage 对象。添加 ActionMessage 时，需要给每个 ActionMessage 对象起一个属性名，作为其在 ActionErrors 中的标识。这里分别给两个 ActionMessage 对象起的属性名为“username”和“password”。在构造 ActionMessage 对象时，“nullerror.username”和“nullerror.password”并不是最终的错误信息，这两个字符串只是其在消息资源文件中的 Key，这些 Key 对应的 Value 才是真正的错误信息，这些内容需要在消息资源文件中进行定义。

以上定义的两个错误如果至少产生了其中一个，那么 ActionErrors 对象的内容即不为空，Struts 框架将会用请求转发的方式跳转回登录页面（login.jsp）。该页面中的 <html：errors property=“password”/> 和 <html：errors property=“username”/> 会在 ActionErrors 对象中查找对应的 ActionMessage 对象，并输出错误信息。login.jsp 的主要代码如下：

```
<html>
    <head>
        <title>JSP for LoginForm form</title>
    </head>
    <body>
        <html:form action="/login">
        password:<html:password property="password"/>
        <html:errors property="password"/><br/>
        username:<html:text property="username"/>
        <html:errors property="username"/><br/>
        <html:submit/><html:cancel/>
        </html:form>
    </body>
</html>
```

以上代码是 MyEclipse 根据在配置向导中的设置自动生成的，可以进行手动修改。例如这里的用户名在密码的下面，可以进行调整。

4. 配置消息资源文件

在 Struts 的消息资源文件 ApplicationResources.properties 中，添加如下代码：

```
nullerror.username=username is null!
nullerror.password=password is null!
```

如果需要显示中文文字，请按照 11.1.5 节中的国际化处理进行设计。

5. 完成 LoginAction 的 Execute 方法

以上验证属于视图层 ActionForm 的工作，一般只做较为简单的文字验证，不用来检验与业务相关的内容。本例中当用户名和密码都不为空时，下一步应该检验用户名和密码是否正确。这个验证属于业务逻辑的验证，因此要在 Action 中进行判断处理。

```
public ActionForward execute(ActionMapping mapping,ActionForm form,
        HttpServletRequest request,HttpServletResponse response){
    LoginForm loginForm=(LoginForm)form;
    if(loginForm.getUsername().equals("admin")
        && loginForm.getPassword().equals("123456")){
     return mapping.findForward("success");
    }
    return mapping.findForward("failure");
}
```

在以上代码中，分别取出 loginForm 的两个属性进行判断，根据判断的结果跳转到相应的路径。这里采用了 ActionMapping 对象来获取 ActionForward 对象所指代的路径。ActionMapping 对象本身包含了 struts-config.xml 中与当前 Action 相关的所有配置信息，其中包含前面所配置的名为“success”和“failure”的两个 ActionForward 对象。

至此，一个完整的 Struts 的实例开发完毕。打开浏览器访问登录页面，所显示的页面如图 11-18 所示。

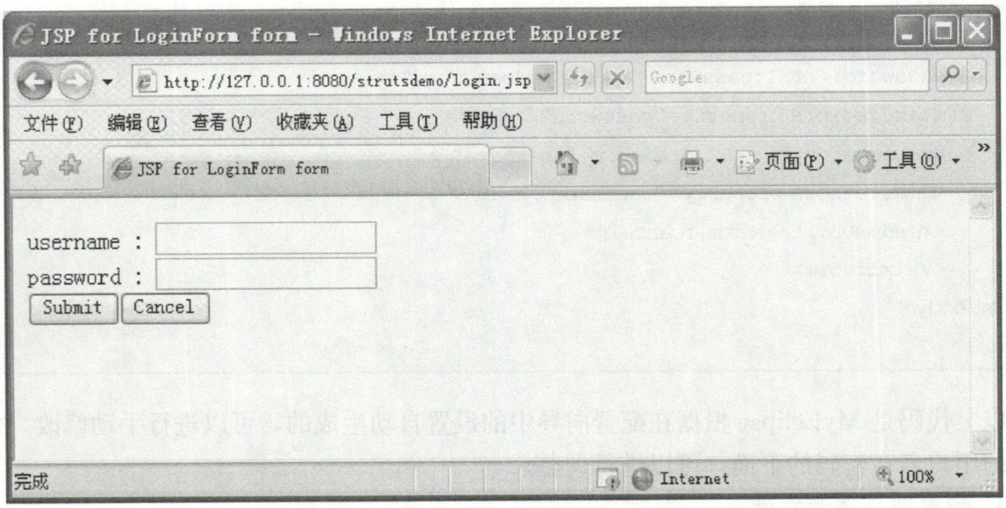

图 11-18 Struts 实例的登录页面

如果用户名和密码都不填，直接提交，则会出现错误提示信息，如图 11-19 所示。

如果随意输入错误的用户名和密码，则会响应重定向到 failure.jsp，如图 11-20 所示。

如果输入正确的用户名和密码，则会响应重定向到 success.jsp，如图 11-21 所示。

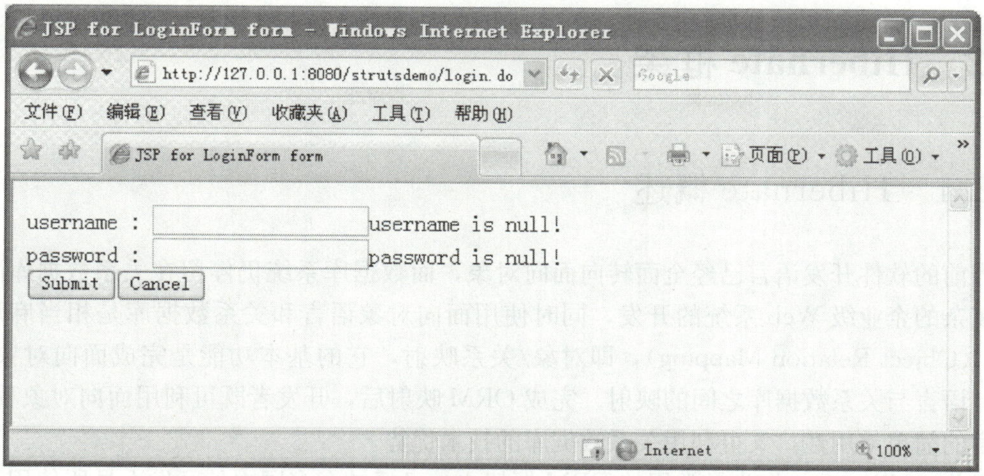

图 11 - 19　不填用户名和密码出现的错误提示

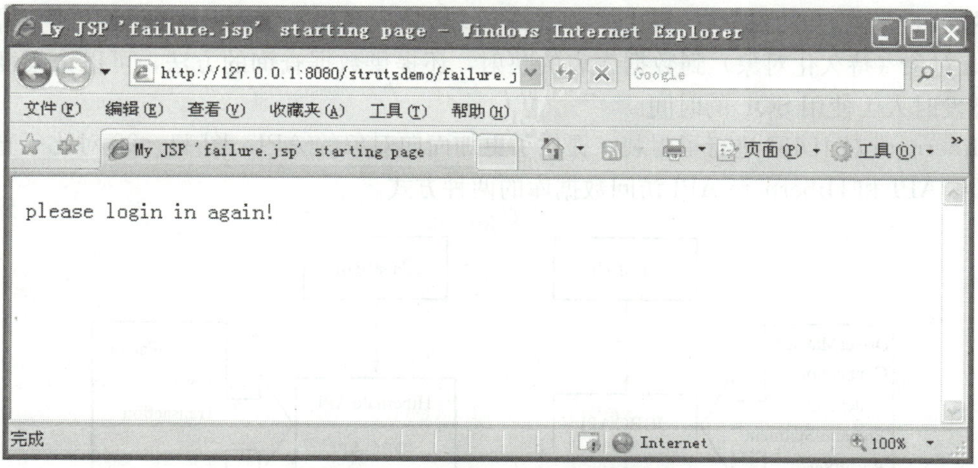

图 11 - 20　验证失败显示的信息

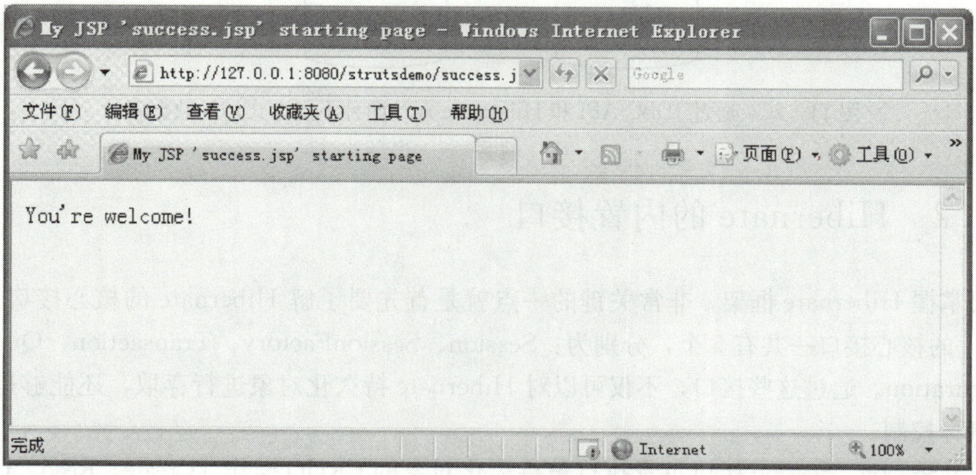

图 11 - 21　验证成功显示的信息

11.2 Hibernate 框架

11.2.1 Hibernate 概述

当前的软件开发语言已经全面转向面向对象，而数据库系统仍停留在关系数据库阶段。面对复杂的企业级 Web 系统的开发，同时使用面向对象语言和关系数据库是相当麻烦的。ORM（Object Relation Mapping），即对象/关系映射，它的基本功能是完成面向对象的程序设计语言与关系数据库之间的映射。完成 ORM 映射后，开发者既可利用面向对象程序设计语言的简单易用性，又可利用关系数据库的技术优势。

目前，Hibernate 作为最常用的 ORM 框架之一已经被众多国内外开发人员所使用。Hibernate 是一个面向 Java 环境的对象/关系数据库映射工具，它能消除那些针对特定数据库厂商的 SQL 代码，并且把结果集由关系表的形式转换成对象的形式。Hibernate 不仅可以管理 Java 对象（持久化对象）到数据库表的映射，还提供数据查询的方法，可以大幅度地减少在开发时人工使用 SQL 的时间。

Hibernate 对 JDBC 进行了封装，提供了更加面向对象的 API。图 11-22 对比了直接通过 JDBC API 和 Hibernate API 访问数据库的两种方式。

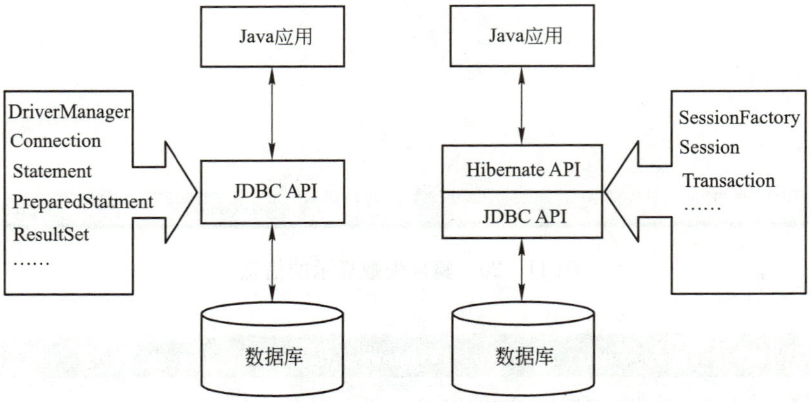

图 11-22 通过 JDBC API 和 Hibernate API 两种不同方式访问数据库

11.2.2 Hibernate 的内置接口

要掌握 Hibernate 框架，非常关键的一点就是首先要了解 Hibernate 的核心接口。Hibernate 的核心接口一共有 5 个，分别为：Session、SessionFactory、Transaction、Query 和 Configuration。通过这些接口，不仅可以对 Hibernate 持久化对象进行存取，还能够进行数据库事务控制。

（1）Session。Session 接口负责执行被持久化对象的 CRUD 操作（Create、Read、Update 和 Delete）。此外，要注意的是，Hibernate 的 Session 不同于 Web 应用中的 HttpSession。

(2) SessionFactory。Hibernate 中用到了工厂模式，SessionFactory 充当数据存储源的代理，并负责创建 Session 对象。一般情况下，一个项目通常只需要一个 SessionFactory 就够了；当需要操作多个数据库时，可以为每个数据库指定一个 SessionFactory。

(3) Configuration。Configuration 接口负责配置并启动 Hibernate，创建 SessionFactory 对象。在 Hibernate 启动的过程中，Configuration 的实例首先定位 Hibernate 映射文件位置、读取配置信息，然后创建 SessionFactory 对象。

(4) Transaction。Transaction 接口负责事务相关的操作。

(5) Query 和 Criteria。Query 和 Criteria 接口负责执行各种数据库查询。

11.2.3　Hibernate 的持久化操作

持久化对象（Persistent Object，PO）的作用是完成持久化操作。持久化是指把数据（如内存中的对象）保存到可永久保存的存储设备中（如磁盘）。持久化的主要应用是将内存中的数据存储在关系型的数据库中，当然也可以存储在磁盘文件中、XML 数据文件中等。简单地说，通过对持久化对象的控制可对数据库执行增、删、改的操作，以面向对象的方式操作数据库。

Hibernate 里的 PO 是非常简单的，Hibernate 采用与 JavaBean 类似的 Java 类作为持久化来使用。下面是一个持久化类的代码。

```
public class Person implements java.io.Serializable{
    private Integer id;
    private String name;
    private Integer age;

    public Person(){
    }
    public Person(Integer id,String name,Integer age){
        this.id=id;
        this.name=name;
        this.age=age;
    }
    public Integer getId(){
        return this.id;
    }
    public void setId(Integer id){
        this.id=id;
    }

    public String getName(){
        return this.name;
```

```
    }

    public void setName(String name){
        this.name=name;
    }

    public Integer getAge(){
        return this.age;
    }

    public void setAge(Integer age){
        this.age=age;
    }
}
```

为了使这个 JavaBean 具备持久化操作的能力，Hibernate 采用 XML 文件将其与数据库的关系表进行映射。该映射文件的代码如下：

```
<?xml version="1.0"encoding="utf-8"?>
<!DOCTYPE hibernate-mapping PUBLIC"-//Hibernate/Hibernate Mapping DTD 3.0//EN"
"http://hibernate.sourceforge.net/hibernate-mapping-3.0.dtd">
<hibernate-mapping>
    <class name="PO.TPerson"table="t_person"catalog="test">
        <id name="id"type="java.lang.Integer">
            <column name="id"/>
            <generator class="increment"/>
        </id>
        <property name="name"type="java.lang.String">
            <column name="name"length="45"not-null="false"/>
        </property>
        <property name="age"type="java.lang.Integer">
            <column name="age"not-null="false"/>
        </property>
    </class>
</hibernate-mapping>
```

在以上代码中，hibernate-mapping 元素是所有 hibernate 映射文件的根元素，hibernate-mapping 元素的每个子元素 class 映射一个 PO，即持久化类。

持久化类都需要有一个标识属性，该标识属性用来标识该久化类的实例，由 id 元素来指定，id 元素的 name 属性的值就是持久化类标识属性名。

在 id 元素子元素中，generator 是主键生成器，负责生成数据表记录的主键，通常有如下几种常见的类型：

(1) increment。该生成器以递增的方式为代理主键赋值。在初始化阶段，Hibernate 读取表中的最大主键值，当插入记录时，在最大值基础上递增，增量为 1，适用于 MySQL。

(2) identity。该生成器由底层数据库来负责生成标识符，它要求底层数据库把主键定义为自动增长字段类型，适用于 SQL server。

(3) sequence。该生成器利用底层数据库提供的序列来生成标识符，适用于 Oracle。

(4) native。该生成器根据底层数据库自行判断采用 identity、sequence 等其中一种作为主键生成方式，即把主键的生成方式交给底层数据库来决定。

(5) assigned。该生成器可以自定义主键的内容，如商品编号、学生学号等字符串类型的主键，字符串无需 Hibernate 参与。

除了主键 id 之外，每个持久化类还有若干个 property 元素，每个 property 元素的 name 属性表示持久类的属性名，column 子元素指定该属性映射数据表里的列名。

Hibernate 的持久化对象通常有 3 种状态，分别为：瞬时状态（Transient）、持久化状态（Persistent）、游离状态（Detached）。这 3 种状态的主要特征如下。

1. 瞬时状态

当通过 Java 的 new 关键字生成一个对象时，这个对象就处于瞬时状态。如下所示：

```
Person person=new person();
person.setName("tom");
person.setAge(20);
```

以上代码创建的 person 对象处于瞬时状态，因为此时的 person 对象只是通过 Java 虚拟机获得了一块内存空间，并没有通过 Session 对象的 save（）方法保存进数据库，因此也就还没有纳入 Hibernate 的缓存管理中，也就是说 customer 对象现在还自由地游荡于 Hibernate 缓存管理之外。所以，自由对象最大的特点就是，在数据库中不存在一条与它对应的记录。因此，瞬时状态的特征主要包含以下两点：①在数据库中没有与该对象完全匹配的记录；②该对象没有纳入到 Session 的管理。

2. 持久化状态

持久化状态的对象就是已经被保存进数据库的对象，并且这个对象现在还处于 Hibernate 的缓存管理之中。此时对该对象的任何修改，都会在清理缓存时同步到数据库中。如下所示：

```
Configuration cfg=new Configuration().configure();
Session session=cfg.buildSessionFactory().openSession();
Transaction tx=session.beginTransaction();
Person person=new Person();
person.setName("tom");
person.setAge(20);
session.save(person);
person=(Person)session.load(Person.class,"1");
person.setAge(28);
tx.commit();
```

以上代码并没有显式地调用 Session 的 update（）方法来保存更新，但是对实体对象的修改还是会同步更新到数据库中，因为此时 person 对象通过 save 方法保存进数据库后，已经是持久化对象了，然后通过 load 方法再次加载它，它仍然是持久化对象，所以它还处于 Hibernate 缓存的管理之中，这时当执行 tx.commit（）方法时，Hibernate 会自动清理缓存，并且自动将持久化对象的属性变化同步到数据库中。因此，持久化状态的特征主要包含以下 3 点：

① 在数据库中有与该对象匹配的记录；

② 该对象已纳入到了 Session 的管理；

③ 在清理缓存的时候，该对象的属性会和数据库同步。

3. 游离状态

当一个持久化对象脱离开 Hibernate 的缓存管理后，它就处于游离状态。游离对象和瞬时对象的最大区别在于：游离对象在数据库中可能还存在与它对应的记录，只是现在这个游离对象脱离了 Hibernate 的缓存管理；而瞬时状态的对象则不会出现与它对应的数据库记录。如下所示。

```
Configuration cfg=new Configuration().configure();
Session session=cfg.buildSessionFactory().openSession();
Transaction tx=session.beginTransaction();
Person person=new Person();
person.setName("tom");
person.setAge(20);
session.save(person);
tx.commit();
session.close();
```

当 Session 关闭后，person 对象就不处于 Hibernate 的缓存管理之中了，但是此时在数据库中还存在一条与 person 对象对应的数据记录，所以此时 person 对象处于游离状态。因此，游离状态的特征主要包含以下两点：①数据库中有与该对象主键值相匹配的记录；②没有纳入 Session 的管理。

持久化对象的 3 种状态之间还可以通过 Session 的其他方法进行相互转换，如图 11－23 所示。

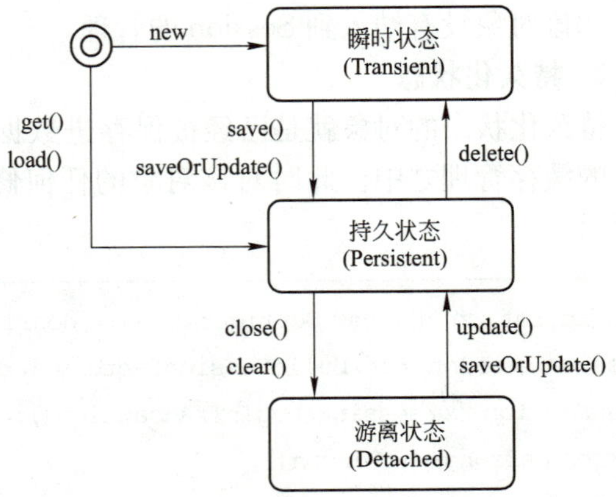

图 11－23　持久化对象的 3 种状态以及状态间的转换

11.2.4　HQL 查询方式

Hibernate 提供了异常强大的查询体系，有多种查询方式可以供我们使用，如 HQL

（Hibernate Query Language）查询。HQL 的语法与 SQL 的语法看上去很相似，但 HQL 其实是一种面向对象的查询语言。因此，SQL 的操作对象是数据表和列等，而 HQL 的操作对象是类、实例和属性等。HQL 是完全面向对象的查询语言，因此可以支持面向对象中的继承和多态等机制。Hibernate 中内置了 Query 类，HQL 查询依赖于 Query 类，每个 Query 实例对应一个查询对象，使用 HQL 查询按如下步骤进行。

（1）编写 HQL 语句。

（2）以 HQL 语句作为参数，调用 Session 的 createQuery 方法创建查询对象。

（3）如果 HQL 语句包含参数，调用 Query 的 setXxx 方法为参数赋值。

（4）调用 Query 对象的 list 等方法返回查询结果。

Query 包含的常用方法如表 11－2 所示。

表 11－2　Query 的常用方法

返回类型	方　法	功　能
Query	setFirstResult（int firstResult）	设置返回的结果集从第几条记录开始
Query	setMaxResults（int maxResults）	设置本次查询返回的结果数
Query	setParameter（int position，Object val）	设置 HQL 语句需要传入的参数
List	list（）	返回结果集

查询的示例代码如下：

```
String queryString="from Person where Person.age=?";
Query queryObject=Session.createQuery(queryString);
queryObject.setParameter(0,20);
List personList=queryObject.setFirstResult(0)
                            .setMaxResults(10)
                            .list();
```

以上程序通过 Session 创建 Query 后，为 HQL 语句的参数赋值，再从第一条开始返回 10 个查询到的结果。

小提示：

Hibernate 中的方法如果涉及序号的，一般都是从 0 开始计数，如方法 setParameter 和 setFirstResult 等。

下面对 HQL 的常用语法做简要介绍。

HQL 语句本身的关键字和函数不区分大小写，但 HQL 语句中出现的包名、类名、实例名及属性名都区分大小写。

（1）from 子句。from 关键字后接持久化类的类名。例如：

```
from Person
```

表明从 Person 持久化类中选出全部的实例，通常为该 Person 的每个实例另起别名。例如：

```
from Person as p
```

在以上的 HQL 语句中，Person 持久化类中的实例名为 p，from 后还可同时出现多个持久化类，此时将产生跨表的连接，相当于 SQL 中的多表连接。

(2) select 子句。select 子句用于确定选择出的属性，当然 select 选择的属性必须是 from 后持久化类包含的属性。例如：

```
select p.name from Person as p
```

select 可以选择任意属性，不仅可以选择持久化类的直接属性，还可以选择属性自身包含的子属性。例如：

```
select p.name.firstName from Person as p
```

(3) 聚集函数。HQL 也支持在选出的属性上使用聚集函数。HQL 支持的聚集函数与 SQL 完全相同。例如：

```
select count(*) from Person
select max(p.age) from Person as p
```

此外，select 子句还支持算数运算符、distinct 和 all 等关键字，效果与 SQL 中的效果完全相同。

(4) where 子句。where 子句用于筛选选中的结果，以缩小选择的范围。如果没有为持久化实例另起别名，可以直接使用属性名引用属性。如下面的 HQL 语句：

```
from Person where name like "jack"
```

下面 HQL 语句与上面的语句效果相同：

```
from Person as p where p.name like "jack"
```

复合属性表达式加强了 where 子句的功能。例如下面的语句：

```
from Person as p where p.PersonType.typename="student"
```

该语句翻译成 SQL 语句后，等价于一个两表连接的查询：

```
Select * from Person,PersonType where Person.typeid=PersonType. typeid and PersonType.ty-
pename="student"
```

11.2.5　条件查询方式

条件查询是 Hibernate 中更具面向对象特色的数据查询方式，主要通过 Criteria 和 Criterion 两个接口以及其他相关辅助类来实现。

执行条件查询的步骤如下。

(1) 以 Session 对象创建 Criteria 对象。

(2) 增加 Criterion 查询条件。

(3) 执行 Criteria 的 list 方法返回结果集。

1. Criteria

Criteria 接口代表一次查询，该查询本身并不具备任何的数据筛选功能，需要 Session 调用 createCriteria (Class class) 方法对某个持久化类创建条件查询的实例。如表 11-3 所示，Criteria 包含如下常用方法。

表 11-3　Criteria 的常用方法

返回类型	方　法	功　能
Criteria	setFirstResult (int firstResult)	设置返回的结果集从第几条记录开始
Criteria	setMaxResults (int maxResults)	设置本次查询返回的结果数
Criteria	add (Criterion criterion)	增加查询条件
Criteria	addOrder (Order order)	增加排序规则
List	list ()	返回结果集

2. Criterion

Criterion 是 Criteria 的查询条件。Criteria 提供了 add (Criterion criterion) 方法来添加查询条件。Criterion 对象可以由 Restrictions 类负责产生，而 Restrictions 是专门用于产生查询条件的工具类，它的方法大部分都是静态方法，常有的方法如表 11-4 所示。

表 11-4　Restrictions 的常用方法

返回类型	方　法	功　能
Criterion	eq (String propertyName, Object value)	判断属性值和指定值是否相等
Criterion	gt (String propertyName, Object value)	判断属性值是否大于指定值
Criterion	ge (String propertyName, Object value)	判断属性值是否大于等于指定值
Criterion	lt (String propertyName, Object value)	判断属性值是否小于指定值
Criterion	le (String propertyName, Object value)	判断属性值是否小于等于指定值
Criterion	between (String propertyName, Object low, Object hi)	判断属性值是否在某个范围之内
Criterion	ilike (String propertyName, Object value)	判断属性值是否匹配某个字符串
Criterion	isNotNull (String propertyName)	判断属性值是否为空
Criterion	and (Criterion lhs, Criterion rhs)	两个查询条件 and 关系
Criterion	or (Criterion lhs, Criterion rhs)	两个查询条件 or 关系

使用 Hibernate 条件查询方式进行查询，难点主要是熟练地将各种查询条件进行灵活组

装。下面介绍几种示例代码。

1）通过查询条件限制结果集

查询姓“陈”且年龄在 19～21 的人员信息，代码如下：

```
List PersonList=session.createCriteria(Person.class)
    .add(Restrictions.like("name","陈%"))
    .add(Restrictions.between("age",new Integer(19),new Integer(21)))
    .list();
```

2）按逻辑组合查询条件来限制结果集

查询年龄值为 0 或者为空的且姓“陈”的人员信息，代码如下：

```
List PersonList=session.createCriteria(Person.class)
    .add(Restrictions.like("name","陈%"))
    .add(Restrictions.or(
        Restrictions.eq("age",new Integer(0)),
        Restrictions.isNull("age")
    ))
    .list();
```

3）按指定属性列对结果集排序

查询 50 个姓“陈”的人员信息，结果按年龄值倒序排列。排序时使用类 org.hibernate.criterion.Order 的静态方法 desc。代码如下：

```
List PersonList=session.createCriteria(Person.class)
    .add(Restrictions.like("name","陈%")
    .addOrder(Order.desc("age"))
    .setMaxResults(50)
    .list();
```

除了 Restrictions 的方法可以获得 Criterion 实例之外，还有一些直接实现 Criterion 接口的类也较为常用，主要有 Example、Junction 等。

Example 本身提供了一个静态方法 create（Object entity），可根据一个对象（实际使用中一般是映射到数据库的对象）来创建。以下代码首先构造一个 person 实例，然后根据 person 实例创建 Example，从而进行实例的查询。

```
Person person=new Person();
person.setName("陈晓华");
person.setAge(20);
List results=session.createCriteria(Person.class)
    .add(Example.create(person))
    .list();
```

而 Junction 的实际使用是它的两个子类 conjunction 和 disjunction，分别对应 and 和 or 操作符进行查询条件的联结，联结查询条件时采用 add 方法，但是这里的 add 方法与 Criteria 的 add 方法是不一样的。以下代码联结了 4 个查询条件：

```
List PersonList=session.createCriteria(Person.class)
    .add(Restrictions.disjunction()
        .add(Restrictions.isNull("age"))
        .add(Restrictions.eq("age",new Integer(19)))
        .add(Restrictions.eq("age",new Integer(20)))
        .add(Restrictions.eq("age",new Integer(21)))
    ))
    .list();
```

3. Projection

Projection 接口主要是让 Criteria 能够实现分组统计查询、子查询等功能。Projection 主要有 ProjectionList 和 Property 等实现类。

ProjectionList 可以由其工厂类 Projections 来获取，Projections 所提供的 avg、count、max、min、sum 等聚合函数可以让开发者很容易对某个字段进行统计查询。通过调用 Criteria 的 setProjection () 可以投影到一个查询。当用 add 方法添加一个投影到 ProjectionList 中时，可以为它指定一个别名。

以下代码按年龄分组统计人数：

```
List results=session.createCriteria(Person.class)
.setProjection(Projections.projectionList()
.add(Projections.rowCount(),"personCount")
.add(Projections.groupProperty("age"),"age")
)
.list();
```

Property 是获得一个条件的另外一种途径。可以通过调用 Property.forName () 创建一个 Property，也可以使用 Property.forName () 来表示投影：

```
List results=session.createCriteria(Person.class)
.setProjection(Projections.projectionList()
.add(Projections.rowCount(),"personCount")
.add(Property.forName("age").group().as("age"))
)
.list();
```

4. DetachedCriteria

离线查询 DetachedCriteria 类可以在一个 Session 范围之外创建一个查询，并且可以使用任意的 Session 来执行它。DetachedCriteria 也可以用以表示子查询。示例代码如下：

```
DetachedCriteria avgAge=DetachedCriteria.forClass(Person.class)
.setProjection(Property.forName("age").avg());
List results=session.createCriteria(Person.class)
                    .add(Property.forName("age").gt(avgAge))
                    .list();
```

以上代码首先创建一个平均年龄的子查询对象，然后将其作为外层查询的比较条件进行查询，得到的结果为年龄大于平均年龄的人员信息。

11.2.6 Hibernate 实例开发

以下将 Hibernate 与 Struts 框架结合，进行实例开发。MyEclipse 中对 Hibernate 框架的支持也比较完善，尤其是生成持久化类的过程非常方便。

1. 用 DB Browser 连接数据源

在设计基于 Hibernate 的应用之前，需要先建立数据源，为后续的对象关系映射做好准备。单击菜单【Window】→【Show View】→【Other…】，如图 11 - 24 所示。

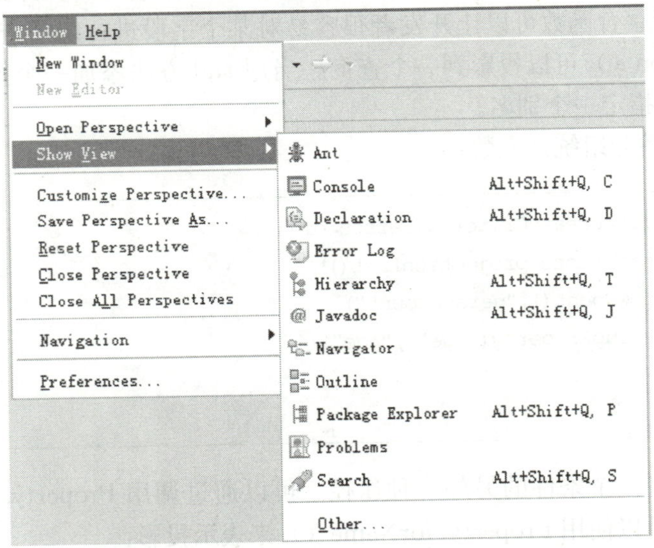

图 11 - 24 进入菜单【Window】→【Show View】→【Other】

在弹出的对话框中，选择【MyEclipse Enterprise Workbench】→【DB Brower】，如图 11 - 25 所示。

在出现的【DB Brower】窗口中，右击菜单中的【New…】，创建新的数据连接，如图 11 - 26 所示。

在弹出的数据库连接配置向导中，利用 JDBC 部分的知识可以完成以下信息的配置，包括：驱动模板、驱动名称（自定义）、驱动的完整类名、数据库连接的 URL 以及连接所需的用户名和密码等。此外，还需要导入本地 MySQL 的 JDBC 驱动的 JAR 包，如图 11 - 27 所示。

单击【Next】，进入到数据库信息显示的向导页，如图 11 - 28 所示，选择 “Display the selected schemas” 选项，即接下来将按照所选的数据库显示其中的数据表。

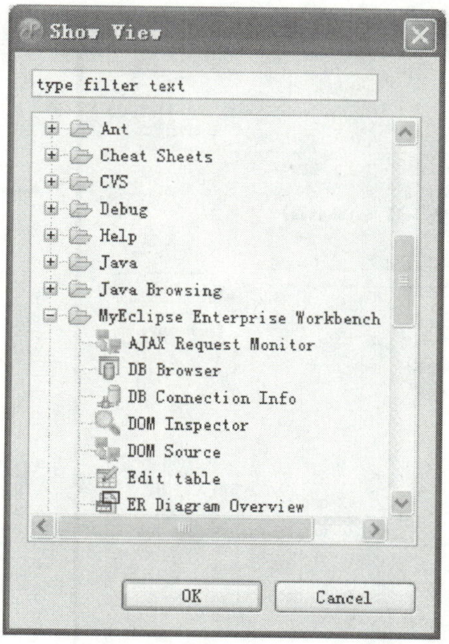

图 11－25　选择菜单【DB Brower】

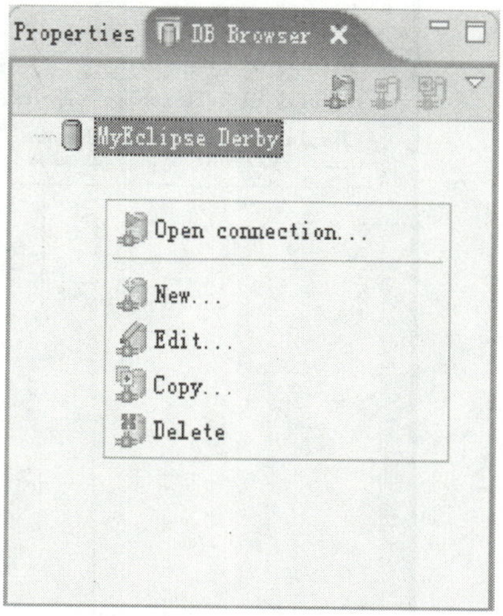

图 11－26　创建新的数据连接

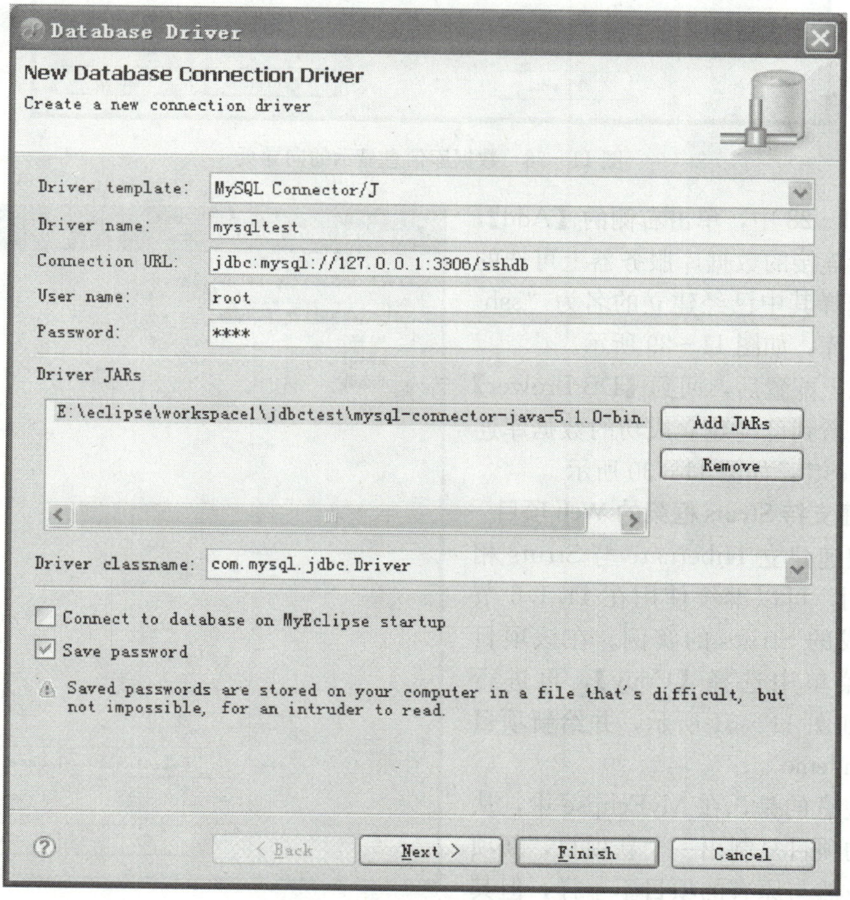

图 11－27　数据库链接配置向导页

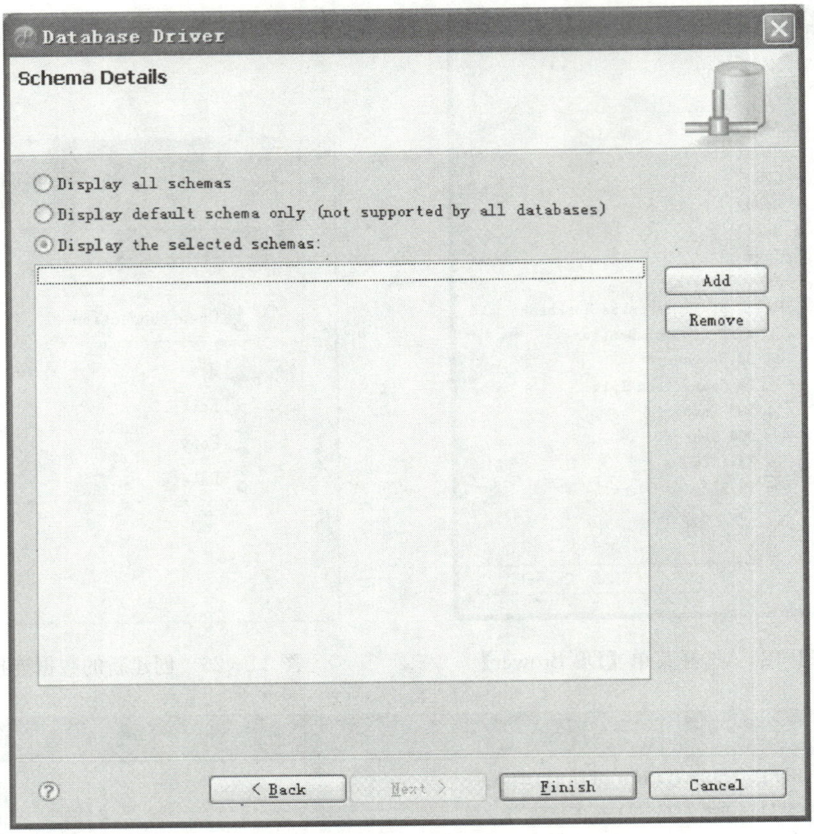

图 11－28　数据库信息显示的向导页

在图 11－28 中，单击右侧的【Add】，则会弹出所连接的数据库服务器上可选的数据库。选择其中已经建立的名为“ssh-db”的数据库，如图 11－29 所示。

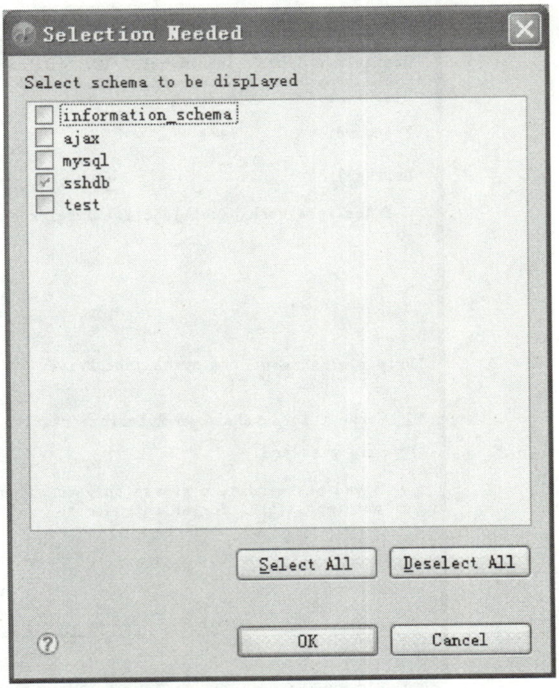

图 11－29　选择需要使用的数据库

完成以上配置后，回到【DB Brower】窗口，可以看到已经建立成功的数据库连接“mysqltest”，如图 11－30 所示。

2. 创建支持 Struts 框架的 Web 项目

为了快速建立 Hibernate 与 Struts 相结合的应用，可以继续使用在 11.1.6 节中已经完成的 Struts 的实例。在该项目中，右击菜单中选择【Copy】，再进行【Paste】，如图 11－31 所示，并给新项目起名为“shdemo”。

需要注意的是，在 MyEclipse 中，从一个已有的项目复制出一个新项目，新项目的名称虽然与原有的项目不一样，但其部署后的访问路径与原有项目还是一样的，即新旧两个 Web 项目的 URL 还是一样的，因此我们需要对其部署路径进行修改。

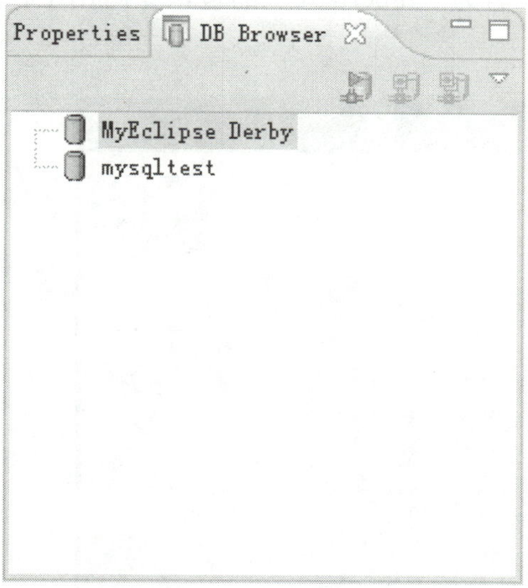

图 11 - 30　数据库连接建立成功

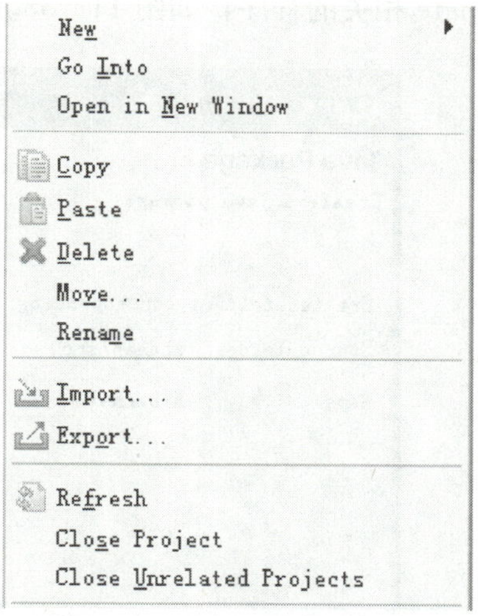

图 11 - 31　复制 Struts 项目

在新项目的右击菜单中，选择【Properties】，进入项目信息的配置页面，如图 11 - 32 所示。在左侧菜单中，选择【MyEclipse】→【Web】，将 Web Context-root 的值修改为 “/shdemo”。

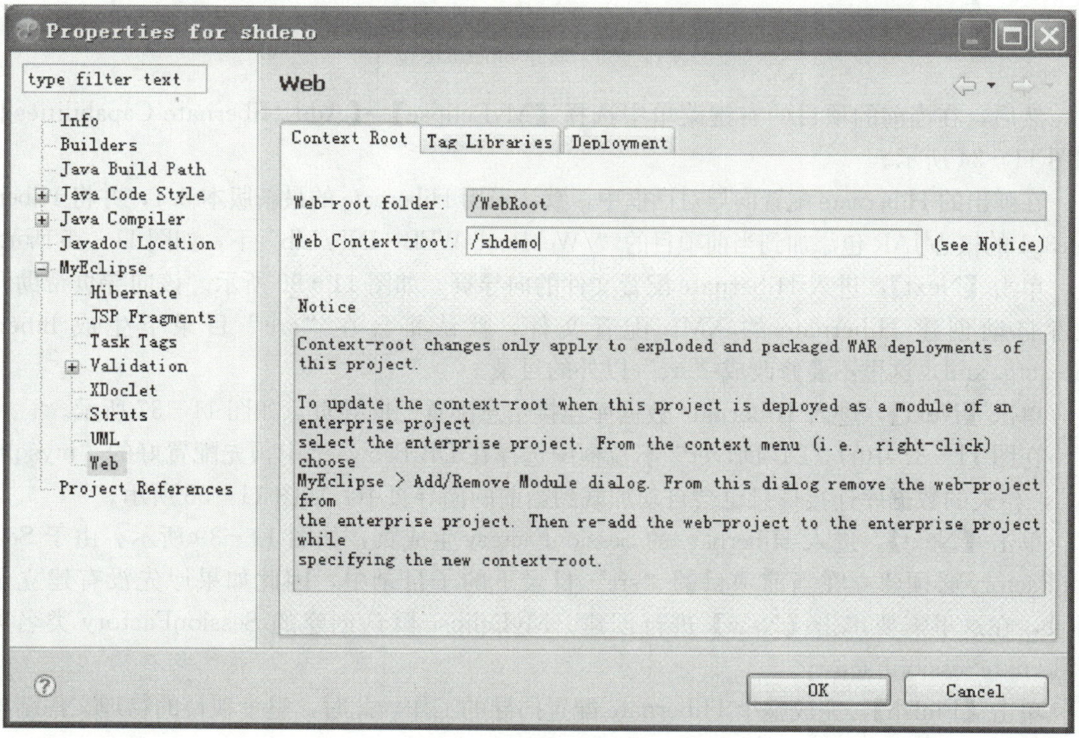

图 11 - 32　修改项目的 Web Context-root 值

3. 为当前项目添加对 Hibernate 框架的支持

首先，在当前项目的 src 文件夹下建立一个名为“hibernate”的包，专门用于存放与 hibernate 相关的程序，如图 11－33 所示。

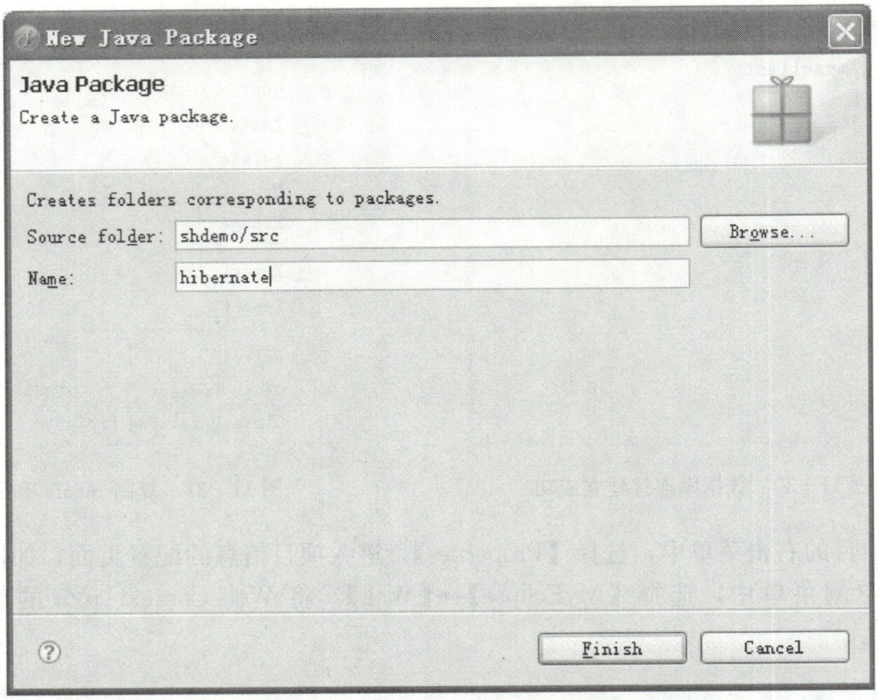

图 11－33 新建 hibernate 包

然后，在当前的项目的右键菜单中选择【MyEclipse】→【Add Hibernate Capabilities】，如图 11－34 所示。

在弹出的 Hibernate 配置向导对话框中，默认采用 Hibernate 的最新版本 3.1，并将 Hibernate3.1 的核心 JAR 包添加到当前项目的“/WebRoot/WEB－INF/Lib”下，如图 11－35 所示。

单击【Next】，进入 Hibernate 配置文件的向导页，如图 11－36 所示。该向导页帮助开发者自动创建 Hibernate 的 XML 配置文件，默认将会在“src”目录下生成 hibernate.cfg.xml，这里不要修改成“src”以外的目录。

单击【Next】，进入 Hibernate 数据库连接信息配置的向导页，如图 11－37 所示。

在图 11－37 中的“DB Driver”下拉框中选择在 DB Browser 中预先配置好的“mysqltest”，相关的数据库连接信息也会自动加载到当前的向导页中，如图 11－38 所示。

单击【Next】，进入 Hibernate 的 SessionFactory 生成页，如图 11－39 所示。由于 SessionFactory 必须建立在当前项目的“src”目录下的子目录中，因此如果原先没有建立子目录，在这里需要单击【New】进行创建。MyEclipse 默认创建的 SessionFactory 类名为 HibernateSessionFactory。

单击【Finish】，完成整个 Hibernate 配置向导的工作。此时，整个项目的物理文件结构如图 11－40 所示。

其中，生成的配置文件 Hibernate.cfg.xml 的主要内容如下：

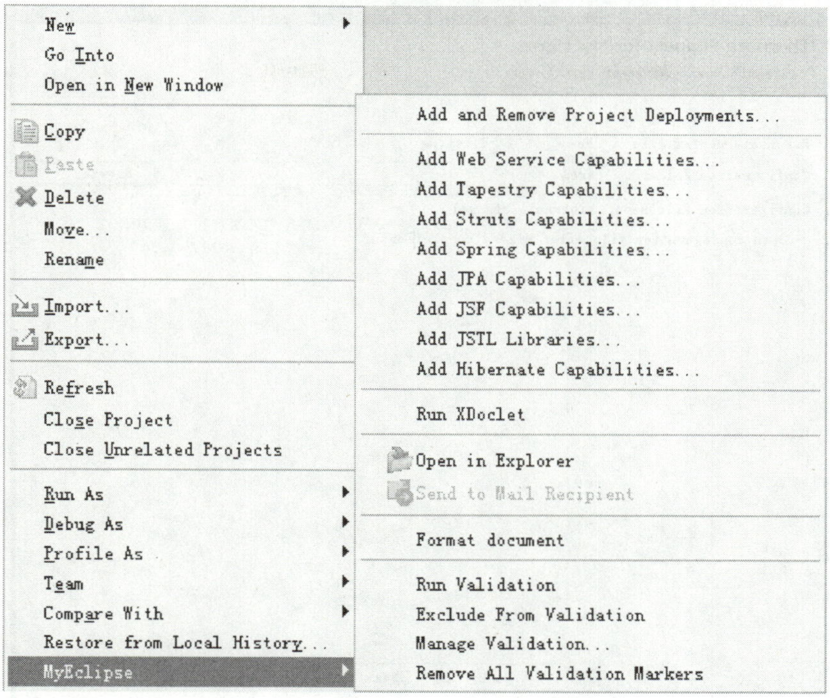

图 11-34　为当前的 Web 项目添加 hibernate 框架的性能

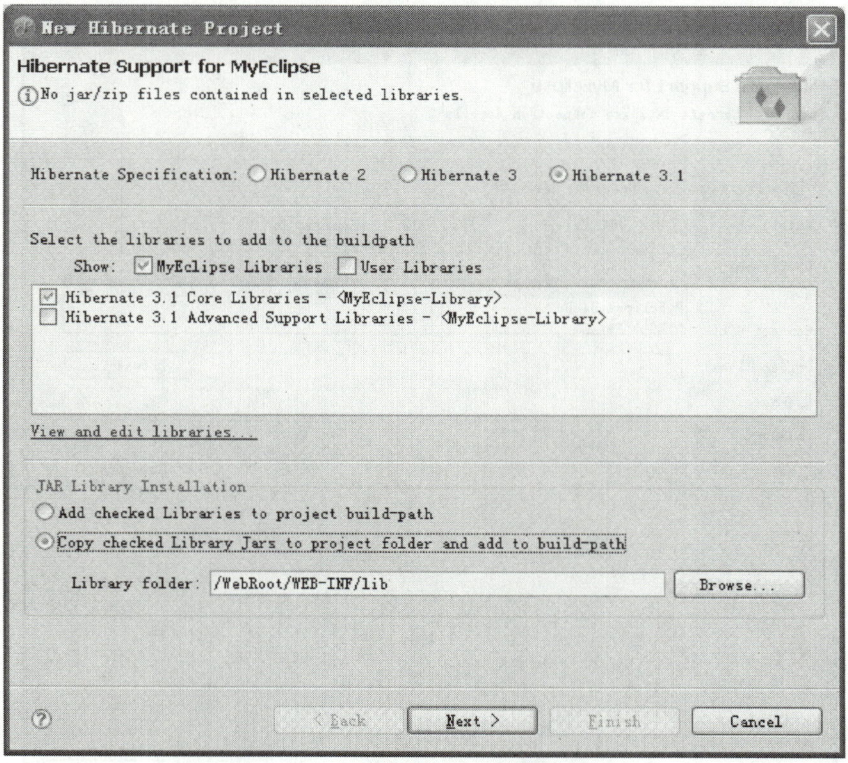

图 11-35　配置 Hibernate 框架的属性

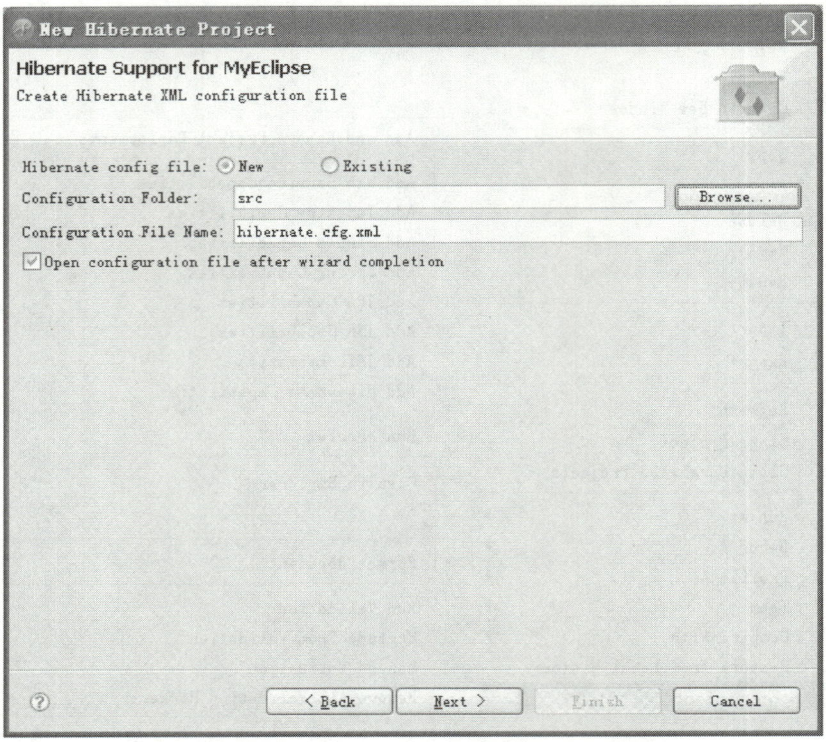

图 11-36 创建 Hibernate 配置文件

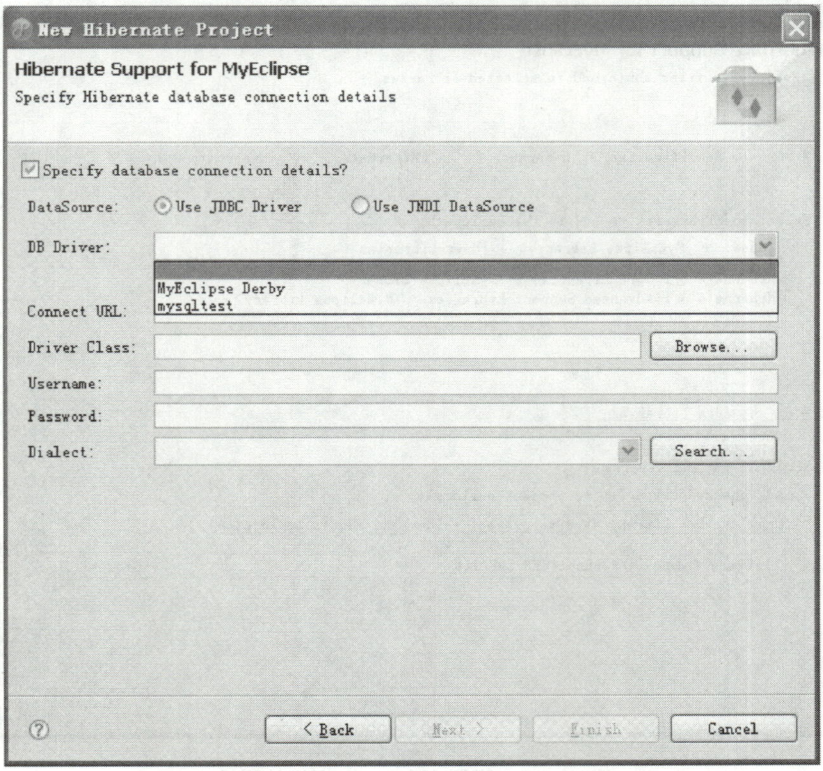

图 11-37 指定 Hibernate 的数据库连接配置信息

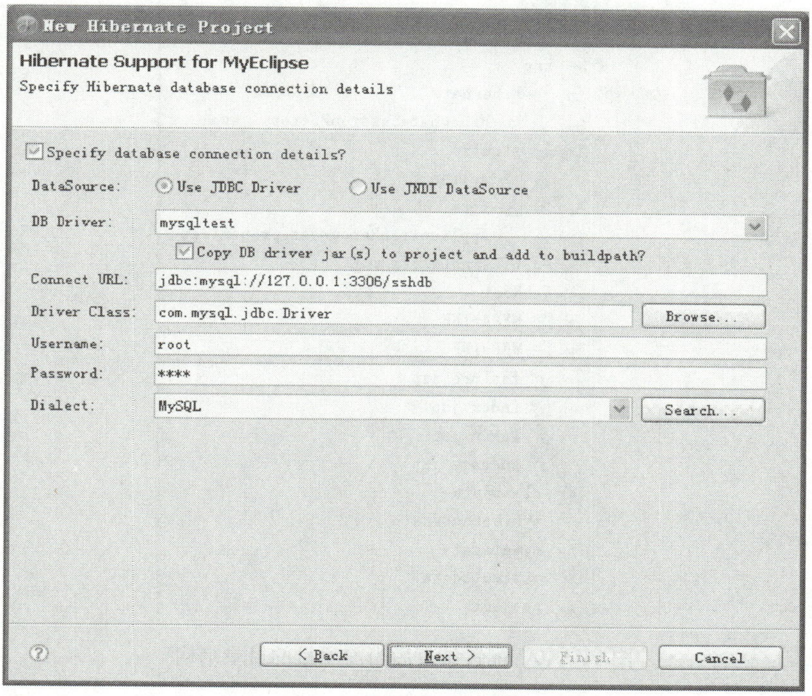

图 11－38　完成 Hibernate 的数据连接配置信息

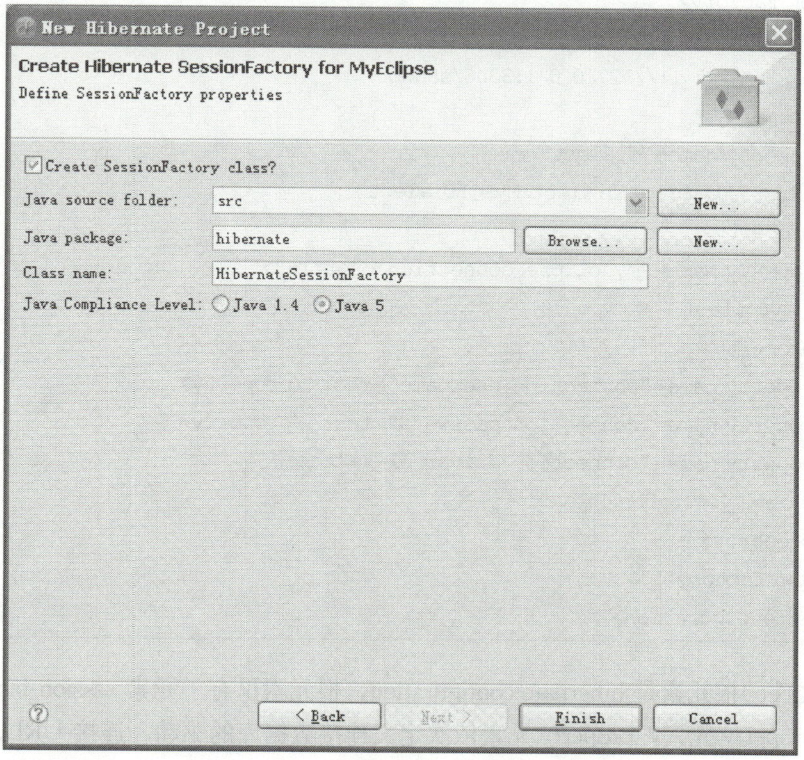

图 11－39　生成 Hibernate 的 SessionFactory

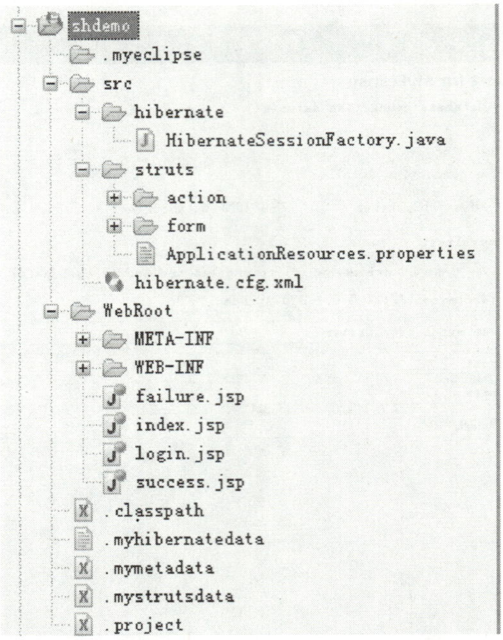

图 11-40 配置结束后当前项目的目录结构

```
<hibernate-configuration>
    <session-factory>
        <property name="connection.url">
            jdbc:mysql://127.0.0.1:3306/sshdb
        </property>
        <property name="dialect">
            org.hibernate.dialect.MySQLDialect
        </property>
        <property name="myeclipse.connection.profile">
            mysqltest
        </property>
        <property name="connection.username">root</property>
        <property name="connection.password">test</property>
        <property name="connection.driver_class">
            com.mysql.jdbc.Driver
        </property>
    </session-factory>
</hibernate-configuration>
```

该配置文件的根元素是 hibernate-configuration，根元素里有子元素 session-factory，该元素依次有很多 property 元素，property 元素依次定义连接数据库的驱动、连接 URL、用户名、密码等信息。另外，还定义了一个名为 dialect 的属性，该属性定义了 Hibernate 所要连接的数据库管理系统的类型是 MySQL，Hibernate 会针对该数据库的类型在访问时进行相应的映射处理。

4. 生成持久化类及 DAO

再次回到【DB Brower】窗口中，选择“mysqltest”数据库，右击后在菜单中选择“Open connection”，打开数据库连接，如图 11 - 41 所示。

将打开的数据库信息目录中的“TABLE”展开，直到显示出需要使用的关系表，如图 11- 42 所示。

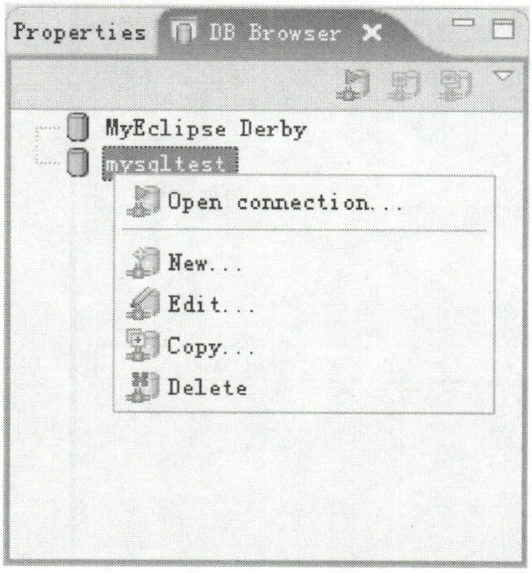

图 11 - 41　打开 mysqltest 的数据库连接

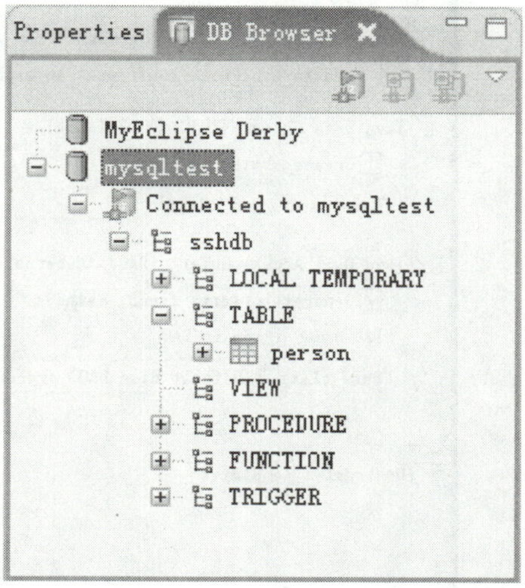

图 11 - 42　显示数据库中的信息

选择“person”表，右击菜单后选择“Hibernate Reverse Engineering”，如图 11 - 43 所示，即进行 Hibernate 反向工程，生成持久化类及 DAO 类。该功能也是 MyEclipse 对 Hibernate 特有的支持功能，免去了开发者手动编写持久化类及 DAO 类的大部分工作。

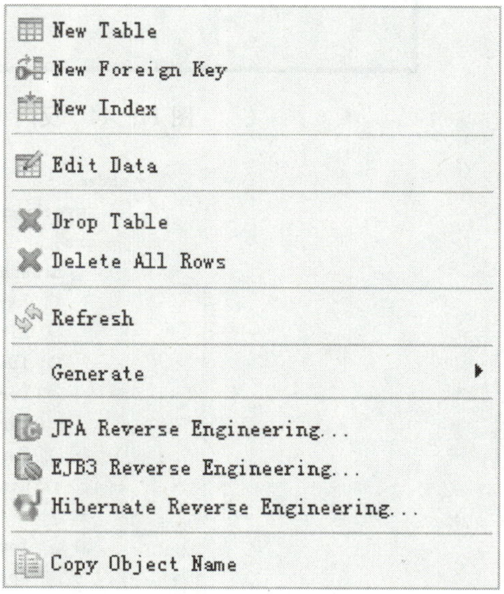

图 11 - 43　选择 Hibernate 反向工程

在反向工程的向导页（如图 11 - 44 所示）中，进行如下操作：

(1) 首先需要在“Java Package”中选择存放持久化类及 DAO 类的目录，这里选择已经建立的名为“Hibernate”的包。

(2) 因为 Hibernate 中的每一个持久化类都必须对应一个映射配置文件（*.hbm. xml），因此该选项必须选中。

(3) 选择生成“Java Data Object”，但子选项“Create Abstract Class”（先创建其抽象类父类）可以不选。

(4) 继续选择生成“Java Data Access Object”（即 DAO），并选择及子选项“Generate precise findBy methods”，自动生成按各字段查询结果的方法。

可以直接单击【Finish】，完成整个 Hibernate 反向工程的工作。此时，整个项目的物理文件结构如图 11 - 45 所示。

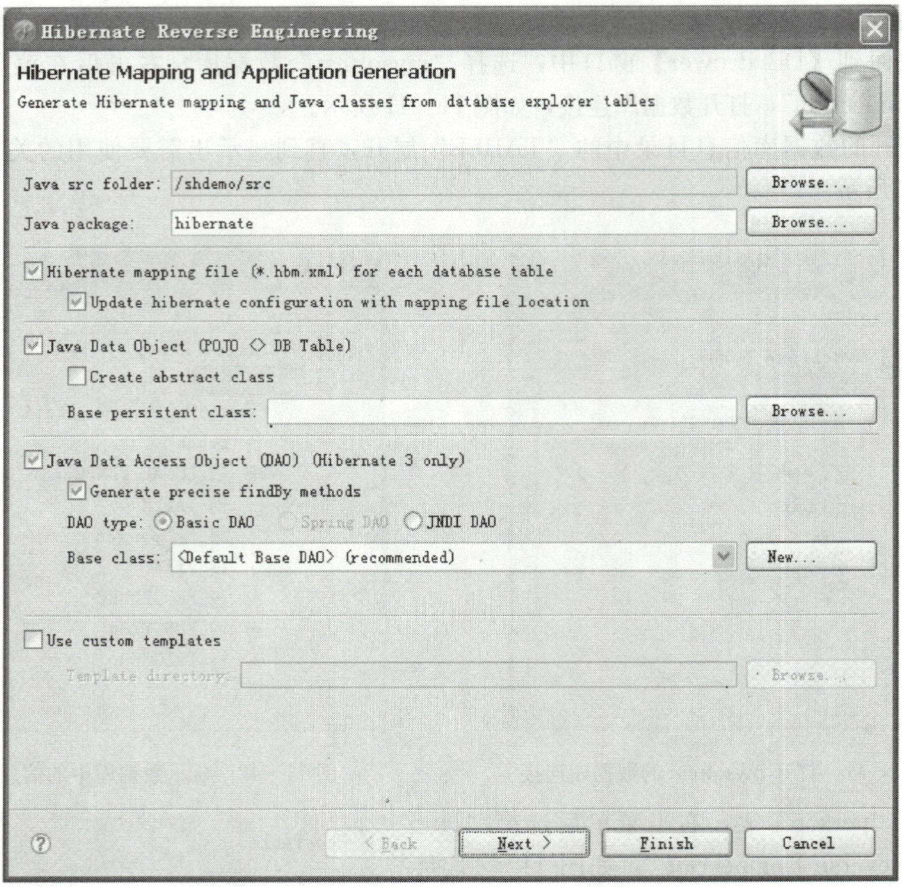

图 11-44 反向工程生成持久化类及 DAO 类

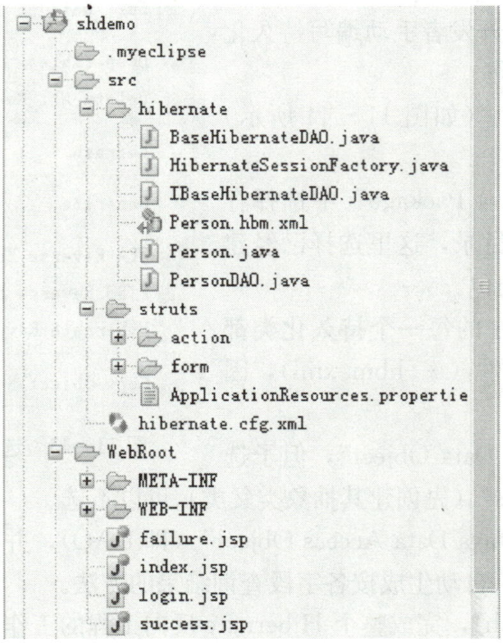

图 11-45 生成持久化类及 DAO 后项目的目录结构

在生成的文件中，Person. hbm. xml 的内容可以参照 11. 2. 3 节中的规范进行检查。在 PersonDAO. java 中，MyEclipse 为我们封装了一系列方法，大部分方法都是围绕 Session 的增、删、改及查询方法的轻量级封装。其中，针对增、删、改的方法，需要添加相应的事务处理代码，以确保所作的操作能立刻提交。以保存方法为例：

```
public void save(Person transientInstance){
    log.debug("saving Person instance");
    try{
        Transaction tc=getSession().beginTransaction();
        getSession().save(transientInstance);
        tc.commit();
        log.debug("save successful");
    } catch(RuntimeException re){
        log.error("save failed",re);
        throw re;
    }
}
```

此外，PersonDAO 中有两个可用于修改的方法容易混淆。

（1）merge：将传入的游离状态对象的属性值复制到持久化状态的对象中，并返回该持久化对象，被传入的对象依然保持游离状态。该方法可用于利用游离状态对象的属性值覆盖持久化状态对象的对应属性值，从而达到修改持久化对象的属性的目的。

（2）attachDirty：将传入的对象持久化并保存。如果该对象是瞬时状态，调用 save 方法保存；如果该对象是游离状态，则调用 update 方法将该对象与 Session 重新关联。该方法其实是对 saveOrUpdate 方法的二次封装。

5. 在 LoginAction 中调用 Hibernate 的 DAO

在 MyEclipse 自动生成的 DAO 中，提供了很多支持查询的 findBy×××的方法，本例中将在 Struts 的 LoginAction 中调用 findByExample 方法。该方法需要的参数是一个持久化类 Person 的对象，如果查询到该对象，则返回包含该对象的列表（List）。其代码如下：

```
public List findByExample(Person instance){
    log.debug("finding Person instance by example");
    try{
    List results=getSession().createCriteria("hibernate.Person")
        .add(Example.create(instance))
        .list();
    log.debug("find by example successful,result size:"
            +results.size());
    return results;
    } catch(RuntimeException re){
     log.error("find by example failed",re);
```

```
        throw re;
    }}
```

在先前已有的 LoginAction. java 中修改 execute 方法的方法体，代码如下：

```
public ActionForward execute(ActionMapping mapping,ActionForm form,
        HttpServletRequest request,HttpServletResponse response){
    LoginForm loginForm=(LoginForm)form;

    Person ps=new Person();
    ps.setUsername(loginForm.getUsername());
    ps.setPassword(loginForm.getPassword());

    PersonDAO dao=new PersonDAO();
    if(dao.findByExample(ps).size()>0){
        return mapping.findForward("success");
    }
    return mapping.findForward("failure");
}
```

以上代码中，判断查询结果的 List 长度是否大于 0，如果大于 0，表示查询到了匹配的用户名及密码；否则返回失败信息的 ActionForward 对象。

11.3 Spring 框架

11.3.1 Spring 概述

Spring 框架对 J2EE 思想进一步改造和扩充，使其发展成更开放、清晰、全面及高效的开发框架。一经推出，就得到众多开发者的青睐。Spring 作为开源的中间件，贯穿视图层和持久层。然而，Spring 并不是要取代已有的框架，而是与这些框架进行无缝地整合。因此，Spring 框架所带的 JAR 包中，包含了很多对其他框架支持的类文件。

将 Spring 与 Struts、Hibernate 框架相对比，它们的主要区别在于：①Spring 还可以集成其他框架，它是一个“大”框架；②Struts 仅仅专注于实现 Web 应用程序的视图和控制器部分；③Hibernate 仅仅专注于实现 Web 应用程序的数据持久层（模型层）。

11.3.2 Spring 的依赖注入

依赖注入（Dependency Injection）是 Spring 的核心机制，使用依赖注入时，J2EE 应用中的各种组件不需要以硬编码方式耦合在一起。当某个 Java 实例中需要调用其他 Java 实例时，在传统的程序设计过程中，通常由调用者来创建被调用者的实例。而在依赖注入的模式下，创建被调用者的工作不需要由调用者来完成，而是由 Spring 容器来完成，然后将被调用者的实例作为调用者的一个 Javabean 属性注入给调用者，因此称为控制反转，也称为依赖注入。

bean 是 Spring 管理的基本单位，Spring 里的 bean 是非常广义的概念，任何 Java 对象都可被当成 bean 处理。因此，在基于 Spring 框架的 Web 应用中，bean 包括了数据源、Hibernate 的 SessionFactory、持久化类及 DAO 类等。Spring 有两个接口：BeanFactory 和 ApplicationContext，这两个接口的实例也被称为 Spring 上下文，它们都是产生 bean 实例的工厂。对于大部分应用，bean 通过 ApplicationContext 提供访问更为常见，因为 ApplicationContext 是 BeanFactory 的子接口，提供比 BeanFactory 更多的功能。

bean 的定义通常使用 XML 配置文件，正确定义的 bean 被 Spring 进行实例化及依赖关系的注入。以下代码来自一个 Spring 配置文件 bean.xml，其中对一个 bean 实例进行了配置，该 bean 实例是数据源，提供数据库连接。

```
<?xml version="1.0"encoding="UTF-8"?>
<beans xmlns="http://www.springframework.org/schema/beans"
  xmlns:xsi="http://www.w3.org/2001/XMLSchema-instance"
  xsi:schemaLocation="http://www.springframework.org/schema/beans/spring-bean s-2.0.
xsd">
  <bean id="DataSource"
     class="org.apache.commons.dbcp.BasicDataSource">
     <property name="driverClassName"
        value="com.mysql.jdbc.Driver">
     </property>
     <property name="url"
        value="jdbc:mysql://127.0.0.1:3306/sshdb">
     </property>
     <property name="username"value="root"></property>
     <property name="password"value="test"></property>
  </bean>
</beans>
```

通过以下 Java 程序由 ApplicationContext 来获取该 bean 的实例，获取实例时使用 bean 的唯一标识符——id 属性，该属性是 bean 实例在容器中的访问点。主程序代码如下：

```
public class BeanTest
public static void main(String[]args)throws Exception
//实例化 Spring 容器,Spring 容器负责实例化 bean
ApplicationContext ctx=
new FileSystemXmlApplicationContext("bean.xml");
//通过 bean id 获取 bean 实例,并强制类型转换为 DataSource
DataSource ds=(DataSource)ctx.getBean("dataSource");
//通过 DataSource 来获取数据库连接
Connection conn=ds.getConnection();
```

```
//通过数据库连接获取 Statement
Statement stmt=conn.createStatement();
//使用 statement 执行 sql 语句
stmt.execute("insert into person(username,password)
values('test','1234')");
//清理资源,回收数据库连接资源
if(stmt!=null)stmt.close();
if(conn!=null)conn.close();
```

从以上实例可以看出，Spring 的 bean 远远超出 JavaBean 范畴，此时 bean 可以代表应用中的任何组件及任何实例。

11.3.3 Spring 与 Hibernate 的整合

虽然 Hibernate 已经简化了数据持久层的访问，但使用 Hibernate 进行持久层访问时，还存在一系列如访问步骤重复多、事务难以控制等问题。通过 Spring 整合 Hibernate，使得持久层的访问更加容易。

当 Hibernate 处于 Spring 的管理下，Hibernate 所需要的基础资源，都由 Spring 提供注入。Hibernate 创建 SessionFactory 必需的 DataSource，执行持久化必需的 Session 及持久层访问必需的事务控制等，这些原本必须通过代码控制的逻辑，都将由 Spring 接管；DataSource、SessionFactory、TransactionManager 等，都将作为 Spring 容器中的 bean。将这些 bean 放在配置文件中，可以进行很好的管理。

Spring 提供了 DAO 支持，可以大大简化 DAO 组件的开发。所有的 DAO 组件，都由容器负责注入到业务逻辑组件中，其业务组件无须关心 DAO 组件的实现。

Spring 通过 ApplicationContext 管理 Hibernate 的 SessionFactory 与数据库的连接，无须采用单独 Hibernate 应用所必需的 hibernate.cfg.xml 文件。在实际的 J2EE 应用中，数据源会采用依赖注入的方式，传给 Hibernate 的 SessionFactory。

Hibernate 的数据库访问需要在 Session 管理下，而 SessionFactory 是 Session 的工厂。SessionFactory 由 ApplicationContext 管理，并随着应用启动时自动加载。Spring 采用依赖注入为 DAO 对象注入 SessionFactory 的引用，这样 DAO 对象就可以对数据库进行访问操作。

Spring 也提供了 Hibernate 的简化访问方式——HibernateTemplate，用于持久层访问。有了该模板类，开发者无须再手动打开 Session 及关闭 Session。HibernateTemplate 只要获得 SessionFactory 的引用，就可以自动打开 Session，并在持久化访问结束后关闭 Session。开发者只需完成持久层逻辑的程序，通用的操作则由 HibernateTemplate 来完成。

HibernateTemplate 提供了很多常用方法来完成基本的 DAO 操作，如增加、删除、修改及查询等操作。下面是 HibernateTemplate 的常用方法。

（1）void delete（Object entity）：删除指定持久化实例。

（2）deleteAll（Collection entities）：删除集合内全部持久化类实例。

（3）find（String queryString）：根据 HQL 查询字符串来返回实例集合。

(4) findByNamedQuery (String queryName)：根据命名查询返回实例集合。

(5) get (Class entityClass, Serializable id)：根据主键加载特定持久化类的实例。

(6) save (Object entity)：保存新的实例。

(7) saveOrUpdate (Object entity)：根据实例状态，选择保存或者更新。

(8) update (Object entity)：更新实例的状态，要求 entity 是持久状态。

(9) setMaxResults (int maxResults)：设置分页的大小。

除了 HibernateTemplate，Spring 还为 Hibernate 的 DAO 提供了更加直接的工具类——HibernateDaoSupport。该类主要提供 getHibernateTemplate 和 setSessionFactory 两个方法来方便 DAO 的实现。其中，setSessionFactory 方法用来接收 Spring 的注入，注入配置在 ApplicationContext 中的 SessionFactory 实例；getHibernateTemplate 方法则根据注入的 SessionFactory 产生 Session 并生成 HibernateTemplate 来完成数据库访问。在继承 HibernateDaoSupport 的 DAO 实现中，Session 的管理完全不需要 Hibernate 代码打开，而由 Spring 来管理。Spring 会根据实际的操作，采用“每次事务打开一次 Session”的策略，提高了数据库访问的性能。事实上，以上 DAO 的实现依然借助于 HibernateTemplate 的模板访问方式。该 DAO 的配置必须依赖于 SessionFactory。

以上这些 Spring 对 Hibernate 的支持功能都可以通过 Spring 的配置文件来实现。以下为一个 ApplicationContext. xml 的相关配置信息。

```
<?xml version="1.0"encoding="UTF-8"?>
<beans xmlns="http://www.springframework.org/schema/beans"
    xmlns:xsi="http://www.w3.org/2001/XMLSchema-instance"
    xsi:schemaLocation="http://www.springframework.org/schema/beans/spring-beans-2.0.
xsd">
    <bean id="DataSource"
        class="org.apache.commons.dbcp.BasicDataSource">
        <property name="driverClassName"
            value="com.mysql.jdbc.Driver">
        </property>
        <property name="url"
            value="jdbc:mysql://127.0.0.1:3306/sshdb">
        </property>
        <property name="username" value="root"></property>
        <property name="password" value="test"></property>
    </bean>
    <bean id="SessionFactory"
    class="org.springframework.orm.hibernate3.LocalSessionFactoryBean">
        <property name="dataSource">
            <ref bean="DataSource"></ref>
        </property>
        <property name="hibernateProperties">
            <props>
```

```
                <prop key="hibernate.dialect">
                    org.hibernate.dialect.MySQLDialect
                </prop>
            </props>
        </property>
        <property name="mappingResources">
            <list>
                <value>dao/Person.hbm.xml</value>
            </list>
        </property>
    </bean>
    <bean id="PersonDAO"class="dao.PersonDAO">
        <property name="sessionFactory">
            <ref bean="SessionFactory"></ref>
        </property>
    </bean>
</beans>
```

从以上代码可以看出，原先 Hibernate 的配置信息已经被整合到 Spring 的配置文件中了，由 Spring 容器接管 Hibernate 框架的运行。

11.3.4 Spring 与 Struts 的整合

ApplicationContext 对象是 Spring 的容器，负责管理所有的组件，从业务逻辑层组件到持久层组件，都必须运行在 Spring 容器中。因此，必须在 Web 应用启动时就创建 Spring 的 ApplicationContext 实例。可以在 web.xml 中使用监听器来载入 spring 的配置文件 applicationContext.xml，其增加的配置信息如下：

```
<context-param>
    <param-name>contextConfigLocation</param-name>
    <param-value>/WEB-INF/applicationContext.xml</param-value>
</context-param>

<listener>
    <listener-class>
        org.springframework.web.context.ContextLoaderListener
    </listener-class>
</listener>
```

监听器 ContextLoaderListener 根据 contextConfigLocation 的参数值来读取配置文件。除了使用监听器的方式之外，还可以采用 ContextLoaderServlet 的方式来代替 ContextLoaderListener，其配置信息如下：

```
<context-param>
    <param-name>contextConfigLocation</param-name>
    <param-value>/WEB-INF/applicationContext.xml</param-value>
</context-param>

<servlet>
    <servlet-name>context</servlet-name>
    <servlet-class>
        org.springframework.web.context.ContextLoaderServlet
    </servlet-class>
    <load-on-startup>1</load-on-startup>
</servlet>
```

在 Spring 2.0 中，提供了 org.springframework.web.struts.AutowiringRequestProcessor 类，它会根据 Struts 的 Action 类名来自动完成注入操作，也叫自动织入（autowire）。例如，Struts 的某个 Action 中有属性为业务类 A 的对象，而且在 Spring 配置文件中声明了业务类 A 的 bean，则 AutowiringRequestProcessor 就会自动将业务类 A 的 bean 注入到 Action 中。

在 struts-config.xml 中用 <controller> 进行配置，代码如下：

```
<controller
processorClass="org.springframework.web.struts.AutowiringRequestProcessor"/>
```

只需要增加以上配置并且保证每个被注入的业务类都已经在 Spring 配置文件中声明了，则注入工作就可以由 AutowiringRequestProcessor 自动完成。

11.3.5　SSH 实例开发

以下我们将通过实例开发将 Struts、Spring 和 Hibernate 框架（以下简称 SSH）进行整合。

1. 为 Web 项目添加对 Spring 框架的支持

为了快速建立 SSH 框架集成的应用，可以复制在 11.1.6 中已经完成的 Struts 的实例。在复制生成的新项目的右键菜单中选择 MyEclipse 的子菜单 Add Spring Capabilities，进入 Spring 配置向导页，如图 11－46 所示。

在 Spring 配置向导对话框中，默认采用 Spring 的 2.0 版本，并选择 Spring 的 JAR 包添加到当前项目的“/WebRoot/WEB－INF/Lib”下。如果读者对于待选的 JAR 包不熟悉，则全选是较为稳妥的方式。

单击【next】进入下一页，创建新的 Spring 配置文件 applicationContext.xml，如图 11－47 所示。

2. 为 Web 项目添加对 Hibernate 框架的支持

在弹出的 Hibernate 配置向导对话框中，默认采用 Hibernate 的最新版本 3.1，并将所有待选的 JAR 包添加到当前项目的“/WebRoot/WEB－INF/Lib”下，如图 11－48 所示。

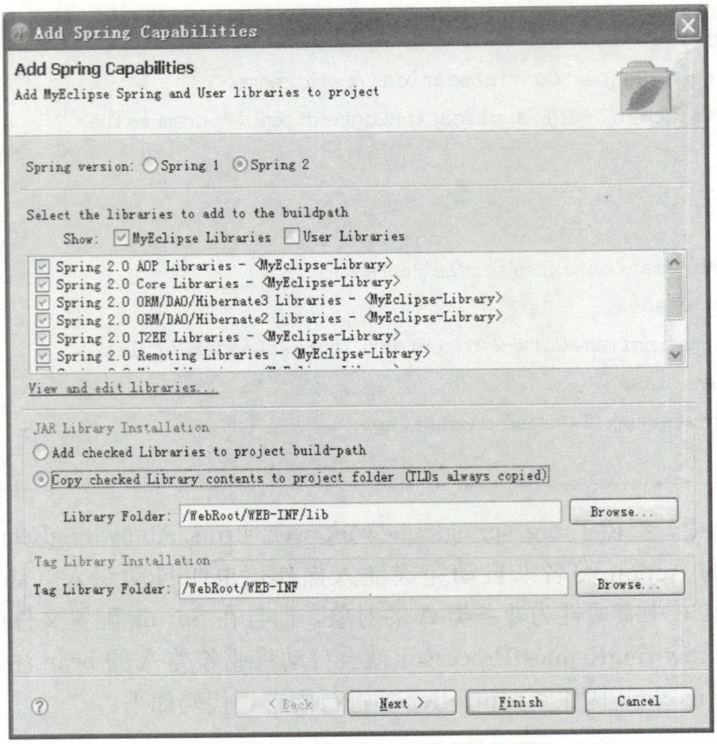

图 11-46　添加 Spring 框架的属性

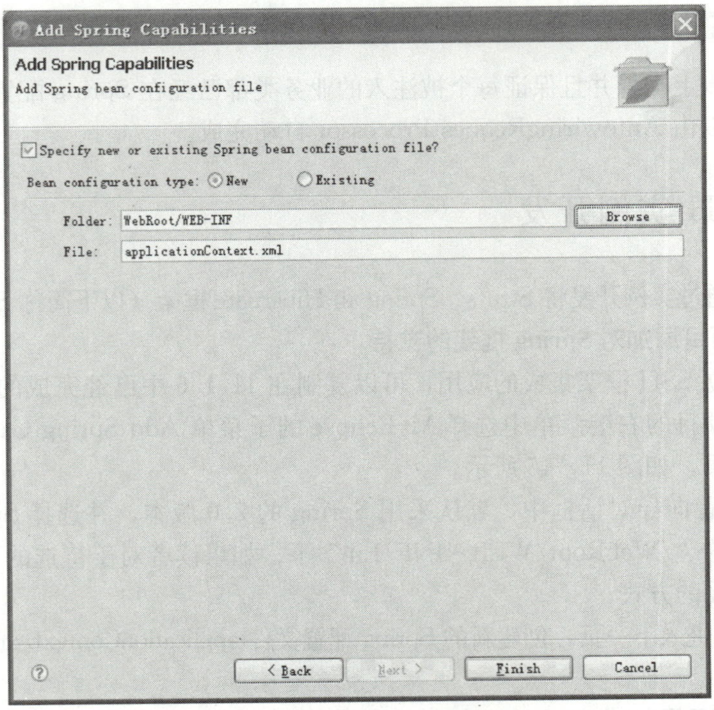

图 11-47　创建 Spring 的配置文件

在 Spring 中，由于 Hibernate 已经被 Spring 所接管，因此 Hibernate 的配置信息可以在 Spring 的配置文件 applicationContext. xml 中进行定义，如图 11-49 所示。

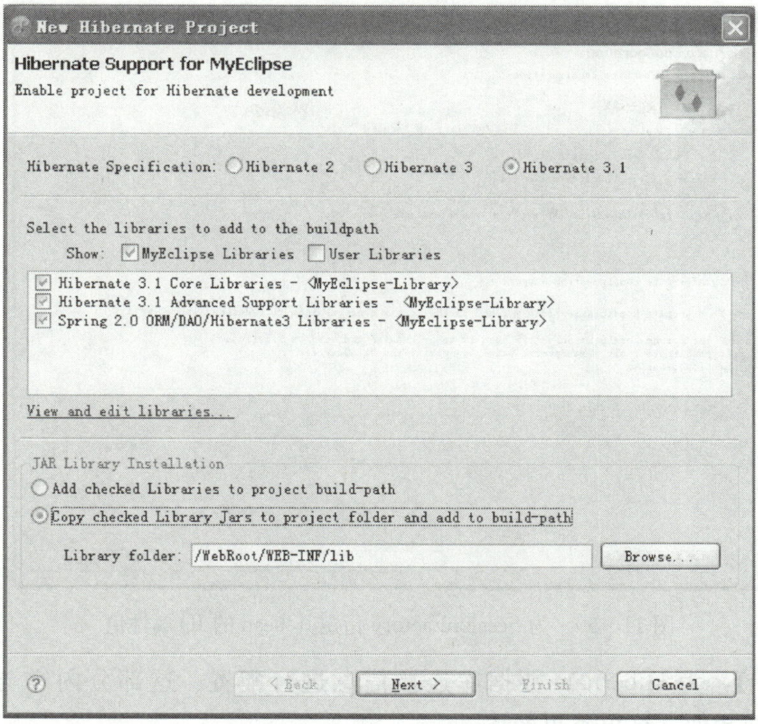

图 11-48　配置 Hibernate 框架的属性

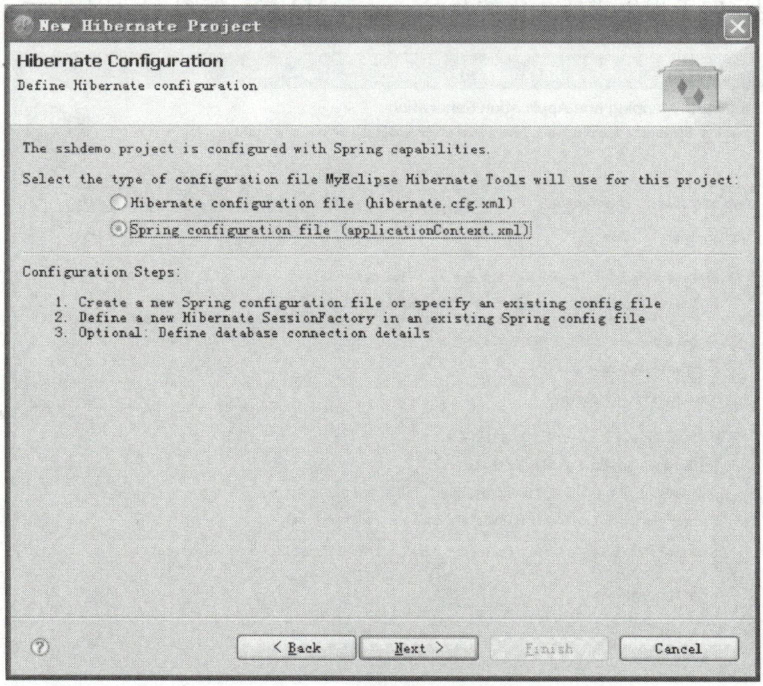

图 11-49　选择已经创建的 Spring 的配置文件

继续指定已经创建的 applicationContext.xml 的相对路径，并为 Hibernate 的 SessionFactory 指定其在 applicationContext.xml 中对应的 bean 的 ID 属性值，如图 11-50 所示。

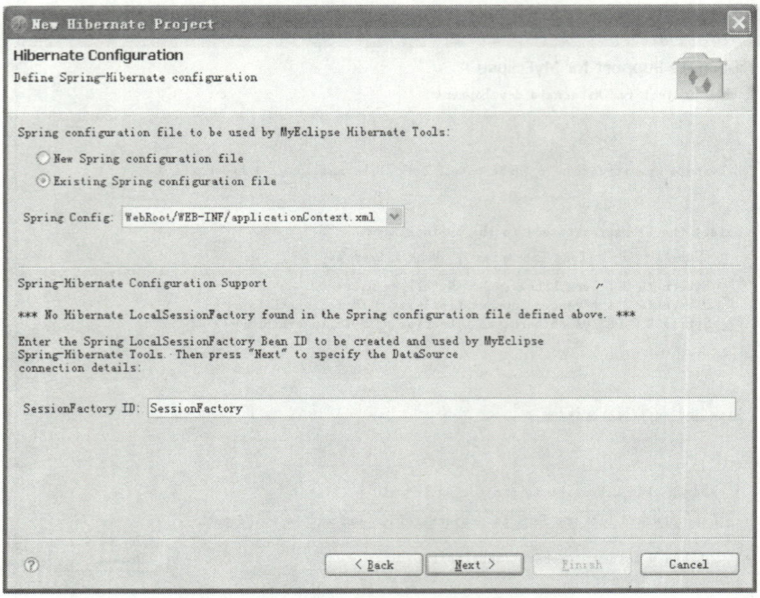

图 11－50　为 SessionFactory 指定其 bean 的 ID 属性值

单击【Next】，为 Hibernate 数据库连接信息进行配置。这部分内容与图 11－37～图 11－39 的操作相似，这里不再赘述。

3. 生成持久化类及 Spring DAO 类

接下来利用反向工程生成持久化类及 Spring DAO 类，如图 11－51 所示。

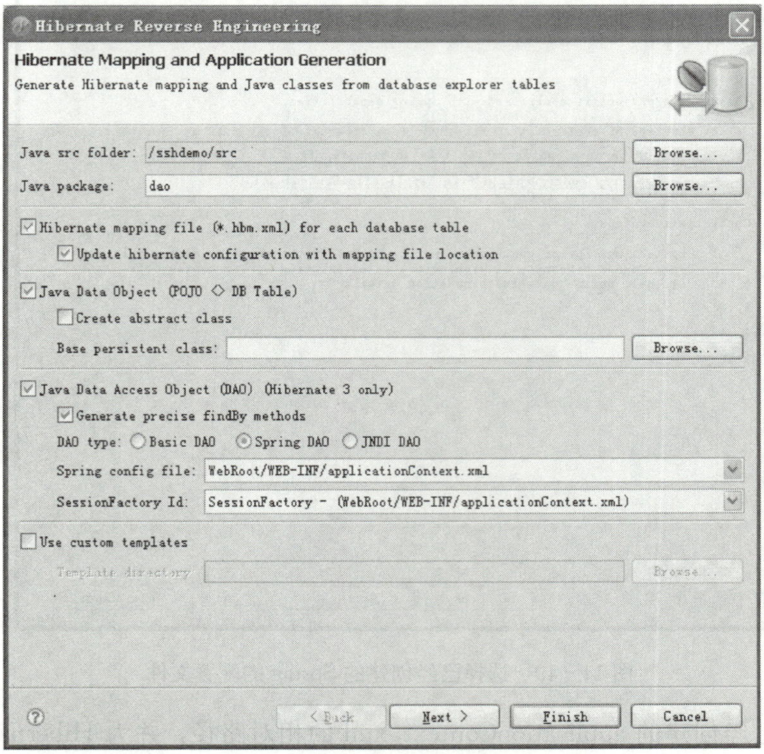

图 11－51　反向工程生成持久化类及 Spring DAO 类

4. 将 LoginAction 修改成 JavaBean 的格式

在原先的 LoginAction. java 中修改代码，使其符合 JavaBean 的标准。

```
private Person person;
private PersonDAO personDAO;

public Person getPerson(){
    return person;
}
public void setPerson(Person person){
    this.person=person;
}
public PersonDAO getPersonDAO(){
    return personDAO;
}
public void setPersonDAO(PersonDAO personDAO){
    this.personDAO=personDAO;
}

public ActionForward execute(ActionMapping mapping,ActionForm form,
        HttpServletRequest request,HttpServletResponse response){
    LoginForm loginForm=(LoginForm)form;

    person.setUsername(loginForm.getUsername());
    person.setPassword(loginForm.getPassword());

    if(personDAO.findByExample(person).size()>0){
        return mapping.findForward("success");
    }

    return mapping.findForward("failure");
}
```

5. 修改配置文件

在 ApplicationContext. xml 中，MyEclipse 已经默认配置了 4 个 Spring 的 bean，分别是 DataSource、SessionFactory 和 PersonDAO，其代码如下：

```
<bean id="DataSource"
    class="org.apache.commons.dbcp.BasicDataSource">
    <property name="driverClassName"
        value="com.mysql.jdbc.Driver">
    </property>
    <property name="url"
```

```
        value="jdbc:mysql://127.0.0.1:3306/sshdb">
    </property>
    <property name="username"value="root"></property>
    <property name="password"value="test"></property>
</bean>

<bean id="SessionFactory"
class="org.springframework.orm.hibernate3.LocalSessionFactoryBean">
    <property name="dataSource">
        <ref bean="DataSource"></ref>
    </property>
    <property name="hibernateProperties">
        <props>
            <prop key="hibernate.dialect">
                org.hibernate.dialect.MySQLDialect
            </prop>
        </props>
    </property>
    <property name="mappingResources">
        <list>
            <value>dao/Person.hbm.xml</value>
        </list>
    </property>
</bean>
<bean id="PersonDAO"class="dao.PersonDAO">
    <property name="sessionFactory">
        <ref bean="SessionFactory"></ref>
    </property>
</bean>
```

由于 Person.java 在 ApplicationContext.xml 中还没声明，因此，需要补充如下配置信息：

```
<bean id="Person"class="dao.Person"/>
```

如果需要使用 Proxool 连接池，则可以不需要配置 dataSource，只需要在 SessionFactory 中将 Proxool 的信息配置进去即可。Proxool.xml 文件放置的路径必须在 src 的根目录下，具体配置可以参照第 8 章中的相关内容。

```
<bean id="sessionFactory"
class="org.springframework.orm.hibernate3.LocalSessionFactoryBean">
```

```
<property name="hibernateProperties">
    <props>
        <prop key="hibernate.dialect">
            org.hibernate.dialect.MySQLDialect
        </prop>
        <prop key="hibernate.proxool.xml">proxool.xml</prop>
        <prop key="hibernate.proxool.pool_alias">mysql</prop>
        <prop key="hibernate.connection.autocommit">true</prop>
        <prop key="show_sql">true</prop>
        <prop key="hibernate.connection.provider_class">
            org.hibernate.connection.ProxoolConnectionProvider
        </prop>
    </props>
</property>
<property name="mappingResources">
    <list>
        <value>dao/Person.hbm.xml</value>
    </list>
</property>
</bean>
```

在 struts-config.xml 的 <message-resources……/> 的前面增加 <controller> 元素的配置：

```
<controller
processorClass="org.springframework.web.struts.AutowiringRequestProcessor"/>
```

最后，在 web.xml 中使用监听器来载入 Spring 的配置文件 applicationContext.xml：

```
<context-param>
    <param-name>contextConfigLocation</param-name>
    <param-value>/WEB-INF/applicationContext.xml</param-value>
</context-param>
<listener>
    <listener-class>
        org.springframework.web.context.ContextLoaderListener
    </listener-class>
</listener>
```

通过以上的开发，一个典型的 SSH 的应用就完成了，部署以后可以进行测试。

小提示：

如果项目部署后运行报错，请检查 Tomcat 下面当前项目的 WEB-INF/lib 目录下是否存在 asm-2.2.3.jar，如果存在请将其删除，因为这个文件与另一个 Spring 和 Hibernate 共用的 asm.jar 发生了版本冲突。删除后重启 Tomcat 即可。

本章小结

本章依次对 Struts、Hibernate、Spring 3 个开发框架进行了介绍。在 3 个开发框架的具体介绍过程中，不仅对各框架自身的工作原理进行了明确的描述，而且在具体的实例开发过程中，重点探讨了如何用 MyEclipse 的特性实现框架之间的整合技术。希望读者通过对本章内容的学习，能够在今后的项目实践中选择相对成熟的第三方框架进行开发，这样会取得事半功倍的效果；同时要学会举一反三，对于当前以及未来出现的其他第三方开放框架能够快速上手。

本章习题

1. 简述 Struts 框架的工作原理和开发步骤。
2. Struts 的视图层和控制器层分别包含哪些核心技术？
3. 如何处理 Struts 的国际化问题？
4. 简述 Hibernate 框架的工作原理和开发步骤。
5. 在 Hibernate 中，持久化对象具有哪几种状态？如何在各种状态间进行转换？
6. HQL 语句与 SQL 语句的编写方式上有什么差别？
7. Hibernate 中的条件查询涉及哪些常用的接口和类？请分别举例说明。
8. 简述 Spring 中依赖注入的核心思想。
9. 简述 Struts、Spring、Hibernate 框架之间的联系。
10. 编写一个基于 SSH 框架的 Web 应用，实现对一个持久化对象完整的增、删、改和查询功能。

参考文献

[1] SEBESTA R W. Web 程序设计. 刘伟琴，黄广华，译. 4 版. 北京：清华大学出版社，2008.

[2] 李健宏，李广振. Web 编程基础. 北京：北京大学出版社，2008.

[3] HADILCK K. Ajax：Web 开发、可重用组件及模式. 叶俊，译. 北京：清华大学出版社，2007.

[4] 李刚. 整合 Struts＋Hibernate＋Spring 应用开发详解. 北京：清华大学出版社，2007.

[5] MAHEMOFF M. Ajx 设计模式. 北京：电子工业出版社，2007.

[6] 梁立新. 项目实践精解：基于 Struts－Spring－Hibernate 的 Java 应用开发. 北京：电子工业出版社，2006.

[7] MCLAUGHLIN B. 深入浅出 Ajax. 南京：东南大学出版社，2006.

[8] 孙卫琴. 精通 Hibernate：Java 对象持久化技术详解. 北京：电子工业出版社，2006.

[9] 孙卫琴，李洪成 . Tomcat 与 Java Web 开发技术详解. 北京：电子工业出版社，2005.

[10] 孙卫琴. 精通 Struts 基于 MVC 的 Java Web 设计与开发. 北京：电子工业出版社，2004.